Tölke · Praktische Funktionenlehre

Praktische Funktionenlehre

Von

Professor Dr.-Ing. Dr. ès sc. h. c. F. Tölke
o. Professor an der Technischen Hochschule Stuttgart
Direktor des Otto-Graf-Instituts

Vierter Band

Elliptische Integralgruppen und Jacobische elliptische Funktionen im Komplexen

Mit 74 Abbildungen

Springer-Verlag Berlin Heidelberg GmbH
1967

Ursprünglich erschienen bei Springer-Verlag Berlin Heidelberg New York 1967
Softcover reprint of the hardcover 1st edition 1967

Library of Congress Catalog Card Number 51-21615

ISBN 978-3-662-35552-7 ISBN 978-3-662-36381-2 (eBook)
DOI 10.1007/978-3-662-36381-2

Titelnummer 1274

Vorwort

Der vorliegende IV. Band enthält im 10. Kapitel in gruppenweiser Zusammenstellung zahlreiche elliptische Integrale in algebraischer, trigonometrischer und hyperbolischer Form. Das 11. Kapitel ist den JACOBIschen elliptischen Funktionen, ihren logarithmischen Ableitungen und zugehörigen Umkehrfunktionen im Komplexen sowie der konformen Abbildung des Rechtecks auf das Äußere und Innere des Einheitskreises und den doppeltperiodischen logarithmischen Viererprodukten gewidmet.

Die Herren Dipl.-Ing. FLINSPACH und Dr.-Ing. KLOPFER hatten die Freundlichkeit, mich bei der Anfertigung der Abbildungen zu unterstützen. Mein besonderer Dank gilt Fräulein Dr.-Ing. Dipl.-Math. GOESER für die Durchführung der programmierungstechnischen Vorarbeiten und der zusätzlich erforderlich gewordenen umfangreichen mathematischen Berechnungen. Ferner danke ich den Herren Dr.-Ing. BONHAGE, Dr.-Ing. FEUERLEIN, Dipl.-Ing. FLINSPACH und Privatdozent Dr.-Ing. GIESECKE für die Unterstützung bei der Durchsicht des Manuskriptes und in ganz besonderem Maße Herrn Dr.-Ing. GIESECKE für das Lesen der sehr schwierigen Korrektur. Danken möchte ich auch den Mitarbeitern des Springer-Verlages für die hervorragende Anordnung des äußerst mühevollen Satzes bei den Integralen und für die kaum zu übertreffende Wiedergabe der Abbildungen.

Stuttgart, im Sommer 1967 **Friedrich Tölke**

Vorbemerkungen zum Gesamtwerk

Entsprechend der Zweckbestimmung der Praktischen Funktionenlehre war auch für die Bearbeitung der Bände II bis V der Gesichtspunkt entscheidend, Aufbau und Stoffauswahl in erster Linie auf die Bedürfnisse der angewandten Mathematik, theoretischen Physik und Technik abzustellen. Wenn die dadurch bedingte, über den klassischen Behandlungsstoff hinausgehende Gebietsausweitung auch für die reine Mathematik interessant sein sollte, so würde dies den durch das Buch angesprochenen Personenkreis noch vergrößern.

Das eine Einheit bildende, die Theorie der Theta- und elliptischen Funktionen behandelnde Werk erscheint in fünf Bänden, deren Titel, Kapitel- und Abschnittseinteilung sowie Gleichungs- und Abbildungsnummern unter Einschluß der bereits erschienenen Bände I, II und III folgendermaßen lauten:

	Kapitel	Abschnitte	Gleichungen	Abbildungen
I: Elementare und elementare transzendente Funktionen	—	1—6	1—824	1—174
II: Theta-Funktionen und spezielle Weierstrasssche Funktionen	1—4	1—107	1—765	1—129
III: Jacobische elliptische Funktionen, Legendresche elliptische Normalintegrale und spezielle Weierstrasssche Zeta- und Sigma-Funktionen	5—9	108—156	766—1082	130—224
IV: Elliptische Integralgruppen und Jacobische elliptische Funktionen im Komplexen	10, 11	157—191	1083—1274	225—298
V: Allgemeine Weierstrasssche Funktionen und Ableitungen nach dem Parameter, Integrale der Theta-Funktionen und Bilinear-Entwicklungen	12—17	192—252	1275—1600	299—440

Diesen Bänden wird ein weiterer auf den Stoff der Bände II bis V abgestellter Tafelband VI mit 120 den Gebrauch der Tafel erläuternden Beispielen aus der Theorie der elliptischen Integrale mit den nachstehend aufgeführten Tafeln folgen.

Tafel I: Übergang vom Parametersystem $\varkappa$ auf das Modulsystem k, k', α bzw. k^2, k'^2 und das System der Periodenzahlen K, K'.

Tafel II: 57 Parameterfunktionen, bezogen auf $\varkappa$ bzw. $1/\varkappa$ als Argument.

Tafel III: Sechsstellige Tafel der Theta-Funktionen und ihrer logarithmischen Ableitungen, der Jacobischen elliptischen Funktionen und ihrer logarithmischen Ableitungen sowie der Weierstrassschen $\mathfrak{z}$-, $\wp$- und $\wp'$-Funktionen einschließlich einiger Parameterfunktionen für $\zeta = \frac{z}{2K}$ als Argument und $\varkappa$ bzw. $\frac{1}{\varkappa}$ als Parameter.

Tafel IV: Neunstellige Tafel der Legendreschen Normalintegrale erster und zweiter Gattung sowie der Jacobischen Zeta-Funktion und der abgewandelten Heumanschen Lambda-Funktion.

Tafel V: Sechsstellige Tafel der D-Funktionen erster bis vierter Ordnung für die Charakteristiken 1 bis 4.

Inhaltsverzeichnis

Kapitel 10

Elliptische Integralgruppen

Kapitel 11

Die Jacobischen elliptischen Funktionen und ihre logarithmischen Ableitungen im Komplexen

Kapitel 10

Elliptische Integralgruppen

157. Die 36 Integrale der zweifachen Produkte der Jacobischen elliptischen Funktionen

Es sollen zunächst die Integrale der 36 echten zweifachen Produkte der JACOBIschen elliptischen Funktionen betrachtet werden. Für 24 Produkte ergeben sich die Integrale sofort mit Hilfe von (828) und (767). Für den Rest kann man sich der Gln. (726) in Verbindung mit (766) bedienen. Die Integrale lauten:

$$\left.\begin{aligned}
&\int \mathrm{ds}(z,k)\,\mathrm{ns}(z,k)\,dz = -\mathrm{cs}(z,k), && \int \mathrm{ds}(z,k)\,\mathrm{nc}(z,k)\,dz = +\ln \mathrm{sc}(z,k),\\
&\int \mathrm{ns}(z,k)\,\mathrm{cs}(z,k)\,dz = -\mathrm{ds}(z,k), && \int \mathrm{ns}(z,k)\,\mathrm{dc}(z,k)\,dz = +\ln \mathrm{sc}(z,k),\\
&\int \mathrm{cs}(z,k)\,\mathrm{ds}(z,k)\,dz = -\mathrm{ns}(z,k), && \int \mathrm{cs}(z,k)\,\mathrm{nd}(z,k)\,dz = +\ln \mathrm{sd}(z,k),\\
&\int \mathrm{dc}(z,k)\,\mathrm{nc}(z,k)\,dz = +\mathrm{sc}(z,k), && \int \mathrm{ns}(z,k)\,\mathrm{cd}(z,k)\,dz = +\ln \mathrm{sd}(z,k),\\
&\int \mathrm{sc}(z,k)\,\mathrm{dc}(z,k)\,dz = +\mathrm{nc}(z,k), && \int \mathrm{cs}(z,k)\,\mathrm{dn}(z,k)\,dz = +\ln \mathrm{sn}(z,k),\\
&\int \mathrm{nc}(z,k)\,\mathrm{sc}(z,k)\,dz = \frac{1}{k'^2}\,\mathrm{dc}(z,k), && \int \mathrm{ds}(z,k)\,\mathrm{cn}(z,k)\,dz = +\ln \mathrm{sn}(z,k),\\
&\int \mathrm{sd}(z,k)\,\mathrm{cd}(z,k)\,dz = \frac{1}{k^2}\,\mathrm{nd}(z,k), && \int \mathrm{dn}(z,k)\,\mathrm{sc}(z,k)\,dz = +\ln \mathrm{nc}(z,k),\\
&\int \mathrm{cd}(z,k)\,\mathrm{nd}(z,k)\,dz = +\mathrm{sd}(z,k), && \int \mathrm{sn}(z,k)\,\mathrm{dc}(z,k)\,dz = +\ln \mathrm{nc}(z,k),\\
&\int \mathrm{nd}(z,k)\,\mathrm{sd}(z,k)\,dz = \frac{-1}{k'^2}\,\mathrm{cd}(z,k), && \int \mathrm{nd}(z,k)\,\mathrm{sc}(z,k)\,dz = \frac{1}{k'^2}\ln \mathrm{dc}(z,k),\\
&\int \mathrm{cn}(z,k)\,\mathrm{sn}(z,k)\,dz = \frac{-1}{k^2}\,\mathrm{dn}(z,k), && \int \mathrm{sd}(z,k)\,\mathrm{nc}(z,k)\,dz = \frac{1}{k'^2}\ln \mathrm{dc}(z,k),\\
&\int \mathrm{sn}(z,k)\,\mathrm{dn}(z,k)\,dz = -\mathrm{cn}(z,k), && \int \mathrm{sd}(z,k)\,\mathrm{cn}(z,k)\,dz = \frac{1}{k^2}\ln \mathrm{nd}(z,k),\\
&\int \mathrm{dn}(z,k)\,\mathrm{cn}(z,k)\,dz = +\mathrm{sn}(z,k); && \int \mathrm{cd}(z,k)\,\mathrm{sn}(z,k)\,dz = \frac{1}{k^2}\ln \mathrm{nd}(z,k);\\
&\int \mathrm{cs}(z,k)\,\mathrm{cn}(z,k)\,dz = \frac{1}{k}\,\mathrm{ar\,tanh}(k\,\mathrm{cd}(z,k)) - \mathrm{ar\,tanh}\,\mathrm{cd}(z,k),\\
&\int \mathrm{ds}(z,k)\,\mathrm{dn}(z,k)\,dz = k\,\mathrm{ar\,tanh}(k\,\mathrm{cd}(z,k)) - \mathrm{ar\,tanh}\,\mathrm{cd}(z,k),\\
&\int \mathrm{ds}(z,k)\,\mathrm{dc}(z,k)\,dz = k'\,\mathrm{ar\,tanh}\frac{\mathrm{dn}(z,k)}{k'} - \mathrm{ar\,tanh}\,\mathrm{dn}(z,k),\\
&\int \mathrm{ns}(z,k)\,\mathrm{nc}(z,k)\,dz = \frac{1}{k'}\,\mathrm{ar\,tanh}\frac{\mathrm{dn}(z,k)}{k'} - \mathrm{ar\,tanh}\,\mathrm{dn}(z,k),\\
&\int \mathrm{ns}(z,k)\,\mathrm{nd}(z,k)\,dz = -\mathrm{ar\,tanh}\,\mathrm{cn}(z,k) - \frac{k}{k'}\,\mathrm{arc\,tan}\frac{k\,\mathrm{cn}(z,k)}{k'},\\
&\int \mathrm{cs}(z,k)\,\mathrm{cd}(z,k)\,dz = -\mathrm{ar\,tanh}\,\mathrm{cn}(z,k) + \frac{k'}{k}\,\mathrm{arc\,tan}\frac{k\,\mathrm{cn}(z,k)}{k'},\\
&\int \mathrm{cn}(z,k)\,\mathrm{cd}(z,k)\,dz = \frac{k'}{k^2}\,\mathrm{arc\,tan}\frac{\mathrm{cs}(z,k)}{k'} - \frac{1}{k^2}\,\mathrm{arc\,tan}\,\mathrm{cs}(z,k),\\
&\int \mathrm{sn}(z,k)\,\mathrm{sd}(z,k)\,dz = \frac{-1}{k'\,k^2}\,\mathrm{arc\,tan}\frac{\mathrm{cs}(z,k)}{k'} + \frac{1}{k^2}\,\mathrm{arc\,tan}\,\mathrm{cs}(z,k),
\end{aligned}\right\} \qquad (1083)$$

$$\left.\begin{aligned}
&\int \mathrm{dn}(z,k)\,\mathrm{dc}(z,k)\,dz = k'\,\mathrm{ar\,tanh}(k'\,\mathrm{sd}(z,k)) + k\,\mathrm{arc\,tan}(k\,\mathrm{sd}(z,k)),\\
&\int \mathrm{sn}(z,k)\,\mathrm{sc}(z,k)\,dz = \frac{1}{k'}\,\mathrm{ar\,tanh}(k'\,\mathrm{sd}(z,k)) - \frac{1}{k}\,\mathrm{arc\,tan}(k\,\mathrm{sd}(z,k)),\\
&\int \mathrm{nc}(z,k)\,\mathrm{nd}(z,k)\,dz = \frac{1}{k'^2}\,\mathrm{ar\,tanh}\,\mathrm{sn}(z,k) - \frac{k}{k'^2}\,\mathrm{ar\,tanh}(k\,\mathrm{sn}(z,k)),\\
&\int \mathrm{sc}(z,k)\,\mathrm{sd}(z,k)\,dz = \frac{1}{k'^2}\,\mathrm{ar\,tanh}\,\mathrm{sn}(z,k) - \frac{1}{k\,k'^2}\,\mathrm{ar\,tanh}(k\,\mathrm{sn}(z,k)).
\end{aligned}\right\}$$

158. Die 12 Integrale der dritten Potenzen der Jacobischen elliptischen Funktionen

Werden die Gln. (727) nach vorheriger Umformung mit Hilfe der Gln. (766) nach z integriert und bei der Integration der ersten Glieder der rechten Seiten die Gln. (878) berücksichtigt, so erhält man, wenn noch in den Gln. $(878)^1$ und $(878)^4$ die festen Grenzen unterdrückt und die Integrale in der Form

$$\int \mathrm{cs}(z,k)\,dz = -\,\mathrm{ar\,tanh}\,\mathrm{dn}(z,k), \qquad \int \mathrm{sc}(z,k)\,dz = \frac{1}{k'}\,\mathrm{ar\,tanh}\,\frac{\mathrm{dn}(z,k)}{k'} \tag{1084}$$

zugrunde gelegt werden, für die 12 Integrale der dritten Potenzen der Jacobischen elliptischen Funktionen:

$$\left.\begin{aligned}
&\int \mathrm{cs}^3(z,k)\,dz = -\tfrac{1}{2}\,\mathrm{ds}(z,k)\,\mathrm{ns}(z,k) + \tfrac{3}{2}\,e_1\,\mathrm{ar\,tanh}\,\mathrm{dn}(z,k),\\
&\int \mathrm{ds}^3(z,k)\,dz = -\tfrac{1}{2}\,\mathrm{ns}(z,k)\,\mathrm{cs}(z,k) + \tfrac{3}{2}\,e_2\,\mathrm{ar\,tanh}\,\mathrm{cn}(z,k),\\
&\int \mathrm{ns}^3(z,k)\,dz = -\tfrac{1}{2}\,\mathrm{cs}(z,k)\,\mathrm{ds}(z,k) + \tfrac{3}{2}\,e_3\,\mathrm{ar\,tanh}\,\mathrm{cd}(z,k),\\
&\int \mathrm{sc}^3(z,k)\,dz = \frac{1}{2k'^2}\,\mathrm{nc}(z,k)\,\mathrm{dc}(z,k) - \frac{3e_1}{2k'^3}\,\mathrm{ar\,tanh}\,\frac{\mathrm{dn}(z,k)}{k'},\\
&\int \mathrm{nc}^3(z,k)\,dz = \frac{1}{2k'^2}\,\mathrm{dc}(z,k)\,\mathrm{sc}(z,k) - \frac{3e_2}{2k'^3}\,\mathrm{ar\,tanh}(k'\,\mathrm{sd}(z,k)),\\
&\int \mathrm{dc}^3(z,k)\,dz = \tfrac{1}{2}\,k'^2\,\mathrm{sc}(z,k)\,\mathrm{nc}(z,k) - \tfrac{3}{2}\,e_3\,\mathrm{ar\,tanh}\,\mathrm{sn}(z,k),\\
&\int \mathrm{nd}^3(z,k)\,dz = \frac{-k^2}{2k'^2}\,\mathrm{sd}(z,k)\,\mathrm{cd}(z,k) - \frac{3e_1}{2k'^3}\,\mathrm{arc\,tan}\,\frac{\mathrm{cs}(z,k)}{k'},\\
&\int \mathrm{sd}^3(z,k)\,dz = \frac{-1}{2k^2k'^2}\,\mathrm{cd}(z,k)\,\mathrm{nd}(z,k) - \frac{3e_2}{2k^3k'^3}\,\mathrm{arc\,tan}\,\frac{k\,\mathrm{cn}(z,k)}{k'},\\
&\int \mathrm{cd}^3(z,k)\,dz = \frac{-k'^2}{2k^2}\,\mathrm{nd}(z,k)\,\mathrm{sd}(z,k) - \frac{3e_3}{2k^3}\,\mathrm{ar\,tanh}(k\,\mathrm{sn}(z,k)),\\
&\int \mathrm{dn}^3(z,k)\,dz = \tfrac{1}{2}\,k^2\,\mathrm{cn}(z,k)\,\mathrm{sn}(z,k) - \tfrac{3}{2}\,e_1\,\mathrm{arc\,tan}\,\mathrm{cs}(z,k),\\
&\int \mathrm{cn}^3(z,k)\,dz = \frac{1}{2k^2}\,\mathrm{sn}(z,k)\,\mathrm{dn}(z,k) + \frac{3e_2}{2k^3}\,\mathrm{arc\,tan}(k\,\mathrm{sd}(z,k)),\\
&\int \mathrm{sn}^3(z,k)\,dz = \frac{1}{2k^2}\,\mathrm{dn}(z,k)\,\mathrm{cn}(z,k) + \frac{3e_3}{2k^3}\,\mathrm{ar\,tanh}(k\,\mathrm{cd}(z,k)).
\end{aligned}\right\} \tag{1085}$$

159. Die 76 Integrale der Produkte der Jacobischen elliptischen Funktionen mit ihren Quadraten bzw. der dreifachen Produkte

Wenn die im vorigen Abschnitt behandelten dritten Potenzen ausgenommen werden, so verbleiben 72 echte Produkte der Jacobischen elliptischen Funktionen mit ihren Quadraten. Die zugehörigen Integrale folgen unmittelbar aus (728) und (729) durch Integration nach z unter Beachtung von (766), (878) und (112). 24 der 72 Produkte stellen gleichzeitig dreifache Produkte dar, was man mit (766) leicht bestätigt. Die Integrale der vier verbleibenden dreifachen Produkte ergeben sich durch Integration von (778). Die 76 Integrale lauten:

$$\begin{aligned}
&\int \mathrm{cs}(z,k)\,\mathrm{ds}^2(z,k)\,dz = -\tfrac{1}{2}\,\mathrm{ds}(z,k)\,\mathrm{ns}(z,k) + \tfrac{1}{2}\,k^2\,\mathrm{ar\,tanh}\,\mathrm{dn}(z,k),\\
&\int \mathrm{cs}(z,k)\,\mathrm{ns}^2(z,k)\,dz = -\tfrac{1}{2}\,\mathrm{ds}(z,k)\,\mathrm{ns}(z,k) - \tfrac{1}{2}\,k^2\,\mathrm{ar\,tanh}\,\mathrm{dn}(z,k),\\
&\int \mathrm{cs}(z,k)\,\mathrm{nd}^2(z,k)\,dz = \mathrm{nd}(z,k) - \mathrm{ar\,tanh}\,\mathrm{dn}(z,k) = \int \mathrm{ns}(z,k)\,\mathrm{cd}(z,k)\,\mathrm{nd}(z,k)\,dz,
\end{aligned}$$

$$\left.\begin{aligned}
&\int \mathrm{cs}(z,k)\,\mathrm{cd}^2(z,k)\,dz = \frac{-k'^2}{k^2}\,\mathrm{nd}(z,k) - \mathrm{ar\,tanh\,dn}(z,k),\\
&\int \mathrm{cs}(z,k)\,\mathrm{dn}^2(z,k)\,dz = \mathrm{dn}(z,k) - \mathrm{ar\,tanh\,dn}(z,k) = \int \mathrm{ds}(z,k)\,\mathrm{dn}(z,k)\,\mathrm{cn}(z,k)\,dz,\\
&\int \mathrm{cs}(z,k)\,\mathrm{cn}^2(z,k)\,dz = \frac{1}{k^2}\,\mathrm{dn}(z,k) - \mathrm{ar\,tanh\,dn}(z,k),\\
&\int \mathrm{ds}(z,k)\,\mathrm{ns}^2(z,k)\,dz = -\tfrac{1}{2}\,\mathrm{ns}(z,k)\,\mathrm{cs}(z,k) - \tfrac{1}{2}\,\mathrm{ar\,tanh\,cn}(z,k),\\
&\int \mathrm{ds}(z,k)\,\mathrm{cs}^2(z,k)\,dz = -\tfrac{1}{2}\,\mathrm{ns}(z,k)\,\mathrm{cs}(z,k) + \tfrac{1}{2}\,\mathrm{ar\,tanh\,cn}(z,k),\\
&\int \mathrm{ds}(z,k)\,\mathrm{nc}^2(z,k)\,dz = \mathrm{nc}(z,k) - \mathrm{ar\,tanh\,cn}(z,k) = \int \mathrm{ns}(z,k)\,\mathrm{dc}(z,k)\,\mathrm{nc}(z,k)\,dz,\\
&\int \mathrm{ds}(z,k)\,\mathrm{dc}^2(z,k)\,dz = k'^2\,\mathrm{nc}(z,k) - \mathrm{ar\,tanh\,cn}(z,k),\\
&\int \mathrm{ds}(z,k)\,\mathrm{dn}^2(z,k)\,dz = k^2\,\mathrm{cn}(z,k) - \mathrm{ar\,tanh\,cn}(z,k),\\
&\int \mathrm{ds}(z,k)\,\mathrm{cn}^2(z,k)\,dz = \mathrm{cn}(z,k) - \mathrm{ar\,tanh\,cn}(z,k) = \int \mathrm{cs}(z,k)\,\mathrm{dn}(z,k)\,\mathrm{cn}(z,k)\,dz,\\
&\int \mathrm{ns}(z,k)\,\mathrm{cs}^2(z,k)\,dz = -\tfrac{1}{2}\,\mathrm{cs}(z,k)\,\mathrm{ds}(z,k) + \frac{k'^2}{2}\,\mathrm{ar\,tanh\,cd}(z,k),\\
&\int \mathrm{ns}(z,k)\,\mathrm{ds}^2(z,k)\,dz = -\tfrac{1}{2}\,\mathrm{cs}(z,k)\,\mathrm{ds}(z,k) - \tfrac{1}{2}\,k'^2\,\mathrm{ar\,tanh\,cd}(z,k),\\
&\int \mathrm{ns}(z,k)\,\mathrm{nc}^2(z,k)\,dz = \frac{1}{k'^2}\,\mathrm{dc}(z,k) - \mathrm{ar\,tanh\,cd}(z,k),\\
&\int \mathrm{ns}(z,k)\,\mathrm{dc}^2(z,k)\,dz = \mathrm{dc}(z,k) - \mathrm{ar\,tanh\,cd}(z,k) = \int \mathrm{ds}(z,k)\,\mathrm{dc}(z,k)\,\mathrm{nc}(z,k)\,dz,\\
&\int \mathrm{ns}(z,k)\,\mathrm{nd}^2(z,k)\,dz = \frac{-k^2}{k'^2}\,\mathrm{cd}(z,k) - \mathrm{ar\,tanh\,cd}(z,k),\\
&\int \mathrm{ns}(z,k)\,\mathrm{cd}^2(z,k)\,dz = \mathrm{cd}(z,k) - \mathrm{ar\,tanh\,cd}(z,k) = \int \mathrm{cs}(z,k)\,\mathrm{cd}(z,k)\,\mathrm{nd}(z,k)\,dz.
\end{aligned}\right\}\quad(1086)$$

$$\left.\begin{aligned}
&\int \mathrm{sc}(z,k)\,\mathrm{nc}^2(z,k)\,dz = \frac{1}{2k'^2}\,\mathrm{nc}(z,k)\,\mathrm{dc}(z,k) - \frac{k^2}{2k'^3}\,\mathrm{ar\,tanh}\,\frac{\mathrm{dn}(z,k)}{k'},\\
&\int \mathrm{sc}(z,k)\,\mathrm{dc}^2(z,k)\,dz = \frac{1}{2}\,\mathrm{nc}(z,k)\,\mathrm{dc}(z,k) + \frac{k^2}{2k'}\,\mathrm{ar\,tanh}\,\frac{\mathrm{dn}(z,k)}{k'},\\
&\int \mathrm{sc}(z,k)\,\mathrm{nd}^2(z,k)\,dz = \frac{-1}{k'^2}\,\mathrm{nd}(z,k) + \frac{1}{k'^3}\,\mathrm{ar\,tanh}\,\frac{\mathrm{dn}(z,k)}{k'} = \int \mathrm{nc}(z,k)\,\mathrm{nd}(z,k)\,\mathrm{sd}(z,k)\,dz,\\
&\int \mathrm{sc}(z,k)\,\mathrm{sd}^2(z,k)\,dz = \frac{-1}{k^2 k'^2}\,\mathrm{nd}(z,k) + \frac{1}{k'^3}\,\mathrm{ar\,tanh}\,\frac{\mathrm{dn}(z,k)}{k'},\\
&\int \mathrm{sc}(z,k)\,\mathrm{dn}^2(z,k)\,dz = -\mathrm{dn}(z,k) + k'\,\mathrm{ar\,tanh}\,\frac{\mathrm{dn}(z,k)}{k'} = \int \mathrm{dc}(z,k)\,\mathrm{dn}(z,k)\,\mathrm{sn}(z,k)\,dz,\\
&\int \mathrm{sc}(z,k)\,\mathrm{sn}^2(z,k)\,dz = \frac{1}{k^2}\,\mathrm{dn}(z,k) + \frac{1}{k'}\,\mathrm{ar\,tanh}\,\frac{\mathrm{dn}(z,k)}{k'},\\
&\int \mathrm{nc}(z,k)\,\mathrm{dc}^2(z,k)\,dz = \frac{1}{2}\,\mathrm{dc}(z,k)\,\mathrm{sc}(z,k) + \frac{1}{2k'}\,\mathrm{ar\,tanh}(k'\,\mathrm{sd}(z,k)),\\
&\int \mathrm{nc}(z,k)\,\mathrm{sc}^2(z,k)\,dz = \frac{1}{2k'^2}\,\mathrm{dc}(z,k)\,\mathrm{sc}(z,k) - \frac{1}{2k'^3}\,\mathrm{ar\,tanh}(k'\,\mathrm{sd}(z,k)),\\
&\int \mathrm{nc}(z,k)\,\mathrm{ds}^2(z,k)\,dz = -\mathrm{ds}(z,k) + k'\,\mathrm{ar\,tanh}(k'\,\mathrm{sd}(z,k)) = \int \mathrm{dc}(z,k)\,\mathrm{ds}(z,k)\,\mathrm{ns}(z,k)\,dz,\\
&\int \mathrm{nc}(z,k)\,\mathrm{ns}^2(z,k)\,dz = -\mathrm{ds}(z,k) + \frac{1}{k'}\,\mathrm{ar\,tanh}(k'\,\mathrm{sd}(z,k)),\\
&\int \mathrm{nc}(z,k)\,\mathrm{nd}^2(z,k)\,dz = \frac{-k^2}{k'^2}\,\mathrm{sd}(z,k) + \frac{1}{k'^3}\,\mathrm{ar\,tanh}(k'\,\mathrm{sd}(z,k)),\\
&\int \mathrm{nc}(z,k)\,\mathrm{sd}^2(z,k)\,dz = \frac{-1}{k'^2}\,\mathrm{sd}(z,k) + \frac{1}{k'^3}\,\mathrm{ar\,tanh}(k'\,\mathrm{sd}(z,k)) = \int \mathrm{sc}(z,k)\,\mathrm{nd}(z,k)\,\mathrm{sd}(z,k)\,dz,\\
&\int \mathrm{dc}(z,k)\,\mathrm{sc}^2(z,k)\,dz = \tfrac{1}{2}\,\mathrm{sc}(z,k)\,\mathrm{nc}(z,k) - \tfrac{1}{2}\,\mathrm{ar\,tanh\,sn}(z,k),\\
&\int \mathrm{dc}(z,k)\,\mathrm{nc}^2(z,k)\,dz = \tfrac{1}{2}\,\mathrm{sc}(z,k)\,\mathrm{nc}(z,k) + \tfrac{1}{2}\,\mathrm{ar\,tanh\,sn}(z,k),\\
&\int \mathrm{dc}(z,k)\,\mathrm{ds}^2(z,k)\,dz = -\mathrm{ns}(z,k) + k'^2\,\mathrm{ar\,tanh\,sn}(z,k),
\end{aligned}\right\}\quad(1087)$$

$$\int \operatorname{dc}(z,k)\operatorname{ns}^2(z,k)\,dz = -\operatorname{ns}(z,k) + \operatorname{ar\,tanh}\operatorname{sn}(z,k) = \int \operatorname{nc}(z,k)\operatorname{ds}(z,k)\operatorname{ns}(z,k)\,dz,$$

$$\int \operatorname{dc}(z,k)\operatorname{dn}^2(z,k)\,dz = k^2\operatorname{sn}(z,k) + k'^2\operatorname{ar\,tanh}\operatorname{sn}(z,k),$$

$$\int \operatorname{dc}(z,k)\operatorname{sn}^2(z,k)\,dz = -\operatorname{sn}(z,k) + \operatorname{ar\,tanh}\operatorname{sn}(z,k) = \int \operatorname{sc}(z,k)\operatorname{sn}(z,k)\operatorname{dn}(z,k)\,dz.$$

$$\int \operatorname{nd}(z,k)\operatorname{sd}^2(z,k)\,dz = \frac{-1}{2k'^2}\operatorname{sd}(z,k)\operatorname{cd}(z,k) - \frac{1}{2k'^3}\operatorname{arc\,tan}\frac{\operatorname{cs}(z,k)}{k'},$$

$$\int \operatorname{nd}(z,k)\operatorname{cd}^2(z,k)\,dz = \frac{1}{2}\operatorname{sd}(z,k)\operatorname{cd}(z,k) - \frac{1}{2k'}\operatorname{arc\,tan}\frac{\operatorname{cs}(z,k)}{k'},$$

$$\int \operatorname{nd}(z,k)\operatorname{cs}^2(z,k)\,dz = -\operatorname{cs}(z,k) + k'\operatorname{arc\,tan}\frac{\operatorname{cs}(z,k)}{k'} = \int \operatorname{cd}(z,k)\operatorname{ns}(z,k)\operatorname{cs}(z,k)\,dz,$$

$$\int \operatorname{nd}(z,k)\operatorname{ns}^2(z,k)\,dz = -\operatorname{cs}(z,k) - \frac{k^2}{k'}\operatorname{arc\,tan}\frac{\operatorname{cs}(z,k)}{k'},$$

$$\int \operatorname{nd}(z,k)\operatorname{sc}^2(z,k)\,dz = \frac{1}{k'^2}\operatorname{sc}(z,k) + \frac{1}{k'^3}\operatorname{arc\,tan}\frac{\operatorname{cs}(z,k)}{k'} = \int \operatorname{sd}(z,k)\operatorname{sc}(z,k)\operatorname{nc}(z,k)\,dz,$$

$$\int \operatorname{nd}(z,k)\operatorname{nc}^2(z,k)\,dz = \frac{1}{k'^2}\operatorname{sc}(z,k) + \frac{k^2}{k'^3}\operatorname{arc\,tan}\frac{\operatorname{cs}(z,k)}{k'},$$

$$\int \operatorname{sd}(z,k)\operatorname{nd}^2(z,k)\,dz = \frac{-1}{2k'^2}\operatorname{nd}(z,k)\operatorname{cd}(z,k) - \frac{1}{2k\,k'^3}\operatorname{arc\,tan}\frac{k\operatorname{cn}(z,k)}{k'},$$

$$\int \operatorname{sd}(z,k)\operatorname{cd}^2(z,k)\,dz = \frac{1}{2k^2}\operatorname{nd}(z,k)\operatorname{cd}(z,k) - \frac{1}{2k'\,k^3}\operatorname{arc\,tan}\frac{k\operatorname{cn}(z,k)}{k'},$$

$$\int \operatorname{sd}(z,k)\operatorname{sc}^2(z,k)\,dz = \frac{1}{k'^2}\operatorname{nc}(z,k) + \frac{1}{k\,k'^3}\operatorname{arc\,tan}\frac{k\operatorname{cn}(z,k)}{k'},$$

$$\int \operatorname{sd}(z,k)\operatorname{nc}^2(z,k)\,dz = \frac{1}{k'^2}\operatorname{nc}(z,k) + \frac{k}{k'^3}\operatorname{arc\,tan}\frac{k\operatorname{cn}(z,k)}{k'} = \int \operatorname{nd}(z,k)\operatorname{sc}(z,k)\operatorname{nc}(z,k)\,dz,$$

$$\int \operatorname{sd}(z,k)\operatorname{cn}^2(z,k)\,dz = \frac{-1}{k^2}\operatorname{cn}(z,k) + \frac{k'}{k^3}\operatorname{arc\,tan}\frac{k\operatorname{cn}(z,k)}{k'} = \int \operatorname{cd}(z,k)\operatorname{cn}(z,k)\operatorname{sn}(z,k)\,dz,$$

$$\int \operatorname{sd}(z,k)\operatorname{sn}^2(z,k)\,dz = \frac{1}{k^2}\operatorname{cn}(z,k) - \frac{1}{k'\,k^3}\operatorname{arc\,tan}\frac{k\operatorname{cn}(z,k)}{k'},$$

$$\int \operatorname{cd}(z,k)\operatorname{nd}^2(z,k)\,dz = \frac{1}{2}\operatorname{nd}(z,k)\operatorname{sd}(z,k) + \frac{1}{2k}\operatorname{ar\,tanh}(k\operatorname{sn}(z,k)),$$

$$\int \operatorname{cd}(z,k)\operatorname{sd}^2(z,k)\,dz = \frac{1}{2k^2}\operatorname{nd}(z,k)\operatorname{sd}(z,k) - \frac{1}{2k^3}\operatorname{ar\,tanh}(k\operatorname{sn}(z,k)),$$

$$\int \operatorname{cd}(z,k)\operatorname{cs}^2(z,k)\,dz = -\operatorname{ns}(z,k) - \frac{k'^2}{k}\operatorname{ar\,tanh}(k\operatorname{sn}(z,k)),$$

$$\int \operatorname{cd}(z,k)\operatorname{ns}^2(z,k)\,dz = -\operatorname{ns}(z,k) + k\operatorname{ar\,tanh}(k\operatorname{sn}(z,k)) = \int \operatorname{nd}(z,k)\operatorname{ns}(z,k)\operatorname{cs}(z,k)\,dz,$$

$$\int \operatorname{cd}(z,k)\operatorname{cn}^2(z,k)\,dz = \frac{1}{k^2}\operatorname{sn}(z,k) - \frac{k'^2}{k^3}\operatorname{ar\,tanh}(k\operatorname{sn}(z,k)),$$

$$\int \operatorname{cd}(z,k)\operatorname{sn}^2(z,k)\,dz = \frac{-1}{k^2}\operatorname{sn}(z,k) + \frac{1}{k^3}\operatorname{ar\,tanh}(k\operatorname{sn}(z,k)) = \int \operatorname{sd}(z,k)\operatorname{cn}(z,k)\operatorname{sn}(z,k)\,dz.$$

(1088)

$$\int \operatorname{dn}(z,k)\operatorname{cn}^2(z,k)\,dz = \tfrac{1}{2}\operatorname{cn}(z,k)\operatorname{sn}(z,k) - \tfrac{1}{2}\operatorname{arc\,tan}\operatorname{cs}(z,k),$$

$$\int \operatorname{dn}(z,k)\operatorname{sn}^2(z,k)\,dz = -\tfrac{1}{2}\operatorname{cn}(z,k)\operatorname{sn}(z,k) - \tfrac{1}{2}\operatorname{arc\,tan}\operatorname{cs}(z,k),$$

$$\int \operatorname{dn}(z,k)\operatorname{cs}^2(z,k)\,dz = -\operatorname{cs}(z,k) + \operatorname{arc\,tan}\operatorname{cs}(z,k) = \int \operatorname{cn}(z,k)\operatorname{cs}(z,k)\operatorname{ds}(z,k)\,dz,$$

$$\int \operatorname{dn}(z,k)\operatorname{ds}^2(z,k)\,dz = -\operatorname{cs}(z,k) + k^2\operatorname{arc\,tan}\operatorname{cs}(z,k),$$

$$\int \operatorname{dn}(z,k)\operatorname{sc}^2(z,k)\,dz = \operatorname{sc}(z,k) + \operatorname{arc\,tan}\operatorname{cs}(z,k) = \int \operatorname{sn}(z,k)\operatorname{dc}(z,k)\operatorname{sc}(z,k)\,dz,$$

$$\int \operatorname{dn}(z,k)\operatorname{dc}^2(z,k)\,dz = k'^2\operatorname{sc}(z,k) - k^2\operatorname{arc\,tan}\operatorname{cs}(z,k),$$

$$\int \operatorname{cn}(z,k)\operatorname{sn}^2(z,k)\,dz = \frac{-1}{2k^2}\operatorname{sn}(z,k)\operatorname{dn}(z,k) + \frac{1}{2k^3}\operatorname{arc\,tan}(k\operatorname{sd}(z,k)),$$

$$\int \operatorname{cn}(z,k)\operatorname{dn}^2(z,k)\,dz = \frac{1}{2}\operatorname{sn}(z,k)\operatorname{dn}(z,k) + \frac{1}{2k}\operatorname{arc\,tan}(k\operatorname{sd}(z,k)),$$

$$
\left.
\begin{aligned}
&\int \operatorname{cn}(z,k)\operatorname{cs}^2(z,k)\,dz = -\operatorname{ds}(z,k) - \frac{1}{k}\operatorname{arc\,tan}(k\operatorname{sd}(z,k)),\\
&\int \operatorname{cn}(z,k)\operatorname{ds}^2(z,k)\,dz = -\operatorname{ds}(z,k) - k\operatorname{arc\,tan}(k\operatorname{sd}(z,k)) = \int \operatorname{dn}(z,k)\operatorname{cs}(z,k)\operatorname{ds}(z,k)\,dz,\\
&\int \operatorname{cn}(z,k)\operatorname{sd}^2(z,k)\,dz = \frac{1}{k^2}\operatorname{sd}(z,k) - \frac{1}{k^3}\operatorname{arc\,tan}(k\operatorname{sd}(z,k)) = \int \operatorname{sn}(z,k)\operatorname{sd}(z,k)\operatorname{cd}(z,k)\,dz,\\
&\int \operatorname{cn}(z,k)\operatorname{cd}^2(z,k)\,dz = \frac{-k'^2}{k^2}\operatorname{sd}(z,k) + \frac{1}{k^3}\operatorname{arc\,tan}(k\operatorname{sd}(z,k)),\\
&\int \operatorname{sn}(z,k)\operatorname{dn}^2(z,k)\,dz = -\frac{1}{2}\operatorname{dn}(z,k)\operatorname{cn}(z,k) - \frac{k'^2}{2k}\operatorname{ar\,tanh}(k\operatorname{cd}(z,k)),\\
&\int \operatorname{sn}(z,k)\operatorname{cn}^2(z,k)\,dz = \frac{-1}{2k^2}\operatorname{dn}(z,k)\operatorname{cn}(z,k) + \frac{k'^2}{2k^3}\operatorname{ar\,tanh}(k\operatorname{cd}(z,k)),\\
&\int \operatorname{sn}(z,k)\operatorname{sd}^2(z,k)\,dz = \frac{-1}{k^2k'^2}\operatorname{cd}(z,k) + \frac{1}{k^3}\operatorname{ar\,tanh}(k\operatorname{cd}(z,k)),\\
&\int \operatorname{sn}(z,k)\operatorname{cd}^2(z,k)\,dz = \frac{1}{k^2}\operatorname{cd}(z,k) - \frac{1}{k^3}\operatorname{ar\,tanh}(k\operatorname{cd}(z,k)) = \int \operatorname{cn}(z,k)\operatorname{sd}(z,k)\operatorname{cd}(z,k)\,dz,\\
&\int \operatorname{sn}(z,k)\operatorname{sc}^2(z,k)\,dz = \frac{1}{k'^2}\operatorname{dc}(z,k) + \frac{1}{k}\operatorname{ar\,tanh}(k\operatorname{cd}(z,k)),\\
&\int \operatorname{sn}(z,k)\operatorname{dc}^2(z,k)\,dz = \operatorname{dc}(z,k) - k\operatorname{ar\,tanh}(k\operatorname{cd}(z,k)) = \int \operatorname{dn}(z,k)\operatorname{dc}(z,k)\operatorname{sc}(z,k)\,dz.
\end{aligned}
\right\} \quad (1089)
$$

$$
\begin{aligned}
&\int \operatorname{cs}(z,k)\operatorname{ds}(z,k)\operatorname{ns}(z,k)\,dz = -\frac{\wp_1(z,k)}{2}, \quad \int \operatorname{nd}(z,k)\operatorname{sd}(z,k)\operatorname{cd}(z,k)\,dz = -\frac{\wp_3(z,k)}{2k^2k'^2},\\
&\int \operatorname{sc}(z,k)\operatorname{nc}(z,k)\operatorname{dc}(z,k)\,dz = +\frac{\wp_2(z,k)}{2k'^2}, \quad \int \operatorname{dn}(z,k)\operatorname{cn}(z,k)\operatorname{sn}(z,k)\,dz = +\frac{\wp_4(z,k)}{2k^2}.
\end{aligned}
\quad (1090)
$$

160. Die 72 Integrale der Quotienten aus Jacobischen elliptischen Funktionen und ihren von 1 abgezogenen λ^2-fachen Quadraten und 12 Spezialintegrale

Nach (878) stellen sich die Integrale der JACOBIschen elliptischen Funktionen als ar tanh- oder arc tan-Funktionen JACOBIscher elliptischer Funktionen unter Einschluß multiplikativer Konstanten dar. Eine ähnliche Darstellung besitzen auch die Integrale der Quotienten aus JACOBIschen elliptischen Funktionen und ihren von 1 abgezogenen λ^2-fachen Quadraten. Man erkennt dies, wenn die Ableitungen der Funktionen

$$\frac{\partial}{\partial z}\operatorname{ar\,tanh}(c\operatorname{sn}(z,k)),\quad \frac{\partial}{\partial z}\operatorname{ar\,tanh}(c\operatorname{cn}(z,k))\quad \text{usw.}$$

unter Beachtung von (828) gebildet und mit Hilfe von (784) und (770) so umgeformt werden, daß die vorerwähnten Quotienten entstehen. In diesen stellen sich die Beiwerte in der Form $\lambda^2 = f(c)$ dar, woraus durch Auflösung $c = \varphi(\lambda^2)$ folgt. Wird der gesamte Beiwertbereich $-\infty < \lambda^2 < +\infty$ betrachtet, so gehen die ar tanh-Funktionen teilweise in ar coth-Funktionen und teilweise auch in arc tan-Funktionen mit Ausartungen an den Übergangsstellen über, dergestalt, daß sich immer sechs Beiwertbereiche einschließlich der Ausartungsstellen ergeben. Diesen entsprechen bei jeder abgeleiteten ar tanh-Funktion sechs Integrale. Der 72 Integrale enthaltende Formelsatz lautet:

$$
\begin{aligned}
&\int_z^K \frac{\operatorname{sn}(\bar z,k)\,d\bar z}{1-\lambda^2\operatorname{sn}^2(\bar z,k)} = +\frac{\operatorname{ar\,tanh}\left[\sqrt{\dfrac{k^2-\lambda^2}{1-\lambda^2}}\operatorname{cd}(z,k)\right]}{\sqrt{(1-\lambda^2)(k^2-\lambda^2)}} && (-\infty < \lambda^2 < k^2),\\
&\int_z^K \frac{\operatorname{sn}(\bar z,k)\,d\bar z}{1-\lambda^2\operatorname{sn}^2(\bar z,k)} = +\frac{\operatorname{cd}(z,k)}{k'^2} && (\lambda^2 = k^2),\\
&\int_z^K \frac{\operatorname{sn}(\bar z,k)\,d\bar z}{1-\lambda^2\operatorname{sn}^2(\bar z,k)} = +\frac{\operatorname{arc\,tan}\left[\sqrt{\dfrac{\lambda^2-k^2}{1-\lambda^2}}\operatorname{cd}(z,k)\right]}{\sqrt{(1-\lambda^2)(\lambda^2-k^2)}} && (k^2 < \lambda^2 < 1),
\end{aligned}
$$

$$\int_0^z \frac{\operatorname{sn}(\bar z, k)\, d\bar z}{1-\lambda^2 \operatorname{sn}^2(\bar z, k)} = + \frac{\operatorname{dc}(z,k) - 1}{k'^2} \qquad (\lambda^2 = 1),$$

$$\int_z^K \frac{\operatorname{sn}(\bar z, k)\, d\bar z}{1-\lambda^2 \operatorname{sn}^2(\bar z, k)} = - \frac{\operatorname{ar\,tanh}\left[\sqrt{\frac{\lambda^2-k^2}{\lambda^2-1}}\operatorname{cd}(z,k)\right]}{\sqrt{(\lambda^2-1)(\lambda^2-k^2)}} \qquad \left(1<\lambda^2<\infty,\ \operatorname{cd} \leqq \sqrt{\frac{\lambda^2-1}{\lambda^2-k^2}}\right),$$

$$\int_0^z \frac{\operatorname{sn}(\bar z, k)\, d\bar z}{1-\lambda^2 \operatorname{sn}^2(\bar z, k)} = - \frac{\operatorname{ar\,tanh}\dfrac{1-\operatorname{cd}(z,k)}{\sqrt{\frac{\lambda^2-k^2}{\lambda^2-1}}\operatorname{cd}(z,k) - \sqrt{\frac{\lambda^2-1}{\lambda^2-k^2}}}}{\sqrt{(\lambda^2-1)(\lambda^2-k^2)}} \qquad \left(1<\lambda^2<\infty,\ \operatorname{cd} \geqq \sqrt{\frac{\lambda^2-1}{\lambda^2-k^2}}\right);$$

$$\int_z^K \frac{\operatorname{ns}(\bar z, k)\, d\bar z}{1-\lambda^2 \operatorname{ns}^2(\bar z, k)} = + \frac{\operatorname{ar\,tanh}\left[\sqrt{\frac{1-k^2\lambda^2}{1-\lambda^2}}\operatorname{cd}(z,k)\right]}{\sqrt{(1-\lambda^2)(1-k^2\lambda^2)}} \qquad (-\infty<\lambda^2<1),$$

$$\int_0^z \frac{\operatorname{ns}(\bar z, k)\, d\bar z}{1-\lambda^2 \operatorname{ns}^2(\bar z, k)} = + \frac{1-\operatorname{dc}(z,k)}{k'^2} \qquad (\lambda^2 = 1),$$

$$\int_z^K \frac{\operatorname{ns}(\bar z, k)\, d\bar z}{1-\lambda^2 \operatorname{ns}^2(\bar z, k)} = - \frac{\operatorname{arc\,tan}\left[\sqrt{\frac{k^2\lambda^2-1}{1-\lambda^2}}\operatorname{cd}(z,k)\right]}{\sqrt{(1-\lambda^2)(k^2\lambda^2-1)}} \qquad \left(1<\lambda^2<\frac{1}{k^2}\right),$$

$$\int_z^K \frac{\operatorname{ns}(\bar z, k)\, d\bar z}{1-\lambda^2 \operatorname{ns}^2(\bar z, k)} = - \frac{k^2 \operatorname{cd}(z,k)}{k'^2} \qquad \left(\lambda^2 = \frac{1}{k^2}\right),$$

$$\int_z^K \frac{\operatorname{ns}(\bar z, k)\, d\bar z}{1-\lambda^2 \operatorname{ns}^2(\bar z, k)} = - \frac{\operatorname{ar\,tanh}\left[\sqrt{\frac{k^2\lambda^2-1}{\lambda^2-1}}\operatorname{cd}(z,k)\right]}{\sqrt{(\lambda^2-1)(k^2\lambda^2-1)}} \qquad \left(\frac{1}{k^2}<\lambda^2<\infty,\ \operatorname{cd} \leqq \sqrt{\frac{\lambda^2-1}{k^2\lambda^2-1}}\right),$$

$$\int_0^z \frac{\operatorname{ns}(\bar z, k)\, d\bar z}{1-\lambda^2 \operatorname{ns}^2(\bar z, k)} = - \frac{\operatorname{ar\,tanh}\dfrac{1-\operatorname{cd}(z,k)}{\sqrt{\frac{k^2\lambda^2-1}{\lambda^2-1}}\operatorname{cd}(z,k) - \sqrt{\frac{\lambda^2-1}{k^2\lambda^2-1}}}}{\sqrt{(\lambda^2-1)(k^2\lambda^2-1)}} \qquad \left(\frac{1}{k^2}<\lambda^2<\infty,\ \operatorname{cd} \geqq \sqrt{\frac{\lambda^2-1}{k^2\lambda^2-1}}\right).$$

(1091)

$$\int_0^z \frac{\operatorname{cn}(\bar z, k)\, d\bar z}{1-\lambda^2 \operatorname{cn}^2(\bar z, k)} = + \frac{\operatorname{ar\,tanh}\left[\sqrt{\frac{k^2+k'^2\lambda^2}{\lambda^2-1}}\operatorname{sd}(z,k)\right]}{\sqrt{(\lambda^2-1)(k^2+k'^2\lambda^2)}} \qquad \left(-\infty<\lambda^2<-\frac{k^2}{k'^2}\right),$$

$$\int_0^z \frac{\operatorname{cn}(\bar z, k)\, d\bar z}{1-\lambda^2 \operatorname{cn}^2(\bar z, k)} = + k'^2 \operatorname{sd}(z,k) \qquad \left(\lambda^2 = -\frac{k^2}{k'^2}\right),$$

$$\int_0^z \frac{\operatorname{cn}(\bar z, k)\, d\bar z}{1-\lambda^2 \operatorname{cn}^2(\bar z, k)} = + \frac{\operatorname{arc\,tan}\left[\sqrt{\frac{k^2+k'^2\lambda^2}{1-\lambda^2}}\operatorname{sd}(z,k)\right]}{\sqrt{(1-\lambda^2)(k^2+k'^2\lambda^2)}} \qquad \left(-\frac{k^2}{k'^2}<\lambda^2<1\right),$$

$$\int_z^K \frac{\operatorname{cn}(\bar z, k)\, d\bar z}{1-\lambda^2 \operatorname{cn}^2(\bar z, k)} = + [\operatorname{ds}(z,k) - k'] \qquad (\lambda^2 = 1),$$

$$\int_0^z \frac{\operatorname{cn}(\bar z, k)\, d\bar z}{1-\lambda^2 \operatorname{cn}^2(\bar z, k)} = - \frac{\operatorname{ar\,tanh}\left[\sqrt{\frac{k^2+k'^2\lambda^2}{\lambda^2-1}}\operatorname{sd}(z,k)\right]}{\sqrt{(\lambda^2-1)(k^2+k'^2\lambda^2)}} \qquad \left(1<\lambda^2<\infty,\ \operatorname{sd} \leqq \sqrt{\frac{\lambda^2-1}{k^2+k'^2\lambda^2}}\right),$$

$$\int_z^K \frac{\operatorname{cn}(\bar z, k)\, d\bar z}{1-\lambda^2 \operatorname{cn}^2(\bar z, k)} = - \frac{\operatorname{ar\,tanh}\dfrac{1-k'\operatorname{sd}(z,k)}{\sqrt{\frac{k^2+k'^2\lambda^2}{\lambda^2-1}}\operatorname{sd}(z,k) - k'\sqrt{\frac{\lambda^2-1}{k^2+k'^2\lambda^2}}}}{\sqrt{(\lambda^2-1)(k^2+k'^2\lambda^2)}} \qquad \left(1<\lambda^2<\infty,\ \operatorname{sd} \geqq \sqrt{\frac{\lambda^2-1}{k^2+k'^2\lambda^2}}\right);$$

$$\left.\begin{aligned}
&\int_0^z \frac{\operatorname{nc}(\bar z,k)\,d\bar z}{1-\lambda^2\operatorname{nc}^2(\bar z,k)} = +\frac{\operatorname{arc\,tan}\left[\sqrt{\frac{k'^2+k^2\lambda^2}{\lambda^2-1}}\operatorname{sd}(z,k)\right]}{\sqrt{(\lambda^2-1)(k'^2+k^2\lambda^2)}} && \left(-\infty<\lambda^2<-\frac{k'^2}{k^2}\right),\\
&\int_0^z \frac{\operatorname{nc}(\bar z,k)\,d\bar z}{1-\lambda^2\operatorname{nc}^2(\bar z,k)} = +k^2\operatorname{sd}(z,k) && \left(\lambda^2=-\frac{k'^2}{k^2}\right),\\
&\int_0^z \frac{\operatorname{nc}(\bar z,k)\,d\bar z}{1-\lambda^2\operatorname{nc}^2(\bar z,k)} = +\frac{\operatorname{ar\,tanh}\left[\sqrt{\frac{k'^2+k^2\lambda^2}{1-\lambda^2}}\operatorname{sd}(z,k)\right]}{\sqrt{(1-\lambda^2)(k'^2+k^2\lambda^2)}} && \left(-\frac{k'^2}{k^2}<\lambda^2<1,\ \operatorname{sd}\leqq\sqrt{\frac{1-\lambda^2}{k'^2+k^2\lambda^2}}\right),\\
&\int_z^K \frac{\operatorname{nc}(\bar z,k)\,d\bar z}{1-\lambda^2\operatorname{nc}^2(\bar z,k)} = +\frac{\operatorname{ar\,tanh}\dfrac{1-k'\operatorname{sd}(z,k)}{\sqrt{\frac{k'^2+k^2\lambda^2}{1-\lambda^2}}\operatorname{sd}(z,k)-k'\sqrt{\frac{1-\lambda^2}{k'^2+k^2\lambda^2}}}}{\sqrt{(1-\lambda^2)(k'^2+k^2\lambda^2)}} && \left(-\frac{k'^2}{k^2}<\lambda^2<1,\ \operatorname{sd}\geqq\sqrt{\frac{1-\lambda^2}{k'^2+k^2\lambda^2}}\right),\\
&\int_z^K \frac{\operatorname{nc}(\bar z,k)\,d\bar z}{1-\lambda^2\operatorname{nc}^2(\bar z,k)} = -[\operatorname{ds}(z,k)-k'] && (\lambda^2=1),\\
&\int_0^z \frac{\operatorname{nc}(\bar z,k)\,d\bar z}{1-\lambda^2\operatorname{nc}^2(\bar z,k)} = -\frac{\operatorname{arc\,tan}\left[\sqrt{\frac{k'^2+k^2\lambda^2}{\lambda^2-1}}\operatorname{sd}(z,k)\right]}{\sqrt{(\lambda^2-1)(k'^2+k^2\lambda^2)}} && (1<\lambda^2<\infty).
\end{aligned}\right\}\tag{1092}$$

$$\left.\begin{aligned}
&\int_0^z \frac{\operatorname{dn}(\bar z,k)\,d\bar z}{1-\lambda^2\operatorname{dn}^2(\bar z,k)} = +\frac{\operatorname{arc\,tan}\left[\sqrt{\frac{1-k'^2\lambda^2}{1-\lambda^2}}\operatorname{sc}(z,k)\right]}{\sqrt{(1-\lambda^2)(1-k'^2\lambda^2)}} && (-\infty<\lambda^2<1),\\
&\int_z^K \frac{\operatorname{dn}(\bar z,k)\,d\bar z}{1-\lambda^2\operatorname{dn}^2(\bar z,k)} = +\frac{\operatorname{cs}(z,k)}{k^2} && (\lambda^2=1),\\
&\int_0^z \frac{\operatorname{dn}(\bar z,k)\,d\bar z}{1-\lambda^2\operatorname{dn}^2(\bar z,k)} = -\frac{\operatorname{ar\,tanh}\left[\sqrt{\frac{1-k'^2\lambda^2}{\lambda^2-1}}\operatorname{sc}(z,k)\right]}{\sqrt{(\lambda^2-1)(1-k'^2\lambda^2)}} && \left(1<\lambda^2<\frac{1}{k'^2},\ \operatorname{sc}\leqq\sqrt{\frac{\lambda^2-1}{1-k'^2\lambda^2}}\right),\\
&\int_z^K \frac{\operatorname{dn}(\bar z,k)\,d\bar z}{1-\lambda^2\operatorname{dn}^2(\bar z,k)} = -\frac{\operatorname{ar\,coth}\left[\sqrt{\frac{1-k'^2\lambda^2}{\lambda^2-1}}\operatorname{sc}(z,k)\right]}{\sqrt{(\lambda^2-1)(1-k'^2\lambda^2)}} && \left(1<\lambda^2<\frac{1}{k'^2},\ \operatorname{sc}\geqq\sqrt{\frac{\lambda^2-1}{1-k'^2\lambda^2}}\right),\\
&\int_0^z \frac{\operatorname{dn}(\bar z,k)\,d\bar z}{1-\lambda^2\operatorname{dn}^2(\bar z,k)} = -\frac{k'^2\operatorname{sc}(z,k)}{k^2} && \left(\lambda^2=\frac{1}{k'^2}\right),\\
&\int_0^z \frac{\operatorname{dn}(\bar z,k)\,d\bar z}{1-\lambda^2\operatorname{dn}^2(\bar z,k)} = -\frac{\operatorname{arc\,tan}\left[\sqrt{\frac{k'^2\lambda^2-1}{\lambda^2-1}}\operatorname{sc}(z,k)\right]}{\sqrt{(\lambda^2-1)(k'^2\lambda^2-1)}} && \left(\frac{1}{k'^2}<\lambda^2<\infty\right);\\
&\int_0^z \frac{\operatorname{nd}(\bar z,k)\,d\bar z}{1-\lambda^2\operatorname{nd}^2(\bar z,k)} = +\frac{\operatorname{arc\,tan}\left[\sqrt{\frac{k'^2-\lambda^2}{1-\lambda^2}}\operatorname{sc}(z,k)\right]}{\sqrt{(1-\lambda^2)(k'^2-\lambda^2)}} && (-\infty<\lambda^2<k'^2),\\
&\int_0^z \frac{\operatorname{nd}(\bar z,k)\,d\bar z}{1-\lambda^2\operatorname{nd}^2(\bar z,k)} = +\frac{\operatorname{sc}(z,k)}{k^2} && (\lambda^2=k'^2),\\
&\int_0^z \frac{\operatorname{nd}(\bar z,k)\,d\bar z}{1-\lambda^2\operatorname{nd}^2(\bar z,k)} = +\frac{\operatorname{ar\,tanh}\left[\sqrt{\frac{\lambda^2-k'^2}{1-\lambda^2}}\operatorname{sc}(z,k)\right]}{\sqrt{(1-\lambda^2)(\lambda^2-k'^2)}} && \left(k'^2<\lambda^2<1,\ \operatorname{sc}\leqq\sqrt{\frac{1-\lambda^2}{\lambda^2-k'^2}}\right),
\end{aligned}\right\}\tag{1093}$$

$$\int_z^K \frac{\operatorname{nd}(\bar z, k)\, d\bar z}{1-\lambda^2 \operatorname{nd}^2(\bar z, k)} = -\frac{\operatorname{ar\,coth}\left[\sqrt{\frac{\lambda^2-k'^2}{1-\lambda^2}}\operatorname{sc}(z,k)\right]}{\sqrt{(1-\lambda^2)(\lambda^2-k'^2)}} \qquad \left(k'^2<\lambda^2<1,\ \operatorname{sc} \geqq \sqrt{\frac{1-\lambda^2}{\lambda^2-k'^2}}\right),$$

$$\int_z^K \frac{\operatorname{nd}(\bar z, k)\, d\bar z}{1-\lambda^2 \operatorname{nd}^2(\bar z, k)} = -\frac{\operatorname{cs}(z,k)}{k^2} \qquad (\lambda^2=1),$$

$$\int_0^z \frac{\operatorname{nd}(\bar z, k)\, d\bar z}{1-\lambda^2 \operatorname{nd}^2(\bar z, k)} = -\frac{\operatorname{arc\,tan}\left[\sqrt{\frac{\lambda^2-k'^2}{\lambda^2-1}}\operatorname{sc}(z,k)\right]}{\sqrt{(\lambda^2-1)(\lambda^2-k'^2)}} \qquad (1<\lambda^2<\infty).$$

$$\int_0^z \frac{\operatorname{cd}(\bar z, k)\, d\bar z}{1-\lambda^2 \operatorname{cd}^2(\bar z, k)} = +\frac{\operatorname{ar\,tanh}\left[\sqrt{\frac{k^2-\lambda^2}{1-\lambda^2}}\operatorname{sn}(z,k)\right]}{\sqrt{(1-\lambda^2)(k^2-\lambda^2)}} \qquad (-\infty<\lambda^2<k^2),$$

$$\int_0^z \frac{\operatorname{cd}(\bar z, k)\, d\bar z}{1-\lambda^2 \operatorname{cd}^2(\bar z, k)} = +\frac{\operatorname{sn}(z,k)}{k'^2} \qquad (\lambda^2=k^2),$$

$$\int_0^z \frac{\operatorname{cd}(\bar z, k)\, d\bar z}{1-\lambda^2 \operatorname{cd}^2(\bar z, k)} = +\frac{\operatorname{arc\,tan}\left[\sqrt{\frac{\lambda^2-k^2}{1-\lambda^2}}\operatorname{sn}(z,k)\right]}{\sqrt{(1-\lambda^2)(\lambda^2-k^2)}} \qquad (k^2<\lambda^2<1),$$

$$\int_z^K \frac{\operatorname{cd}(\bar z, k)\, d\bar z}{1-\lambda^2 \operatorname{cd}^2(\bar z, k)} = +\frac{\operatorname{ns}(z,k)-1}{k'^2} \qquad (\lambda^2=1),$$

$$\int_0^z \frac{\operatorname{cd}(\bar z, k)\, d\bar z}{1-\lambda^2 \operatorname{cd}^2(\bar z, k)} = -\frac{\operatorname{ar\,tanh}\left[\sqrt{\frac{\lambda^2-k^2}{\lambda^2-1}}\operatorname{sn}(z,k)\right]}{\sqrt{(\lambda^2-1)(\lambda^2-k^2)}} \qquad \left(1<\lambda^2<\infty,\ \operatorname{sn} \leqq \sqrt{\frac{\lambda^2-1}{\lambda^2-k^2}}\right),$$

$$\int_z^K \frac{\operatorname{cd}(\bar z, k)\, d\bar z}{1-\lambda^2 \operatorname{cd}^2(\bar z, k)} = -\frac{\operatorname{ar\,tanh}\dfrac{1-\operatorname{sn}(z,k)}{\sqrt{\frac{\lambda^2-k^2}{\lambda^2-1}}\operatorname{sn}(z,k)-\sqrt{\frac{\lambda^2-1}{\lambda^2-k^2}}}}{\sqrt{(\lambda^2-1)(\lambda^2-k^2)}} \qquad \left(1<\lambda^2<\infty,\ \operatorname{sn} \geqq \sqrt{\frac{\lambda^2-1}{\lambda^2-k^2}}\right);$$

$$\int_0^z \frac{\operatorname{dc}(\bar z, k)\, d\bar z}{1-\lambda^2 \operatorname{dc}^2(\bar z, k)} = +\frac{\operatorname{ar\,tanh}\left[\sqrt{\frac{1-k^2\lambda^2}{1-\lambda^2}}\operatorname{sn}(z,k)\right]}{\sqrt{(1-\lambda^2)(1-k^2\lambda^2)}} \qquad \left(-\infty<\lambda^2<1,\ \operatorname{sn} \leqq \sqrt{\frac{1-\lambda^2}{1-k^2\lambda^2}}\right), \qquad (1094)$$

$$\int_z^K \frac{\operatorname{dc}(\bar z, k)\, d\bar z}{1-\lambda^2 \operatorname{dc}^2(\bar z, k)} = +\frac{\operatorname{ar\,tanh}\dfrac{1-\operatorname{sn}(z,k)}{\sqrt{\frac{1-k^2\lambda^2}{1-\lambda^2}}\operatorname{sn}(z,k)-\sqrt{\frac{1-\lambda^2}{1-k^2\lambda^2}}}}{\sqrt{(1-\lambda^2)(1-k^2\lambda^2)}} \qquad \left(-\infty<\lambda^2<1,\ \operatorname{sn} \geqq \sqrt{\frac{1-\lambda^2}{1-k^2\lambda^2}}\right),$$

$$\int_0^z \frac{\operatorname{dc}(\bar z, k)\, d\bar z}{1-\lambda^2 \operatorname{dc}^2(\bar z, k)} = -\frac{\operatorname{arc\,tan}\left[\sqrt{\frac{1-k^2\lambda^2}{\lambda^2-1}}\operatorname{sn}(z,k)\right]}{\sqrt{(\lambda^2-1)(1-k^2\lambda^2)}} \qquad \left(1<\lambda^2<\frac{1}{k^2}\right),$$

$$\int_z^K \frac{\operatorname{dc}(\bar z, k)\, d\bar z}{1-\lambda^2 \operatorname{dc}^2(\bar z, k)} = \frac{1-\operatorname{ns}(z,k)}{k'^2} \qquad (\lambda^2=1),$$

$$\int_0^z \frac{\operatorname{dc}(\bar z, k)\, d\bar z}{1-\lambda^2 \operatorname{dc}^2(\bar z, k)} = -\frac{k^2\operatorname{sn}(z,k)}{k'^2} \qquad \left(\lambda^2=\frac{1}{k^2}\right),$$

$$\int_0^z \frac{\operatorname{dc}(\bar z, k)\, d\bar z}{1-\lambda^2 \operatorname{dc}^2(\bar z, k)} = -\frac{\operatorname{ar\,tanh}\left[\sqrt{\frac{k^2\lambda^2-1}{\lambda^2-1}}\operatorname{sn}(z,k)\right]}{\sqrt{(\lambda^2-1)(k^2\lambda^2-1)}} \qquad \left(\frac{1}{k^2}<\lambda^2<\infty,\ \operatorname{sn} \leqq \sqrt{\frac{\lambda^2-1}{k^2\lambda^2-1}}\right),$$

$$\int_z^K \frac{\operatorname{dc}(\bar z, k)\, d\bar z}{1-\lambda^2 \operatorname{dc}^2(\bar z, k)} = -\frac{\operatorname{ar\,tanh}\dfrac{1-\operatorname{sn}(z,k)}{\sqrt{\frac{k^2\lambda^2-1}{\lambda^2-1}}\operatorname{sn}(z,k)-\sqrt{\frac{\lambda^2-1}{k^2\lambda^2-1}}}}{\sqrt{(\lambda^2-1)(k^2\lambda^2-1)}} \qquad \left(\frac{1}{k^2}<\lambda^2<\infty,\ \operatorname{sn} \geqq \sqrt{\frac{\lambda^2-1}{k^2\lambda^2-1}}\right).$$

$$\left.\begin{aligned}
&\int\limits_z^K \frac{\operatorname{sd}(\bar z,k)\,d\bar z}{1-\lambda^2\operatorname{sd}^2(\bar z,k)} = +\frac{\operatorname{ar\,tanh}\left[\sqrt{\dfrac{\lambda^2+k^2}{\lambda^2-k'^2}}\operatorname{cn}(z,k)\right]}{\sqrt{(\lambda^2+k^2)(\lambda^2-k'^2)}} && (-\infty<\lambda^2<-k^2),\\
&\int\limits_z^K \frac{\operatorname{sd}(\bar z,k)\,d\bar z}{1-\lambda^2\operatorname{sd}^2(\bar z,k)} = +\operatorname{cn}(z,k) && (\lambda^2=-k^2),\\
&\int\limits_z^K \frac{\operatorname{sd}(\bar z,k)\,d\bar z}{1-\lambda^2\operatorname{sd}^2(\bar z,k)} = +\frac{\operatorname{arc\,tan}\left[\sqrt{\dfrac{\lambda^2+k^2}{k'^2-\lambda^2}}\operatorname{cn}(z,k)\right]}{\sqrt{(\lambda^2+k^2)(k'^2-\lambda^2)}} && (-k^2<\lambda^2<k'^2),\\
&\int\limits_0^z \frac{\operatorname{sd}(\bar z,k)\,d\bar z}{1-\lambda^2\operatorname{sd}^2(\bar z,k)} = +[\operatorname{nc}(z,k)-1] && (\lambda^2=k'^2),\\
&\int\limits_z^K \frac{\operatorname{sd}(\bar z,k)\,d\bar z}{1-\lambda^2\operatorname{sd}^2(\bar z,k)} = -\frac{\operatorname{ar\,tanh}\left[\sqrt{\dfrac{\lambda^2+k^2}{\lambda^2-k'^2}}\operatorname{cn}(z,k)\right]}{\sqrt{(\lambda^2+k^2)(\lambda^2-k'^2)}} && \left(k'^2<\lambda^2<\infty,\ \operatorname{cn}\leqq\sqrt{\frac{\lambda^2-k'^2}{\lambda^2+k^2}}\right),\\
&\int\limits_0^z \frac{\operatorname{sd}(\bar z,k)\,d\bar z}{1-\lambda^2\operatorname{sd}^2(\bar z,k)} = +\frac{\operatorname{ar\,tanh}\dfrac{1-\operatorname{cn}(z,k)}{\sqrt{\dfrac{\lambda^2+k^2}{\lambda^2-k'^2}}\operatorname{cn}(z,k)-\sqrt{\dfrac{\lambda^2-k'^2}{\lambda^2+k^2}}}}{\sqrt{(\lambda^2+k^2)(\lambda^2-k'^2)}} && \left(k'^2<\lambda^2<\infty,\ \operatorname{cn}\geqq\sqrt{\frac{\lambda^2-k'^2}{\lambda^2+k^2}}\right);\\
&\int\limits_z^K \frac{\operatorname{ds}(\bar z,k)\,d\bar z}{1-\lambda^2\operatorname{ds}^2(\bar z,k)} = +\frac{\operatorname{arc\,tan}\left[\sqrt{\dfrac{k^2\lambda^2+1}{k'^2\lambda^2-1}}\operatorname{cn}(z,k)\right]}{\sqrt{(k^2\lambda^2+1)(k'^2\lambda^2-1)}} && \left(-\infty<\lambda^2<\frac{-1}{k^2}\right),\\
&\int\limits_z^K \frac{\operatorname{ds}(\bar z,k)\,d\bar z}{1-\lambda^2\operatorname{ds}^2(\bar z,k)} = +k^2\operatorname{cn}(z,k) && \left(\lambda^2=-\frac{1}{k^2}\right),\\
&\int\limits_z^K \frac{\operatorname{ds}(\bar z,k)\,d\bar z}{1-\lambda^2\operatorname{ds}^2(\bar z,k)} = +\frac{\operatorname{ar\,tanh}\left[\sqrt{\dfrac{1+k^2\lambda^2}{1-k'^2\lambda^2}}\operatorname{cn}(z,k)\right]}{\sqrt{(1+k^2\lambda^2)(1-k'^2\lambda^2)}} && \left(-\frac{1}{k^2}<\lambda^2<\frac{1}{k'^2},\ \operatorname{cn}\leqq\sqrt{\frac{1-k'^2\lambda^2}{1+k^2\lambda^2}}\right),\\
&\int\limits_0^z \frac{\operatorname{ds}(\bar z,k)\,d\bar z}{1-\lambda^2\operatorname{ds}^2(\bar z,k)} = -\frac{\operatorname{ar\,tanh}\dfrac{1-\operatorname{cn}(z,k)}{\sqrt{\dfrac{1+k^2\lambda^2}{1-k'^2\lambda^2}}\operatorname{cn}(z,k)-\sqrt{\dfrac{1-k'^2\lambda^2}{1+k^2\lambda^2}}}}{\sqrt{(1+k^2\lambda^2)(1-k'^2\lambda^2)}} && \left(-\frac{1}{k^2}<\lambda^2<\frac{1}{k'^2},\ \operatorname{cn}\geqq\sqrt{\frac{1-k'^2\lambda^2}{1+k^2\lambda^2}}\right),\\
&\int\limits_0^z \frac{\operatorname{ds}(\bar z,k)\,d\bar z}{1-\lambda^2\operatorname{ds}^2(\bar z,k)} = -k'^2[\operatorname{nc}(z,k)-1] && \left(\lambda^2=\frac{1}{k'^2}\right),\\
&\int\limits_z^K \frac{\operatorname{ds}(\bar z,k)\,d\bar z}{1-\lambda^2\operatorname{ds}^2(\bar z,k)} = -\frac{\operatorname{arc\,tan}\left[\sqrt{\dfrac{k^2\lambda^2+1}{k'^2\lambda^2-1}}\operatorname{cn}(z,k)\right]}{\sqrt{(k^2\lambda^2+1)(k'^2\lambda^2-1)}} && \left(\frac{1}{k'^2}<\lambda^2<\infty\right).
\end{aligned}\right\}\quad(1095)$$

$$\begin{aligned}
&\int\limits_0^z \frac{\operatorname{sc}(\bar z,k)\,d\bar z}{1-\lambda^2\operatorname{sc}^2(\bar z,k)} = -\frac{\operatorname{ar\,tanh}\dfrac{1-\operatorname{dn}(z,k)}{\sqrt{\dfrac{\lambda^2+1}{\lambda^2+k'^2}}\operatorname{dn}(z,k)-\sqrt{\dfrac{\lambda^2+k'^2}{\lambda^2+1}}}}{\sqrt{(\lambda^2+1)(\lambda^2+k'^2)}} && (-\infty<\lambda^2<-1),\\
&\int\limits_0^z \frac{\operatorname{sc}(\bar z,k)\,d\bar z}{1-\lambda^2\operatorname{sc}^2(\bar z,k)} = +\frac{1-\operatorname{dn}(z,k)}{k^2} && (\lambda^2=-1),\\
&\int\limits_0^z \frac{\operatorname{sc}(\bar z,k)\,d\bar z}{1-\lambda^2\operatorname{sc}^2(\bar z,k)} = +\frac{\operatorname{arc\,tan}\dfrac{1-\operatorname{dn}(z,k)}{\sqrt{-\dfrac{\lambda^2+k'^2}{\lambda^2+1}}+\sqrt{-\dfrac{\lambda^2+1}{\lambda^2+k'^2}}\operatorname{dn}(z,k)}}{\sqrt{-(\lambda^2+1)(\lambda^2+k'^2)}} && (-1<\lambda^2<-k'^2),
\end{aligned}$$

$$\left.\begin{aligned}
&\int_0^z \frac{\operatorname{sc}(\bar z,k)\,d\bar z}{1-\lambda^2\operatorname{sc}^2(\bar z,k)} = +\frac{\operatorname{nd}(z,k)-1}{k^2} \qquad (\lambda^2=-k'^2),\\
&\int_0^z \frac{\operatorname{sc}(\bar z,k)\,d\bar z}{1-\lambda^2\operatorname{sc}^2(\bar z,k)} = +\frac{\operatorname{ar\,tanh}\dfrac{1-\operatorname{dn}(z,k)}{\sqrt{\dfrac{\lambda^2+1}{\lambda^2+k'^2}}\operatorname{dn}(z,k)-\sqrt{\dfrac{\lambda^2+k'^2}{\lambda^2+1}}}}{\sqrt{(\lambda^2+1)(\lambda^2+k'^2)}} \qquad \left(-k'^2<\lambda^2<\infty,\ \operatorname{dn}\geqq\sqrt{\frac{\lambda^2+k'^2}{\lambda^2+1}}\right),\\
&\int_z^K \frac{\operatorname{sc}(\bar z,k)\,d\bar z}{1-\lambda^2\operatorname{sc}^2(\bar z,k)} = -\frac{\operatorname{ar\,tanh}\dfrac{1-\dfrac{1}{k'}\operatorname{dn}(z,k)}{\sqrt{\dfrac{\lambda^2+1}{\lambda^2+k'^2}}\operatorname{dn}(z,k)-\dfrac{1}{k'}\sqrt{\dfrac{\lambda^2+k'^2}{\lambda^2+1}}}}{\sqrt{(\lambda^2+1)(\lambda^2+k'^2)}} \qquad \left(-k'^2<\lambda^2<\infty,\ \operatorname{dn}\leqq\sqrt{\frac{\lambda^2+k'^2}{\lambda^2+1}}\right);\\
&\int_0^z \frac{\operatorname{cs}(\bar z,k)\,d\bar z}{1-\lambda^2\operatorname{cs}^2(\bar z,k)} = +\frac{\operatorname{ar\,tanh}\dfrac{1-\operatorname{dn}(z,k)}{\sqrt{\dfrac{\lambda^2+1}{k'^2\lambda^2+1}}\operatorname{dn}(z,k)-\sqrt{\dfrac{k'^2\lambda^2+1}{\lambda^2+1}}}}{\sqrt{(\lambda^2+1)(k'^2\lambda^2+1)}} \qquad \left(-\infty<\lambda^2<\frac{-1}{k'^2}\right),\\
&\int_0^z \frac{\operatorname{cs}(\bar z,k)\,d\bar z}{1-\lambda^2\operatorname{cs}^2(\bar z,k)} = +\frac{k'^2[\operatorname{nd}(z,k)-1]}{k^2} \qquad \left(\lambda^2=-\frac{1}{k'^2}\right),\\
&\int_0^z \frac{\operatorname{cs}(\bar z,k)\,d\bar z}{1-\lambda^2\operatorname{cs}^2(\bar z,k)} = +\frac{\operatorname{arc\,tan}\dfrac{1-\operatorname{dn}(z,k)}{\sqrt{-\dfrac{k'^2\lambda^2+1}{\lambda^2+1}}+\sqrt{-\dfrac{\lambda^2+1}{k'^2\lambda^2+1}}\operatorname{dn}(z,k)}}{\sqrt{-(\lambda^2+1)(k'^2\lambda^2+1)}} \qquad \left(-\frac{1}{k'^2}<\lambda^2<-1\right),\\
&\int_0^z \frac{\operatorname{cs}(\bar z,k)\,d\bar z}{1-\lambda^2\operatorname{cs}^2(\bar z,k)} = +\frac{1-\operatorname{dn}(z,k)}{k^2} \qquad (\lambda^2=-1),\\
&\int_0^z \frac{\operatorname{cs}(\bar z,k)\,d\bar z}{1-\lambda^2\operatorname{cs}^2(\bar z,k)} = -\frac{\operatorname{ar\,tanh}\dfrac{1-\operatorname{dn}(z,k)}{\sqrt{\dfrac{\lambda^2+1}{k'^2\lambda^2+1}}\operatorname{dn}(z,k)-\sqrt{\dfrac{k'^2\lambda^2+1}{\lambda^2+1}}}}{\sqrt{(\lambda^2+1)(k'^2\lambda^2+1)}} \qquad \left(-1<\lambda^2<\infty,\ \operatorname{dn}\leqq\sqrt{\frac{k'^2\lambda^2+1}{\lambda^2+1}}\right),\\
&\int_z^K \frac{\operatorname{cs}(\bar z,k)\,d\bar z}{1-\lambda^2\operatorname{cs}^2(\bar z,k)} = +\frac{\operatorname{ar\,tanh}\dfrac{1-\dfrac{1}{k'}\operatorname{dn}(z,k)}{\sqrt{\dfrac{\lambda^2+1}{k'^2\lambda^2+1}}\operatorname{dn}(z,k)-\dfrac{1}{k'}\sqrt{\dfrac{k'^2\lambda^2+1}{\lambda^2+1}}}}{\sqrt{(\lambda^2+1)(k'^2\lambda^2+1)}} \qquad \left(-1<\lambda^2<\infty,\ \operatorname{dn}\geqq\sqrt{\frac{k'^2\lambda^2+1}{\lambda^2+1}}\right).
\end{aligned}\right\}\ (1096)$$

Bei Beschränkung auf spezielle Werte von λ^2 lassen sich auch für die logarithmischen Ableitungen der Jacobischen elliptischen Funktionen Integrale der betrachteten Art angeben. Werden nämlich von den drei oberen der Gln. (847) die Reziprokwerte gebildet, so liefert die Integration zwischen 0 und z bzw. z und $K/2$ bei Bezugnahme auf (878):

$$\left.\begin{aligned}
&\int_0^z \frac{\overline{\operatorname{ds}}(\bar z,k)\,d\bar z}{1-\overline{\operatorname{ds}}^2(\bar z,k)} = \int_0^z \frac{\overline{\operatorname{nc}}(\bar z,k)\,d\bar z}{1-\overline{\operatorname{nc}}^2(\bar z,k)} = \int_0^z \frac{\overline{\operatorname{ns}}(\bar z,k)\,d\bar z}{k'^2-\overline{\operatorname{ns}}^2(\bar z,k)} = \int_0^z \frac{\overline{\operatorname{dc}}(\bar z,k)\,d\bar z}{k'^2-\overline{\operatorname{dc}}^2(\bar z,k)} = \frac{1}{4k'}\operatorname{ar\,tanh}\frac{1-\operatorname{dn}(2z,k)}{\dfrac{1}{k'}\operatorname{dn}(2z,k)-k'},\\
&\int_z^{K/2} \frac{\overline{\operatorname{nd}}(\bar z,k)\,d\bar z}{k^2-\overline{\operatorname{nd}}^2(\bar z,k)} = \int_z^{K/2} \frac{\overline{\operatorname{cs}}(\bar z,k)\,d\bar z}{k^2-\overline{\operatorname{cs}}^2(\bar z,k)} = -\int_z^{K/2} \frac{\overline{\operatorname{ns}}(\bar z,k)\,d\bar z}{k'^2+\overline{\operatorname{ns}}^2(\bar z,k)} = \int_z^{K/2} \frac{\overline{\operatorname{dc}}(\bar z,k)\,d\bar z}{k'^2+\overline{\operatorname{dc}}^2(\bar z,k)} = \frac{1}{4k\,k'}\operatorname{arc\,tan}\frac{k\operatorname{cn}(2z,k)}{k'},\\
&\int_z^{K/2} \frac{\overline{\operatorname{nd}}(\bar z,k)\,d\bar z}{k^2+\overline{\operatorname{nd}}^2(\bar z,k)} = -\int_z^{K/2} \frac{\overline{\operatorname{cs}}(\bar z,k)\,d\bar z}{k^2+\overline{\operatorname{cs}}^2(\bar z,k)} = -\int_z^{K/2} \frac{\overline{\operatorname{ds}}(\bar z,k)\,d\bar z}{1+\overline{\operatorname{ds}}^2(\bar z,k)} = \int_z^{K/2} \frac{\overline{\operatorname{nc}}(\bar z,k)\,d\bar z}{1+\overline{\operatorname{nc}}^2(\bar z,k)} = \frac{1}{4k}\operatorname{ar\,tanh}[k\operatorname{cd}(2z,k)].
\end{aligned}\right\}\ (1097)$$

161. Integrale allgemeiner linearer Funktionen einer Jacobischen elliptischen Funktion

Das linear aus einer JACOBIschen elliptischen Funktion $\operatorname{jac}(z, k)$ aufgebaute Integral

$$\int_0^z \frac{1 + \mu \operatorname{jac}(\bar z, k)}{1 + \lambda \operatorname{jac}(\bar z, k)} d\bar z$$

läßt sich, wenn der Integrand mit $(1 - \lambda \operatorname{jac}(\bar z, k))$ erweitert wird, gemäß

$$\int_0^z \frac{1 + \mu \operatorname{jac}(\bar z, k)}{1 + \lambda \operatorname{jac}(\bar z, k)} d\bar z = \frac{\mu}{\lambda} z + (\mu - \lambda) \int_0^z \frac{\operatorname{jac}(\bar z, k)\, d\bar z}{1 - \lambda^2 \operatorname{jac}^2(\bar z, k)} + \frac{\mu - \lambda}{\lambda^3} \int_0^z \frac{d\bar z}{\operatorname{jac}^2(\bar z, k) - \frac{1}{\lambda^2}} \tag{1098}$$

auf ein Integral der in Abschnitt 160 behandelten Gruppe und ein elliptisches Normalintegral dritter Gattung zurückführen. Für $\mu = -\lambda$ und $\mu = 0$ liefert (1098)

$$\int_0^z \frac{1 - \lambda \operatorname{jac}(\bar z, k)}{1 + \lambda \operatorname{jac}(\bar z, k)} d\bar z = -z - 2\lambda \int_0^z \frac{\operatorname{jac}(\bar z, k)\, d\bar z}{1 - \lambda^2 \operatorname{jac}^2(\bar z, k)} - \frac{2}{\lambda^2} \int_0^z \frac{d\bar z}{\operatorname{jac}^2(\bar z, k) - \frac{1}{\lambda^2}}, \tag{1099}$$

$$\int_0^z \frac{1}{1 + \lambda \operatorname{jac}(\bar z, k)} d\bar z = -\lambda \int_0^z \frac{\operatorname{jac}(\bar z, k)\, d\bar z}{1 - \lambda^2 \operatorname{jac}^2(\bar z, k)} - \frac{1}{\lambda^2} \int_0^z \frac{d\bar z}{\operatorname{jac}^2(\bar z, k) - \frac{1}{\lambda^2}}. \tag{1100}$$

Bezüglich der speziellen Formen der Integrale auf den rechten Seiten von (1098) bis (1100) kann auf die Gln. (1091) bis (1096) und (984) bis (995) verwiesen werden.

162. Die 12 Integrale der Quadrate der Jacobischen elliptischen Funktionen sowie die 24 Integrale der Produkte, Quadrate und reziproken Quadrate der zugehörigen logarithmischen Ableitungen und die daraus sich ergebenden 156 algebraischen Integrale

Mit Hilfe der Gln. (1022), (1035) und (1036) können die Integrale (929) und (930) der Quadrate der JACOBIschen elliptischen Funktionen und ihrer logarithmischen Ableitungen auf WEIERSTRASSsche Zeta-Funktionen umgeschrieben werden. In Verbindung mit den Funktionalgleichungsgruppen (773) und (774) ergeben sich dabei gleichzeitig die Integrale der Produkte und der reziproken Quadrate der logarithmischen Ableitungen. Diese elliptischen Integrale lassen sich in 156 algebraische Integrale überführen, wenn neue Integrationsveränderliche gemäß (880) eingeführt und hierbei die 12 Gleichungen (784) beachtet werden. Faßt man die sich insgesamt ergebenden 192 Integrale zu zwei gemischten und einer rein algebraischen, dritte Potenzen von Wurzeln enthaltenden Gruppe zusammen, so ergibt sich:

$$\begin{aligned}
\int_z^K \operatorname{cs}^2(\bar z, k)\, d\bar z &= \int_z^K \overline{\operatorname{ds}}(\bar z, k)\, \overline{\operatorname{ns}}(\bar z, k)\, d\bar z = \int_{k'}^{\mathrm{ds}} \frac{\sqrt{t^2 - k'^2}}{\sqrt{t^2 + k^2}} dt = \int_1^{\mathrm{ns}} \frac{\sqrt{t^2 - 1}}{\sqrt{t^2 - k^2}} dt = \int_{\mathrm{sd}}^{1/k'} \frac{\sqrt{1 - k'^2 t^2}}{\sqrt{1 + k^2 t^2}} \frac{dt}{t^2} \\
&= \int_{\mathrm{sn}}^1 \frac{\sqrt{1 - t^2}}{\sqrt{1 - k^2 t^2}} \frac{dt}{t^2} = \int_0^{\mathrm{cs}} \frac{t^2\, dt}{\sqrt{(t^2 + 1)(t^2 + k'^2)}} = \int_{\mathrm{sc}}^{\infty} \frac{\frac{1}{t^2} dt}{\sqrt{(1 + t^2)(1 + k'^2 t^2)}} \\
&= -\eta_1 K - e_1(K - z) + \mathfrak{z}_1(z, k),
\end{aligned}$$

$$\begin{aligned}
\int_z^K \operatorname{ds}^2(\bar z, k)\, d\bar z &= \int_z^K \overline{\operatorname{ns}}(\bar z, k)\, \overline{\operatorname{cs}}(\bar z, k)\, d\bar z = \int_1^{\mathrm{ns}} \frac{\sqrt{t^2 - k^2}}{\sqrt{t^2 - 1}} dt = \int_0^{\mathrm{cs}} \frac{\sqrt{t^2 + k'^2}}{\sqrt{t^2 + 1}} dt = \int_{\mathrm{sc}}^{\infty} \frac{\sqrt{1 + k'^2 t^2}}{\sqrt{1 + t^2}} \frac{dt}{t^2} \\
&= \int_{\mathrm{sn}}^1 \frac{\sqrt{1 - k^2 t^2}}{\sqrt{1 - t^2}} \frac{dt}{t^2} = \int_{k'}^{\mathrm{ds}} \frac{t^2\, dt}{\sqrt{(t^2 + k^2)(t^2 - k'^2)}} = \int_{\mathrm{sd}}^{1/k'} \frac{\frac{1}{t^2} dt}{\sqrt{(1 + k^2 t^2)(1 - k'^2 t^2)}} \\
&= -\eta_1 K - e_2(K - z) + \mathfrak{z}_1(z, k),
\end{aligned}$$

$$\int\limits_z^K \mathrm{ns}^2(\bar z, k)\,d\bar z = \int\limits_z^K \overline{\mathrm{cs}}(\bar z, k)\,\overline{\mathrm{ds}}(\bar z, k)\,d\bar z = \int\limits_0^{\mathrm{cs}} \frac{\sqrt{t^2+1}}{\sqrt{t^2+k'^2}}\,dt = \int\limits_{k'}^{\mathrm{ds}} \frac{\sqrt{t^2+k^2}}{\sqrt{t^2-k'^2}}\,dt = \int\limits_{\mathrm{sc}}^{\infty} \frac{\sqrt{1+t^2}}{\sqrt{1+k'^2 t^2}}\,\frac{dt}{t^2}$$

$$= \int\limits_{\mathrm{sd}}^{1/k'} \frac{\sqrt{1+k^2t^2}}{\sqrt{1-k'^2t^2}}\,\frac{dt}{t^2} = \int\limits_1^{\mathrm{ns}} \frac{t^2 dt}{\sqrt{(t^2-1)(t^2-k^2)}} = \int\limits_{\mathrm{sn}}^1 \frac{\frac{1}{t^2}\,dt}{\sqrt{(1-t^2)(1-k^2t^2)}}$$

$$= -\eta_1 K - e_3(K-z) + \mathfrak{z}_1(z, k),$$

$$\int\limits_0^z \mathrm{sc}^2(\bar z, k)\,d\bar z = \int\limits_0^z \overline{\mathrm{nc}}(\bar z, k)\,\overline{\mathrm{dc}}(\bar z, k)\,\frac{d\bar z}{k'^2} = \int\limits_1^{\mathrm{nc}} \frac{\sqrt{t^2-1}}{\sqrt{k^2+k'^2t^2}}\,dt = \int\limits_1^{\mathrm{dc}} \frac{\sqrt{t^2-1}}{\sqrt{t^2-k^2}}\,\frac{dt}{k'^2} = \int\limits_{\mathrm{cd}}^1 \frac{\sqrt{1-t^2}}{\sqrt{1-k^2t^2}}\,\frac{dt}{k'^2t^2}$$

$$= \int\limits_{\mathrm{cn}}^1 \frac{\sqrt{1-t^2}}{\sqrt{k'^2+k^2t^2}}\,\frac{dt}{t^2} = \int\limits_0^{\mathrm{sc}} \frac{t^2\,dt}{\sqrt{(1+t^2)(1+k'^2t^2)}} = \int\limits_{\mathrm{c}}^{\infty} \frac{\frac{1}{t^2}\,dt}{\sqrt{(t^2+1)(t^2+k'^2)}}$$

$$= -\frac{1}{k'^2}\left[\eta_1 K + e_1 z + \mathfrak{z}_2(z, k)\right],$$

$$\int\limits_0^z \mathrm{nc}^2(\bar z, k)\,d\bar z = \int\limits_0^z \overline{\mathrm{dc}}(\bar z, k)\,\overline{\mathrm{sc}}(\bar z, k)\,\frac{d\bar z}{k'^2} = \int\limits_1^{\mathrm{dc}} \frac{\sqrt{t^2-k^2}}{\sqrt{t^2-1}}\,\frac{dt}{k'^2} = \int\limits_0^{\mathrm{sc}} \frac{\sqrt{1+t^2}}{\sqrt{1+k'^2t^2}}\,dt = \int\limits_{\mathrm{cd}}^1 \frac{\sqrt{1-k^2t^2}}{\sqrt{1-t^2}}\,\frac{dt}{k'^2t^2}$$

$$= \int\limits_{\mathrm{cs}}^{\infty} \frac{\sqrt{t^2+1}}{\sqrt{t^2+k'^2}}\,\frac{dt}{t^2} = \int\limits_1^{\mathrm{nc}} \frac{t^2\,dt}{\sqrt{(t^2-1)(k^2+k'^2t^2)}} = \int\limits_{\mathrm{cn}}^1 \frac{\frac{1}{t^2}\,dt}{\sqrt{(1-t^2)(k'^2+k^2t^2)}}$$

$$= -\frac{1}{k'^2}\left[\eta_1 K + e_2 z + \mathfrak{z}_2(z, k)\right],$$

$$\int\limits_0^z \mathrm{dc}^2(\bar z, k)\,d\bar z = \int\limits_0^z \overline{\mathrm{sc}}(\bar z, k)\,\overline{\mathrm{nc}}(\bar z, k)\,d\bar z = \int\limits_0^{\mathrm{sc}} \frac{\sqrt{1+k'^2t^2}}{\sqrt{1+t^2}}\,dt = \int\limits_1^{\mathrm{nc}} \frac{\sqrt{k^2+k'^2t^2}}{\sqrt{t^2-1}}\,dt = \int\limits_{\mathrm{cn}}^1 \frac{\sqrt{k'^2+k^2t^2}}{\sqrt{1-t^2}}\,\frac{dt}{t^2}$$

$$= \int\limits_{\mathrm{cs}}^{\infty} \frac{\sqrt{t^2+k'^2}}{\sqrt{t^2+1}}\,\frac{dt}{t^2} = \int\limits_1^{\mathrm{dc}} \frac{t^2\,dt}{\sqrt{(t^2-1)(t^2-k^2)}} = \int\limits_{\mathrm{cd}}^1 \frac{\frac{1}{t^2}\,dt}{\sqrt{(1-t^2)(1-k^2t^2)}}$$

$$= -\left[\eta_1 K + e_3 z + \mathfrak{z}_2(z, k)\right],$$

$$\int\limits_0^z \mathrm{nd}^2(\bar z, k)\,d\bar z = \int\limits_z^0 \overline{\mathrm{sd}}(\bar z, k)\,\overline{\mathrm{cd}}(\bar z, k)\,\frac{d\bar z}{k'^2} = \int\limits_0^{\mathrm{sd}} \frac{\sqrt{1+k^2t^2}}{\sqrt{1-k'^2t^2}}\,dt = \int\limits_{\mathrm{cd}}^1 \frac{\sqrt{1-k^2t^2}}{\sqrt{1-t^2}}\,\frac{dt}{k'^2} = \int\limits_1^{\mathrm{dc}} \frac{\sqrt{t^2-k^2}}{\sqrt{t^2-1}}\,\frac{dt}{k'^2t^2}$$

$$= \int\limits_{\mathrm{ds}}^{\infty} \frac{\sqrt{t^2+k^2}}{\sqrt{t^2-k'^2}}\,\frac{dt}{t^2} = \int\limits_1^{\mathrm{nd}} \frac{t^2\,dt}{\sqrt{(t^2-1)(1-k'^2t^2)}} = \int\limits_{\mathrm{dn}}^1 \frac{\frac{1}{t^2}\,dt}{\sqrt{(1-t^2)(t^2-k'^2)}}$$

$$= +\frac{1}{k'^2}\left[e_1 z + \mathfrak{z}_3(z, k)\right],$$

$$\int\limits_0^z \mathrm{sd}^2(\bar z, k)\,d\bar z = \int\limits_z^0 \overline{\mathrm{cd}}(\bar z, k)\,\overline{\mathrm{nd}}(\bar z, k)\,\frac{d\bar z}{k^2k'^2} = \int\limits_{\mathrm{cd}}^1 \frac{\sqrt{1-t^2}}{\sqrt{1-k^2t^2}}\,\frac{dt}{k'^2} = \int\limits_1^{\mathrm{nd}} \frac{\sqrt{t^2-1}}{\sqrt{1-k'^2t^2}}\,\frac{dt}{k^2} = \int\limits_1^{\mathrm{dc}} \frac{\sqrt{t^2-1}}{\sqrt{t^2-k^2}}\,\frac{dt}{k'^2t^2}$$

$$= \int\limits_{\mathrm{dn}}^1 \frac{\sqrt{1-t^2}}{\sqrt{t^2-k'^2}}\,\frac{dt}{k^2t^2} = \int\limits_0^{\mathrm{sd}} \frac{t^2\,dt}{\sqrt{(1+k^2t^2)(1-k'^2t^2)}} = \int\limits_{\mathrm{ds}}^{\infty} \frac{\frac{1}{t^2}\,dt}{\sqrt{(t^2+k^2)(t^2-k'^2)}}$$

$$= \frac{1}{k^2k'^2}\left[e_2 z + \mathfrak{z}_3(z, k)\right], \tag{1101}$$

$$\int_0^z \mathrm{cd}^2(\bar z, k)\,d\bar z = \int_0^z \overline{\mathrm{nd}}(\bar z, k)\,\overline{\mathrm{sd}}(\bar z, k)\,\frac{d\bar z}{k^2} = \int_1^{\mathrm{nd}} \frac{\sqrt{1-k'^2t^2}}{\sqrt{t^2-1}}\,\frac{dt}{k^2} = \int_0^{\mathrm{sd}} \frac{\sqrt{1-k'^2t^2}}{\sqrt{1+k^2t^2}}\,dt = \int_{\mathrm{ds}}^{\infty} \frac{\sqrt{t^2-k'^2}}{\sqrt{t^2+k^2}}\,\frac{dt}{t^2}$$

$$= \int_{\mathrm{dn}}^{1} \frac{\sqrt{t^2-k'^2}}{\sqrt{1-t^2}}\,\frac{dt}{k^2t^2} = \int_{\mathrm{cd}}^{1} \frac{t^2\,dt}{\sqrt{(1-t^2)\,(1-k^2t^2)}} = \int_1^{\mathrm{dc}} \frac{\frac{1}{t^2}\,dt}{\sqrt{(t^2-1)\,(t^2-k^2)}}$$

$$= -\frac{1}{k^2}\,[e_3\,z + \mathfrak{z}_3(z, k)],$$

$$\int_0^z \mathrm{dn}^2(\bar z, k)\,d\bar z = \int_z^0 \overline{\mathrm{sn}}(\bar z, k)\,\overline{\mathrm{cn}}(\bar z, k)\,d\bar z = \int_0^{\mathrm{sn}} \frac{\sqrt{1-k^2t^2}}{\sqrt{1-t^2}}\,dt = \int_{\mathrm{cn}}^{1} \frac{\sqrt{k'^2+k^2t^2}}{\sqrt{1-t^2}}\,dt = \int_{\mathrm{ns}}^{\infty} \frac{\sqrt{t^2-k^2}}{\sqrt{t^2-1}}\,\frac{dt}{t^2}$$

$$= \int_1^{\mathrm{nc}} \frac{\sqrt{k^2+k'^2t^2}}{\sqrt{t^2-1}}\,\frac{dt}{t^2} = \int_{\mathrm{dn}}^{1} \frac{t^2\,dt}{\sqrt{(1-t^2)\,(t^2-k'^2)}} = \int_1^{\mathrm{nd}} \frac{\frac{1}{t^2}\,dt}{\sqrt{(t^2-1)\,(1-k'^2t^2)}}$$

$$= [\eta_1\,K + e_1\,z + \mathfrak{z}_4(z, k)],$$

$$\int_0^z \mathrm{cn}^2(\bar z, k)\,d\bar z = \int_z^0 \overline{\mathrm{dn}}(\bar z, k)\,\overline{\mathrm{sn}}(\bar z, k)\,\frac{d\bar z}{k^2} = \int_{\mathrm{dn}}^{1} \frac{\sqrt{t^2-k'^2}}{\sqrt{1-t^2}}\,\frac{dt}{k^2} = \int_0^{\mathrm{sn}} \frac{\sqrt{1-t^2}}{\sqrt{1-k^2t^2}}\,dt = \int_{\mathrm{ns}}^{\infty} \frac{\sqrt{t^2-1}}{\sqrt{t^2-k^2}}\,\frac{dt}{t^2}$$

$$= \int_1^{\mathrm{nd}} \frac{\sqrt{1-k'^2t^2}}{\sqrt{t^2-1}}\,\frac{dt}{k^2t^2} = \int_{\mathrm{cn}}^{1} \frac{t^2\,dt}{\sqrt{(1-t^2)\,(k'^2+k^2t^2)}} = \int_1^{\mathrm{nc}} \frac{\frac{1}{t^2}\,dt}{\sqrt{(t^2-1)\,(k^2+k'^2t^2)}}$$

$$= \frac{1}{k^2}\,[\eta_1\,K + e_2\,z + \mathfrak{z}_4(z, k)],$$

$$\int_0^z \mathrm{sn}^2(\bar z, k)\,d\bar z = \int_0^z \overline{\mathrm{cn}}(\bar z, k)\,\overline{\mathrm{dn}}(\bar z, k)\,\frac{d\bar z}{k^2} = \int_{\mathrm{cn}}^{1} \frac{\sqrt{1-t^2}}{\sqrt{k'^2+k^2t^2}}\,dt = \int_{\mathrm{dn}}^{1} \frac{\sqrt{1-t^2}}{\sqrt{t^2-k'^2}}\,\frac{dt}{k^2} = \int_1^{\mathrm{nc}} \frac{\sqrt{t^2-1}}{\sqrt{k^2+k'^2t^2}}\,\frac{dt}{t^2}$$

$$= \int_1^{\mathrm{nd}} \frac{\sqrt{t^2-1}}{\sqrt{1-k'^2t^2}}\,\frac{dt}{k^2t^2} = \int_0^{\mathrm{sn}} \frac{t^2\,dt}{\sqrt{(1-t^2)\,(1-k^2t^2)}} = \int_{\mathrm{ns}}^{\infty} \frac{\frac{1}{t^2}\,dt}{\sqrt{(t^2-1)\,(t^2-k^2)}}$$

$$= \frac{-1}{k^2}\,[\eta_1\,K + e_3\,z + \mathfrak{z}_4(z, k)].$$

$$\int_{\mathrm{nd}}^{1/k'} \frac{\sqrt{1-k'^2t^2}}{(\sqrt{t^2-1})^3}\,dt = \int_{k'}^{\mathrm{dn}} \frac{\sqrt{t^2-k'^2}}{(\sqrt{1-t^2})^3}\,dt = \int_{\mathrm{nc}}^{\infty} \frac{dt}{(\sqrt{t^2-1})^3\,\sqrt{k^2+k'^2t^2}} = \int_0^{\mathrm{cn}} \frac{t^2\,dt}{(\sqrt{1-t^2})^3\,\sqrt{k'^2+k^2t^2}}$$

$$= \int_{\mathrm{dc}}^{\infty} \frac{k'^2\,dt}{(\sqrt{t^2-1})^3\,\sqrt{t^2-k^2}} = \int_0^{\mathrm{cd}} \frac{k'^2\,t^2\,dt}{(\sqrt{1-t^2})^3\,\sqrt{1-k^2t^2}}$$

$$= -\eta_1\,K - e_1(K-z) + \mathfrak{z}_1(z, k),$$

$$\int_{\mathrm{nc}}^{\infty} \frac{\sqrt{k^2+k'^2t^2}}{(\sqrt{t^2-1})^3}\,dt = \int_0^{\mathrm{cn}} \frac{\sqrt{k'^2+k^2t^2}}{(\sqrt{1-t^2})^3}\,dt = \int_{\mathrm{nd}}^{1/k'} \frac{k^2\,dt}{(\sqrt{t^2-1})^3\,\sqrt{1-k'^2t^2}} = \int_{k'}^{\mathrm{dn}} \frac{k^2\,t^2\,dt}{(\sqrt{1-t^2})^3\,\sqrt{t^2-k'^2}}$$

$$= \int_0^{\mathrm{cd}} \frac{k'^2\,dt}{(\sqrt{1-t^2})^3\,\sqrt{1-k^2t^2}} = \int_{\mathrm{dc}}^{\infty} \frac{k'^2\,t^2\,dt}{(\sqrt{t^2-1})^3\,\sqrt{t^2-k^2}}$$

$$= -\eta_1\,K - e_2(K-z) + \mathfrak{z}_1(z, k),$$

$$\left.\begin{aligned}
\int\limits_{\mathrm{dc}}^{\infty}\frac{\sqrt{t^2-k^2}}{(\sqrt{t^2-1})^3}\,dt &= \int\limits_{0}^{\mathrm{cd}}\frac{\sqrt{1-k^2t^2}}{(\sqrt{1-t^2})^3}\,dt = \int\limits_{0}^{\mathrm{cn}}\frac{dt}{(\sqrt{1-t^2})^3\sqrt{k'^2+k^2t^2}} = \int\limits_{\mathrm{nc}}^{\infty}\frac{t^2\,dt}{(\sqrt{t^2-1})^3\sqrt{k^2+k'^2t^2}}\\
&= \int\limits_{k'}^{\mathrm{dn}}\frac{k^2\,dt}{(\sqrt{1-t^2})^3\sqrt{t^2-k'^2}} = \int\limits_{\mathrm{nd}}^{1/k'}\frac{k^2t^2\,dt}{(\sqrt{t^2-1})^3\sqrt{1-k'^2t^2}}\\
&= -\eta_1 K - e_3(K-z) + \mathfrak{z}_1(z,k),\\[2ex]
\int\limits_{1}^{\mathrm{nd}}\frac{\sqrt{t^2-1}}{(\sqrt{1-k'^2t^2})^3}\,dt &= \int\limits_{\mathrm{dn}}^{1}\frac{\sqrt{1-t^2}}{(\sqrt{t^2-k'^2})^3}\,dt = \int\limits_{\mathrm{ns}}^{\infty}\frac{dt}{(\sqrt{t^2-1})^3\sqrt{t^2-k^2}} = \int\limits_{0}^{\mathrm{sn}}\frac{t^2\,dt}{(\sqrt{1-t^2})^3\sqrt{1-k^2t^2}}\\
&= \int\limits_{\mathrm{ds}}^{\infty}\frac{dt}{(\sqrt{t^2-k'^2})^3\sqrt{t^2+k^2}} = \int\limits_{0}^{\mathrm{sd}}\frac{t^2\,dt}{(\sqrt{1-k'^2t^2})^3\sqrt{1+k^2t^2}}\\
&= -\frac{1}{k'^2}[\eta_1 K + e_1 z + \mathfrak{z}_2(z,k)],\\[2ex]
\int\limits_{0}^{\mathrm{sd}}\frac{\sqrt{1+k^2t^2}}{(\sqrt{1-k'^2t^2})^3}\,dt &= \int\limits_{\mathrm{ds}}^{\infty}\frac{\sqrt{t^2+k^2}}{(\sqrt{t^2-k'^2})^3}\,dt = \int\limits_{0}^{\mathrm{sn}}\frac{dt}{(\sqrt{1-t^2})^3\sqrt{1-k^2t^2}} = \int\limits_{\mathrm{ns}}^{\infty}\frac{t^2\,dt}{(\sqrt{t^2-1})^3\sqrt{t^2-k^2}}\\
&= \int\limits_{\mathrm{dn}}^{1}\frac{k^2\,dt}{(\sqrt{t^2-k'^2})^3\sqrt{1-t^2}} = \int\limits_{1}^{\mathrm{nd}}\frac{k^2t^2\,dt}{(\sqrt{1-k'^2t^2})^3\sqrt{t^2-1}}\\
&= -\frac{1}{k'^2}[\eta_1 K + e_2 z + \mathfrak{z}_2(z,k)],\\[2ex]
\int\limits_{\mathrm{ns}}^{\infty}\frac{\sqrt{t^2-k^2}}{(\sqrt{t^2-1})^3}\,dt &= \int\limits_{0}^{\mathrm{sn}}\frac{\sqrt{1-k^2t^2}}{(\sqrt{1-t^2})^3}\,dt = \int\limits_{1}^{\mathrm{nd}}\frac{k^2\,dt}{(\sqrt{1-k'^2t^2})^3\sqrt{t^2-1}} = \int\limits_{\mathrm{dn}}^{1}\frac{k^2t^2\,dt}{(\sqrt{t^2-k'^2})^3\sqrt{1-t^2}}\\
&= \int\limits_{0}^{\mathrm{sd}}\frac{dt}{(\sqrt{1-k'^2t^2})^3\sqrt{1+k^2t^2}} = \int\limits_{\mathrm{ds}}^{\infty}\frac{t^2\,dt}{(\sqrt{t^2-k'^2})^3\sqrt{t^2+k^2}}\\
&= -[\eta_1 K + e_3 z + \mathfrak{z}_2(z,k)],\\[2ex]
\int\limits_{\mathrm{cs}}^{\infty}\frac{\sqrt{t^2+1}}{(\sqrt{t^2+k'^2})^3}\,dt &= \int\limits_{0}^{\mathrm{sc}}\frac{\sqrt{t^2+1}}{(\sqrt{1+k'^2t^2})^3}\,dt = \int\limits_{\mathrm{cn}}^{1}\frac{dt}{(\sqrt{k'^2+k^2t^2})^3\sqrt{1-t^2}} = \int\limits_{1}^{\mathrm{nc}}\frac{t^2\,dt}{(\sqrt{k^2+k'^2t^2})^3\sqrt{t^2-1}}\\
&= \int\limits_{0}^{\mathrm{sn}}\frac{dt}{(\sqrt{1-k^2t^2})^3\sqrt{1-t^2}} = \int\limits_{\mathrm{ns}}^{\infty}\frac{t^2\,dt}{(\sqrt{t^2-k^2})^3\sqrt{t^2-1}}\\
&= +\frac{1}{k'^2}[e_1 z + \mathfrak{z}_3(z,k)],\\[2ex]
\int\limits_{1}^{\mathrm{nc}}\frac{\sqrt{t^2-1}}{(\sqrt{k^2+k'^2t^2})^3}\,dt &= \int\limits_{\mathrm{cn}}^{1}\frac{\sqrt{1-t^2}}{(\sqrt{k'^2+k^2t^2})^3}\,dt = \int\limits_{\mathrm{ns}}^{\infty}\frac{dt}{(\sqrt{t^2-k^2})^3\sqrt{t^2-1}} = \int\limits_{0}^{\mathrm{sn}}\frac{t^2\,dt}{(\sqrt{1-k^2t^2})^3\sqrt{1-t^2}}\\
&= \int\limits_{\mathrm{cs}}^{\infty}\frac{dt}{(\sqrt{t^2+k'^2})^3\sqrt{t^2+1}} = \int\limits_{0}^{\mathrm{sc}}\frac{t^2\,dt}{(\sqrt{1+k'^2t^2})^3\sqrt{t^2+1}}\\
&= \frac{1}{k^2k'^2}[e_2 z + \mathfrak{z}_3(z,k)],
\end{aligned}\right\}\quad(1102)$$

$$\int\limits_{\mathrm{ns}}^{\infty} \frac{\sqrt{t^2-1}}{(\sqrt{t^2-k^2})^3}\,dt = \int\limits_0^{\mathrm{sn}} \frac{\sqrt{1-t^2}}{(\sqrt{1-k^2t^2})^3}\,dt = \int\limits_1^{\mathrm{nc}} \frac{dt}{(\sqrt{k^2+k'^2t^2})^3\sqrt{t^2-1}} = \int\limits_{\mathrm{cn}}^{1} \frac{t^2\,dt}{(\sqrt{k'^2+k^2t^2})^3\sqrt{1-t^2}}$$

$$= \int\limits_0^{\mathrm{sc}} \frac{dt}{(\sqrt{1+k'^2t^2})^3\sqrt{t^2+1}} = \int\limits_{\mathrm{cs}}^{\infty} \frac{t^2\,dt}{(\sqrt{t^2+k'^2})^3\sqrt{t^2+1}}$$

$$= -\frac{1}{k^2}[e_3 z + \mathfrak{z}_3(z,k)],$$

$$\int\limits_{\mathrm{cs}}^{\infty} \frac{\sqrt{t^2+k'^2}}{(\sqrt{t^2+1})^3}\,dt = \int\limits_0^{\mathrm{sc}} \frac{\sqrt{1+k'^2t^2}}{(\sqrt{1+t^2})^3}\,dt = \int\limits_{\mathrm{cd}}^{1} \frac{k'^2\,dt}{(\sqrt{1-k^2t^2})^3\sqrt{1-t^2}} = \int\limits_1^{\mathrm{dc}} \frac{k'^2t^2\,dt}{(\sqrt{t^2-k^2})^3\sqrt{t^2-1}}$$

$$= \int\limits_0^{\mathrm{sd}} \frac{dt}{(\sqrt{1+k^2t^2})^3\sqrt{1-k'^2t^2}} = \int\limits_{\mathrm{ds}}^{\infty} \frac{t^2\,dt}{(\sqrt{t^2+k^2})^3\sqrt{t^2-k'^2}}$$

$$= [\eta_1 K + e_1 z + \mathfrak{z}_4(z,k)],$$

$$\int\limits_{\mathrm{ds}}^{\infty} \frac{\sqrt{t^2-k'^2}}{(\sqrt{t^2+k^2})^3}\,dt = \int\limits_0^{\mathrm{sd}} \frac{\sqrt{1-k'^2t^2}}{(\sqrt{1+k^2t^2})^3}\,dt = \int\limits_1^{\mathrm{dc}} \frac{k'^2\,dt}{(\sqrt{t^2-k^2})^3\sqrt{t^2-1}} = \int\limits_{\mathrm{cd}}^{1} \frac{k'^2t^2\,dt}{(\sqrt{1-k^2t^2})^3\sqrt{1-t^2}}$$

$$= \int\limits_0^{\mathrm{sc}} \frac{dt}{(\sqrt{t^2+1})^3\sqrt{1+k'^2t^2}} = \int\limits_{\mathrm{cs}}^{\infty} \frac{t^2\,dt}{(\sqrt{t^2+1})^3\sqrt{t^2+k'^2}}$$

$$= \frac{1}{k^2}[\eta_1 K + e_2 z + \mathfrak{z}_4(z,k)],$$

$$\int\limits_1^{\mathrm{dc}} \frac{\sqrt{t^2-1}}{(\sqrt{t^2-k^2})^3}\,dt = \int\limits_{\mathrm{cd}}^{1} \frac{\sqrt{1-t^2}}{(\sqrt{1-k^2t^2})^3}\,dt = \int\limits_{\mathrm{cs}}^{\infty} \frac{dt}{(\sqrt{t^2+1})^3\sqrt{t^2+k'^2}} = \int\limits_0^{\mathrm{sc}} \frac{t^2\,dt}{(\sqrt{t^2+1})^3\sqrt{1+k'^2t^2}}$$

$$= \int\limits_{\mathrm{ds}}^{\infty} \frac{dt}{(\sqrt{t^2+k^2})^3\sqrt{t^2-k'^2}} = \int\limits_0^{\mathrm{sd}} \frac{t^2\,dt}{(\sqrt{1+k^2t^2})^3\cdot\sqrt{1-k'^2t^2}}$$

$$= -\frac{1}{k^2}[\eta_1 K + e_3 z + \mathfrak{z}_4(z,k)].$$

$$\int\limits_{K/2}^{z} \overline{\mathrm{sc}}^2(\bar z,k)\,d\bar z = \int\limits_{K/2}^{z} \frac{k^4\,d\bar z}{\overline{\mathrm{nd}}^2(\bar z,k)} = \int\limits_{\overline{\mathrm{sc}}}^{1+k'} \frac{t^2\,dt}{\sqrt{[t^2-(1+k')^2]\,[t^2-(1-k')^2]}}$$

$$= \int\limits_{1-k'}^{\overline{\mathrm{nd}}} \frac{\frac{k^4}{t^2}\,dt}{\sqrt{[t^2-(1+k')^2]\,[t^2-(1-k')^2]}} = e_1\left(z-\frac{K}{2}\right) - \mathfrak{z}_1(z,k) - \mathfrak{z}_2(z,k),$$

$$\int\limits_{K/2}^{z} \overline{\mathrm{sd}}^2(\bar z,k)\,d\bar z = \int\limits_{K/2}^{z} \frac{d\bar z}{\overline{\mathrm{nc}}^2(\bar z,k)} = \int\limits_{\overline{\mathrm{sd}}}^{1} \frac{t^2\,dt}{\sqrt{[t^2-(k+i\,k')^2]\,[t^2-(k-i\,k')^2]}}$$

$$= \int\limits_1^{\overline{\mathrm{nc}}} \frac{\frac{1}{t^2}\,dt}{\sqrt{[t^2-(k+i\,k')^2]\,[t^2-(k-i\,k')^2]}} = \eta_1 K + k' + e_2\left(2z-\frac{K}{2}\right) - \mathfrak{z}_5(z,k),$$

$$\left.\begin{aligned}
\int\limits_{K/2}^{z} \overline{\mathrm{sn}}^2(\bar z, k)\, d\bar z &= \int\limits_{K/2}^{z} \frac{k'^4\, d\bar z}{\overline{\mathrm{dc}}^2(\bar z, k)} = \int\limits_{\overline{\mathrm{sn}}}^{k'} \frac{t^2\, dt}{\sqrt{[t^2+(1+k)^2]\,[t^2+(1-k)^2]}}\\
&= \int\limits_{k'}^{\overline{\mathrm{dc}}} \frac{\frac{k'^4}{t^2}\, dt}{\sqrt{[t^2+(1+k)^2]\,[t^2+(1-k)^2]}} = 1 + e_3\left(z-\frac{K}{2}\right) - \mathfrak{z}_1(z,k) - \mathfrak{z}_4(z,k),\\
\int\limits_{0}^{z} \overline{\mathrm{nc}}^2(\bar z, k)\, d\bar z &= \int\limits_{0}^{z} \frac{d\bar z}{\overline{\mathrm{sd}}^2(\bar z, k)} = \int\limits_{0}^{\overline{\mathrm{nc}}} \frac{t^2\, dt}{\sqrt{[t^2-(k+i\,k')^2]\,[t^2-(k-i\,k')^2]}}\\
&= \int\limits_{\infty}^{\overline{\mathrm{sd}}} \frac{\frac{1}{t^2}\, dt}{\sqrt{[t^2-(k+i\,k')^2]\,[t^2-(k-i\,k')^2]}} = -2\eta_1 K + 2e_2\left(z-\frac{K}{2}\right) - \mathfrak{z}_6(z,k),\\
\int\limits_{0}^{z} \overline{\mathrm{dc}}^2(\bar z, k)\, d\bar z &= \int\limits_{0}^{z} \frac{k'^4\, d\bar z}{\overline{\mathrm{sn}}^2(\bar z, k)} = \int\limits_{0}^{\overline{\mathrm{dc}}} \frac{t^2\, dt}{\sqrt{[t^2+(1+k)^2]\,[t^2+(1-k)^2]}}\\
&= \int\limits_{\infty}^{\overline{\mathrm{sn}}} \frac{\frac{k'^4}{t^2}\, dt}{\sqrt{[t^2+(1+k)^2]\,[t^2+(1-k)^2]}} = -\eta_1 K + e_3 z - \mathfrak{z}_2(z,k) - \mathfrak{z}_3(z,k),\\
\int\limits_{0}^{z} \overline{\mathrm{nd}}^2(\bar z, k)\, d\bar z &= \int\limits_{0}^{z} \frac{k^4\, d\bar z}{\overline{\mathrm{sc}}^2(\bar z, k)} = \int\limits_{0}^{\overline{\mathrm{nd}}} \frac{t^2\, dt}{\sqrt{[t^2-(1+k')^2]\,[t^2-(1-k')^2]}}\\
&= \int\limits_{\infty}^{\overline{\mathrm{sc}}} \frac{\frac{k^4}{t^2}\, dt}{\sqrt{[t^2-(1+k')^2]\,[t^2-(1-k')^2]}} = -\eta_1 K + e_1 z - \mathfrak{z}_3(z,k) - \mathfrak{z}_4(z,k).
\end{aligned}\right\} \quad (1103)$$

Bei der Auswertung der algebraischen Integrale von (1101) bis (1103) ist für z immer diejenige Umkehrfunktion einzusetzen, welche zu den in den Integralgrenzen auftretenden Jacobischen elliptischen Funktionen bzw. zu deren logarithmischen Ableitungen gehört.

163. Die 48 Integrale der vierten Potenzen und quadratischen Produkte und die 12 Integrale der quadratischen Produkte der logarithmischen Ableitungen der Jacobischen elliptischen Funktionen und die zugehörigen 504 algebraischen Integrale

Werden die auf den linken Seiten von (733) auftretenden Weierstrassschen $\wp$-Funktionen durch Einführung von (766) auf Jacobische elliptische Funktionen umgeschrieben, so ergeben sich Darstellungen der vierten Potenzen der Jacobischen elliptischen Funktionen durch Weierstrasssche Funktionen und deren zweite Ableitungen nach z. Werden diese Darstellungen zwischen z und K bzw. 0 und z nach z integriert und die dabei auf den rechten Seiten auftretenden Integrale mit Hilfe von (1022) durch Weierstrasssche Zeta-Funktionen ausgedrückt, so erscheinen die 12 Integrale der betrachteten vierten Potenzen in geschlossener Form. Sie lassen sich in 144 algebraische Integrale überführen, wenn neue Integrationsveränderliche gemäß (880) eingeführt und hierbei die zwölf Gleichungen (784) berücksichtigt werden. Nach (773) sind die Produkte der Quadrate der logarithmischen Ableitungen der Jacobischen elliptischen Funktionen den vierten Potenzen der letzteren proportional, womit sich weitere 12 Integrale ergeben.

Werden die 24 Jacobischen und 144 algebraischen Integrale wie im vorigen Abschnitt kettenweise zusammengefaßt und auf zwei Gruppen verteilt, so erhält man

$$\int\limits_z^K \operatorname{cs}^4(\bar z, k)\, d\bar z = \int\limits_{k'}^{\mathrm{ds}} \frac{(\sqrt{t^2-k'^2})^3}{\sqrt{t^2+k^2}}\, dt = \int\limits_1^{\mathrm{ns}} \frac{(\sqrt{t^2-1})^3}{\sqrt{t^2-k^2}}\, dt = \int\limits_{\mathrm{sd}}^{1/k'} \frac{(\sqrt{1-k'^2t^2})^3}{\sqrt{1+k^2t^2}}\, \frac{dt}{t^4} = \int\limits_{\mathrm{sn}}^{1} \frac{(\sqrt{1-t^2})^3}{\sqrt{1-k^2t^2}}\, \frac{dt}{t^4}$$

$$= \int\limits_0^{\mathrm{cs}} \frac{t^4\, dt}{\sqrt{(t^2+1)(t^2+k'^2)}} = \int\limits_{\mathrm{sc}}^{\infty} \frac{\frac{1}{t^4}\, dt}{\sqrt{(1+t^2)(1+k'^2t^2)}}$$

$$= \left(e_1^2 + 2e_1\eta_1 + \frac{1}{12} g_2\right) K - \left(e_1^2 + \frac{1}{12} g_2\right) z - 2e_1 \mathfrak{z}_1(z, k) - \frac{1}{6} \wp_1'(z, k),$$

$$\int\limits_z^K \operatorname{ds}^4(\bar z, k)\, d\bar z = \int\limits_{1}^{\mathrm{ns}} \frac{(\sqrt{t^2-k^2})^3}{\sqrt{t^2-1}}\, dt = \int\limits_0^{\mathrm{cs}} \frac{(\sqrt{t^2+k'^2})^3}{\sqrt{t^2+1}}\, dt = \int\limits_{\mathrm{sc}}^{\infty} \frac{(\sqrt{1+k'^2t^2})^3}{\sqrt{1+t^2}}\, \frac{dt}{t^4} = \int\limits_{\mathrm{sn}}^{1} \frac{(\sqrt{1-k^2t^2})^3}{\sqrt{1-t^2}}\, \frac{dt}{t^4}$$

$$= \int\limits_{k'}^{\mathrm{ds}} \frac{t^4\, dt}{\sqrt{(t^2+k^2)(t^2-k'^2)}} = \int\limits_{\mathrm{sd}}^{1/k'} \frac{\frac{1}{t^4}\, dt}{\sqrt{(1+k^2t^2)(1-k'^2t^2)}}$$

$$= \left(e_2^2 + 2e_2\eta_1 + \frac{1}{12} g_2\right) K - \left(e_2^2 + \frac{1}{12} g_2\right) z - 2e_2 \mathfrak{z}_1(z, k) - \frac{1}{6} \wp_1'(z, k),$$

$$\int\limits_z^K \operatorname{ns}^4(\bar z, k)\, d\bar z = \int\limits_{0}^{\mathrm{cs}} \frac{(\sqrt{t^2+1})^3}{\sqrt{t^2+k'^2}}\, dt = \int\limits_{k'}^{\mathrm{ds}} \frac{(\sqrt{t^2+k^2})^3}{\sqrt{t^2-k'^2}}\, dt = \int\limits_{\mathrm{sc}}^{\infty} \frac{(\sqrt{1+t^2})^3}{\sqrt{1+k'^2t^2}}\, \frac{dt}{t^4} = \int\limits_{\mathrm{sd}}^{1/k'} \frac{(\sqrt{1+k^2t^2})^3}{\sqrt{1-k'^2t^2}}\, \frac{dt}{t^4}$$

$$= \int\limits_{1}^{\mathrm{ns}} \frac{t^4\, dt}{\sqrt{(t^2-1)(t^2-k^2)}} = \int\limits_{\mathrm{sn}}^{1} \frac{\frac{1}{t^4}\, dt}{\sqrt{(1-t^2)(1-k^2t^2)}}$$

$$= \left(e_3^2 + 2e_3\eta_1 + \frac{1}{12} g_2\right) K - \left(e_3^2 + \frac{1}{12} g_2\right) z - 2e_3 \mathfrak{z}_1(z, k) - \frac{1}{6} \wp_1'(z, k),$$

$$\int\limits_0^z \operatorname{sc}^4(\bar z, k)\, d\bar z = \int\limits_{1}^{\mathrm{nc}} \frac{(\sqrt{t^2-1})^3}{\sqrt{k^2+k'^2t^2}}\, dt = \int\limits_1^{\mathrm{dc}} \frac{(\sqrt{t^2-1})^3}{\sqrt{t^2-k^2}}\, \frac{dt}{k'^4} = \int\limits_{\mathrm{cd}}^{1} \frac{(\sqrt{1-t^2})^3}{\sqrt{1-k^2t^2}}\, \frac{dt}{k'^4t^4} = \int\limits_{\mathrm{cn}}^{1} \frac{(\sqrt{1-t^2})^3}{\sqrt{k'^2+k^2t^2}}\, \frac{dt}{t^4}$$

$$= \int\limits_{0}^{\mathrm{sc}} \frac{t^4\, dt}{\sqrt{(1+t^2)(1+k'^2t^2)}} = \int\limits_{\mathrm{cs}}^{\infty} \frac{\frac{1}{t^4}\, dt}{\sqrt{(1+t^2)(k'^2+t^2)}}$$

$$= \frac{1}{k'^4}\left[2e_1\eta_1 K + \left(e_1^2 + \frac{1}{12} g_2\right) z + 2e_1 \mathfrak{z}_2(z, k) + \frac{1}{6} \wp_2'(z, k)\right],$$

$$\int\limits_0^z \operatorname{nc}^4(\bar z, k)\, d\bar z = \int\limits_{1}^{\mathrm{dc}} \frac{(\sqrt{t^2-k^2})^3}{\sqrt{t^2-1}}\, \frac{dt}{k'^4} = \int\limits_0^{\mathrm{sc}} \frac{(\sqrt{1+t^2})^3}{\sqrt{1+k'^2t^2}}\, dt = \int\limits_{\mathrm{cd}}^{1} \frac{(\sqrt{1-k^2t^2})^3}{\sqrt{1-t^2}}\, \frac{dt}{k'^4t^4} = \int\limits_{\mathrm{cs}}^{\infty} \frac{(\sqrt{t^2+1})^3}{\sqrt{t^2+k'^2}}\, \frac{dt}{t^4}$$

$$= \int\limits_{1}^{\mathrm{nc}} \frac{t^4\, dt}{\sqrt{(t^2-1)(k^2+k'^2t^2)}} = \int\limits_{\mathrm{cn}}^{1} \frac{\frac{1}{t^4}\, dt}{\sqrt{(1-t^2)(k'^2+k^2t^2)}}$$

$$= \frac{1}{k'^4}\left[2e_2\eta_1 K + \left(e_2^2 + \frac{1}{12} g_2\right) z + 2e_2 \mathfrak{z}_2(z, k) + \frac{1}{6} \wp_2'(z, k)\right],$$

$$\int\limits_0^z \operatorname{dc}^4(\bar z, k)\, d\bar z = \int\limits_{0}^{\mathrm{sc}} \frac{(\sqrt{1+k'^2t^2})^3}{\sqrt{t^2+1}}\, dt = \int\limits_1^{\mathrm{nc}} \frac{(\sqrt{k^2+k'^2t^2})^3}{\sqrt{t^2-1}}\, dt = \int\limits_{\mathrm{cn}}^{1} \frac{(\sqrt{k'^2+k^2t^2})^3}{\sqrt{1-t^2}}\, \frac{dt}{t^4} = \int\limits_{\mathrm{cs}}^{\infty} \frac{(\sqrt{t^2+k'^2})^3}{\sqrt{t^2+1}}\, \frac{dt}{t^4}$$

$$= \int\limits_{1}^{\mathrm{dc}} \frac{t^4\, dt}{\sqrt{(t^2-1)(t^2-k^2)}} = \int\limits_{\mathrm{cd}}^{1} \frac{\frac{1}{t^4}\, dt}{\sqrt{(1-t^2)(1-k^2t^2)}}$$

$$= 2e_3\eta_1 K + \left(e_3^2 + \frac{1}{12} g_2\right) z + 2e_3 \mathfrak{z}_2(z, k) + \frac{1}{6} \wp_2'(z, k), \qquad (1104)$$

$$\int_0^z \mathrm{nd}^4(\bar z, k)\, d\bar z = \int_0^{\mathrm{sd}} \frac{(\sqrt{1+k^2t^2})^3}{\sqrt{1-k'^2t^2}}\, dt = \int_{\mathrm{cd}}^1 \frac{(\sqrt{1-k^2t^2})^3}{\sqrt{1-t^2}} \frac{dt}{k'^4} = \int_1^{\mathrm{dc}} \frac{(\sqrt{t^2-k^2})^3}{\sqrt{t^2-1}} \frac{dt}{k'^4 t^4} = \int_{\mathrm{ds}}^{\infty} \frac{(\sqrt{t^2+k^2})^3}{\sqrt{t^2-k'^2}} \frac{dt}{t^4}$$

$$= \int_1^{\mathrm{nd}} \frac{t^4\, dt}{\sqrt{(t^2-1)(1-k'^2t^2)}} = \int_{\mathrm{dn}}^1 \frac{\frac{1}{t^4}\, dt}{\sqrt{(1-t^2)(t^2-k'^2)}}$$

$$= \frac{1}{k'^4}\left[\left(e_1^2 + \frac{1}{12} g_2\right) z + 2 e_1 \mathfrak{z}_3(z, k) + \frac{1}{6} \wp_3'(z, k)\right],$$

$$\int_0^z \mathrm{sd}^4(\bar z, k)\, d\bar z = \int_{\mathrm{cd}}^1 \frac{(\sqrt{1-t^2})^3}{\sqrt{1-k^2t^2}} \frac{dt}{k'^4} = \int_1^{\mathrm{nd}} \frac{(\sqrt{t^2-1})^3}{\sqrt{1-k'^2t^2}} \frac{dt}{k^4} = \int_1^{\mathrm{dc}} \frac{(\sqrt{t^2-1})^3}{\sqrt{t^2-k^2}} \frac{dt}{k'^4 t^4} = \int_{\mathrm{dn}}^1 \frac{(\sqrt{1-t^2})^3}{\sqrt{t^2-k'^2}} \frac{dt}{k^4 t^4}$$

$$= \int_0^{\mathrm{sd}} \frac{t^4\, dt}{\sqrt{(1+k^2t^2)(1-k'^2t^2)}} = \int_{\mathrm{ds}}^{\infty} \frac{\frac{1}{t^4}\, dt}{\sqrt{(t^2+k^2)(t^2-k'^2)}}$$

$$= \frac{1}{k^4 k'^4}\left[\left(e_2^2 + \frac{1}{12} g_2\right) z + 2 e_2 \mathfrak{z}_3(z, k) + \frac{1}{6} \wp_3'(z, k)\right],$$

$$\int_0^z \mathrm{cd}^4(\bar z, k)\, d\bar z = \int_1^{\mathrm{nd}} \frac{(\sqrt{1-k'^2t^2})^3}{\sqrt{t^2-1}} \frac{dt}{k^4} = \int_0^{\mathrm{sd}} \frac{(\sqrt{1-k'^2t^2})^3}{\sqrt{1+k^2t^2}}\, dt = \int_{\mathrm{ds}}^{\infty} \frac{(\sqrt{t^2-k'^2})^3}{\sqrt{t^2+k^2}} \frac{dt}{t^4} = \int_{\mathrm{dn}}^1 \frac{(\sqrt{t^2-k'^2})^3}{\sqrt{1-t^2}} \frac{dt}{k^4 t^4}$$

$$= \int_{\mathrm{cd}}^1 \frac{t^4\, dt}{\sqrt{(1-t^2)(1-k^2t^2)}} = \int_1^{\mathrm{dc}} \frac{\frac{1}{t^4}\, dt}{\sqrt{(t^2-1)(t^2-k^2)}}$$

$$= \frac{1}{k^4}\left[\left(e_3^2 + \frac{1}{12} g_2\right) z + 2 e_3 \mathfrak{z}_3(z, k) + \frac{1}{6} \wp_3'(z, k)\right],$$

$$\int_0^z \mathrm{dn}^4(\bar z, k)\, d\bar z = \int_0^{\mathrm{sn}} \frac{(\sqrt{1-k^2t^2})^3}{\sqrt{1-t^2}}\, dt = \int_{\mathrm{cn}}^1 \frac{(\sqrt{k'^2+k^2t^2})^3}{\sqrt{1-t^2}}\, dt = \int_{\mathrm{ns}}^{\infty} \frac{(\sqrt{t^2-k^2})^3}{\sqrt{t^2-1}} \frac{dt}{t^4} = \int_1^{\mathrm{nc}} \frac{(\sqrt{k^2+k'^2t^2})^3}{\sqrt{t^2-1}} \frac{dt}{t^4}$$

$$= \int_{\mathrm{dn}}^1 \frac{t^4\, dt}{\sqrt{(1-t^2)(t^2-k'^2)}} = \int_1^{\mathrm{nd}} \frac{\frac{1}{t^4}\, dt}{\sqrt{(t^2-1)(1-k'^2t^2)}}$$

$$= \left[2 e_1 \eta_1 K + \left(e_1^2 + \frac{1}{12} g_2\right) z + 2 e_1 \mathfrak{z}_4(z, k) + \frac{1}{6} \wp_4'(z, k)\right],$$

$$\int_0^z \mathrm{cn}^4(\bar z, k)\, d\bar z = \int_{\mathrm{dn}}^1 \frac{(\sqrt{t^2-k'^2})^3}{\sqrt{1-t^2}} \frac{dt}{k^4} = \int_0^{\mathrm{sn}} \frac{(\sqrt{1-t^2})^3}{\sqrt{1-k^2t^2}}\, dt = \int_{\mathrm{ns}}^{\infty} \frac{(\sqrt{t^2-1})^3}{\sqrt{t^2-k^2}} \frac{dt}{t^4} = \int_1^{\mathrm{nd}} \frac{(\sqrt{1-k'^2t^2})^3}{\sqrt{t^2-1}} \frac{dt}{k^4 t^4}$$

$$= \int_{\mathrm{cn}}^1 \frac{t^4\, dt}{\sqrt{(1-t^2)(k'^2+k^2t^2)}} = \int_1^{\mathrm{nc}} \frac{\frac{1}{t^4}\, dt}{\sqrt{(t^2-1)(k^2+k'^2t^2)}}$$

$$= \frac{1}{k^4}\left[2 e_2 \eta_1 K + \left(e_2^2 + \frac{1}{12} g_2\right) z + 2 e_2 \mathfrak{z}_4(z, k) + \frac{1}{6} \wp_4'(z, k)\right],$$

$$\int_0^z \mathrm{sn}^4(\bar z, k)\, d\bar z = \int_{\mathrm{cn}}^1 \frac{(\sqrt{1-t^2})^3}{\sqrt{k'^2+k^2t^2}}\, dt = \int_{\mathrm{dn}}^1 \frac{(\sqrt{1-t^2})^3}{\sqrt{t^2-k'^2}} \frac{dt}{k^4} = \int_1^{\mathrm{nc}} \frac{(\sqrt{t^2-1})^3}{\sqrt{k^2+k'^2t^2}} \frac{dt}{t^4} = \int_1^{\mathrm{nd}} \frac{(\sqrt{t^2-1})^3}{\sqrt{1-k'^2t^2}} \frac{dt}{k^4 t^4}$$

$$= \int_0^{\mathrm{sn}} \frac{t^4\, dt}{\sqrt{(1-t^2)(1-k^2t^2)}} = \int_{\mathrm{ns}}^{\infty} \frac{\frac{1}{t^4}\, dt}{\sqrt{(t^2-1)(t^2-k^2)}}$$

$$= \frac{1}{k^4}\left[2 e_3 \eta_1 K + \left(e_3^2 + \frac{1}{12} g_2\right) z + 2 e_3 \mathfrak{z}_4(z, k) + \frac{1}{6} \wp_4'(z, k)\right].$$

$$\int_{\mathrm{nd}}^{1/k'} \frac{(\sqrt{1-k'^2t^2})^3}{(\sqrt{t^2-1})^5}\,dt = \int_{k'}^{\mathrm{dn}} \frac{(\sqrt{t^2-k'^2})^3}{(\sqrt{1-t^2})^5}\,dt = \int_{\mathrm{nc}}^{\infty} \frac{dt}{(\sqrt{t^2-1})^5\sqrt{k^2+k'^2t^2}} = \int_0^{\mathrm{cn}} \frac{t^4\,dt}{(\sqrt{1-t^2})^5\sqrt{k'^2+k^2t^2}}$$

$$= \int_{\mathrm{dc}}^{\infty}\frac{k'^4\,dt}{(\sqrt{t^2-1})^5\sqrt{t^2-k^2}} = \int_0^{\mathrm{cd}}\frac{k'^4\,t^4\,dt}{(\sqrt{1-t^2})^5\sqrt{1-k^2t^2}} = \int_z^K \overline{\mathrm{ds}}^2(\bar z,k)\,\overline{\mathrm{ns}}^2(\bar z,k)\,d\bar z$$

$$= \left(e_1^2+2e_1\eta_1+\frac{1}{12}g_2\right)K - \left(e_1^2+\frac{1}{12}g_2\right)z - 2e_1\mathfrak{z}_1(z,k) - \frac{1}{6}\wp_1'(z,k),$$

$$\int_{\mathrm{nc}}^{\infty} \frac{(\sqrt{k^2+k'^2t^2})^3}{(\sqrt{t^2-1})^5}\,dt = \int_0^{\mathrm{cn}} \frac{(\sqrt{k'^2+k^2t^2})^3}{(\sqrt{1-t^2})^5}\,dt = \int_{\mathrm{nd}}^{1/k'} \frac{k^4\,dt}{(\sqrt{t^2-1})^5\sqrt{1-k'^2t^2}} = \int_{k'}^{\mathrm{dn}} \frac{k^4\,t^4\,dt}{(\sqrt{1-t^2})^5\sqrt{t^2-k'^2}}$$

$$= \int_0^{\mathrm{cd}}\frac{k'^4\,dt}{(\sqrt{1-t^2})^5\sqrt{1-k^2t^2}} = \int_{\mathrm{dc}}^{\infty}\frac{k'^4\,t^4dt}{(\sqrt{t^2-1})^5\sqrt{t^2-k^2}} = \int_z^K \overline{\mathrm{ns}}^2(\bar z,k)\,\overline{\mathrm{cs}}^2(\bar z,k)\,d\bar z$$

$$= \left(e_2^2+2e_2\eta_1+\frac{1}{12}g_2\right)K - \left(e_2^2+\frac{1}{12}g_2\right)z - 2e_2\mathfrak{z}_1(z,k) - \frac{1}{6}\wp_1'(z,k),$$

$$\int_{\mathrm{dc}}^{\infty} \frac{(\sqrt{t^2-k^2})^3}{(\sqrt{t^2-1})^5}\,dt = \int_0^{\mathrm{cd}} \frac{(\sqrt{1-k^2t^2})^3}{(\sqrt{1-t^2})^5}\,dt = \int_0^{\mathrm{cn}} \frac{dt}{(\sqrt{1-t^2})^5\sqrt{k'^2+k^2t^2}} = \int_{\mathrm{nc}}^{\infty} \frac{t^4\,dt}{(\sqrt{t^2-1})^5\sqrt{k^2+k'^2t^2}}$$

$$= \int_{k'}^{\mathrm{dn}}\frac{k^4\,dt}{(\sqrt{1-t^2})^5\sqrt{t^2-k'^2}} = \int_{\mathrm{nd}}^{1/k'}\frac{k^4\,t^4\,dt}{(\sqrt{t^2-1})^5\sqrt{1-k'^2t^2}} = \int_z^K \overline{\mathrm{cs}}^2(\bar z,k)\,\overline{\mathrm{ds}}^2(\bar z,k)\,d\bar z$$

$$= \left(e_3^2+2e_3\eta_1+\frac{1}{12}g_2\right)K - \left(e_3^2+\frac{1}{12}g_2\right)z - 2e_3\mathfrak{z}_1(z,k) - \frac{1}{6}\wp_1'(z,k),$$

$$\int_1^{\mathrm{nd}} \frac{(\sqrt{t^2-1})^3}{(\sqrt{1-k'^2t^2})^5}\,dt = \int_{\mathrm{dn}}^{1} \frac{(\sqrt{1-t^2})^3}{(\sqrt{t^2-k'^2})^5}\,dt = \int_{\mathrm{ns}}^{\infty} \frac{dt}{(\sqrt{t^2-1})^5\sqrt{t^2-k^2}} = \int_0^{\mathrm{sn}} \frac{t^4\,dt}{(\sqrt{1-t^2})^5\sqrt{1-k^2t^2}}$$

$$= \int_{\mathrm{ds}}^{\infty}\frac{dt}{(\sqrt{t^2-k'^2})^5\sqrt{t^2+k^2}} = \int_0^{\mathrm{sd}}\frac{t^4\,dt}{(\sqrt{1-k'^2t^2})^5\sqrt{1+k^2t^2}} = \int_0^z \overline{\mathrm{nc}}^2(\bar z,k)\,\overline{\mathrm{dc}}^2(\bar z,k)\,\frac{d\bar z}{k'^4}$$

$$= \frac{1}{k'^4}\left[2e_1\eta_1K + \left(e_1^2+\frac{1}{12}g_2\right)z + 2e_1\mathfrak{z}_2(z,k) + \frac{1}{6}\wp_2'(z,k)\right],$$

$$\int_0^{\mathrm{sd}} \frac{(\sqrt{1+k^2t^2})^3}{(\sqrt{1-k'^2t^2})^5}\,dt = \int_{\mathrm{ds}}^{\infty} \frac{(\sqrt{t^2+k^2})^3}{(\sqrt{t^2-k'^2})^5}\,dt = \int_0^{\mathrm{sn}} \frac{dt}{(\sqrt{1-t^2})^5\sqrt{1-k^2t^2}} = \int_{\mathrm{ns}}^{\infty} \frac{t^4\,dt}{(\sqrt{t^2-1})^5\sqrt{t^2-k^2}}$$

$$= \int_{\mathrm{dn}}^{1}\frac{k^4\,dt}{(\sqrt{t^2-k'^2})^5\sqrt{1-t^2}} = \int_1^{\mathrm{nd}}\frac{k^4\,t^4\,dt}{(\sqrt{1-k'^2t^2})^5\sqrt{t^2-1}} = \int_0^z \overline{\mathrm{dc}}^2(\bar z,k)\,\overline{\mathrm{sc}}^2(\bar z,k)\,\frac{d\bar z}{k'^4}$$

$$= \frac{1}{k'^4}\left[2e_2\eta_1K + \left(e_2^2+\frac{1}{12}g_2\right)z + 2e_2\mathfrak{z}_2(z,k) + \frac{1}{6}\wp_2'(z,k)\right],$$

$$\int_{\mathrm{ns}}^{\infty} \frac{(\sqrt{t^2-k^2})^3}{(\sqrt{t^2-1})^5}\,dt = \int_0^{\mathrm{sn}} \frac{(\sqrt{1-k^2t^2})^3}{(\sqrt{1-t^2})^5}\,dt = \int_1^{\mathrm{nd}} \frac{k^4\,dt}{(\sqrt{1-k'^2t^2})^5\sqrt{t^2-1}} = \int_{\mathrm{dn}}^{1} \frac{k^4\,t^4\,dt}{(\sqrt{t^2-k'^2})^5\sqrt{1-t^2}}$$

$$= \int_0^{\mathrm{sd}}\frac{dt}{(\sqrt{1-k'^2t^2})^5\sqrt{1+k^2t^2}} = \int_{\mathrm{ds}}^{\infty}\frac{t^4\,dt}{(\sqrt{t^2-k'^2})^5\sqrt{t^2+k^2}} = \int_0^z \overline{\mathrm{sc}}^2(\bar z,k)\,\overline{\mathrm{nc}}^2(\bar z,k)\,d\bar z$$

$$= 2e_3\eta_1K + \left(e_3^2+\frac{1}{12}g_2\right)z + 2e_3\mathfrak{z}_2(z,k) + \frac{1}{6}\wp_2'(z,k), \qquad (1105)$$

$$\int\limits_{\mathrm{cs}}^{\infty} \frac{(\sqrt{t^2+1})^3}{(\sqrt{t^2+k'^2})^5}\,dt = \int\limits_0^{\mathrm{sc}} \frac{(\sqrt{t^2+1})^3}{(\sqrt{1+k'^2t^2})^5}\,dt = \int\limits_{\mathrm{cn}}^{1} \frac{dt}{(\sqrt{k'^2+k^2t^2})^5\sqrt{1-t^2}} = \int\limits_1^{\mathrm{nc}} \frac{t^4\,dt}{(\sqrt{k^2+k'^2t^2})^5\sqrt{t^2-1}}$$

$$= \int\limits_0^{\mathrm{sn}} \frac{dt}{(\sqrt{1-k^2t^2})^5\sqrt{1-t^2}} = \int\limits_{\mathrm{ns}}^{\infty} \frac{t^4\,dt}{(\sqrt{t^2-k^2})^5\sqrt{t^2-1}} = \int\limits_0^{z} \overline{\mathrm{sd}}^2(\bar z, k)\,\overline{\mathrm{cd}}^2(\bar z, k)\,\frac{d\bar z}{k'^4}$$

$$= \frac{1}{k'^4}\left[\left(e_1^2+\frac{1}{12}g_2\right)z + 2e_1\mathfrak{z}_3(z,k) + \frac{1}{6}\wp_3'(z,k)\right],$$

$$\int\limits_1^{\mathrm{nc}} \frac{(\sqrt{t^2-1})^3}{(\sqrt{k^2+k'^2t^2})^5}\,dt = \int\limits_{\mathrm{cn}}^{1} \frac{(\sqrt{1-t^2})^3}{(\sqrt{k'^2+k^2t^2})^5}\,dt = \int\limits_{\mathrm{ns}}^{\infty} \frac{dt}{(\sqrt{t^2-k^2})^5\sqrt{t^2-1}} = \int\limits_0^{\mathrm{sn}} \frac{t^4\,dt}{(\sqrt{1-k^2t^2})^5\sqrt{1-t^2}}$$

$$= \int\limits_{\mathrm{cs}}^{\infty} \frac{dt}{(\sqrt{t^2+k'^2})^5\sqrt{t^2+1}} = \int\limits_0^{\mathrm{sc}} \frac{t^4\,dt}{(\sqrt{1+k'^2t^2})^5\sqrt{t^2+1}} = \int\limits_0^{z} \overline{\mathrm{cd}}^2(\bar z, k)\,\overline{\mathrm{nd}}^2(\bar z, k)\,\frac{d\bar z}{k^4k'^4}$$

$$= \frac{1}{k^4k'^4}\left[\left(e_2^2+\frac{1}{12}g_2\right)z + 2e_2\mathfrak{z}_3(z,k) + \frac{1}{6}\wp_3'(z,k)\right],$$

$$\int\limits_{\mathrm{ns}}^{\infty} \frac{(\sqrt{t^2-1})^3}{(\sqrt{t^2-k^2})^5}\,dt = \int\limits_0^{\mathrm{sn}} \frac{(\sqrt{1-t^2})^3}{(\sqrt{1-k^2t^2})^5}\,dt = \int\limits_1^{\mathrm{nc}} \frac{dt}{(\sqrt{k^2+k'^2t^2})^5\sqrt{t^2-1}} = \int\limits_{\mathrm{cn}}^{1} \frac{t^4\,dt}{(\sqrt{k'^2+k^2t^2})^5\sqrt{1-t^2}}$$

$$= \int\limits_0^{\mathrm{sc}} \frac{dt}{(\sqrt{1+k'^2t^2})^5\sqrt{t^2+1}} = \int\limits_{\mathrm{cs}}^{\infty} \frac{t^4\,dt}{(\sqrt{t^2+k'^2})^5\sqrt{t^2+1}} = \int\limits_0^{z} \overline{\mathrm{nd}}^2(\bar z, k)\,\overline{\mathrm{sd}}^2(\bar z, k)\,\frac{d\bar z}{k^4}$$

$$= \frac{1}{k^4}\left[\left(e_3^2+\frac{1}{12}g_2\right)z + 2e_3\mathfrak{z}_3(z,k) + \frac{1}{6}\wp_3'(z,k)\right],$$

$$\int\limits_{\mathrm{cs}}^{\infty} \frac{(\sqrt{t^2+k'^2})^3}{(\sqrt{t^2+1})^5}\,dt = \int\limits_0^{\mathrm{sc}} \frac{(\sqrt{1+k'^2t^2})^3}{(\sqrt{1+t^2})^5}\,dt = \int\limits_{\mathrm{cd}}^{1} \frac{k'^4\,dt}{(\sqrt{1-k^2t^2})^5\sqrt{1-t^2}} = \int\limits_1^{\mathrm{dc}} \frac{k'^4t^4\,dt}{(\sqrt{t^2-k^2})^5\sqrt{t^2-1}}$$

$$= \int\limits_0^{\mathrm{sd}} \frac{dt}{(\sqrt{1+k^2t^2})^5\sqrt{1-k'^2t^2}} = \int\limits_{\mathrm{ds}}^{\infty} \frac{t^4\,dt}{(\sqrt{t^2+k^2})^5\sqrt{t^2-k'^2}} = \int\limits_0^{z} \overline{\mathrm{sn}}^2(\bar z, k)\,\overline{\mathrm{cn}}^2(\bar z, k)\,d\bar z$$

$$= 2e_1\eta_1K + \left(e_1^2+\frac{1}{12}g_2\right)z + 2e_1\mathfrak{z}_4(z,k) + \frac{1}{6}\wp_4'(z,k),$$

$$\int\limits_{\mathrm{ds}}^{\infty} \frac{(\sqrt{t^2-k'^2})^3}{(\sqrt{t^2+k^2})^5}\,dt = \int\limits_0^{\mathrm{sd}} \frac{(\sqrt{1-k'^2t^2})^3}{(\sqrt{1+k^2t^2})^5}\,dt = \int\limits_1^{\mathrm{dc}} \frac{k'^4\,dt}{(\sqrt{t^2-k^2})^5\sqrt{t^2-1}} = \int\limits_{\mathrm{cd}}^{1} \frac{k'^4t^4\,dt}{(\sqrt{1-k^2t^2})^5\sqrt{1-t^2}}$$

$$= \int\limits_0^{\mathrm{sc}} \frac{dt}{(\sqrt{t^2+1})^5\sqrt{1+k'^2t^2}} = \int\limits_{\mathrm{cs}}^{\infty} \frac{t^4\,dt}{(\sqrt{t^2+1})^5\sqrt{t^2+k^2}} = \int\limits_0^{z} \overline{\mathrm{dn}}^2(\bar z, k)\,\overline{\mathrm{sn}}^2(\bar z, k)\,\frac{d\bar z}{k^4}$$

$$= \frac{1}{k^4}\left[2e_2\eta_1K + \left(e_2^2+\frac{1}{12}g_2\right)z + 2e_2\mathfrak{z}_4(z,k) + \frac{1}{6}\wp_4'(z,k)\right],$$

$$\int\limits_1^{\mathrm{dc}} \frac{(\sqrt{t^2-1})^3}{(\sqrt{t^2-k^2})^5}\,dt = \int\limits_{\mathrm{cd}}^{1} \frac{(\sqrt{1-t^2})^3}{(\sqrt{1-k^2t^2})^5}\,dt = \int\limits_{\mathrm{cs}}^{\infty} \frac{dt}{(\sqrt{t^2+1})^5\sqrt{t^2+k'^2}} = \int\limits_0^{\mathrm{sc}} \frac{t^4\,dt}{(\sqrt{t^2+1})^5\sqrt{1+k'^2t^2}}$$

$$= \int\limits_{\mathrm{ds}}^{\infty} \frac{dt}{(\sqrt{t^2+k^2})^5\sqrt{t^2-k'^2}} = \int\limits_0^{\mathrm{sd}} \frac{t^4\,dt}{(\sqrt{1+k^2t^2})^5\sqrt{1-k'^2t^2}} = \int\limits_0^{z} \overline{\mathrm{cn}}^2(\bar z, k)\,\overline{\mathrm{dn}}^2(\bar z, k)\,\frac{d\bar z}{k^4}$$

$$= \frac{1}{k^4}\left[2e_3\eta_1K + \left(e_3^2+\frac{1}{12}g_2\right)z + 2e_3\mathfrak{z}_4(z,k) + \frac{1}{6}\wp_4'(z,k)\right].$$

Bei der Auswertung der algebraischen Integrale von (1104) und (1105) ist für z immer diejenige Umkehrfunktion einzusetzen, welche zu den in den Integralgrenzen auftretenden JACOBIschen elliptischen Funktionen gehört. Das gleiche gilt für die anschließend zu betrachtenden Integrale der quadratischen Produkte.

Bildet man die 72 Produkte der Quadrate der JACOBIschen elliptischen Funktionen, so zeigt sich, daß die Hälfte von ihnen bei Berücksichtigung von (766) teils den Wert Eins annimmt und sich teils kürzen läßt, so daß nur ein gewöhnliches Quadrat verbleibt. Die restlichen 36 echten Produkte lassen sich in drei Gruppen zerlegen. Die erste Gruppe ergibt sich aus den Gln. (734), wenn die auf den linken Seiten dieser Gleichungen auftretenden WEIERSTRASSschen $\wp$-Funktionen durch Einführung von (766) auf JACOBIsche elliptische Funktionen umgeschrieben werden. Für die Umschreibung der restlichen Gruppen stehen die Gln. (767) und (771) bzw. (767), (770) und (771) zur Verfügung, wobei teils (766) zu beachten ist. Man kann die so sich ergebenden 36 echten Produktdarstellungen zwischen z und K bzw. z und $K/2$ bzw. 0 und z integrieren und die dabei auf den rechten Seiten auftretenden Integrale mit Hilfe von (1022) durch WEIERSTRASSsche Zeta-Funktionen ausdrücken; in der ersten Gruppe treten dabei noch spezielle WEIERSTRASSsche $\wp'$-Funktionen auf. Den Integralen entsprechen, wenn neue Integrationsveränderliche gemäß (880) eingeführt werden, nicht 432, sondern nur 360 algebraische Integrale, da von den 36 elliptischen Integralen 12 paarweise gleich, d. h. nur 30 voneinander unabhängig sind.

Werden die 390 Integrale entsprechend ihrer Entwicklung in drei Gruppen zusammengefaßt und jeweils in eine gemischte und in eine rein algebraische Untergruppe aufgespalten, so folgt, wenn für z immer diejenige Umkehrfunktion eingesetzt wird, welche zu den in den Integralgrenzen auftretenden JACOBIschen elliptischen Funktionen gehört,

$$\int_z^K \mathrm{ds}^2(\bar z, k)\,\mathrm{ns}^2(\bar z, k)\,d\bar z = \int_{k'}^{\mathrm{ds}} \frac{\sqrt{t^2+k^2}}{\sqrt{t^2-k'^2}}\,t^2\,dt = \int_1^{\mathrm{ns}} \frac{\sqrt{t^2-k^2}}{\sqrt{t^2-1}}\,t^2\,dt = \int_{\mathrm{sd}}^{1/k'} \frac{\sqrt{1+k^2t^2}}{\sqrt{1-k'^2t^2}}\,\frac{dt}{t^4} = \int_{\mathrm{sn}}^{1} \frac{\sqrt{1-k^2t^2}}{\sqrt{1-t^2}}\,\frac{dt}{t^4}$$
$$= \int_0^{\mathrm{cs}} \sqrt{(t^2+1)(t^2+k'^2)}\,dt = \int_{\mathrm{sc}}^{\infty} \sqrt{(1+t^2)(1+k'^2t^2)}\,\frac{dt}{t^4}$$
$$= \left(e_2 e_3 - e_1\eta_1 + \frac{1}{12}g_2\right)K - \left(e_2 e_3 + \frac{1}{12}g_2\right)z + e_1\mathfrak{z}_1(z,k) - \frac{1}{6}\wp_1'(z,k),$$

$$\int_z^K \mathrm{ns}^2(\bar z, k)\,\mathrm{cs}^2(\bar z, k)\,d\bar z = \int_1^{\mathrm{ns}} \frac{\sqrt{t^2-1}}{\sqrt{t^2-k^2}}\,t^2\,dt = \int_0^{\mathrm{cs}} \frac{\sqrt{t^2+1}}{\sqrt{t^2+k'^2}}\,t^2\,dt = \int_{\mathrm{sc}}^{\infty} \frac{\sqrt{1+t^2}}{\sqrt{1+k'^2t^2}}\,\frac{dt}{t^4} = \int_{\mathrm{sn}}^{1} \frac{\sqrt{1-t^2}}{\sqrt{1-k^2t^2}}\,\frac{dt}{t^4}$$
$$= \int_{k'}^{\mathrm{ds}} \sqrt{(t^2+k^2)(t^2-k'^2)}\,dt = \int_{\mathrm{sd}}^{1/k'} \sqrt{(1+k^2t^2)(1-k'^2t^2)}\,\frac{dt}{t^4}$$
$$= \left(e_3 e_1 - e_2\eta_1 + \frac{1}{12}g_2\right)K - \left(e_3 e_1 + \frac{1}{12}g_2\right)z + e_2\mathfrak{z}_1(z,k) - \frac{1}{6}\wp_1'(z,k),$$

$$\int_z^K \mathrm{cs}^2(\bar z, k)\,\mathrm{ds}^2(\bar z, k)\,d\bar z = \int_0^{\mathrm{cs}} \frac{\sqrt{t^2+k'^2}}{\sqrt{t^2+1}}\,t^2\,dt = \int_{k'}^{\mathrm{ds}} \frac{\sqrt{t^2-k'^2}}{\sqrt{t^2+k^2}}\,t^2\,dt = \int_{\mathrm{sc}}^{\infty} \frac{\sqrt{1+k'^2t^2}}{\sqrt{1+t^2}}\,\frac{dt}{t^4} = \int_{\mathrm{sd}}^{1/k'} \frac{\sqrt{1-k'^2t^2}}{\sqrt{1+k^2t^2}}\,\frac{dt}{t^4}$$
$$= \int_1^{\mathrm{ns}} \sqrt{(t^2-1)(t^2-k^2)}\,dt = \int_{\mathrm{sn}}^{1} \sqrt{(1-t^2)(1-k^2t^2)}\,\frac{dt}{t^4}$$
$$= \left(e_1 e_2 - e_3\eta_1 + \frac{1}{12}g_2\right)K - \left(e_1 e_2 + \frac{1}{12}g_2\right)z + e_3\mathfrak{z}_1(z,k) - \frac{1}{6}\wp_1'(z,k),$$

$$\int_0^z \mathrm{nc}^2(\bar z, k)\,\mathrm{dc}^2(\bar z, k)\,d\bar z = \int_1^{\mathrm{nc}} \frac{\sqrt{k^2+k'^2t^2}}{\sqrt{t^2-1}}\,t^2\,dt = \int_1^{\mathrm{dc}} \frac{\sqrt{t^2-k^2}}{\sqrt{t^2-1}}\,\frac{t^2}{k'^2}\,dt = \int_{\mathrm{cd}}^{1} \frac{\sqrt{1-k^2t^2}}{\sqrt{1-t^2}}\,\frac{dt}{k'^2t^4} = \int_{\mathrm{cn}}^{1} \frac{\sqrt{k'^2+k^2t^2}}{\sqrt{1-t^2}}\,\frac{dt}{t^4}$$
$$= \int_0^{\mathrm{sc}} \sqrt{(1+t^2)(1+k'^2t^2)}\,dt = \int_{\mathrm{cs}}^{\infty} \sqrt{(t^2+1)(t^2+k'^2)}\,\frac{dt}{t^4}$$
$$= \frac{1}{k'^2}\left[-e_1\eta_1 K + \left(e_2 e_3 + \frac{1}{12}g_2\right)z - e_1\mathfrak{z}_2(z,k) + \frac{1}{6}\wp_2'(z,k)\right],$$

$$\int_0^z \mathrm{dc}^2(\bar z,k)\,\mathrm{sc}^2(\bar z,k)\,d\bar z = \int_1^{\mathrm{dc}} \frac{\sqrt{t^2-1}}{\sqrt{t^2-k^2}}\,\frac{t^2}{k'^2}\,dt = \int_0^{\mathrm{sc}} \frac{\sqrt{1+k'^2t^2}}{\sqrt{1+t^2}}\,t^2\,dt = \int_{\mathrm{cd}}^1 \frac{\sqrt{1-t^2}}{\sqrt{1-k^2t^2}}\,\frac{dt}{k'^2t^4} = \int_{\mathrm{cs}}^\infty \frac{\sqrt{t^2+k'^2}}{\sqrt{t^2+1}}\,\frac{dt}{t^4}$$

$$= \int_1^{\mathrm{nc}} \sqrt{(t^2-1)(k^2+k'^2t^2)}\,dt = \int_{\mathrm{cn}}^1 \sqrt{(1-t^2)(k'^2+k^2t^2)}\,\frac{dt}{t^4}$$

$$= \frac{1}{k'^2}\left[-e_2\eta_1K + \left(e_3e_1+\frac{1}{12}g_2\right)z - e_2\mathfrak{z}_2(z,k)+\frac{1}{6}\wp_2'(z,k)\right],$$

$$\int_0^z \mathrm{sc}^2(\bar z,k)\,\mathrm{nc}^2(\bar z,k)\,d\bar z = \int_0^{\mathrm{sc}} \frac{\sqrt{1+t^2}}{\sqrt{1+k'^2t^2}}\,t^2\,dt = \int_1^{\mathrm{nc}} \frac{\sqrt{t^2-1}}{\sqrt{k^2+k'^2t^2}}\,t^2\,dt = \int_{\mathrm{cn}}^1 \frac{\sqrt{1-t^2}}{\sqrt{k'^2+k^2t^2}}\,\frac{dt}{t^4} = \int_{\mathrm{cs}}^\infty \frac{\sqrt{t^2+1}}{\sqrt{t^2+k'^2}}\,\frac{dt}{t^4}$$

$$= \int_1^{\mathrm{dc}} \sqrt{(t^2-1)(t^2-k^2)}\,\frac{dt}{k'^4} = \int_{\mathrm{cd}}^1 \sqrt{(1-t^2)(1-k^2t^2)}\,\frac{dt}{k'^4t^4}$$

$$= \frac{1}{k'^4}\left[-e_3\eta_1K + \left(e_1e_2+\frac{1}{12}g_2\right)z - e_3\mathfrak{z}_2(z,k)+\frac{1}{6}\wp_2'(z,k)\right],$$

$$\int_0^z \mathrm{sd}^2(\bar z,k)\,\mathrm{cd}^2(\bar z,k)\,d\bar z = \int_0^{\mathrm{sd}} \frac{\sqrt{1-k'^2t^2}}{\sqrt{1+k^2t^2}}\,t^2\,dt = \int_{\mathrm{cd}}^1 \frac{\sqrt{1-t^2}}{\sqrt{1-k^2t^2}}\,\frac{t^2}{k'^2}\,dt = \int_1^{\mathrm{dc}} \frac{\sqrt{t^2-1}}{\sqrt{t^2-k^2}}\,\frac{dt}{k'^2t^4} = \int_{\mathrm{ds}}^\infty \frac{\sqrt{t^2-k'^2}}{\sqrt{t^2+k^2}}\,\frac{dt}{t^4}$$

$$= \int_1^{\mathrm{nd}} \sqrt{(t^2-1)(1-k'^2t^2)}\,\frac{dt}{k^4} = \int_{\mathrm{dn}}^1 \sqrt{(1-t^2)(t^2-k'^2)}\,\frac{dt}{k^4t^4}$$

$$= \frac{-1}{k^4k'^2}\left[\left(e_2e_3+\frac{1}{12}g_2\right)z - e_1\mathfrak{z}_3(z,k)+\frac{1}{6}\wp_3'(z,k)\right],$$

$$\int_0^z \mathrm{cd}^2(\bar z,k)\,\mathrm{nd}^2(\bar z,k)\,d\bar z = \int_{\mathrm{cd}}^1 \frac{\sqrt{1-k^2t^2}}{\sqrt{1-t^2}}\,\frac{t^2}{k'^2}\,dt = \int_1^{\mathrm{nd}} \frac{\sqrt{1-k'^2t^2}}{\sqrt{t^2-1}}\,\frac{t^2}{k^2}\,dt = \int_1^{\mathrm{dc}} \frac{\sqrt{t^2-k^2}}{\sqrt{t^2-1}}\,\frac{dt}{k'^2t^4} = \int_{\mathrm{dn}}^1 \frac{\sqrt{t^2-k'^2}}{\sqrt{1-t^2}}\,\frac{dt}{k^2t^4}$$

$$= \int_0^{\mathrm{sd}} \sqrt{(1+k^2t^2)(1-k'^2t^2)}\,dt = \int_{\mathrm{ds}}^\infty \sqrt{(t^2+k^2)(t^2-k'^2)}\,\frac{dt}{t^4}$$

$$= \frac{-1}{k^2k'^2}\left[\left(e_3e_1+\frac{1}{12}g_2\right)z - e_2\mathfrak{z}_3(z,k)+\frac{1}{6}\wp_3'(z,k)\right],$$

$$\int_0^z \mathrm{nd}^2(\bar z,k)\,\mathrm{sd}^2(\bar z,k)\,d\bar z = \int_1^{\mathrm{nd}} \frac{\sqrt{t^2-1}}{\sqrt{1-k'^2t^2}}\,\frac{t^2}{k^2}\,dt = \int_0^{\mathrm{sd}} \frac{\sqrt{1+k^2t^2}}{\sqrt{1-k'^2t^2}}\,t^2\,dt = \int_{\mathrm{ds}}^\infty \frac{\sqrt{t^2+k^2}}{\sqrt{t^2-k'^2}}\,\frac{dt}{t^4} = \int_{\mathrm{dn}}^1 \frac{\sqrt{1-t^2}}{\sqrt{t^2-k'^2}}\,\frac{dt}{k^2t^4}$$

$$= \int_{\mathrm{cd}}^1 \sqrt{(1-t^2)(1-k^2t^2)}\,\frac{dt}{k'^4} = \int_1^{\mathrm{dc}} \sqrt{(t^2-1)(t^2-k^2)}\,\frac{dt}{k'^4t^4}$$

$$= \frac{1}{k^2k'^4}\left[\left(e_1e_2+\frac{1}{12}g_2\right)z - e_3\mathfrak{z}_3(z,k)+\frac{1}{6}\wp_3'(z,k)\right],$$

$$\int_0^z \mathrm{cn}^2(\bar z,k)\,\mathrm{sn}^2(\bar z,k)\,d\bar z = \int_0^{\mathrm{sn}} \frac{\sqrt{1-t^2}}{\sqrt{1-k^2t^2}}\,t^2\,dt = \int_{\mathrm{cn}}^1 \frac{\sqrt{1-t^2}}{\sqrt{k'^2+k^2t^2}}\,t^2\,dt = \int_{\mathrm{ns}}^\infty \frac{\sqrt{t^2-1}}{\sqrt{t^2-k^2}}\,\frac{dt}{t^4} = \int_1^{\mathrm{nc}} \frac{\sqrt{t^2-1}}{\sqrt{k^2+k'^2t^2}}\,\frac{dt}{t^4}$$

$$= \int_{\mathrm{dn}}^1 \sqrt{(1-t^2)(t^2-k'^2)}\,\frac{dt}{k^4} = \int_1^{\mathrm{nd}} \sqrt{(t^2-1)(1-k'^2t^2)}\,\frac{dt}{k^4t^4}$$

$$= -\frac{1}{k^4}\left[-e_1\eta_1K + \left(e_2e_3+\frac{1}{12}g_2\right)z - e_1\mathfrak{z}_4(z,k)+\frac{1}{6}\wp_4'(z,k)\right], \tag{1106}$$

$$\int_0^z \mathrm{sn}^2(\bar z, k)\,\mathrm{dn}^2(\bar z, k)\,d\bar z = \int_{\mathrm{dn}}^{1} \frac{\sqrt{1-t^2}}{\sqrt{t^2-k'^2}}\,\frac{t^2}{k^2}\,dt = \int_0^{\mathrm{sn}} \frac{\sqrt{1-k^2t^2}}{\sqrt{1-t^2}}\,t^2\,dt = \int_{\mathrm{ns}}^{\infty} \frac{\sqrt{t^2-k^2}}{\sqrt{t^2-1}}\,\frac{dt}{t^4} = \int_1^{\mathrm{nd}} \frac{\sqrt{t^2-1}}{\sqrt{1-k'^2t^2}}\,\frac{dt}{k^2t^4}$$

$$= \int_{\mathrm{cn}}^{1} \sqrt{(1-t^2)(k'^2+k^2t^2)}\,dt = \int_1^{\mathrm{nc}} \sqrt{(t^2-1)(k^2+k'^2t^2)}\,\frac{dt}{t^4}$$

$$= -\frac{1}{k^2}\left[-e_2\eta_1 K + \left(e_3e_1 + \frac{1}{12}g_2\right)z - e_2\mathfrak{z}_4(z,k) + \frac{1}{6}\wp_4'(z,k)\right],$$

$$\int_0^z \mathrm{dn}^2(\bar z, k)\,\mathrm{cn}^2(\bar z, k)\,d\bar z = \int_{\mathrm{cn}}^{1} \frac{\sqrt{k'^2+k^2t^2}}{\sqrt{1-t^2}}\,t^2\,dt = \int_{\mathrm{dn}}^{1} \frac{\sqrt{t^2-k'^2}}{\sqrt{1-t^2}}\,\frac{t^2}{k^2}\,dt = \int_1^{\mathrm{nc}} \frac{\sqrt{k^2+k'^2t^2}}{\sqrt{t^2-1}}\,\frac{dt}{t^4} = \int_1^{\mathrm{nd}} \frac{\sqrt{1-k'^2t^2}}{\sqrt{t^2-1}}\,\frac{dt}{k^2t^4}$$

$$= \int_0^{\mathrm{sn}} \sqrt{(1-t^2)(1-k^2t^2)}\,dt = \int_{\mathrm{ns}}^{\infty} \sqrt{(t^2-1)(t^2-k^2)}\,\frac{dt}{t^4}$$

$$= \frac{1}{k^2}\left[-e_3\eta_1 K + \left(e_1e_2 + \frac{1}{12}g_2\right)z - e_3\mathfrak{z}_4(z,k) + \frac{1}{6}\wp_4'(z,k)\right].$$

$$\int_{\mathrm{nd}}^{1/k'} \frac{k^4t^2\,dt}{(\sqrt{t^2-1})^5\sqrt{1-k'^2t^2}} = \int_{k'}^{\mathrm{dn}} \frac{k^4t^2\,dt}{(\sqrt{1-t^2})^5\sqrt{t^2-k'^2}} = \int_{\mathrm{nc}}^{\infty} \frac{\sqrt{k^2+k'^2t^2}}{(\sqrt{t^2-1})^5}\,t^2\,dt$$

$$= \int_0^{\mathrm{cn}} \frac{\sqrt{k'^2+k^2t^2}}{(\sqrt{1-t^2})^5}\,dt = \int_{\mathrm{dc}}^{\infty} \frac{\sqrt{t^2-k^2}}{(\sqrt{t^2-1})^5}\,k'^2t^2\,dt = \int_0^{\mathrm{cd}} \frac{\sqrt{1-k^2t^2}}{(\sqrt{1-t^2})^5}\,k'^2\,dt$$

$$= \left(e_2e_3 - e_1\eta_1 + \frac{1}{12}g_2\right)K - \left(e_2e_3 + \frac{1}{12}g_2\right)z + e_1\mathfrak{z}_1(z,k) - \frac{1}{6}\wp_1'(z,k),$$

$$\int_{\mathrm{nc}}^{\infty} \frac{t^2\,dt}{(\sqrt{t^2-1})^5\sqrt{k^2+k'^2t^2}} = \int_0^{\mathrm{cn}} \frac{t^2\,dt}{(\sqrt{1-t^2})^5\sqrt{k'^2+k^2t^2}} = \int_{\mathrm{nd}}^{1/k'} \frac{\sqrt{1-k'^2t^2}}{(\sqrt{t^2-1})^5}\,k'^2t^2\,dt$$

$$= \int_{k'}^{\mathrm{dn}} \frac{\sqrt{t^2-k'^2}}{(\sqrt{1-t^2})^5}\,k^2\,dt = \int_0^{\mathrm{cd}} \frac{\sqrt{1-k^2t^2}}{(\sqrt{1-t^2})^5}\,k'^2t^2\,dt = \int_{\mathrm{dc}}^{\infty} \frac{\sqrt{t^2-k^2}}{(\sqrt{t^2-1})^5}\,k'^2\,dt$$

$$= \left(e_3e_1 - e_2\eta_1 + \frac{1}{12}g_2\right)K - \left(e_3e_1 + \frac{1}{12}g_2\right)z + e_2\mathfrak{z}_1(z,k) - \frac{1}{6}\wp_1'(z,k),$$

$$\int_{\mathrm{dc}}^{\infty} \frac{k'^4t^2\,dt}{(\sqrt{t^2-1})^5\sqrt{t^2-k^2}} = \int_0^{\mathrm{cd}} \frac{k'^4t^2\,dt}{(\sqrt{1-t^2})^5\sqrt{1-k^2t^2}} = \int_0^{\mathrm{cn}} \frac{\sqrt{k'^2+k^2t^2}}{(\sqrt{1-t^2})^5}\,t^2\,dt$$

$$= \int_{\mathrm{nc}}^{\infty} \frac{\sqrt{k^2+k'^2t^2}}{(\sqrt{t^2-1})^5}\,dt = \int_{k'}^{\mathrm{dn}} \frac{\sqrt{t^2-k'^2}}{(\sqrt{1-t^2})^5}\,k^2t^2\,dt = \int_{\mathrm{nd}}^{1/k'} \frac{\sqrt{1-k'^2t^2}}{(\sqrt{t^2-1})^5}\,k^2\,dt$$

$$= \left(e_1e_2 - e_3\eta_1 + \frac{1}{12}g_2\right)K - \left(e_1e_2 + \frac{1}{12}g_2\right)z + e_3\mathfrak{z}_1(z,k) - \frac{1}{6}\wp_1'(z,k),$$

$$\int_1^{\mathrm{nd}} \frac{k^4t^2\,dt}{(\sqrt{1-k'^2t^2})^5\sqrt{t^2-1}} = \int_{\mathrm{dn}}^{1} \frac{k^4t^2\,dt}{(\sqrt{t^2-k'^2})^5\sqrt{1-t^2}} = \int_{\mathrm{ns}}^{\infty} \frac{\sqrt{t^2-k^2}}{(\sqrt{t^2-1})^5}\,t^2\,dt$$

$$= \int_0^{\mathrm{sn}} \frac{\sqrt{1-k^2t^2}}{(\sqrt{1-t^2})^5}\,dt = \int_{\mathrm{ds}}^{\infty} \frac{\sqrt{t^2+k^2}}{(\sqrt{t^2-k'^2})^5}\,t^2\,dt = \int_0^{\mathrm{sd}} \frac{\sqrt{1+k^2t^2}}{(\sqrt{1-k'^2t^2})^5}\,dt$$

$$= \frac{1}{k'^2}\left[-e_1\eta_1 K + \left(e_2e_3 + \frac{1}{12}g_2\right)z - e_1\mathfrak{z}_2(z,k) + \frac{1}{6}\wp_2'(z,k)\right],$$

$$\int\limits_0^{\mathrm{sd}} \frac{t^2\,dt}{(\sqrt{1-k'^2t^2})^5\sqrt{1+k^2t^2}} = \int\limits_{\mathrm{ds}}^{\infty} \frac{t^2\,dt}{(\sqrt{t^2-k'^2})^5\sqrt{t^2+k^2}} = \int\limits_0^{\mathrm{sn}} \frac{\sqrt{1-k^2t^2}}{(\sqrt{1-t^2})^5}\,t^2\,dt$$

$$= \int\limits_{\mathrm{ns}}^{\infty} \frac{\sqrt{t^2-k^2}}{(\sqrt{t^2-1})^5}\,dt = \int\limits_{\mathrm{dn}}^{1} \frac{\sqrt{1-t^2}}{(\sqrt{t^2-k'^2})^5}\,k^2t^2\,dt = \int\limits_1^{\mathrm{nd}} \frac{\sqrt{t^2-1}}{(\sqrt{1-k'^2t^2})^5}\,k^2\,dt$$

$$= \frac{1}{k'^2}\left[-e_2\eta_1K + \left(e_3e_1 + \frac{1}{12}g_2\right)z - e_2\mathfrak{z}_2(z,k) + \frac{1}{6}\wp_2'(z,k)\right],$$

$$\int\limits_{\mathrm{ns}}^{\infty} \frac{t^2\,dt}{(\sqrt{t^2-1})^5\sqrt{t^2-k^2}} = \int\limits_0^{\mathrm{sn}} \frac{t^2\,dt}{(\sqrt{1-t^2})^5\sqrt{1-k^2t^2}} = \int\limits_1^{\mathrm{nd}} \frac{\sqrt{t^2-1}}{(\sqrt{1-k'^2t^2})^5}\,k^2t^2\,dt$$

$$= \int\limits_{\mathrm{dn}}^{1} \frac{\sqrt{1-t^2}}{(\sqrt{t^2-k'^2})^5}\,k^2\,dt = \int\limits_0^{\mathrm{sd}} \frac{\sqrt{1+k^2t^2}}{(\sqrt{1-k'^2t^2})^5}\,t^2\,dt = \int\limits_{\mathrm{ds}}^{\infty} \frac{\sqrt{t^2+k^2}}{(\sqrt{t^2-k'^2})^5}\,dt$$

$$= \frac{1}{k'^4}\left[-e_3\eta_1K + \left(e_1e_2 + \frac{1}{12}g_2\right)z - e_3\mathfrak{z}_2(z,k) + \frac{1}{6}\wp_2'(z,k)\right],$$

$$\int\limits_{\mathrm{cs}}^{\infty} \frac{t^2\,dt}{(\sqrt{t^2+k'^2})^5\sqrt{t^2+1}} = \int\limits_0^{\mathrm{sc}} \frac{t^2\,dt}{(\sqrt{1+k'^2t^2})^5\sqrt{1+t^2}} = \int\limits_{\mathrm{cn}}^{1} \frac{\sqrt{1-t^2}}{(\sqrt{k'^2+k^2t^2})^5}\,t^2\,dt$$

$$= \int\limits_1^{\mathrm{nc}} \frac{\sqrt{t^2-1}}{(\sqrt{k^2+k'^2t^2})^5}\,dt = \int\limits_0^{\mathrm{sn}} \frac{\sqrt{1-t^2}}{(\sqrt{1-k^2t^2})^5}\,t^2\,dt = \int\limits_{\mathrm{ns}}^{\infty} \frac{\sqrt{t^2-1}}{(\sqrt{t^2-k^2})^5}\,dt$$

$$= \frac{-1}{k^4k'^2}\left[\left(e_2e_3 + \frac{1}{12}g_2\right)z - e_1\mathfrak{z}_3(z,k) + \frac{1}{6}\wp_3'(z,k)\right],$$

$$\int\limits_1^{\mathrm{nc}} \frac{t^2\,dt}{(\sqrt{k^2+k'^2t^2})^5\sqrt{t^2-1}} = \int\limits_{\mathrm{cn}}^{1} \frac{t^2\,dt}{(\sqrt{k'^2+k^2t^2})^5\sqrt{1-t^2}} = \int\limits_{\mathrm{ns}}^{\infty} \frac{\sqrt{t^2-1}}{(\sqrt{t^2-k^2})^5}\,t^2\,dt$$

$$= \int\limits_0^{\mathrm{sn}} \frac{\sqrt{1-t^2}}{(\sqrt{1-k^2t^2})^5}\,dt = \int\limits_{\mathrm{cs}}^{\infty} \frac{\sqrt{t^2+1}}{(\sqrt{t^2+k'^2})^5}\,t^2\,dt = \int\limits_0^{\mathrm{sc}} \frac{\sqrt{1+t^2}}{(\sqrt{1+k'^2t^2})^5}\,dt$$

$$= \frac{-1}{k^2k'^2}\left[\left(e_3e_1 + \frac{1}{12}g_2\right)z - e_2\mathfrak{z}_3(z,k) + \frac{1}{6}\wp_3'(z,k)\right],$$

$$\int\limits_{\mathrm{ns}}^{\infty} \frac{t^2\,dt}{(\sqrt{t^2-k^2})^5\sqrt{t^2-1}} = \int\limits_0^{\mathrm{sn}} \frac{t^2\,dt}{(\sqrt{1-k^2t^2})^5\sqrt{1-t^2}} = \int\limits_1^{\mathrm{nc}} \frac{\sqrt{t^2-1}}{(\sqrt{k^2+k'^2t^2})^5}\,t^2\,dt$$

$$= \int\limits_{\mathrm{cn}}^{1} \frac{\sqrt{1-t^2}}{(\sqrt{k'^2+k^2t^2})^5}\,dt = \int\limits_0^{\mathrm{sc}} \frac{\sqrt{1+t^2}}{(\sqrt{1+k'^2t^2})^5}\,t^2\,dt = \int\limits_{\mathrm{cs}}^{\infty} \frac{\sqrt{t^2+1}}{(\sqrt{t^2+k'^2})^5}\,dt$$

$$= \frac{1}{k^2k'^4}\left[\left(e_1e_2 + \frac{1}{12}g_2\right)z - e_3\mathfrak{z}_3(z,k) + \frac{1}{6}\wp_3'(z,k)\right],$$

$$\int\limits_{\mathrm{cs}}^{\infty} \frac{t^2\,dt}{(\sqrt{t^2+1})^5\sqrt{t^2+k'^2}} = \int\limits_0^{\mathrm{sc}} \frac{t^2\,dt}{(\sqrt{1+t^2})^5\sqrt{1+k'^2t^2}} = \int\limits_{\mathrm{cd}}^{1} \frac{\sqrt{1-t^2}}{(\sqrt{1-k^2t^2})^5}\,k'^2t^2\,dt$$

$$= \int\limits_1^{\mathrm{dc}} \frac{\sqrt{t^2-1}}{(\sqrt{t^2-k^2})^5}\,k'^2\,dt = \int\limits_0^{\mathrm{sd}} \frac{\sqrt{1-k'^2t^2}}{(\sqrt{1+k^2t^2})^5}\,t^2\,dt = \int\limits_{\mathrm{ds}}^{\infty} \frac{\sqrt{t^2-k'^2}}{(\sqrt{t^2+k^2})^5}\,dt$$

$$= -\frac{1}{k^4}\left[-e_1\eta_1K + \left(e_2e_3 + \frac{1}{12}g_2\right)z - e_1\mathfrak{z}_4(z,k) + \frac{1}{6}\wp_4'(z,k)\right], \qquad (1107)$$

$$\int\limits_{\mathrm{ds}}^{\infty} \frac{t^2\,dt}{(\sqrt{t^2+k^2})^5\sqrt{t^2-k'^2}} = \int\limits_0^{\mathrm{sd}} \frac{t^2\,dt}{(\sqrt{1+k^2t^2})^5\sqrt{1-k'^2t^2}} = \int\limits_1^{\mathrm{dc}} \frac{\sqrt{t^2-1}}{(\sqrt{t^2-k^2})^5}\, k'^2 t^2\,dt$$

$$= \int\limits_{\mathrm{cd}}^{1} \frac{\sqrt{1-t^2}}{(\sqrt{1-k^2t^2})^5}\, k'^2\,dt = \int\limits_0^{\mathrm{sc}} \frac{\sqrt{1+k'^2t^2}}{(\sqrt{1+t^2})^5}\, t^2\,dt = \int\limits_{\mathrm{cs}}^{\infty} \frac{\sqrt{t^2+k'^2}}{(\sqrt{t^2+1})^5}\,dt$$

$$= -\frac{1}{k^2}\left[-e_2\eta_1 K + \left(e_3 e_1 + \frac{1}{12} g_2\right) z - e_2 \mathfrak{z}_4(z,k) + \frac{1}{6}\wp_4'(z,k)\right],$$

$$\int\limits_1^{\mathrm{dc}} \frac{k'^4 t^2\,dt}{(\sqrt{t^2-k^2})^5\sqrt{t^2-1}} = \int\limits_{\mathrm{cd}}^{1} \frac{k'^4 t^2\,dt}{(\sqrt{1-k^2t^2})^5\sqrt{1-t^2}} = \int\limits_{\mathrm{cs}}^{\infty} \frac{\sqrt{t^2+k'^2}}{(\sqrt{t^2+1})^5}\, t^2\,dt$$

$$= \int\limits_0^{\mathrm{sc}} \frac{\sqrt{1+k'^2t^2}}{(\sqrt{1+t^2})^5}\,dt = \int\limits_{\mathrm{ds}}^{\infty} \frac{\sqrt{t^2-k'^2}}{(\sqrt{t^2+k^2})^5}\, t^2\,dt = \int\limits_0^{\mathrm{sd}} \frac{\sqrt{1-k'^2t^2}}{(\sqrt{1+k^2t^2})^5}\,dt$$

$$= \frac{1}{k^2}\left[-e_3\eta_1 K + \left(e_1 e_2 + \frac{1}{12} g_2\right) z - e_3 \mathfrak{z}_4(z,k) + \frac{1}{6}\wp_4'(z,k)\right].$$

$$\int\limits_z^{K/2} \operatorname{ds}^2(\bar z,k)\operatorname{nc}^2(\bar z,k)\,d\bar z = \int\limits_z^{K/2} \operatorname{ns}^2(\bar z,k)\operatorname{dc}^2(\bar z,k)\,d\bar z = \int\limits_{\sqrt{k'}}^{\mathrm{cs}} \sqrt{(t^2+1)(t^2+k'^2)}\,\frac{dt}{t^2} = \int\limits_{\mathrm{sc}}^{1/\sqrt{k'}} \sqrt{(1+t^2)(1+k'^2t^2)}\,\frac{dt}{t^2}$$

$$= \int\limits_{\mathrm{nd}}^{1/\sqrt{k'}} \frac{k^4 t^2\,dt}{(\sqrt{(t^2-1)(1-k'^2t^2)})^3} = \int\limits_{\sqrt{k'}}^{\mathrm{dn}} \frac{k^4 t^2\,dt}{(\sqrt{(1-t^2)(t^2-k'^2)})^3}$$

$$= e_1\left(\frac{K}{2} - z\right) + \mathfrak{z}_1(z,k) + \mathfrak{z}_2(z,k),$$

$$\int\limits_z^{K} \operatorname{ns}^2(\bar z,k)\operatorname{cd}^2(\bar z,k)\,d\bar z = \int\limits_z^{K} \operatorname{cs}^2(\bar z,k)\operatorname{nd}^2(\bar z,k)\,d\bar z = \int\limits_{k'}^{\mathrm{ds}} \sqrt{(t^2+k^2)(t^2-k'^2)}\,\frac{dt}{t^2} = \int\limits_{\mathrm{sd}}^{1/k'} \sqrt{(t+k^2t^2)(1-k'^2t^2)}\,\frac{dt}{t^2}$$

$$= \int\limits_{\mathrm{nc}}^{\infty} \frac{t^2\,dt}{(\sqrt{(t^2-1)(k^2+k'^2t^2)})^3} = \int\limits_0^{\mathrm{cn}} \frac{t^2\,dt}{(\sqrt{(1-t^2)(k'^2+k^2t^2)})^3}$$

$$= -(2\eta_1 - e_2)K - 2e_2 z + \mathfrak{z}_5(z,k),$$

$$\int\limits_z^{K} \operatorname{cs}^2(\bar z,k)\operatorname{dn}^2(\bar z,k)\,d\bar z = \int\limits_z^{K} \operatorname{ds}^2(\bar z,k)\operatorname{cn}^2(\bar z,k)\,d\bar z = \int\limits_1^{\mathrm{ns}} \sqrt{(t^2-1)(t^2-k^2)}\,\frac{dt}{t^2} = \int\limits_{\mathrm{sn}}^{1} \sqrt{(1-t^2)(1-k^2t^2)}\,\frac{dt}{t^2}$$

$$= \int\limits_{\mathrm{dc}}^{\infty} \frac{k'^4 t^2\,dt}{(\sqrt{(t^2-1)(t^2-k^2)})^3} = \int\limits_0^{\mathrm{cd}} \frac{k'^4 t^2\,dt}{(\sqrt{(1-t^2)(1-k^2t^2)})^3}$$

$$= -\eta_1 K + e_3(K - z) + \mathfrak{z}_1(z,k) + \mathfrak{z}_4(z,k), \tag{1108}$$

$$\int\limits_0^{z} \operatorname{cn}^2(\bar z,k)\operatorname{sd}^2(\bar z,k)\,d\bar z = \int\limits_0^{z} \operatorname{sn}^2(\bar z,k)\operatorname{cd}^2(\bar z,k)\,d\bar z = \int\limits_1^{\mathrm{nd}} \sqrt{(t^2-1)(1-k'^2t^2)}\,\frac{dt}{k^4t^2} = \int\limits_{\mathrm{dn}}^{1} \sqrt{(1-t^2)(t^2-k'^2)}\,\frac{dt}{k^4t^2}$$

$$= \int\limits_{\mathrm{cs}}^{\infty} \frac{t^2\,dt}{(\sqrt{(t^2+1)(t^2+k'^2)})^3} = \int\limits_0^{\mathrm{sc}} \frac{t^2\,dt}{(\sqrt{(1+t^2)(1+k'^2t^2)})^3}$$

$$= \frac{1}{k^4}\left[-\eta_1 K + e_1 z - \mathfrak{z}_3(z,k) - \mathfrak{z}_4(z,k)\right],$$

$$\begin{aligned}
\int_0^z \operatorname{sn}^2(\bar z,k)\operatorname{dc}^2(\bar z,k)\,d\bar z &= \int_0^z \operatorname{dn}^2(\bar z,k)\operatorname{sc}^2(\bar z,k)\,d\bar z = \int_1^{\mathrm{nc}} \sqrt{(t^2-1)(k^2+k'^2t^2)}\,\frac{dt}{t^2} = \int_{\mathrm{cn}}^1 \sqrt{(1-t^2)(k'^2+k^2t^2)}\,\frac{dt}{t^2}\\
&= \int_{\mathrm{ds}}^{\infty} \frac{t^2\,dt}{\left(\sqrt{(t^2+k^2)(t^2-k'^2)}\right)^3} = \int_0^{\mathrm{sd}} \frac{t^2\,dt}{\left(\sqrt{(1+k^2t^2)(1-k'^2t^2)}\right)^3}\\
&= -(2\eta_1+e_2)K + 2e_2 z - \mathfrak{z}_6(z,k),\\
\int_0^z \operatorname{nc}^2(\bar z,k)\operatorname{sd}^2(\bar z,k)\,d\bar z &= \int_0^z \operatorname{nd}^2(\bar z,k)\operatorname{sc}^2(\bar z,k)\,d\bar z = \int_1^{\mathrm{dc}} \sqrt{(t^2-1)(t^2-k^2)}\,\frac{dt}{k'^4t^2} = \int_{\mathrm{cd}}^1 \sqrt{(1-t^2)(1-k^2t^2)}\,\frac{dt}{k'^4t^2}\\
&= \int_{\mathrm{ns}}^{\infty} \frac{t^2\,dt}{\left(\sqrt{(t^2-1)(t^2-k^2)}\right)^3} = \int_0^{\mathrm{sn}} \frac{t^2\,dt}{\left(\sqrt{(1-t^2)(1-k^2t^2)}\right)^3}\\
&= \frac{1}{k'^4}\left[-\eta_1 K + e_3 z - \mathfrak{z}_2(z,k) - \mathfrak{z}_3(z,k)\right].
\end{aligned}$$

$$\left.\begin{aligned}
\int_{\sqrt{k'(1+k')}}^{\mathrm{ds}} \frac{\sqrt{t^2+k^2}}{\left(\sqrt{t^2-k'^2}\right)^3}\,t^2\,dt &= \int_{\mathrm{sd}}^{1/\sqrt{k'(1+k')}} \frac{\sqrt{1+k^2t^2}}{\left(\sqrt{1-k'^2t^2}\right)^3}\,\frac{dt}{t^2} = \int_{\sqrt{1+k'}}^{\mathrm{ns}} \frac{\sqrt{t^2-k^2}}{\left(\sqrt{t^2-1}\right)^3}\,t^2\,dt = \int_{\mathrm{sn}}^{1/\sqrt{1+k'}} \frac{\sqrt{1-k^2t^2}}{\left(\sqrt{1-t^2}\right)^3}\,\frac{dt}{t^2}\\
&= \int_{\mathrm{nc}}^{\sqrt{1+k'}/\sqrt{k'}} \frac{\sqrt{k^2+k'^2t^2}}{\left(\sqrt{t^2-1}\right)^3}\,t^2\,dt = \int_{\sqrt{k'}/\sqrt{1+k'}}^{\mathrm{cn}} \frac{\sqrt{k'^2+k^2t^2}}{\left(\sqrt{1-t^2}\right)^3}\,\frac{dt}{t^2} = \int_{\mathrm{dc}}^{\sqrt{1+k'}} \frac{\sqrt{t^2-k^2}}{\left(\sqrt{t^2-1}\right)^3}\,t^2\,dt\\
&= \int_{1/\sqrt{1+k'}}^{\mathrm{cd}} \frac{\sqrt{1-k^2t^2}}{\left(\sqrt{1-t^2}\right)^3}\,\frac{dt}{t^2} = e_1\left(\frac{K}{2}-z\right) + \mathfrak{z}_1(z,k) + \mathfrak{z}_2(z,k),\\
\int_1^{\mathrm{ns}} \frac{\sqrt{t^2-1}}{\left(\sqrt{t^2-k^2}\right)^3}\,t^2\,dt &= \int_{\mathrm{sn}}^1 \frac{\sqrt{1-t^2}}{\left(\sqrt{1-k^2t^2}\right)^3}\,\frac{dt}{t^2} = \int_0^{\mathrm{cs}} \frac{\sqrt{t^2+1}}{\left(\sqrt{t^2+k'^2}\right)^3}\,t^2\,dt = \int_{\mathrm{sc}}^{\infty} \frac{\sqrt{1+t^2}}{\left(\sqrt{1+k'^2t^2}\right)^3}\,\frac{dt}{t^2}\\
&= \int_{\mathrm{nd}}^{1/k'} \frac{\sqrt{1-k'^2t^2}}{\left(\sqrt{t^2-1}\right)^3}\,t^2\,dt = \int_{k'}^{\mathrm{dn}} \frac{\sqrt{t^2-k'^2}}{\left(\sqrt{1-t^2}\right)^3}\,\frac{dt}{t^2} = \int_0^{\mathrm{cd}} \frac{\sqrt{1-k^2t^2}}{\left(\sqrt{1-t^2}\right)^3}\,t^2\,dt = \int_{\mathrm{dc}}^{\infty} \frac{\sqrt{t^2-k^2}}{\left(\sqrt{t^2-1}\right)^3}\,\frac{dt}{t^2}\\
&= -(2\eta_1-e_2)K - 2e_2 z + \mathfrak{z}_5(z,k),\\
\int_0^{\mathrm{cs}} \frac{\sqrt{t^2+k'^2}}{\left(\sqrt{t^2+1}\right)^3}\,t^2\,dt &= \int_{\mathrm{sc}}^{\infty} \frac{\sqrt{1+k'^2t^2}}{\left(\sqrt{1+t^2}\right)^3}\,\frac{dt}{t^2} = \int_{k'}^{\mathrm{ds}} \frac{\sqrt{t^2-k'^2}}{\left(\sqrt{t^2+k^2}\right)^3}\,t^2\,dt = \int_{\mathrm{sd}}^{1/k'} \frac{\sqrt{1-k'^2t^2}}{\left(\sqrt{1+k^2t^2}\right)^3}\,\frac{dt}{t^2}\\
&= \int_{k'}^{\mathrm{dn}} \frac{\sqrt{t^2-k'^2}}{\left(\sqrt{1-t^2}\right)^3}\,t^2\,dt = \int_{\mathrm{nd}}^{1/k'} \frac{\sqrt{1-k'^2t^2}}{\left(\sqrt{t^2-1}\right)^3}\,\frac{dt}{t^2} = \int_0^{\mathrm{cn}} \frac{\sqrt{k'^2+k^2t^2}}{\left(\sqrt{1-t^2}\right)^3}\,t^2\,dt\\
&= \int_{\mathrm{nc}}^{\infty} \frac{\sqrt{k^2+k'^2t^2}}{\left(\sqrt{t^2-1}\right)^3}\,\frac{dt}{t^2} = -\eta_1 K + e_3(K-z) + \mathfrak{z}_1(z,k) + \mathfrak{z}_4(z,k),\\
\int_{\mathrm{cn}}^1 \frac{\sqrt{1-t^2}}{\left(\sqrt{k'^2+k^2t^2}\right)^3}\,t^2\,dt &= \int_1^{\mathrm{nc}} \frac{\sqrt{t^2-1}}{\left(\sqrt{k^2+k'^2t^2}\right)^3}\,\frac{dt}{t^2} = \int_0^{\mathrm{sn}} \frac{\sqrt{1-t^2}}{\left(\sqrt{1-k^2t^2}\right)^3}\,t^2\,dt = \int_{\mathrm{ns}}^{\infty} \frac{\sqrt{t^2-1}}{\left(\sqrt{t^2-k^2}\right)^3}\,\frac{dt}{t^2}\\
&= \int_0^{\mathrm{sd}} \frac{\sqrt{1-k'^2t^2}}{\left(\sqrt{1+k^2t^2}\right)^3}\,t^2\,dt = \int_{\mathrm{ds}}^{\infty} \frac{\sqrt{t^2-k'^2}}{\left(\sqrt{t^2+k^2}\right)^3}\,\frac{dt}{t^2} = \int_{\mathrm{cd}}^1 \frac{\sqrt{1-t^2}}{\left(\sqrt{1-k^2t^2}\right)^3}\,t^2\,dt\\
&= \int_1^{\mathrm{dc}} \frac{\sqrt{t^2-1}}{\left(\sqrt{t^2-k^2}\right)^3}\,\frac{dt}{t^2} = \frac{1}{k^4}\left[-\eta_1 K + e_1 z - \mathfrak{z}_3(z,k) - \mathfrak{z}_4(z,k)\right],
\end{aligned}\right\}\quad(1109)$$

$$\int_{\mathrm{dn}}^{1} \frac{\sqrt{1-t^2}}{(\sqrt{t^2-k'^2})^3}\, t^2\, dt = \int_{1}^{\mathrm{nd}} \frac{\sqrt{t^2-1}}{(\sqrt{1-k'^2 t^2})^3}\, \frac{dt}{t^2} = \int_{0}^{\mathrm{sn}} \frac{\sqrt{1-k^2 t^2}}{(\sqrt{1-t^2})^3}\, t^2\, dt = \int_{\mathrm{ns}}^{\infty} \frac{\sqrt{t^2-k^2}}{(\sqrt{t^2-1})^3}\, \frac{dt}{t^2}$$

$$= \int_{0}^{\mathrm{sc}} \frac{\sqrt{1+k'^2 t^2}}{(\sqrt{1+t^2})^3}\, t^2\, dt = \int_{\mathrm{cs}}^{\infty} \frac{\sqrt{t^2+k'^2}}{(\sqrt{t^2+1})^3}\, \frac{dt}{t^2} = \int_{1}^{\mathrm{dc}} \frac{\sqrt{t^2-1}}{(\sqrt{t^2-k^2})^3}\, t^2\, dt$$

$$= \int_{\mathrm{cd}}^{1} \frac{\sqrt{1-t^2}}{(\sqrt{1-k^2 t^2})^3}\, \frac{dt}{t^2} = -(2\eta_1 + e_2)\, K + 2 e_2 z - \mathfrak{z}_6(z, k),$$

$$\int_{0}^{\mathrm{sc}} \frac{\sqrt{1+t^2}}{(\sqrt{1+k'^2 t^2})^3}\, t^2\, dt = \int_{\mathrm{cs}}^{\infty} \frac{\sqrt{t^2+1}}{(\sqrt{t^2+k'^2})^3}\, \frac{dt}{t^2} = \int_{1}^{\mathrm{nc}} \frac{\sqrt{t^2-1}}{(\sqrt{k^2+k'^2 t^2})^3}\, t^2\, dt = \int_{\mathrm{cn}}^{1} \frac{\sqrt{1-t^2}}{(\sqrt{k'^2+k^2 t^2})^3}\, \frac{dt}{t^2}$$

$$= \int_{1}^{\mathrm{nd}} \frac{\sqrt{t^2-1}}{(\sqrt{1-k'^2 t^2})^3}\, t^2\, dt = \int_{\mathrm{dn}}^{1} \frac{\sqrt{1-t^2}}{(\sqrt{t^2-k'^2})^3}\, \frac{dt}{t^2} = \int_{0}^{\mathrm{sd}} \frac{\sqrt{1+k^2 t^2}}{(\sqrt{1-k'^2 t^2})^3}\, t^2\, dt$$

$$= \int_{\mathrm{ds}}^{\infty} \frac{\sqrt{t^2+k^2}}{(\sqrt{t^2-k'^2})^3}\, \frac{dt}{t^2} = \frac{1}{k'^4}\left[-\eta_1 K + e_3 z - \mathfrak{z}_2(z, k) - \mathfrak{z}_3(z, k)\right].$$

$$\int_{z}^{K/2} \mathrm{ds}^2(\bar z, k)\, \mathrm{dc}^2(\bar z, k)\, d\bar z = \int_{\sqrt{1+k'}}^{\mathrm{ns}} \left(\frac{\sqrt{t^2-k^2}}{\sqrt{t^2-1}}\right)^3 dt = \int_{\mathrm{nc}}^{\sqrt{1+k'}/\sqrt{k'}} \left(\frac{\sqrt{k^2+k'^2 t^2}}{\sqrt{t^2-1}}\right)^3 dt = \int_{\sqrt{k'}/\sqrt{1+k'}}^{\mathrm{cn}} \left(\frac{\sqrt{k'^2+k^2 t^2}}{\sqrt{1-t^2}}\right)^3 \frac{dt}{t^2}$$

$$= \int_{\mathrm{sn}}^{1/\sqrt{1+k'}} \left(\frac{\sqrt{1-k^2 t^2}}{\sqrt{1-t^2}}\right)^3 \frac{dt}{t^2} = \int_{\sqrt{k'}}^{\mathrm{cs}} \frac{(\sqrt{t^2+k'^2})^3}{\sqrt{t^2+1}}\, \frac{dt}{t^2} = \int_{\mathrm{sc}}^{1/\sqrt{k'}} \frac{(\sqrt{1+k'^2 t^2})^3}{\sqrt{1+t^2}}\, \frac{dt}{t^2}$$

$$= -\frac{k^2}{2}(1 + k' + \eta_1 K) - (3e_3^2 - 1)\left(\frac{K}{2} - z\right) + \mathfrak{z}_1(z, k) + k'^2 \mathfrak{z}_2(z, k),$$

$$\int_{z}^{K} \mathrm{ns}^2(\bar z, k)\, \mathrm{nd}^2(\bar z, k)\, d\bar z = \int_{0}^{\mathrm{cd}} \left(\frac{\sqrt{1-k^2 t^2}}{\sqrt{1-t^2}}\right)^3 \frac{dt}{k'^2} = \int_{0}^{\mathrm{cs}} \left(\frac{\sqrt{t^2+1}}{\sqrt{t^2+k'^2}}\right)^3 dt = \int_{\mathrm{sc}}^{\infty} \left(\frac{\sqrt{1+t^2}}{\sqrt{1+k'^2 t^2}}\right)^3 \frac{dt}{t^2}$$

$$= \int_{\mathrm{dc}}^{\infty} \left(\frac{\sqrt{t^2-k^2}}{\sqrt{t^2-1}}\right)^3 \frac{dt}{k'^2 t^2} = \int_{k'}^{\mathrm{ds}} \frac{(\sqrt{t^2+k^2})^3}{\sqrt{t^2-k'^2}}\, \frac{dt}{t^2} = \int_{\mathrm{sd}}^{1/k'} \frac{(\sqrt{1+k^2 t^2})^3}{\sqrt{1-k'^2 t^2}}\, \frac{dt}{t^2}$$

$$= \frac{1}{k'^2}\left[(3\eta_1 + k^2)\, e_2 K - (3e_2^2 - e_1)(K - z) + \mathfrak{z}_1(z, k) - k^2 \mathfrak{z}_5(z, k)\right],$$

$$\int_{z}^{K} \mathrm{cs}^2(\bar z, k)\, \mathrm{cn}^2(\bar z, k)\, d\bar z = \int_{k'}^{\mathrm{ds}} \left(\frac{\sqrt{t^2-k'^2}}{\sqrt{t^2+k^2}}\right)^3 dt = \int_{k'}^{\mathrm{dn}} \left(\frac{\sqrt{t^2-k'^2}}{\sqrt{1-t^2}}\right)^3 \frac{dt}{k^2} = \int_{\mathrm{nd}}^{1/k'} \left(\frac{\sqrt{1-k'^2 t^2}}{\sqrt{t^2-1}}\right)^3 \frac{dt}{k^2 t^2}$$

$$= \int_{\mathrm{sd}}^{1/k'} \left(\frac{\sqrt{1-k'^2 t^2}}{\sqrt{1+k^2 t^2}}\right)^3 \frac{dt}{t^2} = \int_{1}^{\mathrm{ns}} \frac{(\sqrt{t^2-1})^3}{\sqrt{t^2-k^2}}\, \frac{dt}{t^2} = \int_{\mathrm{sn}}^{1} \frac{(\sqrt{1-t^2})^3}{\sqrt{1-k^2 t^2}}\, \frac{dt}{t^2}$$

$$= \frac{1}{k^2}\left[-\eta_1 k^2 K + (3e_1^2 - 1)(K - z) + \mathfrak{z}_4(z, k) + k^2 \mathfrak{z}_1(z, k)\right],$$

$$\left.\begin{aligned}
\int\limits_z^{K/2} \mathrm{ns}^2(\bar z, k)\, \mathrm{nc}^2(\bar z, k)\, d\bar z &= \int\limits_{\sqrt{k'(1+k')}}^{\mathrm{ds}} \left(\frac{\sqrt{t^2+k^2}}{\sqrt{t^2-k'^2}}\right)^3 dt = \int\limits_{\mathrm{dc}}^{\sqrt{1+k'}} \left(\frac{\sqrt{t^2-k^2}}{\sqrt{t^2-1}}\right)^3 \frac{dt}{k'^2} = \int\limits_{1/\sqrt{1+k'}}^{\mathrm{cd}} \left(\frac{\sqrt{1-k^2t^2}}{\sqrt{1-t^2}}\right)^3 \frac{dt}{k'^2 t^2} \\
&= \int\limits_{\mathrm{sd}}^{1/\sqrt{k'(1+k')}} \left(\frac{\sqrt{1+k^2t^2}}{\sqrt{1-k'^2t^2}}\right)^3 \frac{dt}{t^2} = \int\limits_{\sqrt{k'}}^{\mathrm{cs}} \frac{(\sqrt{t^2+1})^3}{\sqrt{t^2+k'^2}} \frac{dt}{t^2} = \int\limits_{\mathrm{sc}}^{1/\sqrt{k'}} \frac{(\sqrt{1+t^2})^3}{\sqrt{1+k'^2t^2}} \frac{dt}{t^2} \\
&= \frac{1}{k'^2}\left[\frac{1}{2} k^2(1+k'+\eta_1 K) - (3e_3^2-1)\left(\frac{K}{2}-z\right) + \mathfrak{z}_2(z,k) + k'^2 \mathfrak{z}_1(z,k)\right], \\
\int\limits_z^{K} \mathrm{cs}^2(\bar z, k)\, \mathrm{cd}^2(\bar z, k)\, d\bar z &= \int\limits_1^{\mathrm{ns}} \left(\frac{\sqrt{t^2-1}}{\sqrt{t^2-k^2}}\right)^3 dt = \int\limits_{\mathrm{nd}}^{1/k'} \left(\frac{\sqrt{1-k'^2t^2}}{\sqrt{t^2-1}}\right)^3 \frac{dt}{k^2} = \int\limits_{k'}^{\mathrm{dn}} \left(\frac{\sqrt{t^2-k'^2}}{\sqrt{1-t^2}}\right)^3 \frac{dt}{k^2t^2} \\
&= \int\limits_{\mathrm{sn}}^{1} \left(\frac{\sqrt{1-t^2}}{\sqrt{1-k^2t^2}}\right)^3 \frac{dt}{t^2} = \int\limits_{k'}^{\mathrm{ds}} \frac{(\sqrt{t^2-k'^2})^3}{\sqrt{t^2+k^2}} \frac{dt}{t^2} = \int\limits_{\mathrm{sd}}^{1/k'} \frac{(\sqrt{1-k'^2t^2})^3}{\sqrt{1+k^2t^2}} \frac{dt}{t^2} \\
&= -\frac{1}{k^2}\left[(3\eta_1+k^2)\, e_2 K - (3e_2^2-e_1)(K-z) + \mathfrak{z}_3(z,k) - k^2 \mathfrak{z}_5(z,k)\right], \\
\int\limits_z^{K} \mathrm{ds}^2(\bar z, k)\, \mathrm{dn}^2(\bar z, k)\, d\bar z &= \int\limits_0^{\mathrm{cs}} \left(\frac{\sqrt{t^2+k'^2}}{\sqrt{t^2+1}}\right)^3 dt = \int\limits_0^{\mathrm{cn}} \left(\frac{\sqrt{k'^2+k^2t^2}}{\sqrt{1-t^2}}\right)^3 dt = \int\limits_{\mathrm{nc}}^{\infty} \left(\frac{\sqrt{k^2+k'^2t^2}}{\sqrt{t^2-1}}\right)^3 \frac{dt}{t^2} \\
&= \int\limits_{\mathrm{sc}}^{\infty} \left(\frac{\sqrt{1+k'^2t^2}}{\sqrt{1+t^2}}\right)^3 \frac{dt}{t^2} = \int\limits_1^{\mathrm{ns}} \frac{(\sqrt{t^2-k^2})^3}{\sqrt{t^2-1}} \frac{dt}{t^2} = \int\limits_{\mathrm{sn}}^{1} \frac{(\sqrt{1-k^2t^2})^3}{\sqrt{1-t^2}} \frac{dt}{t^2} \\
&= -\eta_1 K + (3e_1^2-1)(K-z) + \mathfrak{z}_1(z,k) + k^2 \mathfrak{z}_4(z,k), \\
\int\limits_0^{z} \mathrm{cn}^2(\bar z, k)\, \mathrm{cd}^2(\bar z, k)\, d\bar z &= \int\limits_0^{\mathrm{sn}} \left(\frac{\sqrt{1-t^2}}{\sqrt{1-k^2t^2}}\right)^3 dt = \int\limits_0^{\mathrm{sd}} \left(\frac{\sqrt{1-k'^2t^2}}{\sqrt{1+k^2t^2}}\right)^3 dt = \int\limits_{\mathrm{ds}}^{\infty} \left(\frac{\sqrt{t^2-k'^2}}{\sqrt{t^2+k^2}}\right)^3 \frac{dt}{t^2} \\
&= \int\limits_{\mathrm{ns}}^{\infty} \left(\frac{\sqrt{t^2-1}}{\sqrt{t^2-k^2}}\right)^3 \frac{dt}{t^2} = \int\limits_1^{\mathrm{nd}} \frac{(\sqrt{1-k'^2t^2})^3}{\sqrt{t^2-1}} \frac{dt}{k^4t^2} = \int\limits_{\mathrm{dn}}^{1} \frac{(\sqrt{t^2-k'^2})^3}{\sqrt{1-t^2}} \frac{dt}{k^4t^2} \\
&= \frac{1}{k^4}\left[\eta_1 K + (3e_3^2-1)\, z + \mathfrak{z}_4(z,k) + k'^2 \mathfrak{z}_3(z,k)\right], \\
\int\limits_0^{z} \mathrm{sn}^2(\bar z, k)\, \mathrm{sc}^2(\bar z, k)\, d\bar z &= \int\limits_{\mathrm{dn}}^{1} \left(\frac{\sqrt{1-t^2}}{\sqrt{t^2-k'^2}}\right)^3 \frac{dt}{k^2} = \int\limits_1^{\mathrm{dc}} \left(\frac{\sqrt{t^2-1}}{\sqrt{t^2-k^2}}\right)^3 \frac{dt}{k'^2} = \int\limits_{\mathrm{cd}}^{1} \left(\frac{\sqrt{1-t^2}}{\sqrt{1-k^2t^2}}\right)^3 \frac{dt}{k'^2t^2} \\
&= \int\limits_1^{\mathrm{nd}} \left(\frac{\sqrt{t^2-1}}{\sqrt{1-k'^2t^2}}\right)^3 \frac{dt}{k^2t^2} = \int\limits_1^{\mathrm{nc}} \frac{(\sqrt{t^2-1})^3}{\sqrt{k^2+k'^2t^2}} \frac{dt}{t^2} = \int\limits_{\mathrm{cn}}^{1} \frac{(\sqrt{1-t^2})^3}{\sqrt{k'^2+k^2t^2}} \frac{dt}{t^2} \\
&= \frac{1}{k^2k'^2}\left[-(3\eta_1+k^2)\, e_2 K + (3e_2^2-e_1)\, z + \mathfrak{z}_4(z,k) - k^2 \mathfrak{z}_6(z,k)\right], \\
\int\limits_0^{z} \mathrm{nc}^2(\bar z, k)\, \mathrm{nd}^2(\bar z, k)\, d\bar z &= \int\limits_0^{\mathrm{sc}} \left(\frac{\sqrt{1+t^2}}{\sqrt{1+k'^2t^2}}\right)^3 dt = \int\limits_0^{\mathrm{sd}} \left(\frac{\sqrt{1+k^2t^2}}{\sqrt{1-k'^2t^2}}\right)^3 dt = \int\limits_{\mathrm{ds}}^{\infty} \left(\frac{\sqrt{t^2+k^2}}{\sqrt{t^2-k'^2}}\right)^3 \frac{dt}{t^2} \\
&= \int\limits_{\mathrm{cs}}^{\infty} \left(\frac{\sqrt{t^2+1}}{\sqrt{t^2+k'^2}}\right)^3 \frac{dt}{t^2} = \int\limits_1^{\mathrm{dc}} \frac{(\sqrt{t^2-k^2})^3}{\sqrt{t^2-1}} \frac{dt}{k'^4t^2} = \int\limits_{\mathrm{cd}}^{1} \frac{(\sqrt{1-k^2t^2})^3}{\sqrt{1-t^2}} \frac{dt}{k'^4t^2} \\
&= \frac{1}{k'^4}\left[-\eta_1 K + (3e_1^2-1)\, z - \mathfrak{z}_2(z,k) - k^2 \mathfrak{z}_3(z,k)\right],
\end{aligned}\right\} \tag{1110}$$

$$\int_0^z \operatorname{sn}^2(\bar z, k)\operatorname{sd}^2(\bar z, k)\,d\bar z = \int_{\mathrm{cn}}^{1}\left(\frac{\sqrt{1-t^2}}{\sqrt{k'^2+k^2t^2}}\right)^3 dt = \int_{\mathrm{cd}}^{1}\left(\frac{\sqrt{1-t^2}}{\sqrt{1-k^2t^2}}\right)^3 \frac{dt}{k'^2} = \int_{1}^{\mathrm{dc}}\left(\frac{\sqrt{t^2-1}}{\sqrt{t^2-k^2}}\right)^3 \frac{dt}{k'^2t^2}$$

$$= \int_{1}^{\mathrm{nc}}\left(\frac{\sqrt{t^2-1}}{\sqrt{k^2+k'^2t^2}}\right)^3 \frac{dt}{t^2} = \int_{1}^{\mathrm{nd}}\frac{(\sqrt{t^2-1})^3}{\sqrt{1-k'^2t^2}}\,\frac{dt}{k^4t^2} = \int_{\mathrm{dn}}^{1}\frac{(\sqrt{1-t^2})^3}{\sqrt{t^2-k'^2}}\,\frac{dt}{k^4t^2}$$

$$= \frac{1}{k^4k'^2}\left[\eta_1 k'^2 K + (3e_3^2-1)\,z + \mathfrak{z}_3(z,k) + k'^2\mathfrak{z}_4(z,k)\right],$$

$$\int_0^z \operatorname{dn}^2(\bar z, k)\operatorname{dc}^2(\bar z, k)\,d\bar z = \int_{0}^{\mathrm{sn}}\left(\frac{\sqrt{1-k^2t^2}}{\sqrt{1-t^2}}\right)^3 dt = \int_{0}^{\mathrm{sc}}\left(\frac{\sqrt{1+k'^2t^2}}{\sqrt{1+t^2}}\right)^3 dt = \int_{\mathrm{cs}}^{\infty}\left(\frac{\sqrt{t^2+k'^2}}{\sqrt{t^2+1}}\right)^3 \frac{dt}{t^2}$$

$$= \int_{\mathrm{ns}}^{\infty}\left(\frac{\sqrt{t^2-k^2}}{\sqrt{t^2-1}}\right)^3 \frac{dt}{t^2} = \int_{1}^{\mathrm{nc}}\frac{(\sqrt{k^2+k'^2t^2})^3}{\sqrt{t^2-1}}\,\frac{dt}{t^2} = \int_{\mathrm{cn}}^{1}\frac{(\sqrt{k'^2+k^2t^2})^3}{\sqrt{1-t^2}}\,\frac{dt}{t^2}$$

$$= (3\eta_1+k^2)\,e_2 K - (3e_2^2-e_1)\,z - \mathfrak{z}_2(z,k) + k^2\mathfrak{z}_6(z,k),$$

$$\int_0^z \operatorname{sc}^2(\bar z, k)\operatorname{sd}^2(\bar z, k)\,d\bar z = \int_{1}^{\mathrm{nc}}\left(\frac{\sqrt{t^2-1}}{\sqrt{k^2+k'^2t^2}}\right)^3 dt = \int_{1}^{\mathrm{nd}}\left(\frac{\sqrt{t^2-1}}{\sqrt{1-k'^2t^2}}\right)^3 \frac{dt}{k^2} = \int_{\mathrm{dn}}^{1}\left(\frac{\sqrt{1-t^2}}{\sqrt{t^2-k'^2}}\right)^3 \frac{dt}{k^2t^2}$$

$$= \int_{\mathrm{cn}}^{1}\left(\frac{\sqrt{1-t^2}}{\sqrt{k'^2+k^2t^2}}\right)^3 \frac{dt}{t^2} = \int_{1}^{\mathrm{dc}}\frac{(\sqrt{t^2-1})^3}{\sqrt{t^2-k^2}}\,\frac{dt}{k'^4t^2} = \int_{\mathrm{cd}}^{1}\frac{(\sqrt{1-t^2})^3}{\sqrt{1-k^2t^2}}\,\frac{dt}{k'^4t^2}$$

$$= \frac{1}{k^2k'^4}\left[-\eta_1 k^2 K + (3e_1^2-1)\,z - k^2\mathfrak{z}_2(z,k) - \mathfrak{z}_3(z,k)\right].$$

$$\int_{\sqrt{k'(1+k')}}^{\mathrm{ds}}\frac{t^4\,dt}{(\sqrt{t^2-k'^2})^3\sqrt{t^2+k^2}} = \int_{\mathrm{sd}}^{1/\sqrt{k'(1+k')}}\frac{\frac{1}{t^2}\,dt}{(\sqrt{1-k'^2t^2})^3\sqrt{1+k^2t^2}} = \int_{\mathrm{dc}}^{\sqrt{1+k'}}\frac{k'^2t^4\,dt}{(\sqrt{t^2-1})^3\sqrt{t^2-k^2}}$$

$$= \int_{1/\sqrt{1+k'}}^{\mathrm{cd}}\frac{\frac{k'^2}{t^2}\,dt}{(\sqrt{1-t^2})^3\sqrt{1-k^2t^2}} = \int_{\mathrm{nd}}^{1/\sqrt{k'}}\frac{k^4\,dt}{(\sqrt{(t^2-1)\,(1-k'^2t^2)})^3}$$

$$= \int_{\sqrt{k'}}^{\mathrm{dn}}\frac{k^4t^4\,dt}{(\sqrt{(1-t^2)\,(t^2-k'^2)})^3}$$

$$= -\frac{k^2}{2}(1+k'+\eta_1 K) - (3e_3^2-1)\left(\frac{K}{2}-z\right) + \mathfrak{z}_1(z,k) + k'^2\mathfrak{z}_2(z,k),$$

$$\int_{1}^{\mathrm{ns}}\frac{t^4\,dt}{(\sqrt{t^2-k^2})^3\sqrt{t^2-1}} = \int_{\mathrm{sn}}^{1}\frac{\frac{1}{t^2}\,dt}{(\sqrt{1-k^2t^2})^3\sqrt{1-t^2}} = \int_{\mathrm{nd}}^{1/k'}\frac{k^2t^4\,dt}{(\sqrt{t^2-1})^3\sqrt{1-k'^2t^2}}$$

$$= \int_{k'}^{\mathrm{dn}}\frac{\frac{k^2}{t^2}\,dt}{(\sqrt{1-t^2})^3\sqrt{t^2-k'^2}} = \int_{0}^{\mathrm{cn}}\frac{dt}{(\sqrt{(1-t^2)\,(k'^2+k^2t^2)})^3}$$

$$= \int_{\mathrm{nc}}^{\infty}\frac{t^4\,dt}{(\sqrt{(t^2-1)\,(k^2+k'^2t^2)})^3}$$

$$= \frac{1}{k'^2}\left[(3\eta_1+k^2)\,e_2 K - (3e_2^2-e_1)\,(K-z) + \mathfrak{z}_1(z,k) - k^2\mathfrak{z}_5(z,k)\right],$$

$$\int\limits_0^{\mathrm{cs}} \frac{t^4\,dt}{(\sqrt{t^2+1})^3\sqrt{t^2+k'^2}} = \int\limits_{\mathrm{sc}}^{\infty} \frac{\frac{1}{t^2}\,dt}{(\sqrt{1+t^2})^3\sqrt{1+k'^2t^2}} = \int\limits_0^{\mathrm{cn}} \frac{t^4\,dt}{(\sqrt{1-t^2})^3\sqrt{k'^2+k^2t^2}}$$

$$= \int\limits_{\mathrm{nc}}^{\infty} \frac{\frac{1}{t^2}\,dt}{(\sqrt{t^2-1})^3\sqrt{k^2+k'^2t^2}} = \int\limits_{\mathrm{dc}}^{\infty} \frac{k'^4\,dt}{(\sqrt{(t^2-1)(t^2-k^2)})^3}$$

$$= \int\limits_0^{\mathrm{cd}} \frac{k'^4t^4\,dt}{(\sqrt{(1-t^2)(1-k^2t^2)})^3}$$

$$= \frac{1}{k^2}\left[-\eta_1 k^2 K + (3e_1^2-1)(K-z) + \mathfrak{z}_4(z,k) + k^2\mathfrak{z}_1(z,k)\right],$$

$$\int\limits_{\mathrm{nc}}^{\sqrt{1+k'}/\sqrt{k'}} \frac{t^4\,dt}{(\sqrt{t^2-1})^3\sqrt{k^2+k'^2t^2}} = \int\limits_{\sqrt{k'}/\sqrt{1+k'}}^{\mathrm{cn}} \frac{\frac{1}{t^2}\,dt}{(\sqrt{1-t^2})^3\sqrt{k'^2+k^2t^2}} = \int\limits_{\sqrt{1+k'}}^{\mathrm{ns}} \frac{t^4\,dt}{(\sqrt{t^2-1})^3\sqrt{t^2-k^2}}$$

$$= \int\limits_{\mathrm{sn}}^{1/\sqrt{1+k'}} \frac{\frac{1}{t^2}\,dt}{(\sqrt{1-t^2})^3\sqrt{1-k^2t^2}} = \int\limits_{\sqrt{k'}}^{\mathrm{dn}} \frac{k^4\,dt}{(\sqrt{(1-t^2)(t^2-k'^2)})^3}$$

$$= \int\limits_{\mathrm{nd}}^{1/\sqrt{k'}} \frac{k^4t^4\,dt}{(\sqrt{(t^2-1)(1-k'^2t^2)})^3}$$

$$= \frac{1}{k'^2}\left[\frac{1}{2}k^2(1+k'+\eta_1 K) - (3e_3^2-1)\left(\frac{K}{2}-z\right) + \mathfrak{z}_2(z,k) + k'^2\mathfrak{z}_1(z,k)\right],$$

$$\int\limits_0^{\mathrm{cd}} \frac{k'^2t^4\,dt}{(\sqrt{1-t^2})^3\sqrt{1-k^2t^2}} = \int\limits_{\mathrm{dc}}^{\infty} \frac{\frac{k'^2}{t^2}\,dt}{(\sqrt{t^2-1})^3\sqrt{t^2-k^2}} = \int\limits_0^{\mathrm{cs}} \frac{t^4\,dt}{(\sqrt{t^2+k'^2})^3\sqrt{t^2+1}}$$

$$= \int\limits_{\mathrm{sc}}^{\infty} \frac{\frac{1}{t^2}\,dt}{(\sqrt{1+k'^2t^2})^3\sqrt{1+t^2}} = \int\limits_{\mathrm{nc}}^{\infty} \frac{dt}{(\sqrt{(t^2-1)(k^2+k'^2t^2)})^3}$$

$$= \int\limits_0^{\mathrm{cn}} \frac{t^4\,dt}{(\sqrt{(1-t^2)(k'^2+k^2t^2)})^3}$$

$$= -\frac{1}{k^2}\left[(3\eta_1+k^2)e_2 K - (3e_2^2-e_1)(K-z) + \mathfrak{z}_3(z,k) - k^2\mathfrak{z}_5(z,k)\right],$$

$$\int\limits_{k'}^{\mathrm{dn}} \frac{k^2t^4\,dt}{(\sqrt{1-t^2})^3\sqrt{t^2-k'^2}} = \int\limits_{\mathrm{nd}}^{1/k'} \frac{\frac{k^2}{t^2}\,dt}{(\sqrt{t^2-1})^3\sqrt{1-k'^2t^2}} = \int\limits_{k'}^{\mathrm{ds}} \frac{t^4\,dt}{(\sqrt{t^2+k^2})^3\sqrt{t^2-k'^2}}$$

$$= \int\limits_{\mathrm{sd}}^{1/k'} \frac{\frac{1}{t^2}\,dt}{(\sqrt{1+k^2t^2})^3\sqrt{1-k'^2t^2}} = \int\limits_0^{\mathrm{cd}} \frac{k'^4\,dt}{(\sqrt{(1-t^2)(1-k^2t^2)})^3}$$

$$= \int\limits_{\mathrm{dc}}^{\infty} \frac{k'^4t^4\,dt}{(\sqrt{(t^2-1)(t^2-k^2)})^3}$$

$$= -\eta_1 K + (3e_1^2-1)(K-z) + \mathfrak{z}_1(z,k) + k^2\mathfrak{z}_4(z,k),$$

$$\int\limits_{\mathrm{cn}}^{1} \frac{t^4\,dt}{(\sqrt{k'^2 + k^2 t^2})^3 \sqrt{1 - t^2}} = \int\limits_{1}^{\mathrm{nc}} \frac{\frac{1}{t^2}\,dt}{(\sqrt{k^2 + k'^2 t^2})^3 \sqrt{t^2 - 1}} = \int\limits_{\mathrm{cd}}^{1} \frac{k'^2 t^4\,dt}{(\sqrt{1 - k^2 t^2})^3 \sqrt{1 - t^2}} \tag{1111}$$

$$= \int\limits_{1}^{\mathrm{dc}} \frac{\frac{k'^2}{t^2}\,dt}{(\sqrt{t^2 - k^2})^3 \sqrt{t^2 - 1}} = \int\limits_{0}^{\mathrm{sc}} \frac{dt}{(\sqrt{(1 + t^2)\,(1 + k'^2 t^2)})^3}$$

$$= \int\limits_{\mathrm{cs}}^{\infty} \frac{t^4\,dt}{(\sqrt{(t^2 + 1)\,(t^2 + k'^2)})^3}$$

$$= \frac{1}{k^4}\,[\eta_1 K + (3e_3^2 - 1)\,z + \mathfrak{z}_4(z, k) + k'^2\,\mathfrak{z}_3(z, k)],$$

$$\int\limits_{0}^{\mathrm{sn}} \frac{t^4\,dt}{(\sqrt{1 - t^2})^3 \sqrt{1 - k^2 t^2}} = \int\limits_{\mathrm{ns}}^{\infty} \frac{\frac{1}{t^2}\,dt}{(\sqrt{t^2 - 1})^3 \sqrt{t^2 - k^2}} = \int\limits_{0}^{\mathrm{sc}} \frac{t^4\,dt}{(\sqrt{1 + t^2})^3 \sqrt{1 + k'^2 t^2}}$$

$$= \int\limits_{\mathrm{cs}}^{\infty} \frac{\frac{1}{t^2}\,dt}{(\sqrt{t^2 + 1})^3 \sqrt{t^2 + k'^2}} = \int\limits_{\mathrm{ds}}^{\infty} \frac{dt}{(\sqrt{(t^2 + k^2)\,(t^2 - k'^2)})^3}$$

$$= \int\limits_{0}^{\mathrm{sd}} \frac{t^4\,dt}{(\sqrt{(1 + k^2 t^2)\,(1 - k'^2 t^2)})^3}$$

$$= \frac{1}{k^2 k'^2}\,[-(3\eta_1 + k^2)\,e_2 K + (3e_2^2 - e_1)\,z + \mathfrak{z}_4(z, k) - k^2\,\mathfrak{z}_6(z, k)],$$

$$\int\limits_{1}^{\mathrm{nc}} \frac{t^4\,dt}{(\sqrt{k^2 + k'^2 t^2})^3 \sqrt{t^2 - 1}} = \int\limits_{\mathrm{cn}}^{1} \frac{\frac{1}{t^2}\,dt}{(\sqrt{k'^2 + k^2 t^2})^3 \sqrt{1 - t^2}} = \int\limits_{1}^{\mathrm{nd}} \frac{k^2 t^4\,dt}{(\sqrt{1 - k'^2 t^2})^3 \sqrt{t^2 - 1}}$$

$$= \int\limits_{\mathrm{dn}}^{1} \frac{\frac{k^2}{t^2}\,dt}{(\sqrt{t^2 - k'^2})^3 \sqrt{1 - t^2}} = \int\limits_{0}^{\mathrm{sn}} \frac{dt}{(\sqrt{(1 - t^2)\,(1 - k^2 t^2)})^3}$$

$$= \int\limits_{\mathrm{ns}}^{\infty} \frac{t^4\,dt}{(\sqrt{(t^2 - 1)\,(t^2 - k^2)})^3}$$

$$= \frac{1}{k'^4}\,[-\eta_1 K + (3e_1^2 - 1)\,z - \mathfrak{z}_2(z, k) - k^2\,\mathfrak{z}_3(z, k)],$$

$$\int\limits_{0}^{\mathrm{sd}} \frac{t^4\,dt}{(\sqrt{1 + k^2 t^2})^3 \sqrt{1 - k'^2 t^2}} = \int\limits_{\mathrm{ds}}^{\infty} \frac{\frac{1}{t^2}\,dt}{(\sqrt{t^2 + k^2})^3 \sqrt{t^2 - k'^2}} = \int\limits_{0}^{\mathrm{sn}} \frac{t^4\,dt}{(\sqrt{1 - k^2 t^2})^3 \sqrt{1 - t^2}}$$

$$= \int\limits_{\mathrm{ns}}^{\infty} \frac{\frac{1}{t^2}\,dt}{(\sqrt{t^2 - k^2})^3 \sqrt{t^2 - 1}} = \int\limits_{\mathrm{cs}}^{\infty} \frac{dt}{(\sqrt{(t^2 + 1)\,(t^2 + k'^2)})^3}$$

$$= \int\limits_{0}^{\mathrm{sc}} \frac{t^4\,dt}{(\sqrt{(1 + t^2)\,(1 + k'^2 t^2)})^3}$$

$$= \frac{1}{k^4 k'^2}\,[\eta_1 k'^2 K + (3e_3^2 - 1)\,z + \mathfrak{z}_3(z, k) + k'^2\,\mathfrak{z}_4(z, k)],$$

$$\int\limits_{1}^{\mathrm{dc}} \frac{k'^2 t^4\,dt}{(\sqrt{t^2-k^2})^3\sqrt{t^2-1}} = \int\limits_{\mathrm{cd}}^{1} \frac{\frac{k'^2}{t^2}\,dt}{(\sqrt{1-k^2t^2})^3\sqrt{1-t^2}} = \int\limits_{\mathrm{dn}}^{1} \frac{k^2 t^4\,dt}{(\sqrt{t^2-k'^2})^3\sqrt{1-t^2}}$$

$$= \int\limits_{1}^{\mathrm{nd}} \frac{\frac{k^2}{t^2}\,dt}{(\sqrt{1-k'^2t^2})^3\sqrt{t^2-1}} = \int\limits_{0}^{\mathrm{sd}} \frac{dt}{(\sqrt{(1+k^2t^2)(1-k'^2t^2)})^3}$$

$$= \int\limits_{\mathrm{ds}}^{\infty} \frac{t^4\,dt}{(\sqrt{(t^2+k^2)(t^2-k'^2)})^3}$$

$$= (3\eta_1 + k^2)\,e_2 K - (3e_2^2 - e_1)\,z - \mathfrak{z}_2(z,k) + k^2\,\mathfrak{z}_6(z,k),$$

$$\int\limits_{0}^{\mathrm{sc}} \frac{t^4\,dt}{(\sqrt{1+k'^2t^2})^3\sqrt{1+t^2}} = \int\limits_{\mathrm{cs}}^{\infty} \frac{\frac{1}{t^2}\,dt}{(\sqrt{t^2+k'^2})^3\sqrt{t^2+1}} = \int\limits_{0}^{\mathrm{sd}} \frac{t^4\,dt}{(\sqrt{1-k'^2t^2})^3\sqrt{1+k^2t^2}}$$

$$= \int\limits_{\mathrm{ds}}^{\infty} \frac{\frac{1}{t^2}\,dt}{(\sqrt{t^2-k'^2})^3\sqrt{t^2+k^2}} = \int\limits_{\mathrm{ns}}^{\infty} \frac{dt}{(\sqrt{(t^2-1)(t^2-k^2)})^3}$$

$$= \int\limits_{0}^{\mathrm{sn}} \frac{t^4\,dt}{(\sqrt{(1-t^2)(1-k^2t^2)})^3}$$

$$= \frac{1}{k^2 k'^4}\left[-\eta_1 k^2 K + (3e_1^2 - 1)\,z - k^2\,\mathfrak{z}_2(z,k) - \mathfrak{z}_3(z,k)\right].$$

164. Die 6 Integrale der vierten Potenzen der logarithmischen Ableitungen der Jacobischen elliptischen Funktionen und die zugehörigen 12 algebraischen Integrale

Die Integrale der vierten Potenzen der logarithmischen Ableitungen der Jacobischen elliptischen Funktionen lassen sich, wenn die vierten Potenzen in Biquadrate aufgespalten und diese gemäß (771) durch Quadrate der Jacobischen elliptischen Funktionen und in den Fällen von $\overline{\mathrm{ds}}^2$ und $\overline{\mathrm{nc}}^2$ durch $\wp_5$ und $\wp_6$ ausgedrückt werden, unter Beachtung der zweiten der Gln. (580) und der fünften und sechsten der Gln. (1022) linear aus den in den beiden vorangehenden Abschnitten dargestellten Integralen aufbauen. Werden in Verbindung mit den sechs letzten der Gln. (880) neue Integrationsveränderliche substituiert, so gehen die Integrale in algebraische Integrale über, was bei Beachtung von (774) auf zweifache Weise möglich ist. Wird wie bisher eine der Integralgrenzen in geeigneter Weise festgehalten und faßt man die bei dem beschriebenen Superpositionsverfahren sich ergebenden Parameterfunktionen gemäß

$$e_2^2 - 5e_1^2 + 2 + \frac{1}{6}g_2 = \frac{16k^2 + k'^4}{9}, \qquad e_2^2 - 5e_3^2 + 2 + \frac{1}{6}g_2 = \frac{16k'^2 + k^4}{9} \tag{1112}$$

zusammen, so erhält man für die 18 Integrale die Darstellungen

$$\int\limits_{\frac{1}{2}K}^{z} \overline{\mathrm{sc}}^4(\bar z,k)\,d\bar z = \int\limits_{\overline{\mathrm{sc}}}^{1+k'} \frac{t^4\,dt}{\sqrt{[t^2-(1+k')^2]\,[t^2-(1-k')^2]}} = \int\limits_{1-k'}^{\overline{\mathrm{nd}}} \frac{\frac{k^8}{t^4}\,dt}{\sqrt{[t^2-(1+k')^2]\,[t^2-(1-k')^2]}}$$

$$= \frac{16k'^2 + k^4}{9}\left(z - \frac{K}{2}\right) - 4e_1[\mathfrak{z}_1(z,k) + \mathfrak{z}_2(z,k)] + \frac{1}{6}[\wp_1'(z,k) + \wp_2'(z,k)],$$

$$\left.\begin{aligned}
&\int\limits_{\frac{1}{2}K}^{z} \overline{\mathrm{sd}}^4(\bar z, k)\, d\bar z = \int\limits_{\overline{\mathrm{sd}}}^{1} \frac{t^4\, dt}{\sqrt{[t^2-(k+i\,k')^2]\,[t^2-(k-i\,k')^2]}} = \int\limits_{1}^{\overline{\mathrm{nc}}} \frac{\frac{1}{t^4}\, dt}{\sqrt{[t^2-(k+i\,k')^2]\,[t^2-(k-i\,k')^2]}}\\
&\qquad = -\frac{2}{3}k' + 4e_2\left[k' + \left(\frac{e_2}{2}+\eta_1\right)K\right] + \left(4e_2^2 + \frac{1}{12}\bar g_2\right)\left(z - \frac{K}{2}\right) - 4e_2\,\mathfrak{z}_5(z, k) + \frac{1}{6}\wp_5'(z, k),\\
&\int\limits_{\frac{1}{2}K}^{z} \overline{\mathrm{sn}}^4(\bar z, k)\, d\bar z = \int\limits_{\overline{\mathrm{sn}}}^{k'} \frac{t^4\, dt}{\sqrt{[t^2+(1+k)^2]\,[t^2+(1-k)^2]}} = \int\limits_{k'}^{\overline{\mathrm{dc}}} \frac{\frac{k'^8}{t^4}\, dt}{\sqrt{[t^2+(1+k)^2]\,[t^2+(1-k)^2]}}\\
&\qquad = 4e_3 - \frac{2}{3}k'^2 + \frac{16k^2+k'^4}{9}\left(z - \frac{K}{2}\right) - 4e_3[\mathfrak{z}_1(z, k) + \mathfrak{z}_4(z, k)] + \frac{1}{6}[\wp_1'(z, k) + \wp_4'(z, k)],\\
&\int\limits_{0}^{z} \overline{\mathrm{nc}}^4(\bar z, k)\, d\bar z = \int\limits_{0}^{\overline{\mathrm{nc}}} \frac{t^4\, dt}{\sqrt{[t^2-(k+i\,k')^2]\,[t^2-(k-i\,k')^2]}} = \int\limits_{\overline{\mathrm{sd}}}^{\infty} \frac{\frac{1}{t^4}\, dt}{\sqrt{[t^2-(k+i\,k')^2]\,[t^2-(k-i\,k')^2]}}\\
&\qquad = 4e_2(e_2 + 2\eta_1 K) + \left(4e_2^2 + \frac{1}{12}\bar g_2\right)z - 4e_2\,\mathfrak{z}_6(z, k) + \frac{1}{6}\wp_6'(z, k),\\
&\int\limits_{0}^{z} \overline{\mathrm{dc}}^4(\bar z, k)\, d\bar z = \int\limits_{0}^{\overline{\mathrm{dc}}} \frac{t^4\, dt}{\sqrt{[t^2+(1+k)^2]\,[t^2+(1-k)^2]}} = \int\limits_{\overline{\mathrm{sn}}}^{\infty} \frac{\frac{k'^8}{t^4}\, dt}{\sqrt{[t^2+(1+k)^2]\,[t^2+(1-k)^2]}}\\
&\qquad = -4e_3\,\eta_1 K + \frac{16k^2+k'^4}{9}z - 4e_3[\mathfrak{z}_2(z, k) + \mathfrak{z}_3(z, k)] + \frac{1}{6}[\wp_2'(z, k) + \wp_3'(z, k)],\\
&\int\limits_{0}^{z} \overline{\mathrm{nd}}^4(\bar z, k)\, d\bar z = \int\limits_{0}^{\overline{\mathrm{nd}}} \frac{t^4\, dt}{\sqrt{[t^2-(1+k')^2]\,[t^2-(1-k')^2]}} = \int\limits_{\overline{\mathrm{sc}}}^{\infty} \frac{\frac{k^8}{t^4}\, dt}{\sqrt{[t^2-(1+k')^2]\,[t^2-(1-k')^2]}}\\
&\qquad = -4e_1\,\eta_1 K + \frac{16k'^2+k^4}{9}z - 4e_1[\mathfrak{z}_3(z, k) + \mathfrak{z}_4(z, k)] + \frac{1}{6}[\wp_3'(z, k) + \wp_4'(z, k)],
\end{aligned}\right\}\quad (1113)$$

wobei für z die den Integralgrenzen entsprechende Umkehrfunktion einzusetzen ist.

165. Algebraische Integrale für den Parameterfall $\varkappa = 1$ bzw. Modulfall $k^2 = k'^2 = \frac{1}{2}$

Die durch (1101) bis (1113) dargestellten algebraischen Integrale führen unter Beschränkung auf die Integrale mit den Grenzen ds, sd, nc, cn und $\overline{\mathrm{nc}}$ zu häufig auftretenden Spezialintegralen, die nachfolgend in Gruppen zusammengestellt sind, in welchen A die in Abschnitt 43 eingeführte Parameterfunktion bezeichnet.

$$\begin{aligned}
&\int\limits_{\sqrt{\frac{1}{2}}}^{\mathrm{ds}} \sqrt{\frac{t^2 \mp \frac{1}{2}}{t^2 \pm \frac{1}{2}}}\, dt &&= \int\limits_{\mathrm{sd}}^{\sqrt{2}} \frac{1}{t^2}\sqrt{\frac{1 \mp \frac{1}{2}t^2}{1 \pm \frac{1}{2}t^2}}\, dt &&= -\frac{A}{2} \mp \frac{K-z}{2} + \mathfrak{z}_1\left(z, \sqrt{\frac{1}{2}}\right),\\
&\int\limits_{\mathrm{ds}}^{\infty} \frac{1}{t^2}\sqrt{\frac{t^2 \mp \frac{1}{2}}{t^2 \pm \frac{1}{2}}}\, dt &&= \int\limits_{0}^{\mathrm{sd}} \sqrt{\frac{1 \mp \frac{1}{2}t^2}{1 \pm \frac{1}{2}t^2}}\, dt &&= +z \mp 2\,\mathfrak{z}_3\left(z, \sqrt{\frac{1}{2}}\right),\\
&\int\limits_{\sqrt{\frac{1}{2}}}^{\mathrm{ds}} t^2\sqrt{\frac{t^2 \mp \frac{1}{2}}{t^2 \pm \frac{1}{2}}}\, dt &&= \int\limits_{\mathrm{sd}}^{\sqrt{2}} \frac{1}{t^4}\sqrt{\frac{1 \mp \frac{1}{2}t^2}{1 \pm \frac{1}{2}t^2}}\, dt &&= \pm\frac{A}{4} + \frac{K-z}{12} \mp \frac{1}{2}\mathfrak{z}_1\left(z, \sqrt{\frac{1}{2}}\right) -\\
& && &&\quad - \frac{1}{6}\wp_1'\left(z, \sqrt{\frac{1}{2}}\right),
\end{aligned}$$

$$\begin{aligned}
&\int_{\sqrt{\frac12}}^{\mathrm{ds}} \frac{t^2 \mp \frac12}{t^2}\sqrt{\frac{t^2 \mp \frac12}{t^2 \pm \frac12}}\,dt &&= \int_{\mathrm{sd}}^{\sqrt{2}} \frac{1 \mp \frac12 t^2}{t^2}\sqrt{\frac{1 \mp \frac12 t^2}{1 \pm \frac12 t^2}}\,dt &&= \mp (K - z) \mp 2\,\mathfrak{z}_{\substack{3\\1}}\left(z, \sqrt{\frac12}\right) \pm \mathfrak{z}_5\left(z, \sqrt{\frac12}\right),\\
&\int_{\mathrm{ds}}^{\infty} \frac{1}{t^4}\sqrt{\frac{t^2 \mp \frac12}{t^2 \pm \frac12}}\,dt &&= \int_{0}^{\mathrm{sd}} t^2\sqrt{\frac{1 \mp \frac12 t^2}{1 \pm \frac12 t^2}}\,dt &&= \mp \frac{2z}{3} + 4\,\mathfrak{z}_3\left(z, \sqrt{\frac12}\right) \mp \frac43\,\wp_3'\left(z, \sqrt{\frac12}\right),\\
&\int_{\sqrt{\frac12}\sqrt{1+\sqrt2}}^{\mathrm{ds}} \left(\sqrt{\frac{t^2 \mp \frac12}{t^2 \pm \frac12}}\right)^3 dt &&= \int_{\mathrm{sd}}^{\sqrt2/\sqrt{1+\sqrt2}} \frac{1}{t^2}\left(\sqrt{\frac{1 \mp \frac12 t^2}{1 \pm \frac12 t^2}}\right)^3 dt &&= \frac12\left(-1 \mp 2 + \sqrt{\frac12} + \frac{A}{2}\right) \mp \frac{\frac{K}{2} - z}{2} +\\
&&&&&\quad + \mathfrak{z}_1\left(z, \sqrt{\frac12}\right) + 2\,\mathfrak{z}_{\substack{4\\2}}\left(z, \sqrt{\frac12}\right),\\
&\int_{\mathrm{ds}}^{\infty} \frac{1}{t^2}\left(\sqrt{\frac{t^2 \mp \frac12}{t^2 \pm \frac12}}\right)^3 dt &&= \int_{0}^{\mathrm{sd}} \left(\sqrt{\frac{1 \mp \frac12 t^2}{1 \pm \frac12 t^2}}\right)^3 dt &&= \pm 2A - z \pm 4\,\mathfrak{z}_{\substack{4\\2}}\left(z, \sqrt{\frac12}\right) \pm 2\,\mathfrak{z}_3\left(z, \sqrt{\frac12}\right),\\
&\int_{\mathrm{ds}}^{\infty} \frac{1}{t^2 \pm \frac12}\sqrt{\frac{t^2 \mp \frac12}{t^2 \pm \frac12}}\,dt &&= \int_{0}^{\mathrm{sd}} \frac{1}{1 \pm \frac12 t^2}\sqrt{\frac{1 \mp \frac12 t^2}{1 \pm \frac12 t^2}}\,dt &&= \pm A \pm 2\,\mathfrak{z}_{\substack{4\\2}}\left(z, \sqrt{\frac12}\right),\\
&\int_{\sqrt{\frac12}}^{\mathrm{ds}} \left(t^2 \mp \frac12\right)\sqrt{\frac{t^2 \mp \frac12}{t^2 \pm \frac12}}\,dt &&= \int_{\mathrm{sd}}^{\sqrt2} \frac{1 \mp \frac12 t^2}{t^4}\sqrt{\frac{1 \mp \frac12 t^2}{1 \pm \frac12 t^2}}\,dt &&= \pm \frac{A}{2} + \frac{K - z}{3} \mp \mathfrak{z}_1\left(z, \sqrt{\frac12}\right) -\\
&&&&&\quad - \frac16\,\wp_1'\left(z, \sqrt{\frac12}\right),\\
&\int_{\mathrm{ds}}^{\infty} \frac{1}{t^2(t^2 \pm \frac12)}\sqrt{\frac{t^2 \mp \frac12}{t^2 \pm \frac12}}\,dt &&= \int_{0}^{\mathrm{sd}} \frac{t^2}{1 \pm \frac12 t^2}\sqrt{\frac{1 \mp \frac12 t^2}{1 \pm \frac12 t^2}}\,dt &&= -2A \pm 2z - 4\,\mathfrak{z}_3\left(z, \sqrt{\frac12}\right) - 4\,\mathfrak{z}_{\substack{4\\2}}\left(z, \sqrt{\frac12}\right),\\
&\int_{\sqrt{\frac12}\sqrt{1+\sqrt2}}^{\mathrm{ds}} \frac{t^2}{t^2 \pm \frac12}\sqrt{\frac{t^2 \mp \frac12}{t^2 \pm \frac12}}\,dt &&= \int_{\mathrm{sd}}^{\sqrt2/\sqrt{1+\sqrt2}} \frac{1}{t^2(1 \pm \frac12 t^2)}\sqrt{\frac{1 \mp \frac12 t^2}{1 \pm \frac12 t^2}}\,dt &&= -\frac12(1 \pm 1) \mp \frac{\frac{K}{2} - z}{2} + \mathfrak{z}_1\left(z, \sqrt{\frac12}\right) +\\
&&&&&\quad + \mathfrak{z}_{\substack{4\\2}}\left(z, \sqrt{\frac12}\right),\\
&\int_{\mathrm{ds}}^{\infty} \frac{1}{(t^2 \pm \frac12)^2}\sqrt{\frac{t^2 \mp \frac12}{t^2 \pm \frac12}}\,dt &&= \int_{0}^{\mathrm{sd}} \frac{t^2}{(1 \pm \frac12 t^2)^2}\sqrt{\frac{1 \mp \frac12 t^2}{1 \pm \frac12 t^2}}\,dt &&= +A \mp \frac{z}{3} + 2\,\mathfrak{z}_{\substack{4\\2}}\left(z, \sqrt{\frac12}\right) \mp \frac23\,\wp_{\substack{4\\2}}'\left(z, \sqrt{\frac12}\right),\\
&\int_{\mathrm{ds}}^{\infty} \frac{t^2}{(t^2 \pm \frac12)^2}\sqrt{\frac{t^2 \mp \frac12}{t^2 \pm \frac12}}\,dt &&= \int_{0}^{\mathrm{sd}} \frac{1}{(1 \pm \frac12 t^2)^2}\sqrt{\frac{1 \mp \frac12 t^2}{1 \pm \frac12 t^2}}\,dt &&= \pm \frac{A}{2} + \frac{z}{6} \pm \mathfrak{z}_{\substack{4\\2}}\left(z, \sqrt{\frac12}\right) + \frac13\,\wp_{\substack{4\\2}}'\left(z, \sqrt{\frac12}\right),\\
&\int_{\mathrm{ds}}^{\infty} \frac{t^2 \mp \frac12}{t^4}\sqrt{\frac{t^2 \mp \frac12}{t^2 \pm \frac12}}\,dt &&= \int_{0}^{\mathrm{sd}} \left(1 \mp \frac12 t^2\right)\sqrt{\frac{1 \mp \frac12 t^2}{1 \pm \frac12 t^2}}\,dt &&= +\frac{4z}{3} \mp 4\,\mathfrak{z}_3\left(z, \sqrt{\frac12}\right) + \frac23\,\wp_3'\left(z, \sqrt{\frac12}\right),\\
&\int_{\mathrm{ds}}^{\infty} \frac{1}{t^2 \pm \frac12}\left(\sqrt{\frac{t^2 \mp \frac12}{t^2 \pm \frac12}}\right)^3 dt &&= \int_{0}^{\mathrm{sd}} \frac{1}{1 \pm \frac12 t^2}\left(\sqrt{\frac{1 \mp \frac12 t^2}{1 \pm \frac12 t^2}}\right)^3 dt &&= +\frac{z}{3} + \frac23\,\wp_{\substack{4\\2}}'\left(z, \sqrt{\frac12}\right).
\end{aligned}\tag{1114}$$

$$\begin{aligned}
&\int_{1}^{\mathrm{nc}} \sqrt{\frac{t^2 \mp 1}{t^2 \pm 1}}\,dt &&= \int_{\mathrm{cn}}^{1} \frac{1}{t^2}\sqrt{\frac{1 \mp t^2}{1 \pm t^2}}\,dt &&= -\frac{A}{\sqrt2} \mp \frac{z}{\sqrt2} - \sqrt2\,\mathfrak{z}_2\left(z, \sqrt{\frac12}\right),\\
&\int_{1}^{\mathrm{nc}} \frac{1}{t^2}\sqrt{\frac{t^2 \mp 1}{t^2 \pm 1}}\,dt &&= \int_{\mathrm{cn}}^{1} \sqrt{\frac{1 \mp t^2}{1 \pm t^2}}\,dt &&= \mp \frac{A}{\sqrt2} + \frac{z}{\sqrt2} \mp \sqrt2\,\mathfrak{z}_4\left(z, \sqrt{\frac12}\right),
\end{aligned}$$

$$\int\limits_1^{\mathrm{nc}} t^2 \sqrt{\frac{t^2 \mp 1}{t^2 \pm 1}}\, dt = \int\limits_{\mathrm{cn}}^1 \frac{1}{t^4} \sqrt{\frac{1 \mp t^2}{1 \pm t^2}}\, dt = \pm \frac{A}{\sqrt{2}} + \frac{z}{3\sqrt{2}} \pm \sqrt{2}\,\mathfrak{z}_2\left(z, \sqrt{\frac{1}{2}}\right) + \frac{\sqrt{2}}{3}\,\wp_2'\left(z, \sqrt{\frac{1}{2}}\right),$$

$$\int\limits_1^{\mathrm{nc}} \frac{t^2 \mp 1}{t^2} \sqrt{\frac{t^2 \mp 1}{t^2 \pm 1}}\, dt = \int\limits_{\mathrm{cn}}^1 \frac{1 \mp t^2}{t^2} \sqrt{\frac{1 \mp t^2}{1 \pm t^2}}\, dt = \mp \sqrt{2}\,z \pm 2\sqrt{2}\,\mathfrak{z}_{\frac{4}{2}}\left(z, \sqrt{\frac{1}{2}}\right) \mp \sqrt{2}\,\mathfrak{z}_6\left(z, \sqrt{\frac{1}{2}}\right),$$

$$\int\limits_1^{\mathrm{nc}} \frac{1}{t^4} \sqrt{\frac{t^2 \mp 1}{t^2 \pm 1}}\, dt = \int\limits_{\mathrm{cn}}^1 t^2 \sqrt{\frac{1 \mp t^2}{1 \pm t^2}}\, dt = \frac{A}{\sqrt{2}} \mp \frac{z}{3\sqrt{2}} + \sqrt{2}\,\mathfrak{z}_4\left(z, \sqrt{\frac{1}{2}}\right) \mp \frac{\sqrt{2}}{3}\,\wp_4'\left(z, \sqrt{\frac{1}{2}}\right),$$

$$\int\limits_{\mathrm{nc}}^{\sqrt{1+\sqrt{2}}} \left(\sqrt{\frac{t^2 \mp 1}{t^2 \pm 1}}\right)^3 dt = \int\limits_{1/\sqrt{1+\sqrt{2}}}^{\mathrm{cn}} \frac{1}{t^2}\left(\sqrt{\frac{1 \mp t^2}{1 \pm t^2}}\right)^3 dt = -\frac{-1 \mp 2 + \sqrt{\frac{1}{2}} + \frac{A}{2}}{\sqrt{2}} \mp \frac{\frac{K}{2} - z}{\sqrt{2}} + 2\sqrt{2}\,\mathfrak{z}_{\frac{3}{1}}\left(z, \sqrt{\frac{1}{2}}\right) + \sqrt{2}\,\mathfrak{z}_2\left(z, \sqrt{\frac{1}{2}}\right),$$

$$\int\limits_{\mathrm{nc}}^{\infty} \frac{1}{t^2}\left(\sqrt{\frac{t^2 \mp 1}{t^2 \pm 1}}\right)^3 dt = \int\limits_0^{\mathrm{cn}} \left(\sqrt{\frac{1 \mp t^2}{1 \pm t^2}}\right)^3 dt = \pm \sqrt{2}\,A - \frac{K - z}{\sqrt{2}} \mp 2\sqrt{2}\,\mathfrak{z}_{\frac{3}{1}}\left(z, \sqrt{\frac{1}{2}}\right) \mp \sqrt{2}\,\mathfrak{z}_4\left(z, \sqrt{\frac{1}{2}}\right),$$

$$\int\limits_{\mathrm{nc}}^{\infty} \frac{1}{t^2 \pm 1} \sqrt{\frac{t^2 \mp 1}{t^2 \pm 1}}\, dt = \int\limits_0^{\mathrm{cn}} \frac{1}{1 \pm t^2} \sqrt{\frac{1 \mp t^2}{1 \pm t^2}}\, dt = \pm \frac{A}{\sqrt{2}} \mp \sqrt{2}\,\mathfrak{z}_{\frac{3}{1}}\left(z, \sqrt{\frac{1}{2}}\right),$$

$$\int\limits_1^{\mathrm{nc}} (t^2 \mp 1) \sqrt{\frac{t^2 \mp 1}{t^2 \pm 1}}\, dt = \int\limits_{\mathrm{cn}}^1 \frac{1 \mp t^2}{t^4} \sqrt{\frac{1 \mp t^2}{1 \pm t^2}}\, dt = \pm \sqrt{2}\,A + \frac{2\sqrt{2}}{3} z \pm 2\sqrt{2}\,\mathfrak{z}_2\left(z, \sqrt{\frac{1}{2}}\right) + \frac{\sqrt{2}}{3}\,\wp_2'\left(z, \sqrt{\frac{1}{2}}\right),$$

$$\int\limits_{\mathrm{nc}}^{\infty} \frac{1}{t^2(t^2 \pm 1)} \sqrt{\frac{t^2 \mp 1}{t^2 \pm 1}}\, dt = \int\limits_0^{\mathrm{cn}} \frac{t^2}{1 \pm t^2} \sqrt{\frac{1 \mp t^2}{1 \pm t^2}}\, dt = -\frac{A}{\sqrt{2}} \pm \frac{K - z}{\sqrt{2}} + \sqrt{2}\,\mathfrak{z}_{\frac{3}{1}}\left(z, \sqrt{\frac{1}{2}}\right) + \sqrt{2}\,\mathfrak{z}_4\left(z, \sqrt{\frac{1}{2}}\right),$$

$$\int\limits_{\mathrm{nc}}^{\sqrt{1+\sqrt{2}}} \frac{t^2}{t^2 \pm 1} \sqrt{\frac{t^2 \mp 1}{t^2 \pm 1}}\, dt = \int\limits_{1/\sqrt{1+\sqrt{2}}}^{\mathrm{cn}} \frac{1}{t^2(1 \pm t^2)} \sqrt{\frac{1 \mp t^2}{1 \pm t^2}}\, dt = \frac{1 \pm 1}{\sqrt{2}} \mp \frac{\frac{K}{2} - z}{\sqrt{2}} + \sqrt{2}\,\mathfrak{z}_{\frac{3}{1}}\left(z, \sqrt{\frac{1}{2}}\right) + \sqrt{2}\,\mathfrak{z}_2\left(z, \sqrt{\frac{1}{2}}\right),$$

$$\int\limits_{\mathrm{nc}}^{\infty} \frac{1}{(t^2 \pm 1)^2} \sqrt{\frac{t^2 \mp 1}{t^2 \pm 1}}\, dt = \int\limits_0^{\mathrm{cn}} \frac{t^2}{(1 \pm t^2)^2} \sqrt{\frac{1 \mp t^2}{1 \pm t^2}}\, dt = \frac{A}{2\sqrt{2}} \mp \frac{K - z}{6\sqrt{2}} - \frac{1}{\sqrt{2}}\,\mathfrak{z}_{\frac{3}{1}}\left(z, \sqrt{\frac{1}{2}}\right) \pm \frac{1}{3\sqrt{2}}\,\wp_{\frac{3}{1}}'\left(z, \sqrt{\frac{1}{2}}\right),$$

$$\int\limits_{\mathrm{nc}}^{\infty} \frac{t^2}{(t^2 \pm 1)^2} \sqrt{\frac{t^2 \mp 1}{t^2 \pm 1}}\, dt = \int\limits_0^{\mathrm{cn}} \frac{1}{(1 \pm t^2)^2} \sqrt{\frac{1 \mp t^2}{1 \pm t^2}}\, dt = \pm \frac{A}{2\sqrt{2}} + \frac{K - z}{6\sqrt{2}} \mp \frac{1}{\sqrt{2}}\,\mathfrak{z}_{\frac{3}{1}}\left(z, \sqrt{\frac{1}{2}}\right) - \frac{1}{3\sqrt{2}}\,\wp_{\frac{3}{1}}'\left(z, \sqrt{\frac{1}{2}}\right),$$

$$\int\limits_1^{\mathrm{nc}} \frac{t^2 \mp 1}{t^4} \sqrt{\frac{t^2 \mp 1}{t^2 \pm 1}}\, dt = \int\limits_{\mathrm{cn}}^1 (1 \mp t^2) \sqrt{\frac{1 \mp t^2}{1 \pm t^2}}\, dt = \mp \sqrt{2}\,A + \frac{2\sqrt{2}}{3} z \mp 2\sqrt{2}\,\mathfrak{z}_4\left(z, \sqrt{\frac{1}{2}}\right) + \frac{\sqrt{2}}{3}\,\wp_4'\left(z, \sqrt{\frac{1}{2}}\right),$$

$$\int\limits_1^{\mathrm{nc}} \frac{1}{t^2 \pm 1}\left(\sqrt{\frac{t^2 \mp 1}{t^2 \pm 1}}\right)^3 dt = \int\limits_{\mathrm{cn}}^1 \frac{1}{1 \pm t^2}\left(\sqrt{\frac{1 \mp t^2}{1 \pm t^2}}\right)^3 dt = -\frac{\frac{K}{2} \mp \left(\frac{K}{2} - z\right)}{3\sqrt{2}} + \frac{\sqrt{2}}{3}\,\wp_{\frac{3}{1}}'\left(z, \sqrt{\frac{1}{2}}\right).$$

(1115)

$$
\left.
\begin{aligned}
&\int\limits_{\sqrt{\frac{1}{2}}}^{\mathrm{ds}} \sqrt{t^4 - \frac{1}{4}}\, dt &&= \int\limits_{\mathrm{sd}}^{\sqrt{2}} \frac{1}{t^4}\sqrt{1 - \frac{1}{4} t^4}\, dt &&= -\frac{K-z}{6} - \frac{1}{6}\wp_1'\left(z, \sqrt{\frac{1}{2}}\right),\\
&\int\limits_{\sqrt{\frac{1}{2}}}^{\mathrm{ds}} \frac{1}{t^2}\sqrt{t^4 - \frac{1}{4}}\, dt &&= \int\limits_{\mathrm{sd}}^{\sqrt{2}} \frac{1}{t^2}\sqrt{1 - \frac{1}{4} t^4}\, dt &&= -A + \mathfrak{z}_5\left(z, \sqrt{\frac{1}{2}}\right),\\
&\int\limits_{\mathrm{ds}}^{\infty} \frac{1}{t^4}\sqrt{t^4 - \frac{1}{4}}\, dt &&= \int\limits_{0}^{\mathrm{sd}} \sqrt{1 - \frac{1}{4} t^4}\, dt &&= +\frac{2z}{3} - \frac{2}{3}\wp_3'\left(z, \sqrt{\frac{1}{2}}\right),\\
&\int\limits_{\sqrt{\frac{1}{2}}}^{\mathrm{ds}} \frac{t^2}{\sqrt{t^4 - \frac{1}{4}}}\, dt &&= \int\limits_{\mathrm{sd}}^{\sqrt{2}} \frac{1}{t^2\sqrt{t^4 - \frac{1}{4}}}\, dt &&= -\frac{A}{2} + \mathfrak{z}_1\left(z, \sqrt{\frac{1}{2}}\right),\\
&\int\limits_{\mathrm{ds}}^{\infty} \frac{1}{t^2\sqrt{t^4 - \frac{1}{4}}}\, dt &&= \int\limits_{0}^{\mathrm{sd}} \frac{t^2}{\sqrt{1 - \frac{1}{4}t^4}}\, dt &&= 4\,\mathfrak{z}_3\left(z, \sqrt{\frac{1}{2}}\right),\\
&\int\limits_{\sqrt{\frac{1}{2}}}^{\mathrm{ds}} \frac{t^4}{\sqrt{t^4 - \frac{1}{4}}}\, dt &&= \int\limits_{\mathrm{sd}}^{\sqrt{2}} \frac{1}{t^4\sqrt{1 - \frac{1}{4}t^4}}\, dt &&= \frac{K-z}{12} - \frac{1}{6}\wp_1'\left(z, \sqrt{\frac{1}{2}}\right),\\
&\int\limits_{\mathrm{ds}}^{\infty} \frac{1}{t^4\sqrt{t^4 - \frac{1}{4}}}\, dt &&= \int\limits_{0}^{\mathrm{sd}} \frac{t^4}{\sqrt{1 - \frac{1}{4}t^4}}\, dt &&= \frac{4z}{3} + \frac{8}{3}\wp_3'\left(z, \sqrt{\frac{1}{2}}\right),\\
&\int\limits_{\mathrm{ds}}^{\infty} \frac{1}{\left(\sqrt{t^4 - \frac{1}{4}}\right)^3}\, dt &&= \int\limits_{0}^{\mathrm{sd}} \frac{t^4}{\left(\sqrt{1 - \frac{1}{4}t^4}\right)^3}\, dt &&= -2z + 4\,\mathfrak{z}_4\left(z, \sqrt{\frac{1}{2}}\right) - 2\,\mathfrak{z}_6\left(z, \sqrt{\frac{1}{2}}\right),\\
&\int\limits_{\mathrm{ds}}^{\infty} \frac{t^2}{\left(\sqrt{t^4 - \frac{1}{4}}\right)^3}\, dt &&= \int\limits_{0}^{\mathrm{sd}} \frac{t^2}{\left(\sqrt{1 - \frac{1}{4}t^4}\right)^3}\, dt &&= -A - \mathfrak{z}_6\left(z, \sqrt{\frac{1}{2}}\right),\\
&\int\limits_{\mathrm{ds}}^{\infty} \frac{t^4}{\left(\sqrt{t^4 - \frac{1}{4}}\right)^3}\, dt &&= \int\limits_{0}^{\mathrm{sd}} \frac{1}{\left(\sqrt{1 - \frac{1}{4}t^4}\right)^3}\, dt &&= +\frac{z}{2} - \mathfrak{z}_2\left(z, \sqrt{\frac{1}{2}}\right) + \frac{1}{2}\mathfrak{z}_6\left(z, \sqrt{\frac{1}{2}}\right),\\
&\int\limits_{\mathrm{ds}}^{\infty} \frac{1}{(t^2 \pm \frac{1}{2})\sqrt{t^4 - \frac{1}{4}}}\, dt &&= \int\limits_{0}^{\mathrm{sd}} \frac{t^2}{(1 \pm \frac{1}{2}t^2)\sqrt{1 - \frac{1}{4}t^4}}\, dt &&= -A \pm z - 2\,\mathfrak{z}_{\frac{4}{2}}\left(z, \sqrt{\frac{1}{2}}\right),\\
&\int\limits_{\mathrm{ds}}^{\infty} \frac{t^2}{(t^2 \pm \frac{1}{2})\sqrt{t^4 - \frac{1}{4}}}\, dt &&= \int\limits_{0}^{\mathrm{sd}} \frac{1}{(1 \pm \frac{1}{2}t^2)\sqrt{1 - \frac{1}{4}t^4}}\, dt &&= \pm\frac{A}{2} + \frac{z}{2} \pm \mathfrak{z}_{\frac{4}{2}}\left(z, \sqrt{\frac{1}{2}}\right),\\
&\int\limits_{\sqrt{\frac{1}{2}}\sqrt{1+\sqrt{2}}}^{\mathrm{ds}} \frac{t^4}{(t^2 \pm \frac{1}{2})\sqrt{t^4 - \frac{1}{4}}}\, dt &&= \int\limits_{\mathrm{sd}}^{\sqrt{2}/\sqrt{1+\sqrt{2}}} \frac{1}{t^2(1 \pm \frac{1}{2}t^2)\sqrt{1 - \frac{1}{4}t^4}}\, dt &&= -\frac{2 \pm 1 + \sqrt{\frac{1}{2}} + \frac{A}{2}}{4} \mp \frac{\frac{K}{2} - z}{4} +\\
& && && \quad + \mathfrak{z}_1\left(z, \sqrt{\frac{1}{2}}\right) + \frac{1}{2}\mathfrak{z}_{\frac{4}{2}}\left(z, \sqrt{\frac{1}{2}}\right),\\
&\int\limits_{\mathrm{ds}}^{\infty} \frac{1}{t^2(t^2 \pm \frac{1}{2})\sqrt{t^4 - \frac{1}{4}}}\, dt &&= \int\limits_{0}^{\mathrm{sd}} \frac{t^4}{(1 \pm \frac{1}{2}t^2)\sqrt{1 - \frac{1}{4}t^4}}\, dt &&= \pm 2A - 2z \pm 8\,\mathfrak{z}_3\left(z, \sqrt{\frac{1}{2}}\right) \pm 4\,\mathfrak{z}_{\frac{4}{2}}\left(z, \sqrt{\frac{1}{2}}\right),\\
&\int\limits_{\mathrm{ds}}^{\infty} \frac{1}{(t^2 \pm \frac{1}{2})^2\sqrt{t^4 - \frac{1}{4}}}\, dt &&= \int\limits_{0}^{\mathrm{sd}} \frac{t^4}{(1 \pm \frac{1}{2}t^2)^2\sqrt{1 - \frac{1}{4}t^4}}\, dt &&= \mp 2A + \frac{4}{3}z \mp 4\,\mathfrak{z}_{\frac{4}{2}}\left(z, \sqrt{\frac{1}{2}}\right) + \frac{2}{3}\wp_{\frac{4}{2}}'\left(z, \sqrt{\frac{1}{2}}\right),
\end{aligned}
\right\}\ (1116)
$$

$$\int_{\mathrm{ds}}^{\infty} \frac{t^2}{(t^2 \pm \frac{1}{2})^2 \sqrt{t^4 - \frac{1}{4}}}\, dt = \int_0^{\mathrm{sd}} \frac{t^2}{(1 \pm \frac{1}{2}t^2)^2 \sqrt{1 - \frac{1}{4}t^4}}\, dt = \pm \frac{z}{3} \mp \frac{1}{3} \wp'_{\substack{4\\2}}\left(z, \sqrt{\frac{1}{2}}\right),$$

$$\int_{\mathrm{ds}}^{\infty} \frac{t^4}{(t^2 \pm \frac{1}{2})^2 \sqrt{t^4 - \frac{1}{4}}}\, dt = \int_0^{\mathrm{sd}} \frac{1}{(1 \pm \frac{1}{2}t^2)^2 \sqrt{1 - \frac{1}{4}t^4}}\, dt = \pm \frac{A}{2} + \frac{z}{3} \pm \mathfrak{z}_{\substack{4\\2}}\left(z, \sqrt{\frac{1}{2}}\right) + \frac{1}{6} \wp'_{\substack{4\\2}}\left(z, \sqrt{\frac{1}{2}}\right).$$

$$\int_1^{\mathrm{nc}} \sqrt{t^4 - 1}\, dt = \int_{\mathrm{cn}}^{1} \frac{1}{t^4} \sqrt{1 - t^4}\, dt = -\frac{\sqrt{2}}{3} z + \frac{\sqrt{2}}{3} \wp'_2\left(z, \sqrt{\frac{1}{2}}\right),$$

$$\int_1^{\mathrm{nc}} \frac{1}{t^2} \sqrt{t^4 - 1}\, dt = \int_{\mathrm{cn}}^{1} \frac{1}{t^2} \sqrt{1 - t^4}\, dt = -\sqrt{2} A - \sqrt{2}\, \mathfrak{z}_6\left(z, \sqrt{\frac{1}{2}}\right),$$

$$\int_1^{\mathrm{nc}} \frac{1}{t^4} \sqrt{t^4 - 1}\, dt = \int_{\mathrm{cn}}^{1} \sqrt{1 - t^4}\, dt = +\frac{\sqrt{2}}{3} z - \frac{\sqrt{2}}{3} \wp'_4\left(z, \sqrt{\frac{1}{2}}\right),$$

$$\int_1^{\mathrm{nc}} \frac{t^2}{\sqrt{t^4 - 1}}\, dt = \int_{\mathrm{cn}}^{1} \frac{1}{t^2 \sqrt{1 - t^4}}\, dt = -\frac{A}{\sqrt{2}} - \sqrt{2}\, \mathfrak{z}_2\left(z, \sqrt{\frac{1}{2}}\right),$$

$$\int_1^{\mathrm{nc}} \frac{1}{t^2 \sqrt{t^4 - 1}}\, dt = \int_{\mathrm{cn}}^{1} \frac{t^2}{\sqrt{1 - t^4}}\, dt = +\frac{A}{\sqrt{2}} + \sqrt{2}\, \mathfrak{z}_4\left(z, \sqrt{\frac{1}{2}}\right),$$

$$\int_1^{\mathrm{nc}} \frac{t^4}{\sqrt{t^4 - 1}}\, dt = \int_{\mathrm{cn}}^{1} \frac{1}{t^4 \sqrt{1 - t^4}}\, dt = \frac{z}{3\sqrt{2}} + \frac{\sqrt{2}}{3} \wp'_2\left(z, \sqrt{\frac{1}{2}}\right),$$

$$\int_1^{\mathrm{nc}} \frac{1}{t^4 \sqrt{t^4 - 1}}\, dt = \int_{\mathrm{cn}}^{1} \frac{t^4}{\sqrt{1 - t^4}}\, dt = \frac{z}{3\sqrt{2}} + \frac{\sqrt{2}}{3} \wp'_4\left(z, \sqrt{\frac{1}{2}}\right),$$

$$\int_{\mathrm{nc}}^{\infty} \frac{1}{(\sqrt{t^4 - 1})^3}\, dt = \int_0^{\mathrm{cn}} \frac{t^4}{(\sqrt{1 - t^4})^3}\, dt = -\frac{K - z}{2\sqrt{2}} - \frac{1}{\sqrt{2}} \mathfrak{z}_3\left(z, \sqrt{\frac{1}{2}}\right) + \frac{1}{2\sqrt{2}} \mathfrak{z}_5\left(z, \sqrt{\frac{1}{2}}\right),$$

$$\int_{\mathrm{nc}}^{\infty} \frac{t^2}{(\sqrt{t^4 - 1})^3}\, dt = \int_0^{\mathrm{cn}} \frac{t^2}{(\sqrt{1 - t^4})^3}\, dt = -\frac{1}{2\sqrt{2}} A + \frac{1}{2\sqrt{2}} \mathfrak{z}_5\left(z, \sqrt{\frac{1}{2}}\right),$$

$$\int_{\mathrm{nc}}^{\infty} \frac{t^4}{(\sqrt{t^4 - 1})^3}\, dt = \int_0^{\mathrm{cn}} \frac{1}{(\sqrt{1 - t^4})^3}\, dt = +\frac{K - z}{2\sqrt{2}} + \frac{1}{\sqrt{2}} \mathfrak{z}_1\left(z, \sqrt{\frac{1}{2}}\right) - \frac{1}{2\sqrt{2}} \mathfrak{z}_5\left(z, \sqrt{\frac{1}{2}}\right), \qquad (1117$$

$$\int_{\mathrm{nc}}^{\infty} \frac{1}{(t^2 \pm 1)\sqrt{t^4 - 1}}\, dt = \int_0^{\mathrm{cn}} \frac{t^2}{(1 \pm t^2)\sqrt{1 - t^4}}\, dt = -\frac{A}{2\sqrt{2}} \pm \frac{K - z}{2\sqrt{2}} + \frac{1}{\sqrt{2}} \mathfrak{z}_{\substack{3\\1}}\left(z, \sqrt{\frac{1}{2}}\right),$$

$$\int_{\mathrm{nc}}^{\infty} \frac{t^2}{(t^2 \pm 1)\sqrt{t^4 - 1}}\, dt = \int_0^{\mathrm{cn}} \frac{1}{(1 \pm t^2)\sqrt{1 - t^4}}\, dt = \pm \frac{A}{2\sqrt{2}} + \frac{K - z}{2\sqrt{2}} \mp \frac{1}{\sqrt{2}} \mathfrak{z}_{\substack{3\\1}}\left(z, \sqrt{\frac{1}{2}}\right),$$

$$\int_{\mathrm{nc}}^{\sqrt{1+\sqrt{2}}} \frac{t^4}{(t^2 \pm 1)\sqrt{t^4 - 1}}\, dt = \int_{1/\sqrt{1+\sqrt{2}}}^{\mathrm{cn}} \frac{1}{t^2(1 \pm t^2)\sqrt{1 - t^4}}\, dt = + \frac{2 \pm 1 + \sqrt{\frac{1}{2}} + \frac{A}{2}}{2\sqrt{2}} \mp \frac{\frac{K}{2} - z}{2\sqrt{2}} +$$
$$+ \sqrt{2}\, \mathfrak{z}_2\left(z, \sqrt{\frac{1}{2}}\right) + \frac{1}{\sqrt{2}} \mathfrak{z}_{\substack{3\\1}}\left(z, \sqrt{\frac{1}{2}}\right),$$

$$\int_{\mathrm{nc}}^{\infty} \frac{1}{t^2(t^2 \pm 1)\sqrt{t^4 - 1}}\, dt = \int_0^{\mathrm{cn}} \frac{t^4}{(1 \pm t^2)\sqrt{1 - t^4}}\, dt = \pm \frac{A}{2\sqrt{2}} - \frac{K - z}{2\sqrt{2}} \mp \sqrt{2}\, \mathfrak{z}_4\left(z, \sqrt{\frac{1}{2}}\right) \mp \frac{1}{\sqrt{2}} \mathfrak{z}_{\substack{3\\1}}\left(z, \sqrt{\frac{1}{2}}\right),$$

$$\int\limits_{\mathrm{nc}}^{\infty} \frac{1}{(t^2 \pm 1)^2 \sqrt{t^4 - 1}}\, dt = \int\limits_{0}^{\mathrm{cn}} \frac{t^4}{(1 \pm t^2)^2 \sqrt{1 - t^4}}\, dt = \mp \frac{A}{2\sqrt{2}} + \frac{K - z}{3\sqrt{2}} \pm \pm \frac{1}{\sqrt{2}} \mathfrak{z}_{\frac{3}{1}}\left(z, \sqrt{\frac{1}{2}}\right) - \frac{1}{6\sqrt{2}} \wp'_{\frac{3}{1}}\left(z, \sqrt{\frac{1}{2}}\right),$$

$$\int\limits_{\mathrm{nc}}^{\infty} \frac{t^2}{(t^2 \pm 1)^2 \sqrt{t^4 - 1}}\, dt = \int\limits_{0}^{\mathrm{cn}} \frac{t^2}{(1 \pm t^2)^2 \sqrt{1 - t^4}}\, dt = \pm \frac{K - z}{6\sqrt{2}} \pm \frac{1}{6\sqrt{2}} \wp'_{\frac{3}{1}}\left(z, \sqrt{\frac{1}{2}}\right),$$

$$\int\limits_{\mathrm{nc}}^{\infty} \frac{t^4}{(t^2 \pm 1)^2 \sqrt{t^4 - 1}}\, dt = \int\limits_{0}^{\mathrm{cn}} \frac{1}{(1 \pm t^2)^2 \sqrt{1 - t^4}}\, dt = \pm \frac{A}{2\sqrt{2}} + \frac{K - z}{3\sqrt{2}} \mp \mp \frac{1}{\sqrt{2}} \mathfrak{z}_{\frac{3}{1}}\left(z, \sqrt{\frac{1}{2}}\right) - \frac{1}{6\sqrt{2}} \wp'_{\frac{3}{1}}\left(z, \sqrt{\frac{1}{2}}\right).$$

$$\int\limits_{0}^{\overline{\mathrm{nc}}} \sqrt{t^4 + 1}\, dt = \frac{13}{12} z + \frac{1}{6} \wp'_6\left(z, \sqrt{\frac{1}{2}}\right), \qquad \int\limits_{0}^{\overline{\mathrm{nc}}} \frac{t^4}{\sqrt{t^4 + 1}}\, dt = \frac{z}{12} + \frac{1}{6} \wp'_6\left(z, \sqrt{\frac{1}{2}}\right),$$

$$\int\limits_{1}^{\overline{\mathrm{nc}}} \frac{1}{t^4} \sqrt{t^4 + 1}\, dt = -\frac{\sqrt{2}}{3} - \frac{13}{12}\left(\frac{K}{2} - z\right) + \frac{1}{6} \wp'_5\left(z, \sqrt{\frac{1}{2}}\right), \qquad \int\limits_{1}^{\overline{\mathrm{nc}}} \frac{1}{t^2 \sqrt{t^4 + 1}}\, dt = \sqrt{\frac{1}{2}} + \frac{A}{2} - \mathfrak{z}_5\left(z, \sqrt{\frac{1}{2}}\right), \qquad (1118)$$

$$\int\limits_{0}^{\overline{\mathrm{nc}}} \frac{t^2}{\sqrt{t^4 + 1}}\, dt = -A - \mathfrak{z}_6\left(z, \sqrt{\frac{1}{2}}\right), \qquad \int\limits_{1}^{\overline{\mathrm{nc}}} \frac{1}{t^4 \sqrt{t^4 + 1}}\, dt = -\frac{\sqrt{2}}{3} - \frac{\frac{K}{2} - z}{12} + + \frac{1}{6} \wp'_5\left(z, \sqrt{\frac{1}{2}}\right).$$

Die zu (1114) bis (1118) gehörigen Grundintegrale in Gestalt der elliptischen Normalintegrale erster Gattung wurden bereits in (880) aufgeführt.

In den Gln. (1114) bis (1118) ist für z immer diejenige Umkehrfunktion mit dem Parameter $\varkappa = 1$ bzw. Modul $k = \sqrt{\frac{1}{2}}$ zu wählen, welche zu den in den Integralgrenzen auftretenden elliptischen Funktionen gehört.

166. 112 Integrale spezieller linearer Funktionen einer Jacobischen elliptischen Funktion und die zugehörigen algebraischen Integrale sowie 24 verwandte Integrale

Nach den Gln. (1098) bis (1100) lassen sich die Integrale allgemeiner linearer Funktionen einer Jacobischen elliptischen Funktion auf Linearkombinationen von elliptischen Normalintegralen erster Gattung, Integralen der in Abschnitt 160 behandelten Gruppe und elliptischen Normalintegralen dritter Gattung zurückführen. Diesen umständlichen Weg kann man für eine Gruppe von Spezialintegralen umgehen, die sich durch die Integrale der Quadrate der Jacobischen elliptischen Funktionen von Abschnitt 162 ausdrücken lassen. Die zu den in Frage stehenden Spezialintegralen gehörigen λ-Werte bzw. positiven λ^2-Werte fallen mit denjenigen positiven λ^2-Werten zusammen, für welche die Integrale von (1096) in Jacobische elliptische Funktionen ausarten. Es folgt daher für die möglichen λ-Werte:

$\lambda = \pm k$ und $\lambda = \pm 1$		für die sn-Gruppe,	$\lambda = \pm 1$	und $\lambda = \pm \frac{1}{k}$	für die ns-Gruppe,
$\lambda = \pm 1$		für die cn-Gruppe,	$\lambda = \pm 1$		für die nc-Gruppe,
$\lambda = \pm 1$	und $\lambda = \pm \frac{1}{k'}$	für die dn-Gruppe,	$\lambda = \pm k'$	und $\lambda = \pm 1$	für die nd-Gruppe,
$\lambda = \pm k$	und $\lambda = \pm 1$	für die cd-Gruppe,	$\lambda = \pm \frac{1}{k}$	und $\lambda = \pm 1$	für die dc-Gruppe,
$\lambda = \pm k'$		für die sd-Gruppe,	$\lambda = \pm \frac{1}{k'}$		für die ds-Gruppe,
keine λ-Werte		für die sc-Gruppe,	keine λ-Werte		für die cs-Gruppe.

Die Integrale der zu den voranstehenden λ-Werten gehörigen linearen Funktionen der Art des Integranden von (1098) ergeben sich in Verbindung mit (1101) und (1103), und zwar für die cn, nc, sd, ds-Gruppe durch Integration der zweiten und vierten der Gln. (852) und (853) nach vorherigem Vertauschen von ζ mit $\zeta/2$ bzw. z mit $z/2$, für die dn- und nd-Gruppe bzw. die cd- und dc-Gruppe durch Integration der Gln. (840) und (841) bzw. der reziprok angesetzten Gln. (840) und (841) sowie für die sn- und ns-Gruppe durch Vertauschen von z mit $z + K$ bzw. ζ mit $\zeta + \frac{1}{2}$ in den Formeln der cd- und dc-Gruppe unter Beachtung von (793).

Werden noch die JACOBIschen Integrale unter Bezugnahme auf (880) gleichzeitig auch auf algebraische Integrale umgeschrieben, so folgt bei Beachtung von (284), (445), (1041), (1042), (1048), (1049)

$$\left.\begin{aligned}
&\int_0^z \frac{1-\mathrm{cn}(\bar z,k)}{1+\mathrm{cn}(\bar z,k)}\,d\bar z = -\int_0^z \frac{1-\mathrm{nc}(\bar z,k)}{1+\mathrm{nc}(\bar z,k)}\,d\bar z = \int_{\mathrm{cn}}^1 \frac{\frac{1-t}{1+t}\,dt}{\sqrt{(1-t^2)(k'^2+k^2t^2)}} = -\int_1^{\mathrm{nc}} \frac{\frac{1-t}{1+t}\,dt}{\sqrt{(t^2-1)(k^2+k'^2t^2)}}\\
&\qquad = 2\left[-\bar\eta_1 K + e_2 z - \mathfrak{z}_6\left(\frac{\zeta}{2},\varkappa\right)\right],\\
&\int_z^K \frac{1+\mathrm{cn}(\bar z,k)}{1-\mathrm{cn}(\bar z,k)}\,d\bar z = -\int_z^K \frac{1+\mathrm{nc}(\bar z,k)}{1-\mathrm{nc}(\bar z,k)}\,d\bar z = \int_0^{\mathrm{cn}} \frac{\frac{1+t}{1-t}\,dt}{\sqrt{(1-t^2)(k'^2+k^2t^2)}} = -\int_{\mathrm{nc}}^{\infty} \frac{\frac{1-t}{1+t}\,dt}{\sqrt{(t^2-1)(k^2+k'^2t^2)}}\\
&\qquad = 2\left[-k' - \frac{\bar\eta_1 K}{2} + e_2(K-z) + \mathfrak{z}_5\left(\frac{\zeta}{2},\varkappa\right)\right].
\end{aligned}\right\}\tag{1119}$$

$$\left.\begin{aligned}
&\int_0^z \frac{1+k'\,\mathrm{sd}(\bar z,k)}{1-k'\,\mathrm{sd}(\bar z,k)}\,d\bar z = -\int_0^z \frac{k'+\mathrm{ds}(\bar z,k)}{k'-\mathrm{ds}(\bar z,k)}\,d\bar z = \int_0^{\mathrm{sd}} \frac{\frac{1+k't}{1-k't}\,dt}{\sqrt{(1+k^2t^2)(1-k'^2t^2)}} = -\int_{\mathrm{ds}}^{\infty} \frac{\frac{k'+t}{k'-t}\,dt}{\sqrt{(t^2+k^2)(t^2-k'^2)}}\\
&\qquad = 2\left[-k' - \frac{\bar\eta_1 K}{2} + e_2 z - \mathfrak{z}_6\left(\frac{\zeta}{2}+\frac{1}{4},\varkappa\right)\right],\\
&\int_0^z \frac{1-k'\,\mathrm{sd}(\bar z,k)}{1+k'\,\mathrm{sd}(\bar z,k)}\,d\bar z = -\int_0^z \frac{k'-\mathrm{ds}(\bar z,k)}{k'+\mathrm{ds}(\bar z,k)}\,d\bar z = \int_0^{\mathrm{sd}} \frac{\frac{1-k't}{1+k't}\,dt}{\sqrt{(1+k^2t^2)(1-k'^2t^2)}} = -\int_{\mathrm{ds}}^{\infty} \frac{\frac{k'-t}{k'+t}\,dt}{\sqrt{(t^2+k^2)(t^2-k'^2)}}\\
&\qquad = 2\left[+k' + \frac{\bar\eta_1 K}{2} + e_2 z - \mathfrak{z}_5\left(\frac{\zeta}{2}+\frac{1}{4},\varkappa\right)\right].
\end{aligned}\right\}\tag{1120}$$

$$\begin{aligned}
&\int_z^K \frac{-k'+\mathrm{dn}(\bar z,k)}{1-\mathrm{dn}(\bar z,k)}\,d\bar z = -\int_z^K \frac{1-k'\,\mathrm{nd}(\bar z,k)}{1-\mathrm{nd}(\bar z,k)}\,d\bar z = \int_{k'}^{\mathrm{dn}} \frac{\frac{-k'+t}{1-t}\,dt}{\sqrt{(1-t^2)(t^2-k'^2)}} = -\int_{\mathrm{nd}}^{1/k'} \frac{\frac{1-k't}{1-t}\,dt}{\sqrt{(t^2-1)(1-k'^2t^2)}}\\
&\qquad = -\frac{k'K+E}{1+k'} + \frac{\frac{1}{2}e_1+k'}{1+k'}\,z + \mathfrak{z}_1(\zeta,2\varkappa),\\
&\int_0^z \frac{1-\mathrm{dn}(\bar z,k)}{-k'+\mathrm{dn}(\bar z,k)}\,d\bar z = -\int_0^z \frac{1-\mathrm{nd}(\bar z,k)}{1-k'\,\mathrm{nd}(\bar z,k)}\,d\bar z = \int_{\mathrm{dn}}^1 \frac{\frac{1-t}{-k'+t}\,dt}{\sqrt{(1-t^2)(t^2-k'^2)}} = -\int_1^{\mathrm{nd}} \frac{\frac{1-t}{1-k't}\,dt}{\sqrt{(t^2-1)(1-k'^2t^2)}}\\
&\qquad = \frac{\frac{1}{2}e_1K-E}{k'(1+k')} - \frac{\frac{1}{2}e_1+k'}{k'(1+k')}\,z - \frac{1}{k'}\,\mathfrak{z}_2(\zeta,2\varkappa),\\
&\int_z^K \frac{k'+\mathrm{dn}(\bar z,k)}{1-\mathrm{dn}(\bar z,k)}\,d\bar z = -\int_z^K \frac{1+k'\,\mathrm{nd}(\bar z,k)}{1-\mathrm{nd}(\bar z,k)}\,d\bar z = \int_{k'}^{\mathrm{dn}} \frac{\frac{k'+t}{1-t}\,dt}{\sqrt{(1-t^2)(t^2-k'^2)}} = -\int_{\mathrm{nd}}^{1/k'} \frac{\frac{1+k't}{1-t}\,dt}{\sqrt{(t^2-1)(1-k'^2t^2)}}\\
&\qquad = -\frac{-k'K+E}{1-k'} + \frac{\frac{1}{2}e_1-k'}{1-k'}\,z + \frac{1+k'}{1-k'}\,\mathfrak{z}_1(\zeta,2\varkappa),
\end{aligned}$$

$$
\left.
\begin{aligned}
&\int_0^z \frac{1-\operatorname{dn}(\bar z,k)}{k'+\operatorname{dn}(\bar z,k)}\,d\bar z = -\int_0^z \frac{1-\operatorname{nd}(\bar z,k)}{1+k'\operatorname{nd}(\bar z,k)}\,d\bar z = \int_{\operatorname{dn}}^1 \frac{\frac{1-t}{k'+t}\,dt}{\sqrt{(1-t^2)(t^2-k'^2)}} = -\int_1^{\operatorname{nd}} \frac{\frac{1-t}{1+k't}\,dt}{\sqrt{(t^2-1)(1-k'^2t^2)}} \\
&\qquad = +\frac{\frac{1}{2}e_1-k'}{k'(1-k')}\,z+\frac{1}{k'}\,\frac{1+k'}{1-k'}\,\mathfrak{z}_3(\zeta,2\varkappa), \\
&\int_z^K \frac{1+\operatorname{dn}(\bar z,k)}{1-\operatorname{dn}(\bar z,k)}\,d\bar z = -\int_z^K \frac{1+\operatorname{nd}(\bar z,k)}{1-\operatorname{nd}(\bar z,k)}\,d\bar z = \int_{k'}^{\operatorname{dn}} \frac{\frac{1+t}{1-t}\,dt}{\sqrt{(1-t^2)(t^2-k'^2)}} = -\int_{\operatorname{nd}}^{1/k'} \frac{\frac{1+t}{1-t}\,dt}{\sqrt{(t^2-1)(1-k'^2t^2)}} \\
&\qquad = +\frac{3e_1K-2E}{k^2}-\frac{2e_1}{k^2}\,z+\frac{2}{1-k'}\,\mathfrak{z}_1(\zeta,2\varkappa), \\
&\int_z^K \frac{1-\operatorname{dn}(\bar z,k)}{1+\operatorname{dn}(\bar z,k)}\,d\bar z = -\int_z^K \frac{1-\operatorname{nd}(\bar z,k)}{1+\operatorname{nd}(\bar z,k)}\,d\bar z = \int_{k'}^{\operatorname{dn}} \frac{\frac{1-t}{1+t}\,dt}{\sqrt{(1-t^2)(t^2-k'^2)}} = -\int_{\operatorname{nd}}^{1/k'} \frac{\frac{1-t}{1+t}\,dt}{\sqrt{(t^2-1)(1-k'^2t^2)}} \\
&\qquad = +\frac{2e_1}{k^2}(K-z)+\frac{2}{1-k'}\,\mathfrak{z}_4(\zeta,2\varkappa), \\
&\int_z^K \frac{-k'+\operatorname{dn}(\bar z,k)}{1+\operatorname{dn}(\bar z,k)}\,d\bar z = \int_z^K \frac{1-k'\operatorname{nd}(\bar z,k)}{1+\operatorname{nd}(\bar z,k)}\,d\bar z = \int_{k'}^{\operatorname{dn}} \frac{\frac{-k'+t}{1+t}\,dt}{\sqrt{(1-t^2)(t^2-k'^2)}} = \int_{\operatorname{nd}}^{1/k'} \frac{\frac{1-k't}{1+t}\,dt}{\sqrt{(t^2-1)(1-k'^2t^2)}} \\
&\qquad = +\frac{\frac{1}{2}e_1-k'}{1-k'}(K-z)-\frac{1+k'}{1-k'}\,\mathfrak{z}_4(\zeta,2\varkappa), \\
&\int_0^z \frac{1+\operatorname{dn}(\bar z,k)}{-k'+\operatorname{dn}(\bar z,k)}\,d\bar z = \int_0^z \frac{1+\operatorname{nd}(\bar z,k)}{1-k'\operatorname{nd}(\bar z,k)}\,d\bar z = \int_{\operatorname{dn}}^1 \frac{\frac{1+t}{-k'+t}\,dt}{\sqrt{(1-t^2)(t^2-k'^2)}} = \int_1^{\operatorname{nd}} \frac{\frac{1+t}{1-k't}\,dt}{\sqrt{(t^2-1)(1-k'^2t^2)}} \\
&\qquad = +\frac{\frac{1}{2}e_1K-E}{k'(1-k')}-\frac{\frac{1}{2}e_1-k'}{k'(1-k')}\,z-\frac{1}{k'}\,\frac{1+k'}{1-k'}\,\mathfrak{z}_2(\zeta,2\varkappa), \\
&\int_0^z \frac{k'+\operatorname{dn}(\bar z,k)}{-k'+\operatorname{dn}(\bar z,k)}\,d\bar z = \int_0^z \frac{1+k'\operatorname{nd}(\bar z,k)}{1-k'\operatorname{nd}(\bar z,k)}\,d\bar z = \int_{\operatorname{dn}}^1 \frac{\frac{k'+t}{-k'+t}\,dt}{\sqrt{(1-t^2)(t^2-k'^2)}} = \int_1^{\operatorname{nd}} \frac{\frac{1+k't}{1-k't}\,dt}{\sqrt{(t^2-1)(1-k'^2t^2)}} \\
&\qquad = +\frac{e_1K-2E}{k^2}+\frac{2e_1}{k^2}\,z-\frac{2}{1-k'}\,\mathfrak{z}_2(\zeta,2\varkappa), \\
&\int_0^z \frac{-k'+\operatorname{dn}(\bar z,k)}{k'+\operatorname{dn}(\bar z,k)}\,d\bar z = \int_0^z \frac{1-k'\operatorname{nd}(\bar z,k)}{1+k'\operatorname{nd}(\bar z,k)}\,d\bar z = \int_{\operatorname{dn}}^1 \frac{\frac{-k'+t}{k'+t}\,dt}{\sqrt{(1-t^2)(t^2-k'^2)}} = \int_1^{\operatorname{nd}} \frac{\frac{1+k't}{1-k't}\,dt}{\sqrt{(t^2-1)(1-k'^2t^2)}} \\
&\qquad = +\frac{2e_1}{k^2}\,z-\frac{2}{1-k'}\,\mathfrak{z}_3(\zeta,2\varkappa), \\
&\int_z^K \frac{k'+\operatorname{dn}(\bar z,k)}{1+\operatorname{dn}(\bar z,k)}\,d\bar z = \int_z^K \frac{1+k'\operatorname{nd}(\bar z,k)}{1+\operatorname{nd}(\bar z,k)}\,d\bar z = \int_{k'}^{\operatorname{dn}} \frac{\frac{k'+t}{1+t}\,dt}{\sqrt{(1-t^2)(t^2-k'^2)}} = \int_{\operatorname{nd}}^{1/k'} \frac{\frac{1+k't}{1+t}\,dt}{\sqrt{(t^2-1)(1-k'^2t^2)}} \\
&\qquad = +\frac{\frac{1}{2}e_1+k'}{1+k'}(K-z)-\mathfrak{z}_4(\zeta,2\varkappa), \\
&\int_0^z \frac{1+\operatorname{dn}(\bar z,k)}{k'+\operatorname{dn}(\bar z,k)}\,d\bar z = \int_0^z \frac{1+\operatorname{nd}(\bar z,k)}{1+k'\operatorname{nd}(\bar z,k)}\,d\bar z = \int_{\operatorname{dn}}^1 \frac{\frac{1+t}{k'+t}\,dt}{\sqrt{(1-t^2)(t^2-k'^2)}} = \int_1^{\operatorname{nd}} \frac{\frac{1+t}{1+k't}\,dt}{\sqrt{(t^2-1)(1-k'^2t^2)}} \\
&\qquad = +\frac{\frac{1}{2}e_1+k'}{k'(1+k')}\,z+\frac{1}{k'}\,\mathfrak{z}_3(\zeta,2\varkappa).
\end{aligned}
\right\}
\quad (1121)
$$

$$\left.\begin{aligned}
&\int_z^K \frac{1+\operatorname{cd}(\bar z,k)}{1-\operatorname{cd}(\bar z,k)}\,d\bar z = \int_z^K \frac{1+\operatorname{dc}(\bar z,k)}{-1+\operatorname{dc}(\bar z,k)}\,d\bar z = \int_0^{\operatorname{cd}} \frac{\frac{1+t}{1-t}\,dt}{\sqrt{(1-t^2)(1-k^2t^2)}} = \int_{\operatorname{dc}}^{\infty} \frac{\frac{1+t}{-1+t}\,dt}{\sqrt{(t^2-1)(t^2-k^2)}}\\
&\qquad = K - 2\,\frac{E+1}{k'^2} - \frac{2e_3}{k'^2}\,z + \frac{2}{1-k}\,\mathfrak{z}_1\left(\frac{\zeta}{2},\frac{\varkappa}{2}\right),\\
&\int_0^z \frac{1-\operatorname{cd}(\bar z,k)}{1+\operatorname{cd}(\bar z,k)}\,d\bar z = \int_0^z \frac{-1+\operatorname{dc}(\bar z,k)}{1+\operatorname{dc}(\bar z,k)}\,d\bar z = \int_{\operatorname{cd}}^{1} \frac{\frac{1-t}{1+t}\,dt}{\sqrt{(1-t^2)(1-k^2t^2)}} = \int_1^{\operatorname{dc}} \frac{\frac{-1+t}{1+t}\,dt}{\sqrt{(t^2-1)(t^2-k^2)}}\\
&\qquad = \frac{(1+e_1)K-2E}{\frac12 k'^2} + \frac{2e_3}{k'^2}\,z - \frac{2}{1-k}\,\mathfrak{z}_2\left(\frac{\zeta}{2},\frac{\varkappa}{2}\right),\\
&\int_z^K \frac{1+k\operatorname{cd}(\bar z,k)}{1-\operatorname{cd}(\bar z,k)}\,d\bar z = \int_z^K \frac{k+\operatorname{dc}(\bar z,k)}{-1+\operatorname{dc}(\bar z,k)}\,d\bar z = \int_0^{\operatorname{cd}} \frac{\frac{1+kt}{1-t}\,dt}{\sqrt{(1-t^2)(1-k^2t^2)}} = \int_{\operatorname{dc}}^{\infty} \frac{\frac{k+t}{-1+t}\,dt}{\sqrt{(t^2-1)(t^2-k^2)}}\\
&\qquad = K - \frac{E+1}{1-k} + \frac{\frac12 e_3+k}{1-k}\,z + \frac{1+k}{1-k}\,\mathfrak{z}_1\left(\frac{\zeta}{2},\frac{\varkappa}{2}\right),\\
&\int_0^z \frac{1-\operatorname{cd}(\bar z,k)}{1+k\operatorname{cd}(\bar z,k)}\,d\bar z = \int_0^z \frac{-1+\operatorname{dc}(\bar z,k)}{k+\operatorname{dc}(\bar z,k)}\,d\bar z = \int_{\operatorname{cd}}^{1} \frac{\frac{1-t}{1+kt}\,dt}{\sqrt{(1-t^2)(1-k^2t^2)}} = \int_1^{\operatorname{dc}} \frac{\frac{-1+t}{k+t}\,dt}{\sqrt{(t^2-1)(t^2-k^2)}}\\
&\qquad = \frac{\frac12 e_3+k}{k(1-k)}\,z + \frac{1}{k}\,\frac{1+k}{1-k}\,\mathfrak{z}_3\left(\frac{\zeta}{2},\frac{\varkappa}{2}\right),\\
&\int_z^K \frac{1-k\operatorname{cd}(\bar z,k)}{1-\operatorname{cd}(\bar z,k)}\,d\bar z = \int_z^K \frac{k-\operatorname{dc}(\bar z,k)}{1-\operatorname{dc}(\bar z,k)}\,d\bar z = \int_0^{\operatorname{cd}} \frac{\frac{1-kt}{1-t}\,dt}{\sqrt{(1-t^2)(1-k^2t^2)}} = \int_{\operatorname{dc}}^{\infty} \frac{\frac{k-t}{1-t}\,dt}{\sqrt{(t^2-1)(t^2-k^2)}}\\
&\qquad = K - \frac{E+1}{1+k} + \frac{\frac12 e_3-k}{1+k}\,z + \mathfrak{z}_1\left(\frac{\zeta}{2},\frac{\varkappa}{2}\right),\\
&\int_0^z \frac{1-\operatorname{cd}(\bar z,k)}{1-k\operatorname{cd}(\bar z,k)}\,d\bar z = \int_0^z \frac{1-\operatorname{dc}(\bar z,k)}{k-\operatorname{dc}(\bar z,k)}\,d\bar z = \int_{\operatorname{cd}}^{1} \frac{\frac{1-t}{1-kt}\,dt}{\sqrt{(1-t^2)(1-k^2t^2)}} = \int_1^{\operatorname{dc}} \frac{\frac{1-t}{k-t}\,dt}{\sqrt{(t^2-1)(t^2-k^2)}}\\
&\qquad = \frac{(1+e_1)K-2E}{k(1+k)} - \frac{\frac12 e_3-k}{k(1+k)}\,z - \frac{1}{k}\,\mathfrak{z}_4\left(\frac{\zeta}{2},\frac{\varkappa}{2}\right),\\
&\int_0^z \frac{1+\operatorname{cd}(\bar z,k)}{1-k\operatorname{cd}(\bar z,k)}\,d\bar z = \int_0^z \frac{1+\operatorname{dc}(\bar z,k)}{-k+\operatorname{dc}(\bar z,k)}\,d\bar z = \int_{\operatorname{cd}}^{1} \frac{\frac{1+t}{1-kt}\,dt}{\sqrt{(1-t^2)(1-k^2t^2)}} = \int_1^{\operatorname{dc}} \frac{\frac{1+t}{-k+t}\,dt}{\sqrt{(t^2-1)(t^2-k^2)}}\\
&\qquad = \frac{-(1+e_1)K+2E}{k(1-k)} + \frac{\frac12 e_3+k}{k(1-k)}\,z + \frac{1}{k}\,\frac{1+k}{1-k}\,\mathfrak{z}_4\left(\frac{\zeta}{2},\frac{\varkappa}{2}\right),\\
&\int_0^z \frac{1-k\operatorname{cd}(\bar z,k)}{1+\operatorname{cd}(\bar z,k)}\,d\bar z = \int_0^z \frac{-k+\operatorname{dc}(\bar z,k)}{1+\operatorname{dc}(\bar z,k)}\,d\bar z = \int_{\operatorname{cd}}^{1} \frac{\frac{1-kt}{1+t}\,dt}{\sqrt{(1-t^2)(1-k^2t^2)}} = \int_1^{\operatorname{dc}} \frac{\frac{-k+t}{1+t}\,dt}{\sqrt{(t^2-1)(t^2-k^2)}}\\
&\qquad = \frac{(1+e_1)K-2E}{1-k} - \frac{\frac12 e_3+k}{1-k}\,z - \frac{1+k}{1-k}\,\mathfrak{z}_2\left(\frac{\zeta}{2},\frac{\varkappa}{2}\right),\\
&\int_0^z \frac{1+\operatorname{cd}(\bar z,k)}{1+k\operatorname{cd}(\bar z,k)}\,d\bar z = \int_0^z \frac{1+\operatorname{dc}(\bar z,k)}{k+\operatorname{dc}(\bar z,k)}\,d\bar z = \int_{\operatorname{cd}}^{1} \frac{\frac{1+t}{1+kt}\,dt}{\sqrt{(1-t^2)(1-k^2t^2)}} = \int_1^{\operatorname{dc}} \frac{\frac{1+t}{k+t}\,dt}{\sqrt{(t^2-1)(t^2-k^2)}}\\
&\qquad = -\frac{\frac12 e_3-k}{k(1+k)}\,z - \frac{1}{k}\,\mathfrak{z}_3\left(\frac{\zeta}{2},\frac{\varkappa}{2}\right),
\end{aligned}\right\}\qquad (1122)$$

$$\int_0^z \frac{1+k\,\mathrm{cd}(\bar z,k)}{1+\mathrm{cd}(\bar z,k)}\,d\bar z = \int_0^z \frac{k+\mathrm{dc}(\bar z,k)}{1+\mathrm{dc}(\bar z,k)}\,d\bar z = \int_{\mathrm{cd}}^1 \frac{\frac{1+kt}{1+t}\,dt}{\sqrt{(1-t^2)(1-k^2t^2)}} = \int_1^{\mathrm{dc}} \frac{\frac{k+t}{1+t}\,dt}{\sqrt{(t^2-1)(t^2-k^2)}}$$

$$= \frac{(1+e_1)K-2E}{1+k} - \frac{\frac12 e_3-k}{1+k}z - \mathfrak{z}_2\left(\frac{\zeta}{2},\frac{\varkappa}{2}\right),$$

$$\int_0^z \frac{1+k\,\mathrm{cd}(\bar z,k)}{1-k\,\mathrm{cd}(\bar z,k)}\,d\bar z = \int_0^z \frac{k+\mathrm{dc}(\bar z,k)}{-k+\mathrm{dc}(\bar z,k)}\,d\bar z = \int_{\mathrm{cd}}^1 \frac{\frac{1+kt}{1-kt}\,dt}{\sqrt{(1-t^2)(1-k^2t^2)}} = \int_1^{\mathrm{dc}} \frac{\frac{k+t}{-k+t}\,dt}{\sqrt{(t^2-1)(t^2-k^2)}}$$

$$= \frac{-(1+e_1)K+2E}{\frac12 k'^2} - \frac{2e_3}{k'^2}z + \frac{2}{1-k}\mathfrak{z}_4\left(\frac{\zeta}{2},\frac{\varkappa}{2}\right),$$

$$\int_0^z \frac{1-k\,\mathrm{cd}(\bar z,k)}{1+k\,\mathrm{cd}(\bar z,k)}\,d\bar z = \int_0^z \frac{-k+\mathrm{dc}(\bar z,k)}{k+\mathrm{dc}(\bar z,k)}\,d\bar z = \int_{\mathrm{cd}}^1 \frac{\frac{1-kt}{1+kt}\,dt}{\sqrt{(1-t^2)(1-k^2t^2)}} = \int_1^{\mathrm{dc}} \frac{\frac{-k+t}{k+t}\,dt}{\sqrt{(t^2-1)(t^2-k^2)}}$$

$$= -\frac{2e_3}{k'^2}z + \frac{2}{1-k}\mathfrak{z}_3\left(\frac{\zeta}{2},\frac{\varkappa}{2}\right).$$

$$\int_0^z \frac{1-\mathrm{sn}(\bar z,k)}{1+\mathrm{sn}(\bar z,k)}\,d\bar z = \int_0^z \frac{-1+\mathrm{ns}(\bar z,k)}{1+\mathrm{ns}(\bar z,k)}\,d\bar z = \int_0^{\mathrm{sn}} \frac{\frac{1-t}{1+t}\,dt}{\sqrt{(1-t^2)(1-k^2t^2)}} = \int_{\mathrm{ns}}^{\infty} \frac{\frac{-1+t}{1+t}\,dt}{\sqrt{(t^2-1)(t^2-k^2)}}$$

$$= \frac{E-\frac12(1+e_1)K+1}{\frac12 k'^2} + \frac{2e_3}{k'^2}z - \frac{2}{1-k}\mathfrak{z}_1\left(\frac{\zeta}{2}+\frac14,\frac{\varkappa}{2}\right),$$

$$\int_0^z \frac{1+\mathrm{sn}(\bar z,k)}{1-\mathrm{sn}(\bar z,k)}\,d\bar z = \int_0^z \frac{1+\mathrm{ns}(\bar z,k)}{-1+\mathrm{ns}(\bar z,k)}\,d\bar z = \int_0^{\mathrm{sn}} \frac{\frac{1+t}{1-t}\,dt}{\sqrt{(1-t^2)(1-k^2t^2)}} = \int_{\mathrm{ns}}^{\infty} \frac{\frac{1+t}{-1+t}\,dt}{\sqrt{(t^2-1)(t^2-k^2)}}$$

$$= \frac{-E+\frac12(1+e_1)K-1}{\frac12 k'^2} + \frac{2e_3}{k'^2}z - \frac{2}{1-k}\mathfrak{z}_2\left(\frac{\zeta}{2}+\frac14,\frac{\varkappa}{2}\right),$$

$$\int_0^z \frac{1-k\,\mathrm{sn}(\bar z,k)}{1+\mathrm{sn}(\bar z,k)}\,d\bar z = \int_0^z \frac{-k+\mathrm{ns}(\bar z,k)}{1+\mathrm{ns}(\bar z,k)}\,d\bar z = \int_0^{\mathrm{sn}} \frac{\frac{1-kt}{1+t}\,dt}{\sqrt{(1-t^2)(1-k^2t^2)}} = \int_{\mathrm{ns}}^{\infty} \frac{\frac{-k+t}{1+t}\,dt}{\sqrt{(t^2-1)(t^2-k^2)}}$$

$$= \frac{E-\frac12(1+e_1)K+1}{1-k} - \frac{\frac12 e_3+k}{1-k}z - \frac{1+k}{1-k}\mathfrak{z}_1\left(\frac{\zeta}{2}+\frac14,\frac{\varkappa}{2}\right),$$

$$\int_0^z \frac{1+\mathrm{sn}(\bar z,k)}{1-k\,\mathrm{sn}(\bar z,k)}\,d\bar z = \int_0^z \frac{1+\mathrm{ns}(\bar z,k)}{-k+\mathrm{ns}(\bar z,k)}\,d\bar z = \int_0^{\mathrm{sn}} \frac{\frac{1+t}{1-kt}\,dt}{\sqrt{(1-t^2)(1-k^2t^2)}} = \int_{\mathrm{ns}}^{\infty} \frac{\frac{1+t}{-k+t}\,dt}{\sqrt{(t^2-1)(t^2-k^2)}}$$

$$= \frac{-E+\frac12(1+e_1)K+k}{k(1-k)} + \frac{\frac12 e_3+k}{k(1-k)}z + \frac1k\,\frac{1+k}{1-k}\mathfrak{z}_3\left(\frac{\zeta}{2}+\frac14,\frac{\varkappa}{2}\right),$$

$$\int_0^z \frac{1+k\,\mathrm{sn}(\bar z,k)}{1+\mathrm{sn}(\bar z,k)}\,d\bar z = \int_0^z \frac{k+\mathrm{ns}(\bar z,k)}{1+\mathrm{ns}(\bar z,k)}\,d\bar z = \int_0^{\mathrm{sn}} \frac{\frac{1+kt}{1+t}\,dt}{\sqrt{(1-t^2)(1-k^2t^2)}} = \int_{\mathrm{ns}}^{\infty} \frac{\frac{k+t}{1+t}\,dt}{\sqrt{(t^2-1)(t^2-k^2)}}$$

$$= \frac{E-\frac12(1+e_1)K+1}{1+k} - \frac{\frac12 e_3-k}{1+k}z - \mathfrak{z}_1\left(\frac{\zeta}{2}+\frac14,\frac{\varkappa}{2}\right),$$

$$\int_0^z \frac{1+\mathrm{sn}(\bar z,k)}{1+k\,\mathrm{sn}(\bar z,k)}\,d\bar z = \int_0^z \frac{1+\mathrm{ns}(\bar z,k)}{k+\mathrm{ns}(\bar z,k)}\,d\bar z = \int_0^{\mathrm{sn}} \frac{\frac{1+t}{1+kt}\,dt}{\sqrt{(1-t^2)(1-k^2t^2)}} = \int_{\mathrm{ns}}^{\infty} \frac{\frac{1+t}{k+t}\,dt}{\sqrt{(t^2-1)(t^2-k^2)}}$$

$$= \frac{-E+\frac12(1+e_1)K+k}{k(1+k)} - \frac{\frac12 e_3-k}{k(1+k)}z - \frac1k\mathfrak{z}_4\left(\frac{\zeta}{2}+\frac14,\frac{\varkappa}{2}\right),$$

$$\left.\begin{aligned}
&\int\limits_0^z \frac{1 + k\,\mathrm{sn}(\bar z, k)}{1 - \mathrm{sn}(\bar z, k)}\,d\bar z = \int\limits_0^z \frac{k + \mathrm{ns}(\bar z, k)}{-1 + \mathrm{ns}(\bar z, k)}\,d\bar z = \int\limits_0^{\mathrm{sn}} \frac{\frac{1 + k t}{1 - t}\,dt}{\sqrt{(1 - t^2)(1 - k^2 t^2)}} = \int\limits_{\mathrm{ns}}^{\infty} \frac{\frac{k + t}{-1 + t}\,dt}{\sqrt{(t^2 - 1)(t^2 - k^2)}}\\
&\quad = \frac{-E + \frac12(1 + e_1)K - 1}{1 - k} - \frac{\frac12 e_3 + k}{1 - k}\,z - \frac{1 + k}{1 - k}\,\mathfrak{z}_2\left(\frac{\zeta}{2} + \frac14, \frac{\varkappa}{2}\right),\\
&\int\limits_0^z \frac{1 - \mathrm{sn}(\bar z, k)}{1 + k\,\mathrm{sn}(\bar z, k)}\,d\bar z = \int\limits_0^z \frac{-1 + \mathrm{ns}(\bar z, k)}{k + \mathrm{ns}(\bar z, k)}\,d\bar z = \int\limits_0^{\mathrm{sn}} \frac{\frac{1 - t}{1 + k t}\,dt}{\sqrt{(1 - t^2)(1 - k^2 t^2)}} = \int\limits_{\mathrm{ns}}^{\infty} \frac{\frac{-1 + t}{k + t}\,dt}{\sqrt{(t^2 - 1)(t^2 - k^2)}}\\
&\quad = \frac{E - \frac12(1 + e_1)K - k}{k(1 - k)} + \frac{\frac12 e_3 + k}{k(1 - k)}\,z + \frac1k\,\frac{1 + k}{1 - k}\,\mathfrak{z}_4\left(\frac{\zeta}{2} + \frac14, \frac{\varkappa}{2}\right),\\
&\int\limits_0^z \frac{1 - k\,\mathrm{sn}(\bar z, k)}{1 - \mathrm{sn}(\bar z, k)}\,d\bar z = \int\limits_0^z \frac{k - \mathrm{ns}(\bar z, k)}{1 - \mathrm{ns}(\bar z, k)}\,d\bar z = \int\limits_0^{\mathrm{sn}} \frac{\frac{1 - k t}{1 - t}\,dt}{\sqrt{(1 - t^2)(1 - k^2 t^2)}} = \int\limits_{\mathrm{ns}}^{\infty} \frac{\frac{k - t}{1 - t}\,dt}{\sqrt{(t^2 - 1)(t^2 - k^2)}}\\
&\quad = \frac{-E + \frac12(1 + e_1)K - 1}{1 + k} - \frac{\frac12 e_3 - k}{1 + k}\,z - \mathfrak{z}_2\left(\frac{\zeta}{2} + \frac14, \frac{\varkappa}{2}\right),\\
&\int\limits_0^z \frac{1 - \mathrm{sn}(\bar z, k)}{1 - k\,\mathrm{sn}(\bar z, k)}\,d\bar z = \int\limits_0^z \frac{1 - \mathrm{ns}(\bar z, k)}{k - \mathrm{ns}(\bar z, k)}\,d\bar z = \int\limits_0^{\mathrm{sn}} \frac{\frac{1 - t}{1 - k t}\,dt}{\sqrt{(1 - t^2)(1 - k^2 t^2)}} = \int\limits_{\mathrm{ns}}^{\infty} \frac{\frac{1 - t}{k - t}\,dt}{\sqrt{(t^2 - 1)(t^2 - k^2)}}\\
&\quad = \frac{E - \frac12(1 + e_1)K - k}{k(1 + k)} - \frac{\frac12 e_3 - k}{k(1 + k)}\,z - \frac1k\,\mathfrak{z}_3\left(\frac{\zeta}{2} + \frac14, \frac{\varkappa}{2}\right),\\
&\int\limits_0^z \frac{1 + k\,\mathrm{sn}(\bar z, k)}{1 - k\,\mathrm{sn}(\bar z, k)}\,d\bar z = \int\limits_0^z \frac{k + \mathrm{ns}(\bar z, k)}{-k + \mathrm{ns}(\bar z, k)}\,d\bar z = \int\limits_0^{\mathrm{sn}} \frac{\frac{1 + k t}{1 - k t}\,dt}{\sqrt{(1 - t^2)(1 - k^2 t^2)}} = \int\limits_{\mathrm{ns}}^{\infty} \frac{\frac{k + t}{-k + t}\,dt}{\sqrt{(t^2 - 1)(t^2 - k^2)}}\\
&\quad = -\frac{E - \frac12(1 + e_1)K - k}{\frac12 k'^2} - \frac{2e_3}{k'^2}\,z + \frac{2}{1 - k}\,\mathfrak{z}_3\left(\frac{\zeta}{2} + \frac14, \frac{\varkappa}{2}\right),\\
&\int\limits_0^z \frac{1 - k\,\mathrm{sn}(\bar z, k)}{1 + k\,\mathrm{sn}(\bar z, k)}\,d\bar z = \int\limits_0^z \frac{-k + \mathrm{ns}(\bar z, k)}{k + \mathrm{ns}(\bar z, k)}\,d\bar z = \int\limits_0^{\mathrm{sn}} \frac{\frac{1 - k t}{1 + k t}\,dt}{\sqrt{(1 - t^2)(1 - k^2 t^2)}} = \int\limits_{\mathrm{ns}}^{\infty} \frac{\frac{-k + t}{k + t}\,dt}{\sqrt{(t^2 - 1)(t^2 - k^2)}}\\
&\quad = +\frac{E - \frac12(1 + e_1)K - k}{\frac12 k'^2} - \frac{2e_3}{k'^2}\,z + \frac{2}{1 - k}\,\mathfrak{z}_4\left(\frac{\zeta}{2} + \frac14, \frac{\varkappa}{2}\right).
\end{aligned}\right\}\quad(1123)$$

Werden zu den Integralen (1119) bis (1123) die Integrale $\int dz = z$ bzw. $\int k\,dz = k\,z$ bzw. $\int k'\,dz = k'\,z$ entweder addiert oder subtrahiert, so erhält man

$$\begin{aligned}
&\int\limits_z^K \frac{d\bar z}{1 - \mathrm{cn}(\bar z, k)} = \int\limits_0^{\mathrm{cn}} \frac{1}{1 - t}\,\frac{dt}{\sqrt{(1 - t^2)(k'^2 + k^2 t^2)}} = -k' - \frac12\bar\eta_1 K + \left(e_2 + \frac12\right)(K - z) + \mathfrak{z}_5\left(\frac{\zeta}{2}, \varkappa\right),\\
&\int\limits_0^z \frac{d\bar z}{1 + \mathrm{cn}(\bar z, k)} = \int\limits_{\mathrm{cn}}^{1} \frac{1}{1 + t}\,\frac{dt}{\sqrt{(1 - t^2)(k'^2 + k^2 t^2)}} = -\bar\eta_1 K + \left(e_2 + \frac12\right)z - \mathfrak{z}_6\left(\frac{\zeta}{2}, \varkappa\right),\\
&\int\limits_z^K \frac{d\bar z}{1 - \mathrm{nc}(\bar z, k)} = \int\limits_{\mathrm{nc}}^{\infty} \frac{1}{1 - t}\,\frac{dt}{\sqrt{(t^2 - 1)(k^2 + k'^2 t^2)}} = +k' + \frac12\bar\eta_1 K - \left(e_2 - \frac12\right)(K - z) - \mathfrak{z}_5\left(\frac{\zeta}{2}, \varkappa\right),\\
&\int\limits_0^z \frac{d\bar z}{1 + \mathrm{nc}(\bar z, k)} = \int\limits_1^{\mathrm{nc}} \frac{1}{1 + t}\,\frac{dt}{\sqrt{(t^2 - 1)(k^2 + k'^2 t^2)}} = +\bar\eta_1 K - \left(e_2 - \frac12\right)z + \mathfrak{z}_6\left(\frac{\zeta}{2}, \varkappa\right),\\
&\int\limits_0^z \frac{d\bar z}{1 \mp k'\,\mathrm{sd}(\bar z, k)} = \int\limits_0^{\mathrm{sd}} \frac{1}{1 \mp k' t}\,\frac{dt}{\sqrt{(1 + k^2 t^2)(1 - k'^2 t^2)}} = \mp\left(k' + \frac{\bar\eta_1 K}{2}\right) + \left(e_2 + \frac12\right)z - \mathfrak{z}_{\substack{6\\5}}\left(\frac{\zeta}{2} \pm \frac14, \varkappa\right),
\end{aligned}$$

$$\int_0^z \frac{d\bar z}{k' \mp \operatorname{ds}(\bar z, k)} = \int_{\operatorname{ds}}^{\infty} \frac{1}{k' \mp t}\, \frac{dt}{\sqrt{(t^2 + k^2)(t^2 - k'^2)}} = \pm\left(1 + \frac{\bar\eta_1 K}{2k'}\right) - \frac{e_2 - \frac{1}{2}}{k'}\, z + \frac{1}{k'}\,\mathfrak{z}_{\substack{6\\5}}\left(\frac{\zeta}{2} + \frac{1}{4}, \varkappa\right),$$

$$\int_z^K \frac{d\bar z}{1 - \operatorname{dn}(\bar z, k)} = \int_{k'}^{\operatorname{dn}} \frac{1}{1 - t}\, \frac{dt}{\sqrt{(1 - t^2)(t^2 - k'^2)}} = \frac{K - E}{k^2} + \frac{\frac{1}{2} e_1 - 1}{k^2}\, z + \frac{\mathfrak{z}_1(\zeta, 2\varkappa)}{1 - k'},$$

$$\int_0^z \frac{d\bar z}{1 + \operatorname{dn}(\bar z, k)} = \int_{\operatorname{dn}}^{1} \frac{1}{1 + t}\, \frac{dt}{\sqrt{(1 - t^2)(t^2 - k'^2)}} = + \frac{\frac{1}{2} e_1 K - E}{k^2} + \frac{\frac{1}{2} e_1 - e_3}{k^2}\, z - \frac{\mathfrak{z}_4(\zeta, 2\varkappa)}{1 - k'},$$

$$\int_0^z \frac{d\bar z}{\mp k' + \operatorname{dn}(\bar z, k)} = \int_{\operatorname{dn}}^{1} \frac{1}{\mp k' + t}\, \frac{dt}{\sqrt{(1 - t^2)(t^2 - k'^2)}} = + \frac{\frac{1}{2} e_1 K - E}{k' k^2}\, \frac{1 \pm 1}{2} \pm \frac{\frac{1}{2} e_1 - e_2}{k' k^2}\, z \mp \frac{\mathfrak{z}_{\substack{2\\3}}(\zeta, 2\varkappa)}{k'(1 - k')},$$

$$\int_z^K \frac{d\bar z}{-1 + \operatorname{nd}(\bar z, k)} = \int_{\operatorname{nd}}^{1/k'} \frac{1}{-1 + t}\, \frac{dt}{\sqrt{(t^2 - 1)(1 - k'^2 t^2)}} = + \frac{\frac{1}{2} e_1 K - E}{k^2} + \frac{\frac{1}{2} e_1 - e_2}{k^2}\,(K - z) + \frac{\mathfrak{z}_1(\zeta, 2\varkappa)}{1 - k'},$$

$$\int_0^z \frac{d\bar z}{1 + \operatorname{nd}(\bar z, k)} = \int_1^{\operatorname{nd}} \frac{1}{1 + t}\, \frac{dt}{\sqrt{(t^2 - 1)(1 - k'^2 t^2)}} = - \frac{\frac{1}{2} e_1 K - E}{k^2} - \frac{\frac{1}{2} e_1 - e_2}{k^2}\, z + \frac{\mathfrak{z}_4(\zeta, 2\varkappa)}{1 - k'},$$

$$\int_0^z \frac{d\bar z}{1 \mp k' \operatorname{nd}(\bar z, k)} = \int_1^{\operatorname{nd}} \frac{1}{1 \mp k' t}\, \frac{dt}{\sqrt{(t^2 - 1)(1 - k'^2 t^2)}} = + \frac{\frac{1}{2} e_1 K - E}{k^2}\, \frac{1 \pm 1}{2} + \frac{\frac{1}{2} e_1 - e_3}{k^2}\, z - \frac{\mathfrak{z}_{\substack{2\\3}}(\zeta, 2\varkappa)}{1 - k'},$$

$$\int_0^z \frac{d\bar z}{1 \mp \operatorname{sn}(\bar z, k)} = \int_0^{\operatorname{sn}} \frac{1}{1 \mp t}\, \frac{dt}{\sqrt{(1 - t^2)(1 - k^2 t^2)}} = \mp \frac{E - \frac{1}{2}(1 + e_1) K + 1}{k'^2} + \frac{\frac{1}{2} e_3 - e_2}{k'^2}\, z - \frac{\mathfrak{z}_{\substack{2\\1}}\left(\frac{\zeta}{2} + \frac{1}{4}, \frac{\varkappa}{2}\right)}{1 - k},$$

$$\int_0^z \frac{d\bar z}{1 \mp k \operatorname{sn}(\bar z, k)} = \int_0^{\operatorname{sn}} \frac{1}{1 \mp k t}\, \frac{dt}{\sqrt{(1 - t^2)(1 - k^2 t^2)}} = \mp \frac{E - \frac{1}{2}(1 + e_1) K - k}{k'^2} - \frac{\frac{1}{2} e_3 - e_1}{k'^2}\, z + \frac{\mathfrak{z}_{\substack{3\\4}}\left(\frac{\zeta}{2} + \frac{1}{4}, \frac{\varkappa}{2}\right)}{1 - k},$$

$$\int_0^z \frac{d\bar z}{\mp 1 + \operatorname{ns}(\bar z, k)} = \int_{\operatorname{ns}}^{\infty} \frac{1}{\mp 1 + t}\, \frac{dt}{\sqrt{(t^2 - 1)(t^2 - k^2)}} = - \frac{E - \frac{1}{2}(1 + e_1) K + 1}{k'^2} \pm \frac{\frac{1}{2} e_3 - e_1}{k'^2}\, z \mp \frac{\mathfrak{z}_{\substack{2\\1}}\left(\frac{\zeta}{2} + \frac{1}{4}, \frac{\varkappa}{2}\right)}{1 - k},$$

$$\int_0^z \frac{d\bar z}{\mp k + \operatorname{ns}(\bar z, k)} = \int_{\operatorname{ns}}^{\infty} \frac{1}{\mp k + t}\, \frac{dt}{\sqrt{(t^2 - 1)(t^2 - k^2)}} = - \frac{E - \frac{1}{2}(1 + e_1) K - k}{k k'^2} \mp \frac{\frac{1}{2} e_3 - e_2}{k k'^2}\, z \pm \frac{\mathfrak{z}_{\substack{3\\4}}\left(\frac{\zeta}{2} + \frac{1}{4}, \frac{\varkappa}{2}\right)}{k(1 - k)},$$

$$\int_z^K \frac{d\bar z}{1 - \operatorname{cd}(\bar z, k)} = \int_0^{\operatorname{cd}} \frac{1}{1 - t}\, \frac{dt}{\sqrt{(1 - t^2)(1 - k^2 t^2)}} = - \frac{E - \frac{1}{2}(1 + e_1) K + 1}{k'^2} + \frac{\frac{1}{2} e_3 - e_2}{k'^2}\,(K - z) + \frac{\mathfrak{z}_1\left(\frac{\zeta}{2}, \frac{\varkappa}{2}\right)}{1 - k},$$

(1124)

$$\int_0^z \frac{d\bar z}{1+\mathrm{cd}(\bar z,k)} = \int_{\mathrm{cd}}^1 \frac{1}{1+t}\,\frac{dt}{\sqrt{(1-t^2)(1-k^2t^2)}} = -\frac{2E-(1+e_1)K}{k'^2} + \frac{\frac12 e_3 - e_2}{k'^2}\,z - \frac{\mathfrak{z}_2\left(\frac{\zeta}{2},\frac{\varkappa}{2}\right)}{1-k},$$

$$\int_0^z \frac{d\bar z}{1\mp k\,\mathrm{cd}(\bar z,k)} = \int_{\mathrm{cd}}^1 \frac{1}{1\mp k t}\,\frac{dt}{\sqrt{(1-t^2)(1-k^2t^2)}} = +\frac{2E-(1+e_1)K}{k'^2}\,\frac{1\pm 1}{2} - \frac{\frac12 e_3 - e_1}{k'^2}\,z + \frac{\mathfrak{z}_{\substack{4\\3}}\left(\frac{\zeta}{2},\frac{\varkappa}{2}\right)}{1-k},$$

$$\int_z^K \frac{d\bar z}{-1+\mathrm{dc}(\bar z,k)} = \int_{\mathrm{dc}}^\infty \frac{1}{-1+t}\,\frac{dt}{\sqrt{(t^2-1)(t^2-k^2)}} = -\frac{E-\frac12(1+e_1)K+1}{k'^2} + \frac{\frac12 e_3 - e_1}{k'^2}(K-z) + \frac{\mathfrak{z}_1\left(\frac{\zeta}{2},\frac{\varkappa}{2}\right)}{1-k},$$

$$\int_0^z \frac{d\bar z}{1+\mathrm{dc}(\bar z,k)} = \int_1^{\mathrm{dc}} \frac{1}{1+t}\,\frac{dt}{\sqrt{(t^2-1)(t^2-k^2)}} = +\frac{2E-(1+e_1)K}{k'^2} - \frac{\frac12 e_3 - e_1}{k'^2}\,z + \frac{\mathfrak{z}_2\left(\frac{\zeta}{2},\frac{\varkappa}{2}\right)}{1-k},$$

$$\int_0^z \frac{d\bar z}{\mp k+\mathrm{dc}(\bar z,k)} = \int_1^{\mathrm{dc}} \frac{1}{\mp k+t}\,\frac{dt}{\sqrt{(t^2-1)(t^2-k^2)}} = +\frac{2E-(1+e_1)K}{k\,k'^2}\,\frac{1\pm 1}{2} \mp \frac{\frac12 e_3 - e_2}{k\,k'^2}\,z \pm \frac{\mathfrak{z}_{\substack{4\\3}}\left(\frac{\zeta}{2},\frac{\varkappa}{2}\right)}{k(1-k)}.$$

Es folgen noch einige verwandte Integrale linearer Funktionen verschiedenartiger JACOBIscher elliptischer Funktionen, die sich aus (852) und (853) in Verbindung mit (1101) ergeben,

$$\left.\begin{aligned}
&\int \frac{1+\mathrm{dc}(z,k)}{1\pm\mathrm{nc}(z,k)}\,dz = +e_1 z + 2\,\mathfrak{z}_{\substack{4\\1}}\left(\frac{\zeta}{2},\varkappa\right), &&\int \frac{1\pm\mathrm{nc}(z,k)}{1+\mathrm{dc}(z,k)}\,dz = +\frac{e_1}{k'^2}z + \frac{2}{k'^2}\mathfrak{z}_{\substack{3\\2}}\left(\frac{\zeta}{2},\varkappa\right),\\
&\int \frac{1+\mathrm{dn}(z,k)}{1\pm\mathrm{cn}(z,k)}\,dz = -e_3 z - 2\,\mathfrak{z}_{\substack{2\\1}}\left(\frac{\zeta}{2},\varkappa\right), &&\int \frac{1\pm\mathrm{cn}(z,k)}{1+\mathrm{dn}(z,k)}\,dz = -\frac{e_3}{k^2}z - \frac{2}{k^2}\mathfrak{z}_{\substack{3\\4}}\left(\frac{\zeta}{2},\varkappa\right),\\
&\int \frac{1+\mathrm{nd}(z,k)}{1\pm\mathrm{cd}(z,k)}\,dz = -\frac{e_2}{k'^2}z - \frac{2}{k'^2}\mathfrak{z}_{\substack{2\\1}}\left(\frac{\zeta}{2},\varkappa\right), &&\int \frac{1\pm\mathrm{cd}(z,k)}{1+\mathrm{nd}(z,k)}\,dz = +\frac{e_2}{k^2}z + \frac{2}{k^2}\mathfrak{z}_{\substack{4\\3}}\left(\frac{\zeta}{2},\varkappa\right),\\
&\int \frac{1+k'\mathrm{nd}(z,k)}{1\pm k'\mathrm{sd}(z,k)}\,dz = -e_3 z - 2\,\mathfrak{z}_{\substack{1\\2}}\left(\frac{\zeta}{2}+\frac14,\varkappa\right), &&\int \frac{1\pm k'\mathrm{sd}(z,k)}{1+k'\mathrm{nd}(z,k)}\,dz = -\frac{e_3}{k^2}z - \frac{2}{k^2}\mathfrak{z}_{\substack{4\\3}}\left(\frac{\zeta}{2}+\frac14,\varkappa\right),\\
&\int \frac{k'+\mathrm{dn}(z,k)}{1\pm\mathrm{sn}(z,k)}\,dz = -\frac{e_2}{k'}z - \frac{2}{k'}\mathfrak{z}_{\substack{1\\2}}\left(\frac{\zeta}{2}+\frac14,\varkappa\right), &&\int \frac{1\pm\mathrm{sn}(z,k)}{k'+\mathrm{dn}(z,k)}\,dz = \frac{e_2}{k^2k'}z + \frac{2}{k^2k'}\mathfrak{z}_{\substack{3\\4}}\left(\frac{\zeta}{2}+\frac14,\varkappa\right),\\
&\int \frac{k'\pm\mathrm{ds}(z,k)}{1-\mathrm{ns}(z,k)}\,dz = +\frac{e_1}{k'}z + \frac{2}{k'}\mathfrak{z}_{\substack{2\\3}}\left(\frac{\zeta}{2}+\frac14,\varkappa\right), &&\int \frac{1-\mathrm{ns}(z,k)}{k'\pm\mathrm{ds}(z,k)}\,dz = +\frac{e_1}{k'}z + \frac{2}{k'}\mathfrak{z}_{\substack{1\\4}}\left(\frac{\zeta}{2}+\frac14,\varkappa\right).
\end{aligned}\right\}\quad(1125)$$

In (1125) ist das obere Vorzeichen dem oberen, das untere dem unteren Index zuzuordnen.

167. 114 Integrale mit quadratischen Jacobischen elliptischen Funktionen und zugehörige algebraische Integrale

Durch Quadrieren und Integrieren einiger der Gln. (832) und (835) in Verbindung mit den Gln. (284), (445), (1048), (1049) und (1101) ergeben sich aus Quadraten JACOBIscher elliptischer Funktionen aufgebaute Integrale, die sich durch Substituierung neuer Integrationsveränderlicher gemäß (880) auch in algebraischer Form schreiben lassen. Unter Einflechtung fester Integrationsgrenzen folgt bei Beachtung von (857), (1041) und (1042)

$$\left.\begin{aligned}
&\int_0^z \left[\frac{\mathrm{sc}(\bar z, k)}{1 - k' \,\mathrm{sc}^2(\bar z, k)}\right]^2 d\bar z = \int_0^z \left[\frac{\mathrm{cs}(\bar z, k)}{k' - \mathrm{cs}^2(\bar z, k)}\right]^2 d\bar z = \int_0^{\mathrm{sc}} \frac{t^2}{(1 - k' t^2)^2} \frac{dt}{\sqrt{(1+t^2)(1+k'^2 t^2)}} \\
&\qquad = \int_{\mathrm{cs}}^{\infty} \frac{t^2}{(t^2 - k')^2} \frac{dt}{\sqrt{(t^2+1)(t^2+k'^2)}} = \frac{\frac{1}{2} e_1 K - E}{4k'(1+k')^2} - \frac{e_1 + 2k'}{4k'(1+k')^2} z - \frac{\mathfrak{z}_2(2\zeta, 2\varkappa)}{4k'(1+k')}, \\
&\int_0^z \left[\frac{\mathrm{sc}(\bar z, k)}{1 + k' \,\mathrm{sc}^2(\bar z, k)}\right]^2 d\bar z = \int_0^z \left[\frac{\mathrm{cs}(\bar z, k)}{k' + \mathrm{cs}^2(\bar z, k)}\right]^2 d\bar z = \int_0^{\mathrm{sc}} \frac{t^2}{(1 + k' t^2)^2} \frac{dt}{\sqrt{(1+t^2)(1+k'^2 t^2)}} \\
&\qquad = \int_{\mathrm{cs}}^{\infty} \frac{t^2}{(t^2 + k')^2} \frac{dt}{\sqrt{(t^2+1)(t^2+k'^2)}} = \frac{e_1 - 2k'}{4k'(1-k')^2} z + \frac{1+k'}{1-k'} \frac{\mathfrak{z}_3(2\zeta, 2\varkappa)}{4k'(1-k')}, \\
&\int_0^z \left[\frac{\mathrm{sn}(\bar z, k)}{1 - k \,\mathrm{sn}^2(\bar z, k)}\right]^2 d\bar z = \int_0^z \left[\frac{\mathrm{ns}(\bar z, k)}{k - \mathrm{ns}^2(\bar z, k)}\right]^2 d\bar z = \int_0^{\mathrm{sn}} \frac{t^2}{(1 - k t^2)^2} \frac{dt}{\sqrt{(1-t^2)(1-k^2 t^2)}} \\
&\qquad = \int_{\mathrm{ns}}^{\infty} \frac{t^2}{(t^2 - k)^2} \frac{dt}{\sqrt{(t^2-1)(t^2-k^2)}} = \frac{e_3 + 2k}{4k(1-k)^2} z + \frac{1+k}{1-k} \frac{\mathfrak{z}_3\left(\zeta, \frac{\varkappa}{2}\right)}{4k(1-k)}, \\
&\int_0^z \left[\frac{\mathrm{sn}(\bar z, k)}{1 + k \,\mathrm{sn}^2(\bar z, k)}\right]^2 d\bar z = \int_0^z \left[\frac{\mathrm{ns}(\bar z, k)}{k + \mathrm{ns}^2(\bar z, k)}\right]^2 d\bar z = \int_0^{\mathrm{sn}} \frac{t^2}{(1 + k t^2)^2} \frac{dt}{\sqrt{(1-t^2)(1-k^2 t^2)}} \\
&\qquad = \int_{\mathrm{ns}}^{\infty} \frac{t^2}{(t^2 + k)^2} \frac{dt}{\sqrt{(t^2-1)(t^2-k^2)}} = \frac{(1+e_1) K - 2E}{4k(1+k)^2} - \frac{e_3 - 2k}{4k(1+k)^2} z - \\
&\qquad - \frac{\mathfrak{z}_4\left(\zeta, \frac{\varkappa}{2}\right)}{4k(1+k)}, \\
&\int_0^z \left[\frac{\mathrm{cd}(\bar z, k)}{1 - k \,\mathrm{cd}^2(\bar z, k)}\right]^2 d\bar z = \int_0^z \left[\frac{\mathrm{dc}(\bar z, k)}{k - \mathrm{dc}^2(\bar z, k)}\right]^2 d\bar z = \int_{\mathrm{cd}}^{1} \frac{t^2}{(1 - k t^2)^2} \frac{dt}{\sqrt{(1-t^2)(1-k^2 t^2)}} \\
&\qquad = \int_1^{\mathrm{dc}} \frac{t^2}{(t^2 - k)^2} \frac{dt}{\sqrt{(t^2-1)(t^2-k^2)}} = \frac{-(1+e_1) K + 2E}{4k(1-k)^2} + \frac{e_3 + 2k}{4k(1-k)^2} z + \\
&\qquad + \frac{1+k}{1-k} \frac{\mathfrak{z}_4\left(\zeta, \frac{\varkappa}{2}\right)}{4k(1-k)}, \\
&\int_0^z \left[\frac{\mathrm{cd}(\bar z, k)}{1 + k \,\mathrm{cd}^2(\bar z, k)}\right]^2 d\bar z = \int_0^z \left[\frac{\mathrm{dc}(\bar z, k)}{k + \mathrm{dc}^2(\bar z, k)}\right]^2 d\bar z = \int_{\mathrm{cd}}^{1} \frac{t^2}{(1 + k t^2)^2} \frac{dt}{\sqrt{(1-t^2)(1-k^2 t^2)}} \\
&\qquad = \int_1^{\mathrm{dc}} \frac{t^2}{(t^2 + k)^2} \frac{dt}{\sqrt{(t^2-1)(t^2-k^2)}} = -\frac{e_3 - 2k}{4k(1+k)^2} z - \frac{\mathfrak{z}_3\left(\zeta, \frac{\varkappa}{2}\right)}{4k(1+k)}, \\
&\int_0^z \left[\frac{\mathrm{nd}(\bar z, k)}{1 - k' \,\mathrm{nd}^2(\bar z, k)}\right]^2 d\bar z = \int_0^z \left[\frac{\mathrm{dn}(\bar z, k)}{k' - \mathrm{dn}^2(\bar z, k)}\right]^2 d\bar z = \int_1^{\mathrm{nd}} \frac{t^2}{(1 - k' t^2)^2} \frac{dt}{\sqrt{(t^2-1)(1-k'^2 t^2)}} \\
&\qquad = \int_{\mathrm{dn}}^{1} \frac{t^2}{(t^2 - k')^2} \frac{dt}{\sqrt{(1-t^2)(t^2-k'^2)}} = \frac{\frac{1}{2} e_1 K - E}{4k'(1-k')^2} - \frac{e_1 - 2k'}{4k'(1-k')^2} z - \\
&\qquad - \frac{1+k'}{1-k'} \frac{\mathfrak{z}_2(2\zeta, 2\varkappa)}{4k'(1-k')},
\end{aligned}\right\} \quad (1126)$$

$$\int_0^z \left[\frac{\operatorname{nd}(\bar z, k)}{1 + k' \operatorname{nd}^2(\bar z, k)}\right]^2 d\bar z = \int_0^z \left[\frac{\operatorname{dn}(\bar z, k)}{k' + \operatorname{dn}^2(\bar z, k)}\right]^2 d\bar z = \int_1^{\operatorname{nd}} \frac{t^2}{(1 + k' t^2)^2} \frac{dt}{\sqrt{(t^2 - 1)(1 - k'^2 t^2)}}$$

$$= \int_{\operatorname{dn}}^1 \frac{t^2}{(t^2 + k')^2} \frac{dt}{\sqrt{(1 - t^2)(t^2 - k'^2)}} = \frac{e_1 + 2k'}{4k'(1 + k')^2} z + \frac{\mathfrak{z}_3(2\zeta, 2\varkappa)}{4k'(1 + k')}.$$

$$\int_{\frac{1}{2}K}^z \left[\frac{1 \mp k' \operatorname{sc}^2(\bar z, k)}{\operatorname{sc}(\bar z, k)}\right]^2 d\bar z = \int_{\frac{1}{2}K}^z \left[\frac{k' \mp \operatorname{cs}^2(\bar z, k)}{\operatorname{cs}(\bar z, k)}\right]^2 d\bar z = \int_{1/\sqrt{k'}}^{\operatorname{sc}} \frac{(1 \mp k' t^2)^2}{t^2} \frac{dt}{\sqrt{(1 + t^2)(1 + k'^2 t^2)}}$$

$$= \int_{\operatorname{cs}}^{\sqrt{k'}} \frac{(t^2 \mp k')^2}{t^2} \frac{dt}{\sqrt{(t^2 + 1)(t^2 + k'^2)}}$$

$$= E - \frac{1}{2} e_1 K - (e_1 \pm 2k')\left(z - \frac{K}{2}\right) - (1 + k')\,\mathfrak{z}_1(2\zeta, 2\varkappa),$$

$$\int_z^K \left[\frac{1 \mp k \operatorname{sn}^2(\bar z, k)}{\operatorname{sn}(\bar z, k)}\right]^2 d\bar z = \int_z^K \left[\frac{k \mp \operatorname{ns}^2(\bar z, k)}{\operatorname{ns}(\bar z, k)}\right]^2 d\bar z = \int_{\operatorname{sn}}^1 \frac{(1 \mp k t^2)^2}{t^2} \frac{dt}{\sqrt{(1 - t^2)(1 - k^2 t^2)}}$$

$$= \int_1^{\operatorname{ns}} \frac{(t^2 \mp k)^2}{t^2} \frac{dt}{\sqrt{(t^2 - 1)(t^2 - k^2)}}$$

$$= (1 + e_1) K - 2E - (e_3 \pm 2k)(K - z) + (1 + k)\,\mathfrak{z}_1\left(\zeta, \frac{\varkappa}{2}\right),$$

$$\int_0^z \left[\frac{1 \mp k \operatorname{cd}^2(\bar z, k)}{\operatorname{cd}(\bar z, k)}\right]^2 d\bar z = \int_0^z \left[\frac{k \mp \operatorname{dc}^2(\bar z, k)}{\operatorname{dc}(\bar z, k)}\right]^2 d\bar z = \int_{\operatorname{cd}}^1 \frac{(1 \mp k t^2)^2}{t^2} \frac{dt}{\sqrt{(1 - t^2)(1 - k^2 t^2)}}$$

$$= \int_1^{\operatorname{dc}} \frac{(t^2 \mp k)^2}{t^2} \frac{dt}{\sqrt{(t^2 - 1)(t^2 - k^2)}}$$

$$= (1 + e_1) K - 2E - (e_3 \pm 2k) z - (1 + k)\,\mathfrak{z}_2\left(\zeta, \frac{\varkappa}{2}\right), \qquad (1127)$$

$$\int_0^z \left[\frac{1 \mp k' \operatorname{nd}^2(\bar z, k)}{\operatorname{nd}(\bar z, k)}\right]^2 d\bar z = \int_0^z \left[\frac{k' \mp \operatorname{dn}^2(\bar z, k)}{\operatorname{dn}(\bar z, k)}\right]^2 d\bar z = \int_1^{\operatorname{nd}} \frac{(1 \mp k' t^2)^2}{t^2} \frac{dt}{\sqrt{(t^2 - 1)(1 - k'^2 t^2)}}$$

$$= \int_{\operatorname{dn}}^1 \frac{(t^2 \mp k')^2}{t^2} \frac{dt}{\sqrt{(1 - t^2)(t^2 - k'^2)}}$$

$$= E - \tfrac{1}{2} e_1 K + (e_1 \mp 2k') z + (1 + k')\,\mathfrak{z}_4(2\zeta, 2\varkappa).$$

Viele der im vorangehenden betrachteten Integrale wurden teils unmittelbar, teils durch Quadrieren von Transformationsgleichungen der GAUSSschen, LANDENschen und Halbargument-Transformation auf Integrale von Quadraten JACOBIscher elliptischer Funktionen zurückgeführt. Dieses Verfahren läßt sich fortsetzen und auf höhere Potenzen ausdehnen.

Quadriert man beispielsweise einige der Gln. (840), (841) und (842), so folgt bei Beachtung von (284), (357), (442), (445), (448), (616) und (1104) in Verbindung mit (880)

$$\int_{\frac{1}{2}K}^z \left[\frac{1 \pm \operatorname{dn}(\bar z, k)}{1 \mp \operatorname{dn}(\bar z, k)}\right]^2 d\bar z = \int_{\frac{1}{2}K}^z \left[\frac{1 \pm \operatorname{nd}(\bar z, k)}{1 \mp \operatorname{nd}(\bar z, k)}\right]^2 d\bar z = \int_{\operatorname{dn}}^{\sqrt{k'}} \frac{(1 \pm t)^2}{(1 \mp t)^2} \frac{dt}{\sqrt{(1 - t^2)(t^2 - k'^2)}}$$

$$= \int_{1/\sqrt{k'}}^{\operatorname{nd}} \frac{(1 \pm t)^2}{(1 \mp t)^2} \frac{dt}{\sqrt{(t^2 - 1)(1 - k'^2 t^2)}} = \pm \frac{4e_1}{k^4}\left[E - \frac{e_1}{2} K \pm (1 \pm \sqrt{k'})^2\right] \pm$$

$$\pm \frac{\sqrt{k'}(1 + k')(1 \pm \sqrt{k'})^2}{\frac{3}{4} k^4} + \frac{5 + 22k'^2 + 5k'^4}{9k^4}\left(z - \frac{K}{2}\right) -$$

$$- \frac{8e_1}{k^2(1 - k')}\,\mathfrak{z}_{\frac{1}{4}}(\zeta, 2\varkappa) + \frac{\frac{1}{3}(1 + k')}{(1 - k')^2}\,\wp'_{\frac{1}{4}}(\zeta, 2\varkappa),$$

$$\left.\begin{aligned}
&\int\limits_{\frac{1}{2}K}^{z}\left[\frac{k'\pm\operatorname{dn}(\bar z,k)}{k'\mp\operatorname{dn}(\bar z,k)}\right]^2 d\bar z=\int\limits_{\frac{1}{2}K}^{z}\left[\frac{1\pm k'\operatorname{nd}(\bar z,k)}{1\mp k'\operatorname{nd}(\bar z,k)}\right]^2 d\bar z=\int\limits_{\operatorname{dn}}^{\sqrt{k'}}\frac{(k'\pm t)^2}{(k'\mp t)^2}\,\frac{dt}{\sqrt{(1-t^2)(t^2-k'^2)}}\\
&\qquad=\int\limits_{1/\sqrt{k'}}^{\operatorname{nd}}\frac{(1\pm k't)^2}{(1\mp k't)^2}\,\frac{dt}{\sqrt{(t^2-1)(1-k'^2t^2)}}=\mp\frac{4e_1}{k^4}\left[E-\frac{e_1}{2}K\pm(1\pm\sqrt{k'})^2\right]\mp\\
&\qquad\mp\frac{\sqrt{k'}(1+k')(1\pm\sqrt{k'})^2}{\frac{3}{4}k^4}+\frac{5+22k'^2+5k'^4}{9k^4}\left(z-\frac{K}{2}\right)-\\
&\qquad-\frac{8e_1}{k^2(1-k')}\,\mathfrak{z}_{\substack{2\\3}}(\zeta,2\varkappa)+\frac{\frac{1}{3}(1+k')}{(1-k')^2}\,\wp'_{\substack{2\\3}}(\zeta,2\varkappa),\\
&\int\limits_{z}^{K}\left[\frac{1\pm\operatorname{cd}(\bar z,k)}{1\mp\operatorname{cd}(\bar z,k)}\right]^2 d\bar z=\int\limits_{z}^{K}\left[\frac{1\pm\operatorname{dc}(\bar z,k)}{1\mp\operatorname{dc}(\bar z,k)}\right]^2 d\bar z=\int\limits_{0}^{\operatorname{cd}}\frac{(1\pm t)^2}{(1\mp t)^2}\,\frac{dt}{\sqrt{(1-t^2)(1-k^2t^2)}}\\
&\qquad=\int\limits_{\operatorname{dc}}^{\infty}\frac{(1\pm t)^2}{(1\mp t)^2}\,\frac{dt}{\sqrt{(t^2-1)(t^2-k^2)}}=\mp\frac{8e_3}{k'^4}\left[E-\frac{1}{2}(1+e_1)K+1\right]\mp\\
&\qquad\mp\frac{4}{3k'^2}+\frac{5+22k^2+5k^4}{9k'^4}(K-z)+\frac{8e_3}{k'^2(1-k)}\,\mathfrak{z}_{\substack{1\\2}}\left(\frac{\zeta}{2},\frac{\varkappa}{2}\right)-\\
&\qquad-\frac{\frac{1}{3}(1+k)}{(1-k)^2}\,\wp'_{\substack{1\\2}}\left(\frac{\zeta}{2},\frac{\varkappa}{2}\right),\\
&\int\limits_{z}^{K}\left[\frac{1\pm k\operatorname{cd}(\bar z,k)}{1\mp k\operatorname{cd}(\bar z,k)}\right]^2 d\bar z=\int\limits_{z}^{K}\left[\frac{k\pm\operatorname{dc}(\bar z,k)}{k\mp\operatorname{dc}(\bar z,k)}\right]^2 d\bar z=\int\limits_{0}^{\operatorname{cd}}\frac{(1\pm kt)^2}{(1\mp kt)^2}\,\frac{dt}{\sqrt{(1-t^2)(1-k^2t^2)}}\\
&\qquad=\int\limits_{\operatorname{dc}}^{\infty}\frac{(k\pm t)^2}{(k\mp t)^2}\,\frac{dt}{\sqrt{(t^2-1)(t^2-k^2)}}=\pm\frac{8e_3}{k'^4}\left[E-\frac{1}{2}(1+e_1)K-k\right]\pm\\
&\qquad\pm\frac{4k}{3k'^2}+\frac{5+22k^2+5k^4}{9k'^4}(K-z)+\frac{8e_3}{k'^2(1-k)}\,\mathfrak{z}_{\substack{4\\3}}\left(\frac{\zeta}{2},\frac{\varkappa}{2}\right)-\\
&\qquad-\frac{\frac{1}{3}(1+k)}{(1-k)^2}\,\wp'_{\substack{4\\3}}\left(\frac{\zeta}{2},\frac{\varkappa}{2}\right),\\
&\int\limits_{0}^{z}\left[\frac{1\pm\operatorname{sn}(\bar z,k)}{1\mp\operatorname{sn}(\bar z,k)}\right]^2 d\bar z=\int\limits_{0}^{z}\left[\frac{1\pm\operatorname{ns}(\bar z,k)}{1\mp\operatorname{ns}(\bar z,k)}\right]^2 d\bar z=\int\limits_{0}^{\operatorname{sn}}\frac{(1\pm t)^2}{(1\mp t)^2}\,\frac{dt}{\sqrt{(1-t^2)(1-k^2t^2)}}\\
&\qquad=\int\limits_{\operatorname{ns}}^{\infty}\frac{(1\pm t)^2}{(1\mp t)^2}\,\frac{dt}{\sqrt{(t^2-1)(t^2-k^2)}}=\mp\frac{8e_3}{k'^4}\left[E-\frac{1}{2}(1+e_1)K+1\right]\mp\\
&\qquad\mp\frac{4}{3k'^2}+\frac{5+22k^2+5k^4}{9k'^4}z-\frac{8e_3}{k'^2(1-k)}\,\mathfrak{z}_{\substack{2\\1}}\left(\frac{\zeta}{2}+\frac{1}{4},\frac{\varkappa}{2}\right)+\\
&\qquad+\frac{\frac{1}{3}(1+k)}{(1-k)^2}\,\wp'_{\substack{2\\1}}\left(\frac{\zeta}{2}+\frac{1}{4},\frac{\varkappa}{2}\right),\\
&\int\limits_{0}^{z}\left[\frac{1\pm k\operatorname{sn}(\bar z,k)}{1\mp k\operatorname{sn}(\bar z,k)}\right]^2 d\bar z=\int\limits_{0}^{z}\left[\frac{k\pm\operatorname{ns}(\bar z,k)}{k\mp\operatorname{ns}(\bar z,k)}\right]^2 d\bar z=\int\limits_{0}^{\operatorname{sn}}\frac{(1\pm kt)^2}{(1\mp kt)^2}\,\frac{dt}{\sqrt{(1-t^2)(1-k^2t^2)}}\\
&\qquad=\int\limits_{\operatorname{ns}}^{\infty}\frac{(k\pm t)^2}{(k\mp t)^2}\,\frac{dt}{\sqrt{(t^2-1)(t^2-k^2)}}=\pm\frac{8e_3}{k'^4}\left[E-\frac{1}{2}(1+e_1)K-k\right]\pm\\
&\qquad\pm\frac{4k}{3k'^2}+\frac{5+22k^2+5k^4}{9k'^4}z-\frac{8e_3}{k'^2(1-k)}\,\mathfrak{z}_{\substack{3\\4}}\left(\frac{\zeta}{2}+\frac{1}{4},\frac{\varkappa}{2}\right)+\\
&\qquad+\frac{\frac{1}{3}(1+k)}{(1-k)^2}\,\wp'_{\substack{3\\4}}\left(\frac{\zeta}{2}+\frac{1}{4},\frac{\varkappa}{2}\right).
\end{aligned}\right\}\quad(1128)$$

Ferner ergibt sich, wenn die siebente und zehnte der Gln. (832) sowie die sechste und neunte der Gln. (835) in die vierte Potenz erhoben und integriert werden,

$$\left.\begin{aligned}
&\int_0^z \left[\frac{1 \pm k\,\mathrm{sn}^2(\bar z, k)}{1 \mp k\,\mathrm{sn}^2(\bar z, k)}\right]^4 d\bar z = \int_0^z \left[\frac{k \pm \mathrm{ns}^2(\bar z, k)}{k \mp \mathrm{ns}^2(\bar z, k)}\right]^4 d\bar z = \int_0^{\mathrm{sn}} \left[\frac{1 \pm k\,t^2}{1 \mp k\,t^2}\right]^4 \frac{dt}{\sqrt{(1-t^2)(1-k^2t^2)}}\\
&\quad= \int_{\mathrm{ns}}^{\infty} \left[\frac{k \pm t^2}{k \mp t^2}\right]^4 \frac{dt}{\sqrt{(t^2-1)(t^2-k^2)}} = \frac{5 + 22k^2 + 5k^4}{9(1 \mp k)^4}\,z -\\
&\quad - \frac{4e_3(1+k)}{(1\mp k)^4}\left[\mathfrak{z}_{\substack{3\\4}}\left(\zeta, \frac{\varkappa}{2}\right) - \mathfrak{z}_{\substack{3\\4}}\left(0, \frac{\varkappa}{2}\right)\right] + \frac{\frac{1}{6}(1+k)^3}{(1\mp k)^4}\,\wp'_{\substack{3\\4}}\left(\zeta, \frac{\varkappa}{2}\right),\\
&\int_0^z \left[\frac{1 \pm k\,\mathrm{cd}^2(\bar z, k)}{1 \mp k\,\mathrm{cd}^2(\bar z, k)}\right]^4 d\bar z = \int_0^z \left[\frac{k \pm \mathrm{dc}^2(\bar z, k)}{k \mp \mathrm{dc}^2(\bar z, k)}\right]^4 d\bar z = \int_{\mathrm{cd}}^{1} \left[\frac{1 \pm k\,t^2}{1 \mp k\,t^2}\right]^4 \frac{dt}{\sqrt{(1-t^2)(1-k^2t^2)}}\\
&\quad= \int_{1}^{\mathrm{dc}} \left[\frac{k \pm t^2}{k \mp t^2}\right]^4 \frac{dt}{\sqrt{(t^2-1)(t^2-k^2)}} = \frac{5 + 22k^2 + 5k^4}{9(1 \mp k)^4}\,z -\\
&\quad - \frac{4e_3(1+k)}{(1\mp k)^4}\left[\mathfrak{z}_{\substack{4\\3}}\left(\zeta, \frac{\varkappa}{2}\right) - \mathfrak{z}_{\substack{4\\3}}\left(0, \frac{\varkappa}{2}\right)\right] + \frac{\frac{1}{6}(1+k)^3}{(1\mp k)^4}\,\wp'_{\substack{4\\3}}\left(\zeta, \frac{\varkappa}{2}\right),\\
&\int_0^z \left[\frac{1 \pm k'\,\mathrm{sc}^2(\bar z, k)}{1 \mp k'\,\mathrm{sc}^2(\bar z, k)}\right]^4 d\bar z = \int_0^z \left[\frac{k' \pm \mathrm{cs}^2(\bar z, k)}{k' \mp \mathrm{cs}^2(\bar z, k)}\right]^4 d\bar z = \int_0^{\mathrm{sc}} \left[\frac{1 \pm k'\,t^2}{1 \mp k'\,t^2}\right]^4 \frac{dt}{\sqrt{(1+t^2)(1+k'^2t^2)}}\\
&\quad= \int_{\mathrm{cs}}^{\infty} \left[\frac{k' \pm t^2}{k' \mp t^2}\right]^4 \frac{dt}{\sqrt{(t^2+1)(t^2+k'^2)}} = \frac{5 + 22k'^2 + 5k'^4}{9(1 \pm k')^4}\,z -\\
&\quad - \frac{4e_1(1+k')}{(1\pm k')^4}\left[\mathfrak{z}_{\substack{2\\3}}(2\zeta, 2\varkappa) - \mathfrak{z}_{\substack{2\\3}}(0, 2\varkappa)\right] + \frac{\frac{1}{6}(1+k')^3}{(1\pm k')^4}\,\wp'_{\substack{2\\3}}(2\zeta, 2\varkappa),\\
&\int_0^z \left[\frac{1 \pm k'\,\mathrm{nd}^2(\bar z, k)}{1 \mp k'\,\mathrm{nd}^2(\bar z, k)}\right]^4 d\bar z = \int_0^z \left[\frac{k' \pm \mathrm{dn}^2(\bar z, k)}{k' \mp \mathrm{dn}^2(\bar z, k)}\right]^4 d\bar z = \int_1^{\mathrm{nd}} \left[\frac{1 \pm k'\,t^2}{1 \mp k'\,t^2}\right]^4 \frac{dt}{\sqrt{(t^2-1)(1-k'^2t^2)}}\\
&\quad= \int_{\mathrm{dn}}^{1} \left[\frac{k' \pm t^2}{k' \mp t^2}\right]^4 \frac{dt}{\sqrt{(1-t^2)(t^2-k'^2)}} = \frac{5 + 22k'^2 + 5k'^4}{9(1 \mp k')^4}\,z -\\
&\quad - \frac{4e_1(1+k')}{(1\mp k')^4}\left[\mathfrak{z}_{\substack{2\\3}}(2\zeta, 2\varkappa) - \mathfrak{z}_{\substack{2\\3}}(0, 2\varkappa)\right] + \frac{\frac{1}{6}(1+k')^3}{(1\mp k')^4}\,\wp'_{\substack{2\\3}}(2\zeta, 2\varkappa).
\end{aligned}\right\}\quad(1129)$$

Die hierin auftretenden Nullwerte der Zeta-Funktionen sind durch (1041) und (1042) bekannt.

Durch Anknüpfung an (847) lassen sich auch für die logarithmischen Ableitungen der JACOBIschen elliptischen Funktionen zahlreiche Integralformeln mit quadratischen Grundfunktionen entwickeln. So liefert die Integration der drei unteren der Gln. (847), wenn man die Gleichungen einmal direkt und einmal reziprok betrachtet, bei Berücksichtigung von (878) und bei gleichzeitiger Umschreibung auf algebraische Integrale in Verbindung mit (880):

$$\begin{aligned}
&\int_0^z \frac{1 + \overline{\mathrm{nc}}^2(\bar z, k)}{1 - \overline{\mathrm{nc}}^2(\bar z, k)}\,d\bar z = -\int_0^z \frac{1 + \overline{\mathrm{ds}}^2(\bar z, k)}{1 - \overline{\mathrm{ds}}^2(\bar z, k)}\,d\bar z = \int_0^{\overline{\mathrm{nc}}} \frac{1+t^2}{1-t^2}\,\frac{dt}{\sqrt{(t^2-(k+i\,k')^2)(t^2-(k-i\,k')^2)}}\\
&\quad= \frac{1}{2k'}\,\mathrm{ar\,tanh}[k'\,\mathrm{sd}(2z, k)],\\
&\int_0^z \frac{1 - \overline{\mathrm{nc}}^2(\bar z, k)}{1 + \overline{\mathrm{nc}}^2(\bar z, k)}\,d\bar z = -\int_0^z \frac{1 - \overline{\mathrm{ds}}^2(\bar z, k)}{1 + \overline{\mathrm{ds}}^2(\bar z, k)}\,d\bar z = \int_0^{\overline{\mathrm{nc}}} \frac{1-t^2}{1+t^2}\,\frac{dt}{\sqrt{(t^2-(k+i\,k')^2)(t^2-(k-i\,k')^2)}}\\
&\quad= \frac{1}{2k}\,\mathrm{arc\,tan}[k\,\mathrm{sd}(2z, k)],
\end{aligned}$$

$$\left.\begin{aligned}
&\int_0^z \frac{k'^2 + \overline{\mathrm{dc}}^2(\bar z, k)}{k'^2 - \overline{\mathrm{dc}}^2(\bar z, k)}\, d\bar z = -\int_0^z \frac{k'^2 + \overline{\mathrm{ns}}^2(\bar z, k)}{k'^2 - \overline{\mathrm{ns}}^2(\bar z, k)}\, d\bar z = \int_0^{\overline{\mathrm{dc}}} \frac{k'^2 + t^2}{k'^2 - t^2}\, \frac{dt}{\sqrt{(t^2 + (1+k)^2)(t^2 + (1-k)^2)}}\\
&\qquad = \frac{1}{2}\,\mathrm{ar\,tanh}[\mathrm{sn}(2z, k)],\\
&\int_0^z \frac{k'^2 - \overline{\mathrm{dc}}^2(\bar z, k)}{k'^2 + \overline{\mathrm{dc}}^2(\bar z, k)}\, d\bar z = -\int_0^z \frac{k'^2 - \overline{\mathrm{ns}}^2(\bar z, k)}{k'^2 + \overline{\mathrm{ns}}^2(\bar z, k)}\, d\bar z = \int_0^{\overline{\mathrm{dc}}} \frac{k'^2 - t^2}{k'^2 + t^2}\, \frac{dt}{\sqrt{(t^2 + (1+k)^2)(t^2 + (1-k)^2)}}\\
&\qquad = \frac{1}{2k}\,\mathrm{ar\,tanh}[k\,\mathrm{sn}(2z, k)],\\
&\int_0^z \frac{k^2 + \overline{\mathrm{nd}}^2(\bar z, k)}{k^2 - \overline{\mathrm{nd}}^2(\bar z, k)}\, d\bar z = -\int_0^z \frac{k^2 + \overline{\mathrm{cs}}^2(\bar z, k)}{k^2 - \overline{\mathrm{cs}}^2(\bar z, k)}\, d\bar z = \int_0^{\overline{\mathrm{nd}}} \frac{k^2 + t^2}{k^2 - t^2}\, \frac{dt}{\sqrt{(t^2 - (1+k')^2)(t^2 - (1-k')^2)}}\\
&\qquad = \frac{1}{2k'}\,\mathrm{arc\,tan}\,[k'\,\mathrm{sc}(2z, k)],\\
&\int_0^z \frac{k^2 - \overline{\mathrm{nd}}^2(\bar z, k)}{k^2 + \overline{\mathrm{nd}}^2(\bar z, k)}\, d\bar z = -\int_0^z \frac{k^2 - \overline{\mathrm{cs}}^2(\bar z, k)}{k^2 + \overline{\mathrm{cs}}^2(\bar z, k)}\, d\bar z = \int_0^{\overline{\mathrm{nd}}} \frac{k^2 - t^2}{k^2 + t^2}\, \frac{dt}{\sqrt{(t^2 - (1+k')^2)(t^2 - (1-k')^2)}}\\
&\qquad = \frac{1}{2}\,\mathrm{arc\,tan}[\mathrm{sc}(2z, k)].
\end{aligned}\right\}\quad (1130)$$

Wird in (1130) das Integral $\int_0^z d\bar z = z$ superponiert, so ergibt sich der weitere Formelsatz:

$$\left.\begin{aligned}
&\int_0^z \frac{d\bar z}{1 \mp \overline{\mathrm{nc}}^2(\bar z, k)} = \int_0^{\overline{\mathrm{nc}}} \frac{1}{1 \mp t^2}\, \frac{dt}{\sqrt{(t^2 - (k + i\,k')^2)(t^2 - (k - i\,k')^2)}}\\
&\qquad = \frac{z}{2} + \frac{1}{4k'}\,\mathrm{ar\,tanh}[k'\,\mathrm{sd}(2z, k)] \quad \text{bzw.} \quad = \frac{z}{2} + \frac{1}{4k}\,\mathrm{arc\,tan}[k\,\mathrm{sd}(2z, k)],\\
&\int_0^z \frac{d\bar z}{k'^2 \mp \overline{\mathrm{dc}}^2(\bar z, k)} = \int_0^{\overline{\mathrm{dc}}} \frac{1}{k'^2 \mp t^2}\, \frac{dt}{\sqrt{(t^2 + (1+k)^2)(t^2 + (1-k)^2)}}\\
&\qquad = \frac{z}{2k'^2} + \frac{1}{4k'^2}\,\mathrm{ar\,tanh}[\mathrm{sn}(2z, k)] \quad \text{bzw.} \quad = \frac{z}{2k'^2} + \frac{1}{4k\,k'^2}\,\mathrm{ar\,tanh}[k\,\mathrm{sn}(2z, k)],\\
&\int_0^z \frac{d\bar z}{k^2 \mp \overline{\mathrm{nd}}^2(\bar z, k)} = \int_0^{\overline{\mathrm{nd}}} \frac{1}{k^2 \mp t^2}\, \frac{dt}{\sqrt{(t^2 - (1+k')^2)(t^2 - (1-k')^2)}}\\
&\qquad = \frac{z}{2k^2} + \frac{1}{4k'\,k^2}\,\mathrm{arc\,tan}\,[k'\,\mathrm{sc}(2z, k)] \quad \text{bzw.} \quad = \frac{z}{2k^2} + \frac{1}{4k^2}\,\mathrm{arc\,tan}[\mathrm{sc}(2z, k)].
\end{aligned}\right\}\quad (1131)$$

Durch Quadrieren von (847) und Integrieren folgt mit (880) und (1101)

$$\begin{aligned}
&\int_0^z \left(\frac{1 + \overline{\mathrm{nc}}^2(\bar z, k)}{1 - \overline{\mathrm{nc}}^2(\bar z, k)}\right)^2 d\bar z = \int_0^z \left(\frac{1 + \overline{\mathrm{ds}}^2(\bar z, k)}{1 - \overline{\mathrm{ds}}^2(\bar z, k)}\right)^2 d\bar z = z + \int_0^z \frac{4\,\overline{\mathrm{nc}}^2(\bar z, k)\, d\bar z}{(1 - \overline{\mathrm{nc}}^2(\bar z, k))^2} = z + \int_0^z \frac{4\,\overline{\mathrm{ds}}^2(\bar z, k)\, d\bar z}{(1 - \overline{\mathrm{ds}}^2(\bar z, k))^2}\\
&\qquad = \int_0^{\overline{\mathrm{nc}}} \left(\frac{1 + t^2}{1 - t^2}\right)^2 \frac{dt}{\sqrt{(t^2 - (k + i\,k')^2)(t^2 - (k - i\,k')^2)}}\\
&\qquad = -\frac{1}{2k'^2}\,[\eta_1 K + 2e_2 z + \mathfrak{z}_2(2z, k)],
\end{aligned}$$

$$\left.\begin{aligned}
\int_0^z \left(\frac{1-\overline{\mathrm{nc}}^2(\bar z, k)}{1+\overline{\mathrm{nc}}^2(\bar z, k)}\right)^2 d\bar z &= \int_0^z \left(\frac{1-\overline{\mathrm{ds}}^2(\bar z, k)}{1+\overline{\mathrm{ds}}^2(\bar z, k)}\right)^2 d\bar z = z - \int_0^z \frac{4\,\overline{\mathrm{nc}}^2(\bar z, k)\, d\bar z}{(1+\overline{\mathrm{nc}}^2(\bar z, k))^2} = z - \int_0^z \frac{4\,\overline{\mathrm{ds}}^2(\bar z, k)\, d\bar z}{(1+\overline{\mathrm{ds}}^2(\bar z, k))^2} \\
&= \int_0^{\overline{\mathrm{nc}}} \left(\frac{1-t^2}{1+t^2}\right)^2 \frac{dt}{\sqrt{(t^2-(k+i\,k')^2)\,(t^2-(k-i\,k')^2)}} = \frac{1}{2k^2}\,[\eta_1 K + 2e_2 z + \mathfrak{z}_4(2z, k)], \\
\int_0^z \left(\frac{k'^2+\overline{\mathrm{dc}}^2(\bar z, k)}{k'^2-\overline{\mathrm{dc}}^2(\bar z, k)}\right)^2 d\bar z &= \int_0^z \left(\frac{k'^2+\overline{\mathrm{ns}}^2(\bar z, k)}{k'^2-\overline{\mathrm{ns}}^2(\bar z, k)}\right)^2 d\bar z = z + \int_0^z \frac{4k'^2\,\overline{\mathrm{dc}}^2(\bar z, k)\, d\bar z}{(k'^2-\overline{\mathrm{dc}}^2(\bar z, k))^2} = z + \int_0^z \frac{4k'^2\,\overline{\mathrm{ns}}^2(\bar z, k)\, d\bar z}{(k'^2-\overline{\mathrm{ns}}^2(\bar z, k))^2} \\
&= \int_0^{\overline{\mathrm{dc}}} \left(\frac{k'^2+t^2}{k'^2-t^2}\right)^2 \frac{dt}{\sqrt{(t^2+(1+k)^2)\,(t^2+(1-k)^2)}} = -\frac{1}{2}\,[\eta_1 K + 2e_3 z + \mathfrak{z}_2(2z, k)], \\
\int_0^z \left(\frac{k'^2-\overline{\mathrm{dc}}^2(\bar z, k)}{k'^2+\overline{\mathrm{dc}}^2(\bar z, k)}\right)^2 d\bar z &= \int_0^z \left(\frac{k'^2-\overline{\mathrm{ns}}^2(\bar z, k)}{k'^2+\overline{\mathrm{ns}}^2(\bar z, k)}\right)^2 d\bar z = z - \int_0^z \frac{4k'^2\,\overline{\mathrm{dc}}^2(\bar z, k)\, d\bar z}{(k'^2+\overline{\mathrm{dc}}^2(\bar z, k))^2} = z - \int_0^z \frac{4k'^2\,\overline{\mathrm{ns}}^2(\bar z, k)\, d\bar z}{(k'^2+\overline{\mathrm{ns}}^2(\bar z, k))^2} \\
&= \int_0^{\overline{\mathrm{dc}}} \left(\frac{k'^2-t^2}{k'^2+t^2}\right)^2 \frac{dt}{\sqrt{(t^2+(1+k)^2)\,(t^2+(1-k)^2)}} = -\frac{1}{2k^2}\,[2e_3 z + \mathfrak{z}_3(2z, k)], \\
\int_0^z \left(\frac{k^2+\overline{\mathrm{nd}}^2(\bar z, k)}{k^2-\overline{\mathrm{nd}}^2(\bar z, k)}\right)^2 d\bar z &= \int_0^z \left(\frac{k^2+\overline{\mathrm{cs}}^2(\bar z, k)}{k^2-\overline{\mathrm{cs}}^2(\bar z, k)}\right)^2 d\bar z = z + \int_0^z \frac{4k^2\,\overline{\mathrm{nd}}^2(\bar z, k)\, d\bar z}{(k^2-\overline{\mathrm{nd}}^2(\bar z, k))^2} = z + \int_0^z \frac{4k^2\,\overline{\mathrm{cs}}^2(\bar z, k)\, d\bar z}{(k^2-\overline{\mathrm{cs}}^2(\bar z, k))^2} \\
&= \int_0^{\overline{\mathrm{nd}}} \left(\frac{k^2+t^2}{k^2-t^2}\right)^2 \frac{dt}{\sqrt{(t^2-(1+k')^2)\,(t^2-(1-k')^2)}} = \frac{1}{2k'^2}\,[2e_1 z + \mathfrak{z}_3(2z, k)], \\
\int_0^z \left(\frac{k^2-\overline{\mathrm{nd}}^2(\bar z, k)}{k^2+\overline{\mathrm{nd}}^2(\bar z, k)}\right)^2 d\bar z &= \int_0^z \left(\frac{k^2-\overline{\mathrm{cs}}^2(\bar z, k)}{k^2+\overline{\mathrm{cs}}^2(\bar z, k)}\right)^2 d\bar z = z - \int_0^z \frac{4k^2\,\overline{\mathrm{nd}}^2(\bar z, k)\, d\bar z}{(k^2+\overline{\mathrm{nd}}^2(\bar z, k))^2} = z - \int_0^z \frac{4k^2\,\overline{\mathrm{cs}}^2(\bar z, k)\, d\bar z}{(k^2+\overline{\mathrm{cs}}^2(\bar z, k))^2} \\
&= \int_0^{\overline{\mathrm{nd}}} \left(\frac{k^2-t^2}{k^2+t^2}\right)^2 \frac{dt}{\sqrt{(t^2-(1+k')^2)\,(t^2-(1-k')^2)}} = \frac{1}{2}\,[\eta_1 K + 2e_1 z + \mathfrak{z}_4(2z, k)].
\end{aligned}\right\} \quad (1132)$$

168. 48 elliptische Integrale mit einem zweiten Parameter z_0. Dreifache Jacobische und sechsfache algebraische Integraldarstellung der logarithmischen Ableitungen der Jacobischen elliptischen Funktionen

Werden in (748) die Gln. (766) berücksichtigt, so folgt, wenn $C(z_0, k)$ eine noch von z_0 und k abhängige Integrationskonstante bezeichnet,

$$\begin{aligned}
\int [\mathrm{cs}^2(z+z_0, k) - \mathrm{cs}^2(z, k)]\,dz &= \int [\mathrm{ds}^2(z+z_0, k) - \mathrm{ds}^2(z, k)]\,dz = \int [\mathrm{ns}^2(z+z_0, k) - \mathrm{ns}^2(z, k)]\,dz \\
&= \mathrm{ns}(z+z_0, k)\,\mathrm{ns}(z, k)\,\mathrm{sn}(z_0, k) + C(z_0, k), \\
\int [\mathrm{sc}^2(z+z_0, k) - \mathrm{sc}^2(z, k)]\,dz &= \int [\mathrm{nc}^2(z+z_0, k) - \mathrm{nc}^2(z, k)]\,dz = \frac{1}{k'^2}\int [\mathrm{dc}^2(z+z_0, k) - \mathrm{dc}^2(z, k)]\,dz \\
&= \frac{1}{k'^2}\,\mathrm{dc}(z+z_0, k)\,\mathrm{dc}(z, k)\,\mathrm{sn}(z_0, k) + C(z_0, k), \\
\int [\mathrm{nd}^2(z+z_0, k) - \mathrm{nd}^2(z, k)]\,dz &= k^2\int [\mathrm{sd}^2(z+z_0, k) - \mathrm{sd}^2(z, k)]\,dz = -\frac{k^2}{k'^2}\int [\mathrm{cd}^2(z+z_0, k) - \mathrm{cd}^2(z, k)]\,dz \\
&= -\frac{k^2}{k'^2}\,\mathrm{cd}(z+z_0, k)\,\mathrm{cd}(z, k)\,\mathrm{sn}(z_0, k) + C(z_0, k), \\
\int [\mathrm{dn}^2(z+z_0, k) - \mathrm{dn}^2(z, k)]\,dz &= k^2\int [\mathrm{cn}^2(z+z_0, k) - \mathrm{cn}^2(z, k)]\,dz = -k^2\int [\mathrm{sn}^2(z+z_0, k) - \mathrm{sn}^2(z, k)]\,dz \\
&= -k^2\,\mathrm{sn}(z+z_0, k)\,\mathrm{sn}(z, k)\,\mathrm{sn}(z_0, k) + C(z_0, k),
\end{aligned}$$

$$\left.\begin{aligned}
&\int [\mathrm{cs}^2(z+z_0,k)+\mathrm{dn}^2(z,k)]\,dz = \int [\mathrm{ds}^2(z+z_0,k)+k^2\,\mathrm{cn}^2(z,k)]\,dz = \int [\mathrm{ns}^2(z+z_0,k)-k^2\,\mathrm{sn}^2(z,k)]\,dz\\
&\qquad = \mathrm{ns}(z+z_0,k)\,\mathrm{sn}(z,k)\,\mathrm{ns}(z_0,k)+C(z_0,k),\\
&\int [\mathrm{sc}^2(z+z_0,k)+\mathrm{nd}^2(z,k)]\,dz = \int [\mathrm{nc}^2(z+z_0,k)+k^2\,\mathrm{sd}^2(z,k)]\,dz = \frac{1}{k'^2}\int [\mathrm{dc}^2(z+z_0,k)-k^2\,\mathrm{cd}^2(z,k)]\,dz\\
&\qquad = -\frac{1}{k'^2}\,\mathrm{dc}(z+z_0,k)\,\mathrm{cd}(z,k)\,\mathrm{ns}(z_0,k)+C(z_0,k),\\
&\int [\mathrm{nd}^2(z+z_0,k)+\mathrm{sc}^2(z,k)]\,dz = k^2\int \left[\mathrm{sd}^2(z+z_0,k)+\frac{1}{k^2}\,\mathrm{nc}^2(z,k)\right]dz\\
&\qquad = -\frac{k^2}{k'^2}\int \left[\mathrm{cd}^2(z+z_0,k)-\frac{1}{k^2}\,\mathrm{dc}^2(z,k)\right]dz\\
&\qquad = -\frac{1}{k'^2}\,\mathrm{cd}(z+z_0,k)\,\mathrm{dc}(z,k)\,\mathrm{ns}(z_0,k)+C(z_0,k),\\
&\int [\mathrm{dn}^2(z+z_0,k)+\mathrm{cs}^2(z,k)]\,dz = k^2\int \left[\mathrm{cn}^2(z+z_0,k)+\frac{1}{k^2}\,\mathrm{ds}^2(z,k)\right]dz\\
&\qquad = -k^2\int \left[\mathrm{sn}^2(z+z_0,k)-\frac{1}{k^2}\,\mathrm{ns}^2(z,k)\right]dz\\
&\qquad = \mathrm{sn}(z+z_0,k)\,\mathrm{ns}(z,k)\,\mathrm{ns}(z_0,k)+C(z_0,k),\\
&\int [\mathrm{cs}^2(z+z_0,k)-k'^2\,\mathrm{sc}^2(z,k)]\,dz = \int [\mathrm{ds}^2(z+z_0,k)-k'^2\,\mathrm{nc}^2(z,k)]\,dz = \int [\mathrm{ns}^2(z+z_0,k)-\mathrm{dc}^2(z,k)]\,dz\\
&\qquad = -\mathrm{ns}(z+z_0,k)\,\mathrm{dc}(z,k)\,\mathrm{cd}(z_0,k)+C(z_0,k),\\
&\int \left[\mathrm{sc}^2(z+z_0,k)-\frac{1}{k'^2}\,\mathrm{cs}^2(z,k)\right]dz = \int \left[\mathrm{nc}^2(z+z_0,k)-\frac{1}{k'^2}\,\mathrm{ds}^2(z,k)\right]dz = \frac{1}{k'^2}\int [\mathrm{dc}^2(z+z_0,k)-\mathrm{ns}^2(z,k)]\,dz\\
&\qquad = \frac{1}{k'^2}\,\mathrm{dc}(z+z_0,k)\,\mathrm{ns}(z,k)\,\mathrm{cd}(z_0,k)+C(z_0,k),\\
&\int \left[\mathrm{nd}^2(z+z_0,k)-\frac{1}{k'^2}\,\mathrm{dn}^2(z,k)\right]dz = k^2\int \left[\mathrm{sd}^2(z+z_0,k)-\frac{1}{k'^2}\,\mathrm{cn}^2(z,k)\right]dz\\
&\qquad = -\frac{k^2}{k'^2}\int [\mathrm{cd}^2(z+z_0,k)-\mathrm{sn}^2(z,k)]\,dz\\
&\qquad = -\frac{k^2}{k'^2}\,\mathrm{cd}(z+z_0,k)\,\mathrm{sn}(z,k)\,\mathrm{cd}(z_0,k)+C(z_0,k),\\
&\int [\mathrm{dn}^2(z+z_0,k)-k'^2\,\mathrm{nd}^2(z,k)]\,dz = k^2\int [\mathrm{cn}^2(z+z_0,k)-k'^2\,\mathrm{sd}^2(z,k)]\,dz = -k^2\int [\mathrm{sn}^2(z+z_0,k)-\mathrm{cd}^2(z,k)]\,dz\\
&\qquad = k^2\,\mathrm{sn}(z+z_0,k)\,\mathrm{cd}(z,k)\,\mathrm{cd}(z_0,k)+C(z_0,k),\\
&\int [\mathrm{cs}^2(z+z_0,k)+k'^2\,\mathrm{nd}^2(z,k)]\,dz = \int [\mathrm{ds}^2(z+z_0,k)+k^2k'^2\,\mathrm{sd}^2(z,k)]\,dz = \int [\mathrm{ns}^2(z+z_0,k)-k^2\,\mathrm{cd}^2(z,k)]\,dz\\
&\qquad = \mathrm{ns}(z+z_0,k)\,\mathrm{cd}(z,k)\,\mathrm{dc}(z_0,k)+C(z_0,k),\\
&\int \left[\mathrm{sc}^2(z+z_0,k)+\frac{1}{k'^2}\,\mathrm{dn}^2(z,k)\right]dz = \int \left[\mathrm{nc}^2(z+z_0,k)+\frac{k^2}{k'^2}\,\mathrm{cn}^2(z,k)\right]dz\\
&\qquad = \frac{1}{k'^2}\int [\mathrm{dc}^2(z+z_0,k)-k^2\,\mathrm{sn}^2(z,k)]\,dz\\
&\qquad = \frac{1}{k'^2}\,\mathrm{dc}(z+z_0,k)\,\mathrm{sn}(z,k)\,\mathrm{dc}(z_0,k)+C(z_0,k),\\
&\int \left[\mathrm{nd}^2(z+z_0,k)+\frac{1}{k'^2}\,\mathrm{cs}^2(z,k)\right]dz = k^2\int \left[\mathrm{sd}^2(z+z_0,k)+\frac{1}{k^2k'^2}\,\mathrm{ds}^2(z,k)\right]dz\\
&\qquad = -\frac{k^2}{k'^2}\int \left[\mathrm{cd}^2(z+z_0,k)-\frac{1}{k^2}\,\mathrm{ns}^2(z,k)\right]dz\\
&\qquad = \frac{1}{k'^2}\,\mathrm{cd}(z+z_0,k)\,\mathrm{ns}(z,k)\,\mathrm{dc}(z_0,k)+C(z_0,k),\\
&\int \left[\mathrm{dn}^2(z+z_0,k)+k'^2\,\mathrm{sc}^2(z,k)\right]dz = k^2\int \left[\mathrm{cn}^2(z+z_0,k)+\frac{k'^2}{k^2}\,\mathrm{nc}^2(z,k)\right]dz\\
&\qquad = -k^2\int \left[\mathrm{sn}^2(z+z_0,k)-\frac{1}{k^2}\,\mathrm{dc}^2(z,k)\right]dz\\
&\qquad = \mathrm{sn}(z+z_0,k)\,\mathrm{dc}(z,k)\,\mathrm{dc}(z_0,k)+C(z_0,k).
\end{aligned}\right\}\quad(1133)$$

Wird in den Gln. (1133) teilweise in Verbindung mit (793) $z_0 = K$, teilweise $z_0 = 0$ gesetzt, so ergeben sich 18 einparametrige Integrale, die bei Bezugnahme auf (880) in 36 algebraische Integrale übergeführt werden können. Unter Einflechtung einer festen Grenze und in Verbindung mit (772) bis (784), (799), (801), (802), (857), (858) erhält man in Übereinstimmung mit (829):

$$\int_{\frac{1}{2}K}^{z} [\mathrm{cs}^2(\bar z, k) - k'^2\,\mathrm{sc}^2(\bar z, k)]\, d\bar z = \int_{\mathrm{cs}}^{\sqrt{k'}} \left(t^2 - \frac{k'^2}{t^2}\right) \frac{dt}{\sqrt{(t^2+1)(t^2+k'^2)}}$$

$$= \int_{1/\sqrt{k'}}^{\mathrm{sc}} \left(-k'^2 t^2 + \frac{1}{t^2}\right) \frac{dt}{\sqrt{(1+t^2)(1+k'^2 t^2)}} = 1 + k' + \overline{\mathrm{cs}}(z, k),$$

$$\int_{\frac{1}{2}K}^{z} [\mathrm{ds}^2(\bar z, k) - k'^2\,\mathrm{nc}^2(\bar z, k)]\, d\bar z = \int_{\mathrm{ds}}^{\sqrt{k'(1+k')}} \left(t^2 - k'^2\frac{t^2+k^2}{t^2-k'^2}\right) \frac{dt}{\sqrt{(t^2+k^2)(t^2-k'^2)}}$$

$$= \int_{\sqrt{1+\frac{1}{k'}}}^{\mathrm{nc}} \left(-k'^2 t^2 + \frac{k'^2 t^2 + k^2}{t^2-1}\right) \frac{dt}{\sqrt{(t^2-1)(k^2+k'^2 t^2)}}$$

$$= 1 + k' + \overline{\mathrm{cs}}(z, k),$$

$$\int_{\frac{1}{2}K}^{z} [\mathrm{ns}^2(\bar z, k) - \mathrm{dc}^2(\bar z, k)]\, d\bar z = \int_{\mathrm{ns}}^{\sqrt{1+k'}} \left(t^2 - \frac{t^2-k^2}{t^2-1}\right) \frac{dt}{\sqrt{(t^2-1)(t^2-k^2)}}$$

$$= \int_{\sqrt{1+k'}}^{\mathrm{dc}} \left(-t^2 + \frac{t^2-k^2}{t^2-1}\right) \frac{dt}{\sqrt{(t^2-1)(t^2-k^2)}} = 1 + k' + \overline{\mathrm{cs}}(z, k);$$

$$\int_{z}^{K} [\mathrm{cs}^2(\bar z, k) + k'^2\,\mathrm{nd}^2(\bar z, k)]\, d\bar z = \int_{0}^{\mathrm{cs}} \left(t^2 + k'^2\frac{t^2+1}{t^2+k'^2}\right) \frac{dt}{\sqrt{(t^2+1)(t^2+k'^2)}}$$

$$= \int_{\mathrm{nd}}^{1/k'} \left(k'^2 t^2 + \frac{1-k'^2 t^2}{t^2-1}\right) \frac{dt}{\sqrt{(t^2-1)(1-k'^2 t^2)}} = -\overline{\mathrm{ds}}(z, k),$$

$$\int_{z}^{K} [\mathrm{ds}^2(\bar z, k) + k^2 k'^2\,\mathrm{sd}^2(\bar z, k)]\, d\bar z = \int_{k'}^{\mathrm{ds}} \left(t^2 + \frac{k^2 k'^2}{t^2}\right) \frac{dt}{\sqrt{(t^2+k^2)(t^2-k'^2)}}$$

$$= \int_{\mathrm{sd}}^{1/k'} \left(k^2 k'^2 t^2 + \frac{1}{t^2}\right) \frac{dt}{\sqrt{(1+k^2 t^2)(1-k'^2 t^2)}} = -\overline{\mathrm{ds}}(z, k),$$

$$\int_{z}^{K} [\mathrm{ns}^2(\bar z, k) - k^2\,\mathrm{cd}^2(\bar z, k)]\, d\bar z = \int_{1}^{\mathrm{ns}} \left(t^2 - k^2\frac{t^2-1}{t^2-k^2}\right) \frac{dt}{\sqrt{(t^2-1)(t^2-k^2)}}$$

$$= \int_{0}^{\mathrm{cd}} \left(-k^2 t^2 + \frac{1-k^2 t^2}{1-t^2}\right) \frac{dt}{\sqrt{(1-t^2)(1-k^2 t^2)}} = -\overline{\mathrm{ds}}(z, k);$$

$$\int_{z}^{K} [\mathrm{cs}^2(\bar z, k) + \mathrm{dn}^2(\bar z, k)]\, d\bar z = \int_{0}^{\mathrm{cs}} \left(t^2 + \frac{t^2+k'^2}{t^2+1}\right) \frac{dt}{\sqrt{(t^2+1)(t^2+k'^2)}}$$

$$= \int_{k'}^{\mathrm{dn}} \left(t^2 + \frac{t^2-k'^2}{1-t^2}\right) \frac{dt}{\sqrt{(1-t^2)(t^2-k'^2)}} = -\overline{\mathrm{ns}}(z, k),$$

$$\begin{aligned}
\int_z^K [\mathrm{ds}^2(\bar z, k) + k^2\,\mathrm{cn}^2(\bar z, k)]\,d\bar z &= \int_{k'}^{\mathrm{ds}} \left(t^2 + k^2\frac{t^2 - k'^2}{t^2 + k^2}\right)\frac{dt}{\sqrt{(t^2 + k^2)\,(t^2 - k'^2)}}\\
&= \int_0^{\mathrm{cn}} \left(k^2 t^2 + \frac{k'^2 + k^2 t^2}{1 - t^2}\right)\frac{dt}{\sqrt{(1 - t^2)\,(k'^2 + k^2 t^2)}} = -\,\overline{\mathrm{ns}}(z, k),\\
\int_z^K [\mathrm{ns}^2(\bar z, k) - k^2\,\mathrm{sn}^2(\bar z, k)]\,d\bar z &= \int_1^{\mathrm{ns}} \left(t^2 - \frac{k^2}{t^2}\right)\frac{dt}{\sqrt{(t^2 - 1)\,(t^2 - k^2)}}\\
&= \int_{\mathrm{sn}}^1 \left(-k^2 t^2 + \frac{1}{t^2}\right)\frac{dt}{\sqrt{(1 - t^2)\,(1 - k^2 t^2)}} = -\,\overline{\mathrm{ns}}(z, k);\\
\int_0^z [k'^2\,\mathrm{sc}^2(\bar z, k) + \mathrm{dn}^2(\bar z, k)]\,d\bar z &= \int_0^{\mathrm{sc}} \left(k'^2 t^2 + \frac{1 + k'^2 t^2}{1 + t^2}\right)\frac{dt}{\sqrt{(1 + t^2)\,(1 + k'^2 t^2)}}\\
&= \int_{\mathrm{dn}}^1 \left(t^2 + k'^2\frac{1 - t^2}{t^2 - k'^2}\right)\frac{dt}{\sqrt{(1 - t^2)\,(t^2 - k'^2)}} = \overline{\mathrm{nc}}(z, k),\\
\int_0^z [k'^2\,\mathrm{nc}^2(\bar z, k) + k^2\,\mathrm{cn}^2(\bar z, k)]\,d\bar z &= \int_1^{\mathrm{nc}} \left(k'^2 t^2 + \frac{k^2}{t^2}\right)\frac{dt}{\sqrt{(t^2 - 1)\,(k^2 + k'^2 t^2)}}\\
&= \int_{\mathrm{cn}}^1 \left(k^2 t^2 + \frac{k'^2}{t^2}\right)\frac{dt}{\sqrt{(1 - t^2)\,(k'^2 + k^2 t^2)}} = \overline{\mathrm{nc}}(z, k),\\
\int_0^z [\mathrm{dc}^2(\bar z, k) - k^2\,\mathrm{sn}^2(\bar z, k)]\,d\bar z &= \int_1^{\mathrm{dc}} \left(t^2 - k^2\frac{t^2 - 1}{t^2 - k^2}\right)\frac{dt}{\sqrt{(t^2 - 1)\,(t^2 - k^2)}}\\
&= \int_0^{\mathrm{sn}} \left(-k^2 t^2 + \frac{1 - k^2 t^2}{1 - t^2}\right)\frac{dt}{\sqrt{(1 - t^2)\,(1 - k^2 t^2)}} = \overline{\mathrm{nc}}(z, k);\\
\int_0^z [k'^2\,\mathrm{sc}^2(\bar z, k) + k'^2\,\mathrm{nd}^2(\bar z, k)]\,d\bar z &= \int_0^{\mathrm{sc}} k'^2\left(t^2 + \frac{1 + t^2}{1 + k'^2 t^2}\right)\frac{dt}{\sqrt{(1 + t^2)\,(1 + k'^2 t^2)}}\\
&= \int_1^{\mathrm{nd}} k'^2\left(t^2 + \frac{t^2 - 1}{1 - k'^2 t^2}\right)\frac{dt}{\sqrt{(t^2 - 1)\,(1 - k'^2 t^2)}} = \overline{\mathrm{dc}}(z, k),\\
\int_0^z [k'^2\,\mathrm{nc}^2(\bar z, k) + k^2 k'^2\,\mathrm{sd}^2(\bar z, k)]\,d\bar z &= \int_1^{\mathrm{nc}} k'^2\left(t^2 + k^2\frac{t^2 - 1}{k'^2 t^2 + k^2}\right)\frac{dt}{\sqrt{(t^2 - 1)\,(k^2 + k'^2 t^2)}}\\
&= \int_0^{\mathrm{sd}} k'^2\left(k^2 t^2 + \frac{1 + k^2 t^2}{1 - k'^2 t^2}\right)\frac{dt}{\sqrt{(1 + k^2 t^2)\,(1 - k'^2 t^2)}} = \overline{\mathrm{dc}}(z, k),\\
\int_0^z [\mathrm{dc}^2(\bar z, k) - k^2\,\mathrm{cd}^2(\bar z, k)]\,d\bar z &= \int_1^{\mathrm{dc}} \left(t^2 - \frac{k^2}{t^2}\right)\frac{dt}{\sqrt{(t^2 - 1)\,(t^2 - k^2)}}\\
&= \int_{\mathrm{cd}}^1 \left(-k^2 t^2 + \frac{1}{t^2}\right)\frac{dt}{\sqrt{(1 - t^2)\,(1 - k^2 t^2)}} = \overline{\mathrm{dc}}(z, k);
\end{aligned} \tag{1134}$$

$$\begin{aligned}
\int_0^z [-k'^2 \operatorname{nd}^2(\bar z, k) + \operatorname{dn}^2(\bar z, k)]\, d\bar z &= \int_1^{\operatorname{nd}} \left(-k'^2 t^2 + \frac{1}{t^2}\right) \frac{dt}{\sqrt{(t^2-1)(1-k'^2 t^2)}} \\
&= \int_{\operatorname{dn}}^1 \left(t^2 - \frac{k'^2}{t^2}\right) \frac{dt}{\sqrt{(1-t^2)(t^2-k'^2)}} = \overline{\operatorname{nd}}(z, k), \\
\int_0^z [-k^2 k'^2 \operatorname{sd}^2(\bar z, k) + k^2 \operatorname{cn}^2(\bar z, k)]\, d\bar z &= \int_0^{\operatorname{sd}} k^2 \left(-k'^2 t^2 + \frac{1-k'^2 t^2}{1+k^2 t^2}\right) \frac{dt}{\sqrt{(1+k^2 t^2)(1-k'^2 t^2)}} \\
&= \int_{\operatorname{cn}}^1 k^2 \left(t^2 - k'^2 \frac{1-t^2}{k'^2+k^2 t^2}\right) \frac{dt}{\sqrt{(1-t^2)(k'^2+k^2 t^2)}} = \overline{\operatorname{nd}}(z, k), \\
\int_0^z [k^2 \operatorname{cd}^2(\bar z, k) - k^2 \operatorname{sn}^2(\bar z, k)]\, d\bar z &= \int_{\operatorname{cd}}^1 k^2 \left(t^2 - \frac{1-t^2}{1-k^2 t^2}\right) \frac{dt}{\sqrt{(1-t^2)(1-k^2 t^2)}} \\
&= \int_0^{\operatorname{sn}} k^2 \left(-t^2 + \frac{1-t^2}{1-k^2 t^2}\right) \frac{dt}{\sqrt{(1-t^2)(1-k^2 t^2)}} = \overline{\operatorname{nd}}(z, k).
\end{aligned}$$

Die ebenfalls aus (829) entwickelbaren Integrale (1134) können auch als Integraldarstellungen der logarithmischen Ableitungen der Jacobischen elliptischen Funktionen betrachtet werden. In (1134) ist für z immer diejenige Umkehrfunktion zu wählen, die zu den in den Integralgrenzen auftretenden Jacobischen elliptischen Funktionen gehört.

169. Die 10 allgemeinen elliptischen Integrale erster Gattung

Die bisher betrachteten elliptischen Integrale erster Gattung waren sogenannte Normalintegrale, bei denen im Nenner unter der Wurzel biquadratische Polynome vierten Grades auftraten.

Dem allgemeinen Fall des elliptischen Integrals erster Gattung entspricht die Form

$$\int_{t_i}^{t} \frac{d\bar t}{\sqrt{\pm(\bar t - t_1)(\bar t - t_2)(\bar t - t_3)(\bar t - t_4)}},$$

in welcher die feste Grenze t_i mit einem der vier Wurzelwerte t_1, t_2, t_3, t_4 zusammenfallen soll.

Die Rangordnungsmöglichkeiten der vier Wurzelwerte in Beziehung zum Argument t lassen sich in den drei Doppelgruppen

$$\left.\begin{array}{ll}
t_1 < t_2 < t_3 < t_4 \leqq t, & t_1 > t_2 > t_3 > t_4 \geqq t, \\
t_1 < t_2 < t_3 \leqq t \leqq t_4, & t_1 > t_2 > t_3 \geqq t \geqq t_4, \\
t_1 < t_2 \leqq t \leqq t_3 < t_4, & t_1 > t_2 \geqq t \geqq t_3 > t_4
\end{array}\right\} \qquad (1135)$$

zusammenfassen, wobei jeder Doppelgruppe eine Substitution und ein Modul zugeordnet ist. Bezüglich des Moduls besteht eine enge Verwandtschaft, da in der oberen und unteren Gruppe die Moduli übereinstimmen und zu demjenigen der mittleren Gruppe konjugiert sind. Bezogen auf die Jacobische sn-Funktion lauten Substitutionen und Moduli:

$$\left.\begin{array}{ll}
\operatorname{sn}^2(z, k) = \dfrac{t_1 - t_3}{t_1 - t_4}\,\dfrac{t - t_4}{t - t_3}, & k^2 = \dfrac{(t_2 - t_3)(t_1 - t_4)}{(t_1 - t_3)(t_2 - t_4)}, \\
\operatorname{sn}^2(z, k) = \dfrac{t_4 - t_2}{t_4 - t_3}\,\dfrac{t - t_3}{t - t_2}, & k^2 = \dfrac{(t_3 - t_4)(t_2 - t_1)}{(t_2 - t_4)(t_3 - t_1)}, \\
\operatorname{sn}^2(z, k) = \dfrac{t_3 - t_1}{t_3 - t_2}\,\dfrac{t - t_2}{t - t_1}, & k^2 = \dfrac{(t_2 - t_3)(t_1 - t_4)}{(t_1 - t_3)(t_2 - t_4)}.
\end{array}\right\} \qquad (1136)$$

Durch Einführung von (1136) in (784) ergeben sich die zu den drei Doppelgruppen gehörigen Substitutionssätze. Sie lauten:

$$\left.\begin{aligned}
\operatorname{sn}^2(z,k) &= \frac{1}{\operatorname{ns}^2(z,k)} = \frac{t_1-t_3}{t_1-t_4}\,\frac{t-t_4}{t-t_3}, & \operatorname{sc}^2(z,k) &= \frac{1}{\operatorname{cs}^2(z,k)} = \frac{t_1-t_3}{t_3-t_4}\,\frac{t-t_4}{t-t_1},\\
\operatorname{cn}^2(z,k) &= \frac{1}{\operatorname{nc}^2(z,k)} = \frac{t_3-t_4}{t_1-t_4}\,\frac{t-t_1}{t-t_3}, & \operatorname{sd}^2(z,k) &= \frac{1}{\operatorname{ds}^2(z,k)} = \frac{t_1-t_3}{t_1-t_4}\,\frac{t_2-t_4}{t_3-t_4}\,\frac{t-t_4}{t-t_2},\\
\operatorname{dn}^2(z,k) &= \frac{1}{\operatorname{nd}^2(z,k)} = \frac{t_3-t_4}{t_2-t_4}\,\frac{t-t_2}{t-t_3}, & \operatorname{cd}^2(z,k) &= \frac{1}{\operatorname{dc}^2(z,k)} = \frac{t_2-t_4}{t_1-t_4}\,\frac{t-t_1}{t-t_2};\\
\operatorname{sn}^2(z,k) &= \frac{1}{\operatorname{ns}^2(z,k)} = \frac{t_4-t_2}{t_4-t_3}\,\frac{t-t_3}{t-t_2}, & \operatorname{sc}^2(z,k) &= \frac{1}{\operatorname{cs}^2(z,k)} = \frac{t_4-t_2}{t_2-t_3}\,\frac{t-t_3}{t-t_4},\\
\operatorname{cn}^2(z,k) &= \frac{1}{\operatorname{nc}^2(z,k)} = \frac{t_2-t_3}{t_4-t_3}\,\frac{t-t_4}{t-t_2}, & \operatorname{sd}^2(z,k) &= \frac{1}{\operatorname{ds}^2(z,k)} = \frac{t_4-t_2}{t_3-t_2}\,\frac{t_3-t_1}{t_4-t_3}\,\frac{t-t_3}{t-t_1},\\
\operatorname{dn}^2(z,k) &= \frac{1}{\operatorname{nd}^2(z,k)} = \frac{t_2-t_3}{t_1-t_3}\,\frac{t-t_1}{t-t_2}, & \operatorname{cd}^2(z,k) &= \frac{1}{\operatorname{dc}^2(z,k)} = \frac{t_3-t_1}{t_3-t_4}\,\frac{t-t_4}{t-t_1};\\
\operatorname{sn}^2(z,k) &= \frac{1}{\operatorname{ns}^2(z,k)} = \frac{t_3-t_1}{t_3-t_2}\,\frac{t-t_2}{t-t_1}, & \operatorname{sc}^2(z,k) &= \frac{1}{\operatorname{cs}^2(z,k)} = \frac{t_3-t_1}{t_1-t_2}\,\frac{t-t_2}{t-t_3},\\
\operatorname{cn}^2(z,k) &= \frac{1}{\operatorname{nc}^2(z,k)} = \frac{t_1-t_2}{t_3-t_2}\,\frac{t-t_3}{t-t_1}, & \operatorname{sd}^2(z,k) &= \frac{1}{\operatorname{ds}^2(z,k)} = \frac{t_3-t_1}{t_3-t_2}\,\frac{t_4-t_2}{t_1-t_2}\,\frac{t-t_2}{t-t_4},\\
\operatorname{dn}^2(z,k) &= \frac{1}{\operatorname{nd}^2(z,k)} = \frac{t_1-t_2}{t_4-{}'_2}\,\frac{t-t_4}{t-t_1}, & \operatorname{cd}^2(z,k) &= \frac{1}{\operatorname{dc}^2(z,k)} = \frac{t_4-t_2}{t_3-t_2}\,\frac{t-t_3}{t-t_4}.
\end{aligned}\right\} \tag{1137}$$

Differenziert man die Gln. (1136) unter Bezugnahme auf (828) nach t, so erhält man auf der linken Seite den Ausdruck

$$2\operatorname{sn}(z,k)\operatorname{cn}(z,k)\operatorname{dn}(z,k)\frac{dz}{dt},$$

der mit Hilfe von (1137) als Funktion von t dargestellt werden kann. Werden die differenzierten Gleichungen als Substitutionen geschrieben, so folgt für alle drei Doppelgruppen

$$\pm\frac{2}{\sqrt{(t_1-t_3)(t_2-t_4)}}\,dz = \frac{1}{\sqrt{\pm(t-t_1)(t-t_2)(t-t_3)(t-t_4)}}\,dt. \tag{1138}$$

In (1138) ist das Vorzeichen unter der rechten Wurzel für die obere und untere der Doppelgruppen (1135) positiv, für die mittlere negativ einzusetzen. Das positive Vorzeichen auf der linken Seite entspricht den linken, das negative den rechten Teilgruppen von (1135). Nach (1138) wird das Ausgangsintegral durch die Substitutionen (1136) auf eine Umkehrfunktion z zurückgeführt, die für $t = t_i$ den Wert Null annehmen soll. Bedient man sich zur Darstellung von z des Houelschen arg-Symbols, so erhält man:

$$\left.\begin{aligned}
&\int\limits_{t_4}^{t}\frac{d\bar t}{\sqrt{(\bar t-t_1)(\bar t-t_2)(\bar t-t_3)(\bar t-t_4)}} = \pm\frac{\arg\operatorname{sn}\left(\sqrt{\dfrac{t_1-t_3}{t_1-t_4}\,\dfrac{t-t_4}{t-t_3}},\ \sqrt{\dfrac{t_2-t_3}{t_1-t_3}\,\dfrac{t_1-t_4}{t_2-t_4}}\right)}{\frac12\sqrt{(t_1-t_3)(t_2-t_4)}},\\
&\qquad (+\text{ Zeichen: } t_1<t_2<t_3<t_4\le t, \quad -\text{ Zeichen: } t_1>t_2>t_3>t_4\ge t),\\
&\int\limits_{t_3}^{t}\frac{d\bar t}{\sqrt{-(\bar t-t_1)(\bar t-t_2)(\bar t-t_3)(\bar t-t_4)}} = \pm\frac{\arg\operatorname{sn}\left(\sqrt{\dfrac{t_4-t_2}{t_4-t_3}\,\dfrac{t-t_3}{t-t_2}},\ \sqrt{\dfrac{t_3-t_4}{t_2-t_4}\,\dfrac{t_2-t_1}{t_3-t_1}}\right)}{\frac12\sqrt{(t_1-t_3)(t_2-t_4)}},\\
&\qquad (+\text{ Zeichen: } t_1<t_2<t_3\le t\le t_4, \quad -\text{ Zeichen: } t_1>t_2>t_3\ge t\ge t_4),\\
&\int\limits_{t_2}^{t}\frac{d\bar t}{\sqrt{(\bar t-t_1)(\bar t-t_2)(\bar t-t_3)(\bar t-t_4)}} = \pm\frac{\arg\operatorname{sn}\left(\sqrt{\dfrac{t_3-t_1}{t_3-t_2}\,\dfrac{t-t_2}{t-t_1}},\ \sqrt{\dfrac{t_2-t_3}{t_1-t_3}\,\dfrac{t_1-t_4}{t_2-t_4}}\right)}{\frac12\sqrt{(t_1-t_3)(t_2-t_4)}},\\
&\qquad (+\text{ Zeichen: } t_1<t_2\le t\le t_3<t_4, \quad -\text{ Zeichen: } t_1>t_2\ge t\ge t_3>t_4).
\end{aligned}\right\} \tag{1139}$$

$$\int\limits_{t_2}^{t_3}\frac{\frac12\sqrt{(t_1-t_3)(t_2-t_4)}\,dt}{\sqrt{(t-t_1)(t-t_2)(t-t_3)(t-t_4)}} = K, \qquad \int\limits_{t_3}^{t_4}\frac{\frac12\sqrt{(t_1-t_3)(t_2-t_4)}\,dt}{\sqrt{(t_1-t)(t-t_2)(t-t_3)(t-t_4)}} = K. \tag{1140}$$

$$(t_1<t_2\le t\le t_3<t_4) \qquad\qquad (t_1<t_2<t_3\le t\le t_4)$$

Sind zwei der Wurzelwerte komplex, so nimmt das allgemeine elliptische Integral erster Gattung die Form

$$\int_{t_2}^{t} \frac{d\bar t}{\sqrt{\pm(\bar t - t_1)(\bar t - t_2)(\bar t - t_3 - i t_4)(\bar t - t_3 + i t_4)}} = \int_{t_2}^{t} \frac{d\bar t}{\sqrt{\pm(\bar t - t_1)(\bar t - t_2)[(\bar t - t_3)^2 + t_4^2]}}$$

an, mit den drei Rangordnungsgruppen $t_1 < t_2 \leqq t$, $t_1 > t_2 \geqq t$, $t_1 \leqq t \leqq t_2$.

Die zugehörigen Substitutionen unterscheiden sich wie in dem Ausgangsintegral nur durch das Vorzeichen und lauten, bezogen auf die logarithmische Ableitung der JACOBIschen nc-Funktion oder ds-Funktion,

$$\left.\begin{aligned}
&\overline{\mathrm{nc}}^2\left(\frac{z}{2}, k\right) = \frac{1}{\overline{\mathrm{ds}}^2\left(\frac{z}{2}, k\right)} = \pm\sqrt{\frac{(t_1 - t_3)^2 + t_4^2}{(t_2 - t_3)^2 + t_4^2}\,\frac{t - t_2}{t - t_1}}, \qquad z = 2 \arg \overline{\mathrm{nc}}\left[\sqrt{\pm\sqrt{\frac{(t_1 - t_3)^2 + t_4^2}{(t_2 - t_3)^2 + t_4^2}\,\frac{t - t_2}{t - t_1}}}, k\right],\\
&\text{mit den Modulwerten}\\
&k^2 = \pm\frac{-(t_1 - t_2)^2 + \left(\sqrt{(t_1 - t_3)^2 + t_4^2} \pm \sqrt{(t_2 - t_3)^2 + t_4^2}\right)^2}{4\sqrt{[(t_1 - t_3)^2 + t_4^2]\,[(t_2 - t_3)^2 + t_4^2]}},\\
&k'^2 = \mp\frac{-(t_1 - t_2)^2 + \left(\sqrt{(t_1 - t_3)^2 + t_4^2} \mp \sqrt{(t_2 - t_3)^2 + t_4^2}\right)^2}{4\sqrt{[(t_1 - t_3)^2 + t_4^2]\,[(t_2 - t_3)^2 + t_4^2]}},\\
&(k + i k')^2 = \frac{\pm[t_1 t_2 - (t_1 + t_2) t_3 + t_3^2 + t_4^2] + (t_1 - t_2) t_4 i}{\sqrt{[(t_1 - t_3)^2 + t_4^2]\,[(t_2 - t_3)^2 + t_4^2]}},\\
&\text{(oberes Vorzeichen: } t_1 < t_2 \leqq t,\ t_1 > t_2 \geqq t, \quad \text{unteres Vorzeichen: } t_1 \geqq t \geqq t_2).
\end{aligned}\right\} \quad (1141)$$

Mit $\overline{\mathrm{nc}}^2\left(\frac{z}{2}, k\right)$ sind nach der dritten und vierten der Gln. (848) auch $\mathrm{cn}(z, k)$ und $\mathrm{nc}(z, k)$ bekannt und damit nach (784) auch alle übrigen JACOBIschen elliptischen Funktionen. Man erhält, wenn abkürzend

$$\lambda_1 = \sqrt{(t_1 - t_3)^2 + t_4^2}, \qquad \lambda_2 = \sqrt{(t_2 - t_3)^2 + t_4^2} \qquad (1142)$$

gesetzt und das obere Vorzeichen wieder der linken, das untere der rechten Rangordnungsgruppe zugeordnet wird,

$$\left.\begin{aligned}
\mathrm{cs}^2(z, k) &= \frac{1}{\mathrm{sc}^2(z, k)} = \pm\frac{[\lambda_2(t - t_1) \mp \lambda_1(t - t_2)]^2}{4\lambda_1\lambda_2(t - t_1)(t - t_2)},\\
\mathrm{ds}^2(z, k) &= \frac{1}{\mathrm{sd}^2(z, k)} = \pm\frac{(t_1 - t_2)^2}{4\lambda_1\lambda_2}\,\frac{(t - t_3 - i t_4)(t - t_3 + i t_4)}{(t - t_1)(t - t_2)},\\
\mathrm{ns}^2(z, k) &= \frac{1}{\mathrm{sn}^2(z, k)} = \pm\frac{[\lambda_2(t - t_1) \pm \lambda_1(t - t_2)]^2}{4\lambda_1\lambda_2(t - t_1)(t - t_2)}, \quad \text{(oberes Vorzeichen: } t_1 < t_2 \leqq t,\ t_1 > t_2 \geqq t,\\
\mathrm{cn}^2(z, k) &= \frac{1}{\mathrm{nc}^2(z, k)} = \frac{[\lambda_2(t - t_1) \mp \lambda_1(t - t_2)]^2}{[\lambda_2(t - t_1) \pm \lambda_1(t - t_2)]^2}, \quad \text{unteres Vorzeichen: } t_1 \geqq t \geqq t_2)\\
\mathrm{dn}^2(z, k) &= \frac{1}{\mathrm{nd}^2(z, k)} = \frac{(t_1 - t_2)^2 (t - t_3 - i t_4)(t - t_3 + i t_4)}{[\lambda_2(t - t_1) \pm \lambda_1(t - t_2)]^2},\\
\mathrm{dc}^2(z, k) &= \frac{1}{\mathrm{cd}^2(z, k)} = \frac{(t_1 - t_2)^2 (t - t_3 - i t_4)(t - t_3 + i t_4)}{[\lambda_2(t - t_1) \mp \lambda_1(t - t_2)]^2}.
\end{aligned}\right\} \quad (1143)$$

Wird die Funktion $\overline{\mathrm{nc}}^2\left(\frac{z}{2}, k\right)$ von (1141) in Verbindung mit der sechsten der Gln. (778) nach t differenziert, so folgt der Ausdruck

$$\frac{\partial}{\partial t}\overline{\mathrm{nc}}^2\left(\frac{z}{2}, k\right) = \overline{\mathrm{nc}}\left(\frac{z}{2}, k\right)\sqrt{\left[\overline{\mathrm{nc}}^2\left(\frac{z}{2}, k\right) - (k + i k')^2\right]\left[\overline{\mathrm{nc}}^2\left(\frac{z}{2}, k\right) - (k - i k')^2\right]}\,\frac{dz}{dt},$$

in welchem sich die linke und die rechte Seite mit Hilfe der ersten und letzten der Gln. (1141) als Funktionen von t und t_1, t_2, t_3, t_4 darstellen lassen. Beachtet man hierbei noch die Beziehungen

$$(t - t_3)^2 + t_4^2 = (t - t_3 - i t_4)(t - t_3 + i t_4),$$

$$t_3^2 + t_4^2 - t_1 t_3 \pm t_1 t_4 i = (t_1 - t_3 \mp t_4 i)(-t_3 \pm t_4 i),$$

so folgt nach längeren Rechnungen

$$\pm\frac{1}{\sqrt[4]{[(t_1-t_3)^2+t_4^2]\,[(t_2-t_3)^2+t_4^2]}}\,dz=\frac{1}{\sqrt{\pm(t-t_1)\,(t-t_2)\,(t-t_3-i\,t_4)\,(t-t_3+i\,t_4)}}\,dt. \tag{1144}$$

In (1144) gehört das obere Wurzelvorzeichen zu der oberen, das untere zu der unteren Rangordnungsgruppe. Das obere Vorzeichen auf der linken Seite bezieht sich auf die vordere, das untere auf die hintere Schranke von (1143). Die Integration von (1144) liefert, wenn man Gl. (1143) beachtet, nach welcher den Argumenten $z=0$ und $z=K$ die Werte $t=t_2$ und $t=\frac{\lambda_2 t_1\mp\lambda_1 t_2}{\lambda_2\mp\lambda_1}$ entsprechen,

$$\left.\begin{aligned}
&\int\limits_{t_2}^{t}\frac{d\bar t}{\sqrt{(\bar t-t_1)\,(\bar t-t_2)\,(\bar t-t_3-i\,t_4)\,(\bar t-t_3+i\,t_4)}}\\
&\qquad=\pm\frac{2}{\sqrt{\lambda_1\lambda_2}}\arg\overline{\mathrm{nc}}\left(\sqrt{+\frac{\lambda_1}{\lambda_2}\,\frac{t-t_2}{t-t_1}},\ \sqrt{\frac{-(t_1-t_2)^2+(\lambda_1+\lambda_2)^2}{4\lambda_1\lambda_2}}\right),\\
&\qquad\qquad(+\text{ Zeichen: } t_1<t_2\leqq t,\quad -\text{ Zeichen: } t_1>t_2\geqq t)\\
&\int\limits_{t_2}^{t}\frac{d\bar t}{\sqrt{-(\bar t-t_1)\,(\bar t-t_2)\,(\bar t-t_3-i\,t_4)\,(\bar t-t_3+i\,t_4)}}\\
&\qquad=+\frac{2}{\sqrt{\lambda_1\lambda_2}}\arg\overline{\mathrm{nc}}\left(\sqrt{-\frac{\lambda_1}{\lambda_2}\,\frac{t-t_2}{t-t_1}},\ \sqrt{\frac{+(t_1-t_2)^2-(\lambda_1-\lambda_2)^2}{4\lambda_1\lambda_2}}\right).\\
&\qquad\qquad(t_1\geqq t\geqq t_2)
\end{aligned}\right\} \tag{1145}$$

$$\left.\begin{aligned}
&\int\limits_{t_2}^{\frac{\lambda_2 t_1-\lambda_1 t_2}{\lambda_2-\lambda_1}}\frac{\frac12\sqrt{\lambda_1\lambda_2}\,dt}{\sqrt{(t-t_1)\,(t-t_2)\,[(t-t_3)^2+t_4^2]}}=\pm K,\quad(+\text{ Zeichen: } t_1<t_2\leqq t,\quad -\text{ Zeichen: } t_1>t_2\geqq t)\\
&\int\limits_{t_2}^{\frac{\lambda_2 t_1+\lambda_1 t_2}{\lambda_2+\lambda_1}}\frac{\frac12\sqrt{\lambda_1\lambda_2}\,dt}{\sqrt{(t_1-t)\,(t-t_2)\,[(t-t_3)^2+t_4^2]}}=K.\qquad(t_1\geqq t\geqq t_2)
\end{aligned}\right\} \tag{1146}$$

Sind sämtliche Wurzelwerte komplex, so nimmt das allgemeine elliptische Integral erster Gattung die Form

$$\int\limits_{t_i}^{t}\frac{d\bar t}{\sqrt{(\bar t-t_1-i\,t_2)\,(\bar t-t_1+i\,t_2)\,(\bar t-t_3-i\,t_4)\,(\bar t-t_3+i\,t_4)}}=\int\limits_{t_i}^{t}\frac{d\bar t}{\sqrt{[(\bar t-t_1)^2+t_2^2]\,[(\bar t-t_3)^2+t_4^2]}}$$

an, in welcher t_ι wieder dem Argumentwert $z=0$ zugeordnet sein soll. Setzt man

$$\left.\begin{aligned}
&\lambda_1=\sqrt{(t_1-t_3)^2+(t_2+t_4)^2}, &&\lambda_2=\mp\sqrt{\frac{4t_2^2-(\lambda_1-\lambda_3)^2}{(\lambda_1+\lambda_3)^2-4t_2^2}}, &&k=\frac{2\sqrt{\lambda_1\lambda_3}}{\lambda_1+\lambda_3},\\
&&&&&\text{(oberes Vorzeichen: } t_1>t_3)\\
&\lambda_3=\sqrt{(t_1-t_3)^2+(t_2-t_4)^2}, &&\lambda_4=\pm\sqrt{\frac{4t_4^2-(\lambda_3-\lambda_1)^2}{(\lambda_3+\lambda_1)^2-4t_4^2}}, &&k'=\frac{\lambda_1-\lambda_3}{\lambda_1+\lambda_3},\\
&&&&&\text{(unteres Vorzeichen: } t_1<t_3)\\
&1+\lambda_{\substack{2\\4}}^2=\frac{k^2(\lambda_1+\lambda_3)^2}{(\lambda_1+\lambda_3)^2-4t_{\substack{2\\4}}^2}, &&k'^2+\lambda_{\substack{2\\4}}^2=\frac{4k^2\,t_{\substack{2\\4}}^2}{(\lambda_1+\lambda_3)^2-4t_{\substack{2\\4}}^2}, &&\sqrt{\frac{1+\lambda_{\substack{2\\4}}^2}{k'^2+\lambda_{\substack{2\\4}}^2}}=\frac{\lambda_1+\lambda_3}{2t_{\substack{2\\4}}},
\end{aligned}\right\} \tag{1147}$$

so folgt unter Einsetzen von λ_1, λ_2, λ_3, λ_4

$$\begin{aligned}
\frac{k'^2+\lambda_{\substack{2\\4}}^2}{k^2\,t_{\substack{2\\4}}\,\lambda_{\substack{2\\4}}}&=\frac{4t_{\substack{2\\4}}}{\sqrt{[4t_{\substack{2\\4}}^2-(\lambda_1-\lambda_3)^2]\,[(\lambda_1+\lambda_3)^2-4t_{\substack{2\\4}}^2]}}=\frac{t_{\substack{2\\4}}}{\sqrt{[\frac12\lambda_1\lambda_3+(t_{\substack{2\\4}}^2-\frac14\lambda_1^2-\frac14\lambda_3^2)]\,[\frac12\lambda_1\lambda_3-(t_{\substack{2\\4}}^2-\frac14\lambda_1^2-\frac14\lambda_3^2)]}}\\
&=\mp\frac{1}{t_1-t_3}.
\end{aligned} \tag{1148}$$

Aus (1147) und (1148) ergibt sich nach längeren Rechnungen

$$(1 + k'^2 \lambda^2_{\substack{2\\4}})\, t^2_{\substack{2\\4}} + 2k^2 \lambda_{\substack{2\\4}} t_{\substack{2\\4}} (t_{\substack{1\\3}} - t_{\substack{3\\1}}) + (k'^2 + \lambda^2_{\substack{2\\4}})\, (t_{\substack{1\\3}} - t_{\substack{3\\1}})^2 = (k'^2 + \lambda^2_{\substack{2\\4}})\, t^2_{\substack{4\\2}}. \qquad (1148)'$$

Für die Substitutionen, welche das Ausgangsintegral in z überführen, folgt

$$\left.\begin{aligned}
\mathrm{sn}^2(z, k) &= \frac{1}{\mathrm{ns}^2(z, k)} = \frac{[(t - t_1) + \lambda_2 t_2]^2}{(1 + \lambda_2^2)\,[(t - t_1)^2 + t_2^2]}, & \mathrm{sc}^2(z, k) &= \frac{1}{\mathrm{cs}^2(z, k)} = \frac{[(t - t_1) + \lambda_2 t_2]^2}{[t_2 - \lambda_2(t - t_1)]^2},\\
\mathrm{cn}^2(z, k) &= \frac{1}{\mathrm{nc}^2(z, k)} = \frac{[t_2 - \lambda_2(t - t_1)]^2}{(1 + \lambda_2^2)\,[(t - t_1)^2 + t_2^2]}, & \mathrm{sd}^2(z, k) &= \frac{1}{\mathrm{ds}^2(z, k)} = \frac{[(t - t_1) + \lambda_2 t_2]^2}{(k'^2 + \lambda_2^2)\,[(t - t_3)^2 + t_4^2]},\\
\mathrm{dn}^2(z, k) &= \frac{1}{\mathrm{nd}^2(z, k)} = \frac{k'^2 + \lambda_2^2}{1 + \lambda_2^2}\,\frac{[(t - t_3)^2 + t_4^2]}{[(t - t_1)^2 + t_2^2]}, & \mathrm{cd}^2(z, k) &= \frac{1}{\mathrm{dc}^2(z, k)} = \frac{[t_2 - \lambda_2(t - t_1)]^2}{(k'^2 + \lambda_2^2)\,[(t - t_3)^2 + t_4^2]}.
\end{aligned}\right\} \qquad (1149)$$

Entsprechend dem bikomplexen Aufbau des Ausgangsintegrals ergäbe sich ein zweiter Satz von Substitutionen, wenn in (1149) t_1, t_2 und λ_2 mit t_3, t_4 und λ_4 und umgekehrt vertauscht werden würden.

Die gesuchte Darstellung des Ausgangsintegrals durch z geschieht hier zweckmäßig in Anknüpfung an die dn-Funktion in Verbindung mit (896). Bei Beachtung von (1147) und (1149) erhält man zunächst

$$dz = \frac{1}{\mathrm{dn}(z, k)}\, d\,\mathrm{am}(z, k) = \frac{\lambda_1 + \lambda_3}{2t_2} \sqrt{\frac{(t - t_1)^2 + t_2^2}{(t - t_3)^2 + t_4^2}}\, \frac{d\,\mathrm{am}(z, k)}{dt}\, dt.$$

Nun ist aber nach (1149)

$$\mathrm{sc}(z, k) = \tan \mathrm{am}(z, k) = \frac{(t - t_1) + \lambda_2 t_2}{t_2 - \lambda_2(t - t_1)}, \qquad \mathrm{am}(z, k) = \operatorname{arc\,tan} \frac{(t - t_1) + \lambda_2 t_2}{t_2 - \lambda_2(t - t_1)}$$

oder umgeformt

$$\mathrm{am}(z, k) = \operatorname{arc\,tan} \frac{\lambda_2 + \dfrac{t - t_1}{t_2}}{1 - \lambda_2 \dfrac{t - t_1}{t_2}} = \operatorname{arc\,tan} \lambda_2 + \operatorname{arc\,tan} \frac{t - t_1}{t_2}. \qquad (1150)$$

Hieraus ergibt sich für die Ableitung der Amplitudenfunktion

$$\frac{d\,\mathrm{am}(z, k)}{dt} = \frac{t_2}{(t - t_1)^2 + t_2^2} \quad \text{und damit} \quad \frac{2}{\lambda_1 + \lambda_3}\, dz = \frac{1}{\sqrt{[(t - t_1)^2 + t_2^2]\,[(t - t_3)^2 + t_4^2]}}\, dt.$$

Die Integration dieses Ausdrucks soll wieder unter Einflechtung einer festen Grenze erfolgen. Nach (1149) entsprechen sich, da für $z = 0$ bzw. $z = K$ die Funktionen $\mathrm{sn}^2(z, k)$ bzw. $\mathrm{cn}^2(z, k)$ verschwinden, die Argumentwerte

$$t = t_{\substack{1\\3}} - \lambda_{\substack{2\\4}} t_{\substack{2\\4}} \quad \text{und} \quad z = 0 \quad \text{bzw.} \quad t = t_{\substack{1\\3}} + t_{\substack{2\\4}}/\lambda_{\substack{2\\4}} \quad \text{und} \quad z = K. \qquad (1151)$$

Es folgt daher für z nach $(1149)^3$ und mit $(1147)^6$ für die beiden Substitutionssätze

$$\left.\begin{aligned}
\int\limits_{t_1 - \lambda_2 t_2}^{t} \frac{d\bar t}{\sqrt{[(\bar t - t_1)^2 + t_2^2]\,[(\bar t - t_3)^2 + t_4^2]}} &= \frac{2}{\lambda_1 + \lambda_3} \arg \mathrm{dn}\left(\frac{2t_2}{\lambda_1 + \lambda_3} \sqrt{\frac{(t - t_3)^2 + t_4^2}{(t - t_1)^2 + t_2^2}}, \frac{2\sqrt{\lambda_1 \lambda_3}}{\lambda_1 + \lambda_3}\right),\\
\int\limits_{t_3 - \lambda_4 t_4}^{t} \frac{d\bar t}{\sqrt{[(\bar t - t_1)^2 + t_2^2]\,[(\bar t - t_3)^2 + t_4^2]}} &= \frac{2}{\lambda_1 + \lambda_3} \arg \mathrm{dn}\left(\frac{2t_4}{\lambda_1 + \lambda_3} \sqrt{\frac{(t - t_1)^2 + t_2^2}{(t - t_3)^2 + t_4^2}}, \frac{2\sqrt{\lambda_1 \lambda_3}}{\lambda_1 + \lambda_3}\right);
\end{aligned}\right\} \qquad (1152)$$

$$\int\limits_{t_1 - \lambda_2 t_2}^{t_1 + \frac{t_2}{\lambda_2}} \frac{\frac{1}{2}(\lambda_1 + \lambda_3)\, dt}{\sqrt{[(t - t_1)^2 + t_2^2]\,[(t - t_3)^2 + t_4^2]}} = \int\limits_{t_3 - \lambda_4 t_4}^{t_3 + \frac{t_4}{\lambda_4}} \frac{\frac{1}{2}(\lambda_1 + \lambda_3)\, dt}{\sqrt{[(t - t_1)^2 + t_2^2]\,[(t - t_3)^2 + t_4^2]}} = K. \qquad (1153)$$

Setzt man in der oberen der Gln. (1152) $t = t_3 - \lambda_4 t_4$, in der unteren $t = t_1 - \lambda_2 t_2$, so werden die beiden Integrale bis auf das Vorzeichen gleich. Dasselbe gilt dann auch für die zu den beiden t-Werten gehörigen Amplitudenfunktionen, wobei im zweiten Falle in (1150) t_1, t_2, λ_2 mit t_3, t_4, λ_4

zu vertauschen sind. Die entsprechende Bedingungsgleichung liefert

$$\operatorname{arc}\tan\lambda_2 + \operatorname{arc}\tan\frac{t_3 - t_1 - \lambda_4 t_4}{t_2} = -\operatorname{arc}\tan\lambda_4 - \operatorname{arc}\tan\frac{t_1 - t_3 - \lambda_2 t_2}{t_4}$$

oder

$$(\operatorname{arc}\tan\lambda_2 + \operatorname{arc}\tan\lambda_4) = -\left(\operatorname{arc}\tan\frac{t_3 - t_1 - \lambda_4 t_4}{t_2} + \operatorname{arc}\tan\frac{t_1 - t_3 - \lambda_2 t_2}{t_4}\right).$$

An dieser Gleichung kann nun die tan-Operation vollzogen werden. Dies ergibt nach entsprechender Zusammenfassung:

$$\frac{\lambda_2\lambda_4 - 1}{\lambda_2 + \lambda_4} = \frac{t_1 - t_3}{t_2 - t_4} \quad \text{bzw.} \quad \lambda_2 = \frac{\lambda_4(t_1 - t_3) + (t_2 - t_4)}{\lambda_4(t_2 - t_4) - (t_1 - t_3)} \quad \text{bzw.} \quad \lambda_4 = \frac{\lambda_2(t_1 - t_3) + (t_2 - t_4)}{\lambda_2(t_2 - t_4) - (t_1 - t_3)}. \tag{1154}$$

170. Die 111 allgemeinen elliptischen Integrale zweiter Gattung

Die allgemeinen elliptischen Integrale zweiter Gattung entstehen in Analogie zu den Normalintegralen zweiter Gattung dadurch, daß die Integranden der Integrale erster Gattung mit den im vorigen Abschnitt als Funktionen von t dargestellten Quadraten der JACOBIschen elliptischen Funktionen multipliziert werden, wobei der Zusammenhang zwischen z und t durch (1137) bzw. (1143) bzw. (1149) gegeben ist. Eine Darstellung der durch Multiplikation der Integranden mit den Quadraten der logarithmischen Ableitungen entstehenden Integrale zweiter Gattung lohnt sich im allgemeinen nicht, zumal diese Integrale nach (771) als Summen der betrachteten Grundintegrale aufgebaut werden können. Eine Ausnahme bildet lediglich der einfach komplexe Fall, für welchen nach (1141) die zu $\overline{\mathrm{nc}}^2$ und $\overline{\mathrm{ds}}^2$ gehörigen Integrale sehr durchsichtig werden.

Wenn die Auswertung der Integrale durch Bezugnahme auf (1101), d. h. mit Hilfe der speziellen WEIERSTRASSschen Zeta-Funktionen erfolgt, so zeigt der zu den reellen Wurzelwerten gehörige 72 Integrale zählende Satz einen leicht übersehbaren zyklischen Aufbau.

Die festen Grenzen können vom vorigen Abschnitt größtenteils übernommen werden. Im Falle reeller Wurzelwerte macht lediglich die obere Rangordnungsgruppe von (1135) bezüglich der Integrale mit cs^2, ds^2 und ns^2 eine Ausnahme. Für diese Integrale würden die festen Grenzen vom vorigen Abschnitt zu unendlich großen Werten führen, weshalb für die linke Rangordnungsgruppe $t \to \infty$, für die rechte $t = 0$ als feste Grenze gewählt werden soll. Die zugehörigen z-Werte sind

$$z_\infty = \arg \mathrm{sn}\left(\sqrt{\frac{t_1 - t_3}{t_1 - t_4}}, k\right) \quad \text{und} \quad z_0 = \arg \mathrm{sn}\left(\sqrt{\frac{(t_1 - t_3)\, t_4}{(t_1 - t_4)\, t_3}}, k\right).$$

Auch in dem einfach komplexen Wurzelfall führen die Integrale mit cs^2, ds^2 und ns^2 bei den Grenzen vom vorigen Abschnitt zu unendlich großen Werten. Für die obere Rangordnungsgruppe kann hier wieder $t \to \infty$ bzw. $t = 0$ als feste Grenze zugrunde gelegt werden. Die entsprechenden z-Werte sind

$$z_\infty = 2\arg \overline{\mathrm{nc}}\left(\sqrt[4]{\frac{(t_1 - t_2)^2 + t_4^2}{(t_2 - t_3)^2 + t_4^2}}, k\right) \quad \text{und} \quad z_0 = 2\arg \overline{\mathrm{nc}}\left(\sqrt{\frac{t_2}{t_1}}\sqrt[4]{\frac{(t_1 - t_2)^2 + t_4^2}{(t_2 - t_3)^2 + t_4^2}}, k\right).$$

Da in der unteren Rangordnungsgruppe die Integrale an beiden Bereichsgrenzen unendlich groß werden, liegt es nahe, hier auf die Bereichsmitte

$$t_m = \tfrac{1}{2}(t_1 + t_2)$$

Bezug zu nehmen. Für den zugehörigen z-Wert ergibt sich

$$z_m = z_\infty.$$

Im bikomplexen Wurzelfalle nimmt die feste Grenze in den Integralen mit cs^2, ds^2 und ns^2 nach (1149) für $t = t_1 + \frac{t_2}{\lambda_2}$ den Wert K an. Die Integrale lauten:

$$\int_t^\infty (\bar t - t_{\substack{1\\2\\3}}) \frac{\tfrac{1}{2}\sqrt{(t_1 - t_3)(t_2 - t_4)}\, d\bar t}{(\bar t - t_4)\sqrt{(\bar t - t_1)(\bar t - t_2)(\bar t - t_3)(\bar t - t_4)}}$$

$$= (t_4 - t_{\substack{1\\2\\3}}) \frac{t_3 - t_1}{(t_4 - t_3)(t_4 - t_1)} [\mathfrak{z}_1(z_\infty, k) - \mathfrak{z}_1(z, k) + e_{\substack{1\\2\\3}}(z_\infty - z)], \quad (\text{für } t_1 < t_2 < t_3 < t_4 < t)$$

$$\int_0^t (\bar t - t_{\substack{1\\2\\3}}) \frac{\frac{1}{2}\sqrt{(t_1-t_3)(t_2-t_4)}\,d\bar t}{(\bar t - t_4)\sqrt{(\bar t-t_1)(\bar t-t_2)(\bar t-t_3)(\bar t-t_4)}}$$

$$= (t_4 - t_{\substack{1\\2\\3}})\frac{t_3-t_1}{(t_4-t_3)(t_4-t_1)}[\mathfrak{z}_1(z,k)-\mathfrak{z}_1(z_0,k)+e_{\substack{1\\2\\3}}(z-z_0)], \quad (\text{für } t_1>t_2>t_3>t_4>t)$$

$$\int_{t_4}^t (\bar t - t_{\substack{4\\3\\2}}) \frac{\frac{1}{2}\sqrt{(t_1-t_3)(t_2-t_4)}\,d\bar t}{(\bar t - t_1)\sqrt{(\bar t-t_1)(\bar t-t_2)(\bar t-t_3)(\bar t-t_4)}} = \mp(t_1 - t_{\substack{4\\3\\2}})\frac{t_2-t_4}{(t_1-t_2)(t_1-t_4)}[\mathfrak{z}_2(z,k)+e_{\substack{1\\2\\3}}z+\eta_1 K],$$

$$\int_{t_4}^t (\bar t - t_{\substack{3\\4\\1}}) \frac{\frac{1}{2}\sqrt{(t_1-t_3)(t_2-t_4)}\,d\bar t}{(\bar t - t_2)\sqrt{(\bar t-t_1)(\bar t-t_2)(\bar t-t_3)(\bar t-t_4)}} = \mp(t_2 - t_{\substack{3\\4\\1}})\frac{t_1-t_3}{(t_2-t_1)(t_2-t_3)}[\mathfrak{z}_3(z,k)+e_{\substack{1\\2\\3}}z],$$

$$\int_{t_4}^t (\bar t - t_{\substack{2\\1\\4}}) \frac{\frac{1}{2}\sqrt{(t_1-t_3)(t_2-t_4)}\,d\bar t}{(\bar t - t_3)\sqrt{(\bar t-t_1)(\bar t-t_2)(\bar t-t_3)(\bar t-t_4)}} = \mp(t_3 - t_{\substack{2\\1\\4}})\frac{t_4-t_2}{(t_3-t_4)(t_3-t_2)}[\mathfrak{z}_4(z,k)+e_{\substack{1\\2\\3}}z+\eta_1 K];$$

$(-$ Zeichen $t_1<t_2<t_3<t_4\leqq t$, $+$ Zeichen $t_1>t_2>t_3>t_4\geqq t)$.

Hierin ist $z = \arg\operatorname{sn}\left(\sqrt{\frac{t_1-t_3}{t_1-t_4}\,\frac{t-t_4}{t-t_3}},\, k\right)$, $k^2 = \frac{(t_2-t_3)(t_1-t_4)}{(t_1-t_3)(t_2-t_4)}$.

$$\int_{t_3}^t (\bar t - t_{\substack{4\\1\\2}}) \frac{\frac{1}{2}\sqrt{(t_1-t_3)(t_2-t_4)}\,d\bar t}{(\bar t - t_3)\sqrt{-(\bar t-t_1)(\bar t-t_2)(\bar t-t_3)(\bar t-t_4)}} = \mp(t_3 - t_{\substack{4\\1\\2}})\frac{t_4-t_2}{(t_4-t_3)(t_3-t_2)}[\mathfrak{z}_1(z,k)+e_{\substack{1\\2\\3}}(z-K)-\eta_1 K],$$

$$\int_{t_3}^t (\bar t - t_{\substack{3\\2\\1}}) \frac{\frac{1}{2}\sqrt{(t_1-t_3)(t_2-t_4)}\,d\bar t}{(\bar t - t_4)\sqrt{-(\bar t-t_1)(\bar t-t_2)(\bar t-t_3)(\bar t-t_4)}} = \mp(t_4 - t_{\substack{3\\2\\1}})\frac{t_3-t_1}{(t_3-t_4)(t_4-t_1)}[\mathfrak{z}_2(z,k)+e_{\substack{1\\2\\3}}z+\eta_1 K],$$

$$\int_{t_3}^t (\bar t - t_{\substack{2\\3\\4}}) \frac{\frac{1}{2}\sqrt{(t_1-t_3)(t_2-t_4)}\,d\bar t}{(\bar t - t_1)\sqrt{-(\bar t-t_1)(\bar t-t_2)(\bar t-t_3)(\bar t-t_4)}} = \mp(t_1 - t_{\substack{2\\3\\4}})\frac{t_2-t_4}{(t_2-t_1)(t_1-t_4)}[\mathfrak{z}_3(z,k)+e_{\substack{1\\2\\3}}z],$$

$$\int_{t_3}^t (\bar t - t_{\substack{1\\4\\3}}) \frac{\frac{1}{2}\sqrt{(t_1-t_3)(t_2-t_4)}\,d\bar t}{(\bar t - t_2)\sqrt{-(\bar t-t_1)(\bar t-t_2)(\bar t-t_3)(\bar t-t_4)}} = \mp(t_2 - t_{\substack{1\\4\\3}})\frac{t_1-t_3}{(t_1-t_2)(t_2-t_3)}[\mathfrak{z}_4(z,k)+e_{\substack{1\\2\\3}}z+\eta_1 K];$$

$(-$ Zeichen $t_1<t_2<t_3\leqq t\leqq t_4$, $+$ Zeichen $t_1>t_2>t_3\geqq t\geqq t_4)$.

Hierin ist $z = \arg\operatorname{sn}\left(\sqrt{\frac{t_4-t_2}{t_4-t_3}\,\frac{t-t_3}{t-t_2}},\, k\right)$, $k^2 = \frac{(t_3-t_4)(t_2-t_1)}{(t_2-t_4)(t_3-t_1)}$.

$$\int_{t_2}^t (\bar t - t_{\substack{3\\4\\1}}) \frac{\frac{1}{2}\sqrt{(t_1-t_3)(t_2-t_4)}\,d\bar t}{(\bar t - t_2)\sqrt{(\bar t-t_1)(\bar t-t_2)(\bar t-t_3)(\bar t-t_4)}} = \mp(t_2 - t_{\substack{3\\4\\1}})\frac{t_1-t_3}{(t_2-t_1)(t_2-t_3)}[\mathfrak{z}_1(z,k)+e_{\substack{1\\2\\3}}(z-K)-\eta_1 K],$$

$$\int_{t_2}^t (\bar t - t_{\substack{2\\1\\4}}) \frac{\frac{1}{2}\sqrt{(t_1-t_3)(t_2-t_4)}\,d\bar t}{(\bar t - t_3)\sqrt{(\bar t-t_1)(\bar t-t_2)(\bar t-t_3)(\bar t-t_4)}} = \mp(t_3 - t_{\substack{2\\1\\4}})\frac{t_4-t_2}{(t_3-t_4)(t_3-t_2)}[\mathfrak{z}_2(z,k)+e_{\substack{1\\2\\3}}z+\eta_1 K],$$

$$\int_{t_2}^t (\bar t - t_{\substack{1\\2\\3}}) \frac{\frac{1}{2}\sqrt{(t_1-t_3)(t_2-t_4)}\,d\bar t}{(\bar t - t_4)\sqrt{(\bar t-t_1)(\bar t-t_2)(\bar t-t_3)(\bar t-t_4)}} = \mp(t_4 - t_{\substack{1\\2\\3}})\frac{t_3-t_1}{(t_4-t_3)(t_4-t_1)}[\mathfrak{z}_3(z,k)+e_{\substack{1\\2\\3}}z],$$

$$\int_{t_2}^t (\bar t - t_{\substack{4\\3\\2}}) \frac{\frac{1}{2}\sqrt{(t_1-t_3)(t_2-t_4)}\,d\bar t}{(\bar t - t_1)\sqrt{(\bar t-t_1)(\bar t-t_2)(\bar t-t_3)(\bar t-t_4)}} = \mp(t_1 - t_{\substack{4\\3\\2}})\frac{t_2-t_4}{(t_1-t_2)(t_1-t_4)}[\mathfrak{z}_4(z,k)+e_{\substack{1\\2\\3}}z+\eta_1 K];$$

$(-$ Zeichen $t_1<t_2\leqq t\leqq t_3<t_4$, $+$ Zeichen $t_1>t_2\geqq t\geqq t_3>t_4)$.

Hierin ist $z = \arg\operatorname{sn}\left(\sqrt{\frac{t_3-t_1}{t_3-t_2}\,\frac{t-t_2}{t-t_1}},\, k\right)$, $k^2 = \frac{(t_2-t_3)(t_1-t_4)}{(t_1-t_3)(t_2-t_4)}$.

(1155)

$$\int\limits_t^\infty \frac{[\lambda_2(\bar t - t_1) \mp \lambda_1(\bar t - t_2)]^2\, d\bar t}{(\bar t - t_1)\,(\bar t - t_2)\sqrt{(\bar t - t_1)\,(\bar t - t_2)\,[(\bar t - t_3)^2 + t_4^2]}} = -4\sqrt{\lambda_1\,\lambda_2}\,[\mathfrak{z}_1(z_\infty, k) - \mathfrak{z}_1(z, k) + e_{\substack{1\\3}}(z_\infty - z)],$$

$$\int\limits_t^\infty \frac{1}{(\bar t - t_1)(\bar t - t_2)}\sqrt{\frac{(\bar t - t_3)^2 + t_4^2}{(\bar t - t_1)\,(\bar t - t_2)}}\, d\bar t = \frac{-\sqrt{\lambda_1\,\lambda_2}}{(t_1 - t_2)^2}[\mathfrak{z}_1(z_\infty, k) - \mathfrak{z}_1(z, k) + e_2(z_\infty - z)],$$

$$(t_1 < t_2 \leqq t),$$

$$\int\limits_0^t \frac{[\lambda_2(\bar t - t_1) \mp \lambda_1(\bar t - t_2)]^2\, d\bar t}{(\bar t - t_1)\,(\bar t - t_2)\sqrt{(\bar t - t_1)\,(\bar t - t_2)\,[(\bar t - t_3)^2 + t_4^2]}} = 4\sqrt{\lambda_1\,\lambda_2}\,[\mathfrak{z}_1(z, k) - \mathfrak{z}_1(z_0, k) + e_{\substack{1\\3}}(z - z_0)],$$

$$\int\limits_0^t \frac{1}{(\bar t - t_1)\,(\bar t - t_2)}\sqrt{\frac{(\bar t - t_3)^2 + t_4^2}{(\bar t - t_1)\,(\bar t - t_2)}}\, d\bar t = \frac{4\sqrt{\lambda_1\,\lambda_2}}{(t_1 - t_2)^2}[\mathfrak{z}_1(z, k) - \mathfrak{z}_1(z_0, k) + e_2(z - z_0)],$$

$$(t_1 > t_2 \geqq t),$$

$$\int\limits_{t_2}^t \frac{1}{[\lambda_2(\bar t - t_1) \mp \lambda_1(\bar t - t_2)]^2}\sqrt{\frac{(\bar t - t_1)\,(\bar t - t_2)}{(\bar t - t_3)^2 + t_4^2}}\, d\bar t = -\frac{\genfrac{}{}{0pt}{}{(+)}{(-)}\frac{1}{4}}{(\sqrt{\lambda_1\,\lambda_2})^3}\,\frac{1}{e_{\substack{1\\2}} - e_{\substack{2\\3}}}[\mathfrak{z}_{\substack{2\\4}}(z, k) + e_{\substack{1\\3}}\,z + \eta_1\,K],$$

$$\int\limits_{t_2}^t \frac{[\lambda_2(\bar t - t_1) \pm \lambda_1(\bar t - t_2)]^2}{[\lambda_2(\bar t - t_1) \mp \lambda_1(\bar t - t_2)]^2}\,\frac{d\bar t}{\sqrt{(\bar t - t_1)\,(\bar t - t_2)\,[(\bar t - t_3)^2 + t_4^2]}} = \mp\frac{\genfrac{}{}{0pt}{}{(+)}{(-)}1}{\sqrt{\lambda_1\,\lambda_2}}\,\frac{1}{e_{\substack{1\\2}} - e_{\substack{2\\3}}}[\mathfrak{z}_{\substack{2\\4}}(z, k) + e_2\,z + \eta_1\,K],$$

$$\int\limits_{t_2}^t \frac{1}{[\lambda_2(\bar t - t_1) \mp \lambda_1(\bar t - t_2)]^2}\sqrt{\frac{(\bar t - t_3)^2 + t_4^2}{(\bar t - t_1)\,(\bar t - t_2)}}\, d\bar t = \mp\frac{\genfrac{}{}{0pt}{}{(+)}{(-)}1}{\sqrt{\lambda_1\,\lambda_2}}\,\frac{1}{(t_1 - t_2)^2}[\mathfrak{z}_{\substack{2\\4}}(z, k) + e_{\substack{3\\1}}\,z + \eta_1\,K],$$

$$\int\limits_{t_2}^t \frac{[\lambda_2(\bar t - t_1) \mp \lambda_1(\bar t - t_2)]^2}{\sqrt{(\bar t - t_1)\,(\bar t - t_2)}\,[\sqrt{(\bar t - t_3)^2 + t_4^2}]^3}\, d\bar t = \mp\frac{\genfrac{}{}{0pt}{}{(+)}{(-)}(t_1 - t_2)^2}{\sqrt{\lambda_1\,\lambda_2}}\,\frac{1}{e_{\substack{2\\1}} - e_{\substack{3\\2}}}[\mathfrak{z}_3(z, k) + e_{\substack{3\\1}}\,z],$$

$$\int\limits_{t_2}^t \frac{1}{(\bar t - t_3)^2 + t_4^2}\sqrt{\frac{(\bar t - t_1)\,(\bar t - t_2)}{(\bar t - t_3)^2 + t_4^2}}\, d\bar t = \frac{\genfrac{}{}{0pt}{}{(+)}{(-)}\frac{1}{4}}{(\sqrt{\lambda_1\,\lambda_2})^3}\,(t_1 - t_2)^2\,\frac{\mathfrak{z}_3(z, k) + e_2\,z}{(e_1 - e_2)\,(e_2 - e_3)},$$

$$\int\limits_{t_2}^t \frac{\bar t - t_2}{\bar t - t_1}\,\frac{d\bar t}{\sqrt{(\bar t - t_1)\,(\bar t - t_2)\,[(\bar t - t_3)^2 + t_4^2]}} = -\frac{\genfrac{}{}{0pt}{}{(+)}{(-)}2\sqrt{\lambda_2}}{\lambda_1\sqrt{\lambda_1}}\left[\mathfrak{z}_6\left(\frac{z}{2}, k\right) - e_2\,z + \bar\eta_1\,K\right];$$

$$(-\text{ Zeichen } t_1 > t_2 \geqq t, \quad +\text{ Zeichen } t_1 < t_2 \leqq t). \qquad (1156)$$

Hierin ist $z = 2\arg\overline{\mathrm{nc}}\left(\sqrt{\frac{\lambda_1}{\lambda_2}}\sqrt{\frac{t - t_2}{t - t_1}}, k\right)$, $\quad k^2 = \frac{-(t_1 - t_2)^2 + (\lambda_1 + \lambda_2)^2}{4\lambda_1\,\lambda_2}$,

$$\lambda_1 = \sqrt{(t_1 - t_3)^2 + t_4^2}, \qquad \lambda_2 = \sqrt{(t_2 - t_3)^2 + t_4^2}.$$

$$\int\limits_{t_m}^t \frac{[\lambda_2(t_1 - \bar t) \mp \lambda_1(\bar t - t_2)^2]\, d\bar t}{(t_1 - \bar t)\,(\bar t - t_2)\sqrt{(t_1 - \bar t)\,(\bar t - t_2)\,[(\bar t - t_3)^2 + t_4^2]}} = -4\sqrt{\lambda_1\,\lambda_2}\,[\mathfrak{z}_1(z, k) - \mathfrak{z}_1(z_m, k) + e_{\substack{1\\3}}(z - z_m)],$$

$$\int\limits_{t_m}^t \frac{1}{(t_1 - \bar t)(\bar t - t_2)}\sqrt{\frac{(\bar t - t_3)^2 + t_4^2}{(t_1 - \bar t)(\bar t - t_2)}}\, d\bar t = \frac{-4\sqrt{\lambda_1\,\lambda_2}}{(t_1 - t_2)^2}[\mathfrak{z}_1(z, k) - \mathfrak{z}_1(z_m, k) + e_2(z - z_m)],$$

$$\int\limits_{t_2}^t \frac{1}{[\lambda_2(t_1 - \bar t) \mp \lambda_1(\bar t - t_2)]^2}\sqrt{\frac{(t_1 - \bar t)\,(\bar t - t_2)}{(\bar t - t_3)^2 + t_4^2}}\, d\bar t = \frac{\frac{1}{4}}{(\sqrt{\lambda_1\,\lambda_2})^3}\,\frac{1}{e_{\substack{1\\2}} - e_{\substack{2\\3}}}[\mathfrak{z}_{\substack{2\\4}}(z, k) + e_{\substack{1\\3}}\,z + \eta_1\,K],$$

$$\int\limits_{t_2}^t \frac{[\lambda_2(t_1 - \bar t) \pm \lambda_1(\bar t - t_2)]^2}{[\lambda_2(t_1 - \bar t) \mp \lambda_1(\bar t - t_2)]^2}\,\frac{d\bar t}{\sqrt{(t_1 - \bar t)\,(\bar t - t_2)\,[(\bar t - t_3)^2 + t_4^2]}} = \pm\frac{1}{\sqrt{\lambda_1\,\lambda_2}}\,\frac{1}{e_{\substack{1\\2}} - e_{\substack{2\\3}}}[\mathfrak{z}_{\substack{2\\4}}(z, k) + e_2\,z + \eta_1\,K],$$

$$\int\limits_{t_2}^t \frac{1}{[\lambda_2(t_1 - \bar t) \mp \lambda_1(\bar t - t_2)]^2}\sqrt{\frac{(\bar t - t_3)^2 + t_4^2}{(t_1 - \bar t)(\bar t - t_2)}}\, d\bar t = \pm\frac{1}{\sqrt{\lambda_1\,\lambda_2}}\,\frac{1}{(t_1 - t_2)^2}[\mathfrak{z}_{\substack{2\\4}}(z, k) + e_{\substack{3\\1}}\,z + \eta_1\,K],$$

$$\int_{t_2}^{t} \frac{[\lambda_2(t_1-\bar t) \mp \lambda_1(\bar t - t_2)]^2}{\sqrt{(t_1-\bar t)(\bar t-t_2)}\,[\sqrt{(\bar t-t_3)^2+t_4^2}]^3}\,d\bar t = \pm \frac{(t_1-t_2)^2}{\sqrt{\lambda_1\lambda_2}} \frac{1}{e_{\substack{2\\1}} - e_{\substack{3\\2}}} [\mathfrak{z}_3(z,k) + e_{\substack{3\\1}} z],$$

$$\int_{t_2}^{t} \frac{1}{(\bar t-t_3)^2+t_4^2} \sqrt{\frac{(t_1-\bar t)(\bar t-t_2)}{(\bar t-t_3)^2+t_4^2}}\,d\bar t = \frac{-\frac14}{(\sqrt{\lambda_1\lambda_2})^3}(t_1-t_2)^2 \frac{\mathfrak{z}_3(z,k)+e_2 z}{(e_1-e_2)(e_2-e_3)},$$

$$\int_{t_2}^{t} \frac{\bar t-t_2}{t_1-\bar t} \frac{d\bar t}{\sqrt{(t_1-\bar t)(\bar t-t_2)[(\bar t-t_3)^2+t_4^2]}} = \frac{2\sqrt{\lambda_2}}{\lambda_1\sqrt{\lambda_1}}\left[\mathfrak{z}_6\left(\frac{z}{2},k\right) - e_2 z + \bar\eta_1 K\right],$$

$$t_1 \geqq t \geqq t_2.$$

Hierin ist $z = 2\arg\overline{\mathrm{nc}}\left(\sqrt{\frac{\lambda_1}{\lambda_2}}\sqrt{\frac{t-t_2}{t_1-t}},\,k\right)$, $\quad k^2 = \frac{(t_1-t_2)^2-(\lambda_1-\lambda_2)^2}{4\lambda_1\lambda_2}$,

$$\lambda_1 = \sqrt{(t_1-t_3)^2+t_4^2}, \quad \lambda_2 = \sqrt{(t_2-t_3)^2+t_4^2}.$$

$$\int_{t}^{t_1+\frac{t_2}{\lambda_2}} \frac{[t_2-\lambda_2(\bar t-t_1)]^2}{[(\bar t-t_1)+\lambda_2 t_2]^2} \frac{d\bar t}{\sqrt{[(\bar t-t_1)^2+t_2^2][(\bar t-t_3)^2+t_4^2]}} = \frac{2}{\lambda_1+\lambda_3}[\mathfrak{z}_1(z,k) - e_1(K-z) - \eta_1 K],$$

$$\int_{t}^{t_1+\frac{t_2}{\lambda_2}} \frac{(\bar t-t_{\substack{3\\1}})^2+t_{\substack{4\\2}}^2}{[(\bar t-t_1)+\lambda_2 t_2]^2} \frac{d\bar t}{\sqrt{[(\bar t-t_1)^2+t_2^2][(\bar t-t_3)^2+t_4^2]}} = \frac{2}{(\lambda_1+\lambda_3)(e_1-e_{\substack{2\\3}}+\lambda_2^2)}[\mathfrak{z}_1(z,k) - e_{\substack{2\\3}}(K-z) - \eta_1 K],$$

$$\int_{t_1-\lambda_2 t_2}^{t} \frac{[(\bar t-t_1)+\lambda_2 t_2]^2}{[t_2-\lambda_2(\bar t-t_1)]^2} \frac{d\bar t}{\sqrt{[(\bar t-t_1)^2+t_2^2][(\bar t-t_3)^2+t_4^2]}} = \frac{-2}{(\lambda_1+\lambda_3)(e_1-e_2)}[\mathfrak{z}_2(z,k) + e_1 z + \eta_1 K],$$

$$\int_{t_1-\lambda_2 t_2}^{t} \frac{(\bar t-t_{\substack{1\\3}})^2+t_{\substack{2\\4}}^2}{[t_2-\lambda_2(\bar t-t_1)]^2} \frac{d\bar t}{\sqrt{[(\bar t-t_1)^2+t_2^2][(\bar t-t_3)^2+t_4^2]}}$$

$$= \frac{-2}{(\lambda_1+\lambda_3)(e_1-e_{\substack{3\\2}}+\lambda_2^2)(e_1-e_{\substack{2\\3}})}[\mathfrak{z}_2(z,k) + e_{\substack{2\\3}} z + \eta_1 K],$$

$$\int_{1-\lambda_2 t_2}^{t} \frac{(\bar t-t_1)^2+t_2^2}{(\bar t-t_3)^2+t_4^2} \frac{d\bar t}{\sqrt{[(\bar t-t_1)^2+t_2^2][(\bar t-t_3)^2+t_4]}} = \frac{8t_2^2}{(\lambda_1+\lambda_3)^3(e_1-e_2)}[\mathfrak{z}_3(z,k) + e_1 z],$$

$$\int_{t_1-\lambda_2 t_2}^{t} \frac{[(\bar t-t_1)+\lambda_2 t_2]^2}{(\bar t-t_{\substack{3\\1}})^2+t_{\substack{4\\2}}^2} \frac{d\bar t}{\sqrt{[(\bar t-t_1)^2+t_2^2][(\bar t-t_3)^2+t_4^2]}}$$

$$= \frac{\pm 2(e_1-e_{\substack{2\\3}}+\lambda_2^2)}{(\lambda_1+\lambda_3)(e_2-e_3)(e_1-e_{\substack{2\\3}})}\left[\mathfrak{z}_{\substack{3\\4}}(z,k) + e_{\substack{2\\3}} z + \frac{1\mp1}{2}\eta_1 K\right],$$

$$\int_{t_1-\lambda_3 t_2}^{t} \frac{[t_2-\lambda_2(\bar t-t_1)]^2}{(\bar t-t_{\substack{3\\1}})^2+t_{\substack{4\\2}}^2} \frac{d\bar t}{\sqrt{[(\bar t-t_1)^2+t_2^2][(\bar t-t_3)^2+t_4^2]}}$$

$$= \frac{\mp 2(e_1-e_{\substack{2\\3}}+\lambda_2^2)}{(\lambda_1+\lambda_3)(e_2-e_3)}\left[\mathfrak{z}_{\substack{3\\4}}(z,k) + e_{\substack{2\\3}} z + \frac{1\mp1}{2}\eta_1 K\right],$$

$$\int_{t_1-\lambda_2 t_2}^{t} \frac{(\bar t-t_3)^2+t_4^2}{(\bar t-t_1)^2+t_2^2} \frac{d\bar t}{\sqrt{[(\bar t-t_1)^2+t_2^2][(\bar t-t_3)^2+t_4^2]}} = \frac{\lambda_1+\lambda_3}{2t_2^2}[\mathfrak{z}_4(z,k) + e_1 z + \eta_1 K]. \quad (1157)$$

Hierin ist

$$z = \arg\mathrm{dn}\left(\frac{2t_2}{\lambda_1+\lambda_3}\sqrt{\frac{(t-t_3)^2+t_4^2}{(t-t_1)^2+t_2^2}},\,k\right), \quad k = \frac{2\sqrt{\lambda_1\lambda_3}}{\lambda_1+\lambda_3}, \quad \lambda_{\substack{1\\3}} = \sqrt{(t_1-t_3)^2+(t_2\pm t_4)^2},$$

$$t_1 < t_3: \quad \lambda_{\substack{2\\4}} = \pm\sqrt{\frac{4t_{\substack{2\\4}}^2-(\lambda_1-\lambda_3)^2}{(\lambda_1+\lambda_3)^2-4t_{\substack{2\\4}}^2}}, \qquad t_1 > t_3: \quad \lambda_{\substack{2\\4}} = \mp\sqrt{\frac{4t_{\substack{2\\4}}^2-(\lambda_1-\lambda_3)^2}{(\lambda_1+\lambda_3)^2-4t_{\substack{2\\4}}^2}}.$$

171. Die 32 allgemeinen elliptischen Integrale dritter Gattung

Die Gln. (1137) lassen sich bei Bezugnahme auf (766) auf spezielle WEIERSTRASSsche $\wp$-Funktionen umschreiben. Unter den umgeschriebenen Gleichungen befinden sich immer drei, die bei Auflösung nach $t - t_1$, $t - t_2$, $t - t_3$, $t - t_4$ die Form

$$t - t_i = \frac{a_i}{\wp_j(z, k) - b_i}$$

annehmen. Die Integrale, die sich nach Multiplikation der Integranden von (1139) mit $t - t_i$ ergeben, sind daher die allgemeinen elliptischen Integrale dritter Gattung. Die den drei Rangordnungsmöglichkeiten gemäß (1135) entsprechenden drei Integralgruppen lauten:

$$\left.\begin{array}{l}
\displaystyle\int_{t_4}^{t} (\bar t - t_{\substack{1\\2\\3\\4}}) \frac{d\bar t}{\sqrt{(\bar t - t_1)(\bar t - t_2)(\bar t - t_3)(\bar t - t_4)}} = \mp (t_{\substack{1\\2\\3\\4}} - t_{\substack{4\\3\\2\\1}})(t_{\substack{1\\2\\3\\4}} - t_{\substack{2\\1\\4\\3}}) \frac{\lambda}{t_{\substack{4\\3\\2\\1}} - t_{\substack{2\\1\\4\\3}}} \int_0^z \frac{d\bar z}{\wp_{\substack{2\\3\\4\\1}}(\bar z, k) - \left[e_3 + (t_{\substack{4\\3\\2\\1}} - t_{\substack{1\\2\\3\\4}}) \frac{1}{t_{\substack{4\\3\\2\\1}} - t_{\substack{2\\1\\4\\3}}}\right]}, \\
\qquad\qquad (- \text{ Zeichen } t_1 < t_2 < t_3 < t_4 \leqq t, \quad + \text{ Zeichen } t_1 > t_2 > t_3 > t_4 \geqq t), \\
\text{für} \quad z = \arg \operatorname{sn}\left(\sqrt{\frac{t_1 - t_3}{t_1 - t_4}\,\frac{t - t_4}{t - t_3}}, k\right), \quad k = \sqrt{\frac{(t_2 - t_3)(t_1 - t_4)}{(t_1 - t_3)(t_2 - t_4)}}, \quad k' = \sqrt{\frac{(t_3 - t_4)(t_2 - t_1)}{(t_2 - t_4)(t_3 - t_1)}}, \\
\lambda = \dfrac{2}{\sqrt{(t_1 - t_3)(t_2 - t_4)}}, \\
\displaystyle\int_{t_3}^{t} (\bar t - t_{\substack{1\\2\\3\\4}}) \frac{d\bar t}{\sqrt{(\bar t - t_1)(\bar t - t_2)(\bar t - t_3)(t_4 - \bar t)}} = \pm (t_{\substack{1\\2\\3\\4}} - t_{\substack{4\\3\\2\\1}})(t_{\substack{1\\2\\3\\4}} - t_{\substack{2\\1\\4\\3}}) \frac{\lambda}{t_{\substack{4\\3\\2\\1}} - t_{\substack{2\\1\\4\\3}}} \int_0^z \frac{d\bar z}{\wp_{\substack{3\\4\\1\\2}}(\bar z, k) - \left[e_3 + (t_{\substack{1\\2\\3\\4}} - t_{\substack{2\\1\\4\\3}}) \frac{1}{t_{\substack{4\\3\\2\\1}} - t_{\substack{2\\1\\4\\3}}}\right]}, \\
\qquad\qquad (- \text{ Zeichen } t_1 < t_2 < t_3 \leqq t \leqq t_4, \quad + \text{ Zeichen } t_1 > t_2 > t_3 \geqq t \geqq t_4), \\
\text{für} \quad z = \arg \operatorname{sn}\left(\sqrt{\frac{t_4 - t_2}{t_4 - t_3}\,\frac{t - t_3}{t - t_2}}, k\right), \quad k = \sqrt{\frac{(t_3 - t_4)(t_2 - t_1)}{(t_2 - t_4)(t_3 - t_1)}}, \quad k' = \sqrt{\frac{(t_2 - t_3)(t_1 - t_4)}{(t_1 - t_3)(t_2 - t_4)}}, \\
\lambda = \dfrac{2}{\sqrt{(t_1 - t_3)(t_2 - t_4)}}, \\
\displaystyle\int_{t_2}^{t} (\bar t - t_{\substack{1\\2\\3\\4}}) \frac{d\bar t}{\sqrt{(\bar t - t_1)(\bar t - t_2)(\bar t - t_3)(\bar t - t_4)}} = \mp (t_{\substack{1\\2\\3\\4}} - t_{\substack{4\\3\\2\\1}})(t_{\substack{1\\2\\3\\4}} - t_{\substack{2\\1\\4\\3}}) \frac{\lambda}{t_{\substack{4\\3\\2\\1}} - t_{\substack{2\\1\\4\\3}}} \int_0^z \frac{d\bar z}{\wp_{\substack{4\\1\\2\\3}}(\bar z, k) - \left[e_3 + (t_{\substack{4\\3\\2\\1}} - t_{\substack{1\\2\\3\\4}}) \frac{1}{t_{\substack{4\\3\\2\\1}} - t_{\substack{2\\1\\4\\3}}}\right]}, \\
\qquad\qquad (- \text{ Zeichen } t_1 < t_2 \leqq t \leqq t_3 < t_4, \quad + \text{ Zeichen } t_1 > t_2 \geqq t > t_3 > t_4), \\
\text{für} \quad z = \arg \operatorname{sn}\left(\sqrt{\frac{t_3 - t_1}{t_3 - t_2}\,\frac{t - t_2}{t - t_1}}, k\right), \quad k = \sqrt{\frac{(t_2 - t_3)(t_1 - t_4)}{(t_1 - t_3)(t_2 - t_4)}}, \quad k' = \sqrt{\frac{(t_3 - t_4)(t_2 - t_1)}{(t_2 - t_4)(t_3 - t_1)}}, \\
\lambda = \dfrac{2}{\sqrt{(t_1 - t_3)(t_2 - t_4)}}.
\end{array}\right\} \quad (1158)$$

Durch (1158) sind die 24 zu reellen Wurzelwerten gehörenden allgemeinen elliptischen Integrale dritter Gattung auf (754) bis (757), d. h. auf die Normalintegrale dritter Gattung der WEIERSTRASSschen Form zurückgeführt, wenn die eckigen Klammern mit der Parameterfunktion t_0 identifiziert werden.

In der Gruppe mit zwei reellen und zwei konjugiert komplexen Wurzelwerten fallen sechs Integrale dritter Gattung an. Werden die beiden elliptischen Funktionen von (1141) unter Bezugnahme auf die zweite und vierte der Gln. (771) auf WEIERSTRASSsche $\wp$-Funktionen umgeschrieben, so ergeben sich für $t - t_1$ und $t - t_2$ die Darstellungen

$$t - t_1 = \pm \frac{\dfrac{\lambda_1}{\lambda_2}(t_1 - t_2)}{\wp_6\left(\dfrac{z}{2}, k\right) + 2e_2 \mp \dfrac{\lambda_1}{\lambda_2}}, \qquad t - t_2 = \pm \frac{\dfrac{\lambda_2}{\lambda_1}(t_2 - t_1)}{\wp_5\left(\dfrac{z}{2}, k\right) + 2e_2 \mp \dfrac{\lambda_2}{\lambda_1}}, \qquad \begin{array}{l}(+ \text{ Zeichen: } t_1 < t_2 \leqq t,\ t_1 > t_2 \geqq t \\ - \text{ Zeichen: } t_1 \geqq t \geqq t_2).\end{array}$$

Multipliziert man nun die Integranden mit den vorstehenden $(t - t_1)$- und $(t - t_2)$-Funktionen, so stehen die elliptischen Integrale dritter Gattung da, und es folgt

$$\begin{aligned}
&\int_{t_2}^{t} (\bar t - t_{\substack{1\\2}}) \frac{d\bar t}{\sqrt{(\bar t - t_1)(\bar t - t_2)[(\bar t - t_3)^2 + t_4^2]}} = \pm 2 \frac{\lambda_{\substack{1\\2}}}{\lambda_{\substack{2\\1}}} \frac{t_{\substack{1\\2}} - t_{\substack{2\\1}}}{\sqrt{\lambda_1 \lambda_2}} \int_0^{z/2} \frac{d\frac{\bar z}{2}}{\wp_{\substack{6\\5}}\left(\frac{\bar z}{2}, k\right) + 2e_2 - \frac{\lambda_{\substack{1\\2}}}{\lambda_{\substack{2\\1}}}}, \quad \begin{matrix}(+\text{ Zeichen: } & t_1 < t_2 \leqq t \\ -\text{ Zeichen: } & t_1 > t_2 \geqq t),\end{matrix} \\
&\int_{t_2}^{t} (\bar t - t_{\substack{1\\2}}) \frac{d\bar t}{\sqrt{(t_1 - \bar t)(\bar t - t_2)[(\bar t - t_3)^2 + t_4^2]}} = -2 \frac{\lambda_{\substack{1\\2}}}{\lambda_{\substack{2\\1}}} \frac{t_{\substack{1\\2}} - t_{\substack{2\\1}}}{\sqrt{\lambda_1 \lambda_2}} \int_0^{z/2} \frac{d\frac{\bar z}{2}}{\wp_{\substack{6\\5}}\left(\frac{\bar z}{2}, k\right) + 2e_2 + \frac{\lambda_{\substack{1\\2}}}{\lambda_{\substack{2\\1}}}}, \quad (t_1 \geqq t \geqq t_2).
\end{aligned} \tag{1159}$$

Hierin ist

$$z = 2 \arg \overline{\mathrm{nc}}\left(\sqrt{\frac{\lambda_1}{\lambda_2} \frac{t - t_2}{t - t_1}}, k\right) \quad \text{bzw.} \quad z = 2 \arg \overline{\mathrm{nc}}\left(\sqrt{\frac{\lambda_1}{\lambda_2} \frac{t - t_2}{t_1 - t}}, k\right), \qquad \lambda_1 = \sqrt{(t_1 - t_3)^2 + t_4^2},$$

$$k = \sqrt{\frac{-(t_1 - t_2)^2 + (\lambda_1 + \lambda_2)^2}{4\lambda_1 \lambda_2}} \quad \text{bzw.} \quad k = \sqrt{\frac{+(t_1 - t_2)^2 - (\lambda_1 - \lambda_2)^2}{4\lambda_1 \lambda_2}}, \qquad \lambda_2 = \sqrt{(t_2 - t_3)^2 + t_4^2}.$$

Die zwei Integrale dritter Gattung der bikomplexen Wurzelwertgruppe ergeben sich durch Bezugnahme auf die vierte der Gln. (1149) und die ihr entsprechende mit t_3 anstelle von t_1 und t_4 anstelle von t_2, die als einzige auf der rechten Seite ein volles Quadrat aufweisen und nach der Wurzelziehung

$$\mathrm{sc}(z, k) = \frac{(t - t_1) + \lambda_2 t_2}{t_2 - \lambda_2 (t - t_1)} \quad \text{bzw.} \quad \mathrm{sc}(z, k) = \frac{(t - t_3) + \lambda_4 t_4}{t_4 - \lambda_4 (t - t_3)}$$

lauten. Die Auflösung nach $t - t_1$ bzw. $t - t_3$ liefert in Verbindung mit (770)

$$\begin{aligned}
t - t_{\substack{1\\3}} &= t_{\substack{2\\4}} \frac{\mathrm{sc}(z, k) - \lambda_{\substack{2\\4}}}{1 + \lambda_{\substack{2\\4}} \mathrm{sc}(z, k)} = t_{\substack{2\\4}} \frac{(1 + \lambda_{\substack{2\\4}}^2)\, \mathrm{sc}(z, k) - \lambda_{\substack{2\\4}} (1 + \mathrm{sc}^2(z, k))}{(1 + \lambda_{\substack{2\\4}} \mathrm{sc}(z, k))(1 - \lambda_{\substack{2\\4}} \mathrm{sc}(z, k))} \\
&= t_{\substack{2\\4}} (1 + \lambda_{\substack{2\\4}}^2) \frac{\mathrm{sc}(z, k)}{1 - \lambda_{\substack{2\\4}}^2 \mathrm{sc}^2(z, k)} - t_{\substack{2\\4}} \lambda_{\substack{2\\4}} \frac{\mathrm{nc}^2(z, k)}{1 + \lambda_{\substack{2\\4}}^2 - \lambda_{\substack{2\\4}}^2 \mathrm{nc}^2(z, k)}
\end{aligned}$$

oder bei Bezugnahme auf (766) und nochmals auf (770)

$$\begin{aligned}
t - t_{\substack{1\\3}} &= t_{\substack{2\\4}} (1 + \lambda_{\substack{2\\4}}^2) \frac{\mathrm{sc}(z, k)}{1 - \lambda_{\substack{2\\4}}^2 \mathrm{sc}^2(z, k)} + \frac{t_{\substack{2\\4}} \lambda_{\substack{2\\4}}}{\lambda_{\substack{2\\4}}^2 - (1 + \lambda_{\substack{2\\4}}^2)\, \mathrm{cn}^2(z, k)} \\
&= t_{\substack{2\\4}} (1 + \lambda_{\substack{2\\4}}^2) \frac{\mathrm{sc}(z, k)}{1 - \lambda_{\substack{2\\4}}^2 \mathrm{sc}^2(z, k)} + \frac{t_{\substack{2\\4}} \lambda_{\substack{2\\4}}}{1 + \lambda_{\substack{2\\4}}^2} \frac{1}{\mathrm{sn}^2(z, k) - \frac{1}{1 + \lambda_{\substack{2\\4}}^2}}.
\end{aligned}$$

Werden die Integranden von (1152) noch mit diesen Funktionen multipliziert, so folgt

$$\begin{aligned}
&\int_{t_1 - \lambda_2 t_2}^{t} (\bar t - t_1) \frac{d\bar t}{\sqrt{[(\bar t - t_1)^2 + t_2^2][(\bar t - t_3)^2 + t_4^2]}} \\
&\qquad = \frac{2 t_2 (1 + \lambda_2^2)}{\lambda_1 + \lambda_3} \int_0^z \frac{\mathrm{sc}(\bar z, k)}{1 - \lambda_2^2 \mathrm{sc}^2(\bar z, k)}\, d\bar z + \frac{2 t_2 \lambda_2}{(\lambda_1 + \lambda_3)(1 + \lambda_2^2)} \int_0^z \frac{d\bar z}{\mathrm{sn}^2(\bar z, k) - \frac{1}{1 + \lambda_2^2}}, \\
&\int_{t_3 - \lambda_4 t_4}^{t} (\bar t - t_3) \frac{d\bar t}{\sqrt{[(\bar t - t_1)^2 + t_2^2][(\bar t - t_3)^2 + t_4^2]}} \\
&\qquad = \frac{2 t_4 (1 + \lambda_4^2)}{\lambda_1 + \lambda_3} \int_0^z \frac{\mathrm{sc}(\bar z, k)}{1 - \lambda_4^2 \mathrm{sc}^2(\bar z, k)}\, d\bar z + \frac{2 t_4 \lambda_4}{(\lambda_1 + \lambda_3)(1 + \lambda_4^2)} \int_0^z \frac{d\bar z}{\mathrm{sn}^2(\bar z, k) - \frac{1}{1 + \lambda_4^2}}.
\end{aligned}$$

In diesen Gleichungen sind die vorderen Integrale durch (1096) für $\lambda = \lambda_2$ bzw. $\lambda = \lambda_4$ gegeben. Wird gleichzeitig noch die letzte der Gln. (1147) berücksichtigt, so erhält man

$$\int\limits_{t_{\substack{1\\3}} - \lambda_{\substack{2\\4}} t_{\substack{2\\4}}}^{t} (\bar{t} - t_{\substack{1\\3}}) \frac{d\bar{t}}{\sqrt{[(\bar{t} - t_1)^2 + t_2^2]\,[(\bar{t} - t_3)^2 + t_4^2]}}$$

$$= \begin{matrix}\text{ar tanh}\\ \text{ar coth}\end{matrix} \frac{1 - \mathrm{dn}(z, k)}{\dfrac{\lambda_1 + \lambda_3}{2t_{\substack{2\\4}}} \mathrm{dn}(z, k) - \dfrac{2t_{\substack{2\\4}}}{\lambda_1 + \lambda_3}} + \frac{2t_{\substack{2\\4}} \lambda_{\substack{2\\4}}}{(\lambda_1 + \lambda_3)(1 + \lambda_{\substack{2\\4}}^2)} \int\limits_0^z \frac{d\bar{z}}{\mathrm{sn}^2(\bar{z}, k) - \dfrac{1}{1 + \lambda_{\substack{2\\4}}^2}} \tag{1160}$$

für $z = \arg\mathrm{dn}\left(\dfrac{2t_2}{\lambda_1 + \lambda_3} \sqrt{\dfrac{(t - t_3)^2 + t_4^2}{(t - t_1)^2 + t_2^2}}, k\right)$ bzw. $z = \arg\mathrm{dn}\left(\dfrac{2t_4}{\lambda_1 + \lambda_3} \sqrt{\dfrac{(t - t_1)^2 + t_2^2}{(t - t_3)^2 + t_4^2}}, k\right)$,

$$k = \frac{2\sqrt{\lambda_1 \lambda_3}}{\lambda_1 + \lambda_3}.$$

Das in (1160) verbliebene Normalintegral dritter Gattung ist durch (982) für $t_0^2 = \dfrac{1}{1 + \lambda_2^2}$ bzw. $t_0^2 = \dfrac{1}{1 + \lambda_4^2}$ gegeben.

172. Die 32 zu den allgemeinen elliptischen Integralen dritter Gattung reziproken Integrale

Wenn man die Integranden der allgemeinen elliptischen Integrale erster Gattung, anstatt sie mit den $(t - t_i)$-Funktionen des vorigen Abschnitts zu multiplizieren, durch diese dividiert, so entstehen die 32 zu den allgemeinen elliptischen Integralen dritter Gattung reziproken Integrale. Diese stellen bis auf die beiden letzten zu dem bikomplexen Wurzelfall gehörigen Integrale lineare Kombinationen aus allgemeinen Integralen erster und zweiter Gattung dar.

In den zu (1158) und (1159) reziproken Integralen sind die $(t - t_i)$-Funktionen vor den Brüchen mit ihren Reziprokwerten sowie λ_1 mit λ_2 und λ_2 mit λ_1 zu vertauschen. Ferner treten die Integranden der rechtsseitigen Integrale vom Nenner in den Zähler, so daß die Integrale unter Bezugnahme auf (1046) durch spezielle Weierstrasssche Zeta-Funktionen und z dargestellt werden können. Die festen Grenzen können dabei im allgemeinen beibehalten werden. Eine Ausnahme bilden lediglich die Integrale mit der Funktion $\wp_1$, in welchen — analog zu den Integralen mit den Funktionen cs, ds und ns von Abschnitt 170 — neben t_4 und t_3 anstelle von t_3 und t_2 noch $t \to \infty$ und $t = 0$ als feste Grenzen eingeführt werden sollen. Das gleiche gilt für die Integrale mit $\wp_5$. So ergibt sich:

$$\int\limits_{t_4}^{t} \frac{1}{\bar{t} - t_{\substack{1\\2\\3}}} \frac{d\bar{t}}{\sqrt{(\bar{t} - t_1)(\bar{t} - t_2)(\bar{t} - t_3)(\bar{t} - t_4)}}$$

$$= \pm (t_{\substack{4\\3\\2}} - t_{\substack{2\\1\\4}}) \frac{\lambda}{(t_{\substack{1\\2\\3}} - t_{\substack{4\\3\\2}})(t_{\substack{1\\2\\3}} - t_{\substack{2\\1\\4}})} \left[\mathfrak{z}_{\substack{2\\3\\4}}(z, k) + \left[e_3 + (t_{\substack{4\\3\\2}} - t_{\substack{1\\2\\3}}) \frac{1}{t_{\substack{4\\3\\2}} - t_{\substack{2\\1\\4}}}\right] z + \left(1 \mp 1\right) \frac{\eta_1 K}{2}\right],$$

$$(+\text{ Zeichen: } t_1 < t_2 < t_3 < t_4 \leqq t, \quad -\text{ Zeichen: } t_1 > t_2 > t_3 > t_4 \geqq t),$$

$$\int\limits_{t}^{\infty} \frac{1}{\bar{t} - t_4} \frac{d\bar{t}}{\sqrt{(\bar{t} - t_1)(\bar{t} - t_2)(\bar{t} - t_3)(\bar{t} - t_4)}}$$

$$= -(t_1 - t_3) \frac{\lambda}{(t_4 - t_1)(t_4 - t_3)} \left[\mathfrak{z}_1(z_\infty, k) - \mathfrak{z}_1(z, k) + \left[e_3 + (t_1 - t_4) \frac{1}{t_1 - t_3}\right] (z_\infty - z)\right],$$

$$(t_1 < t_2 < t_3 < t_4 \leqq t),$$

$$\int\limits_{0}^{t} \frac{1}{\bar{t} - t_4} \frac{d\bar{t}}{\sqrt{(\bar{t} - t_1)(\bar{t} - t_2)(\bar{t} - t_3)(\bar{t} - t_4)}}$$

$$= -(t_1 - t_3) \frac{\lambda}{(t_4 - t_1)(t_4 - t_3)} \left[\mathfrak{z}_1(z, k) - \mathfrak{z}_1(z_0, k) + \left[e_3 + (t_1 - t_4) \frac{1}{t_1 - t_3}\right] (z - z_0)\right],$$

$$(t_1 > t_2 > t_3 > t_4 \geqq t),$$

für $z = \arg \operatorname{sn}\left(\sqrt{\frac{t_1 - t_3}{t_1 - t_4}\,\frac{t - t_4}{t - t_3}},\, k\right), \quad k = \sqrt{\frac{(t_2 - t_3)(t_1 - t_4)}{(t_1 - t_3)(t_2 - t_4)}}, \quad k' = \sqrt{\frac{(t_3 - t_4)(t_2 - t_1)}{(t_2 - t_4)(t_3 - t_1)}},$

$\lambda = \frac{2}{\sqrt{(t_1 - t_3)(t_2 - t_4)}};$

$$\int_{t_3}^{t} \frac{1}{\bar t - t_{\substack{1\\2\\4}}}\,\frac{d\bar t}{\sqrt{(\bar t - t_1)(\bar t - t_2)(\bar t - t_3)(t_4 - \bar t)}}$$

$$= \pm (t_{\substack{4\\3\\1}} - t_{\substack{2\\1\\3}})\,\frac{\lambda}{(t_{\substack{1\\2\\4}} - t_{\substack{4\\3\\1}})(t_{\substack{1\\2\\4}} - t_{\substack{2\\1\\3}})}\left[\mathfrak{z}_{\substack{3\\4\\2}}(z, k) + \left[e_3 + (t_{\substack{1\\2\\4}} - t_{\substack{2\\1\\3}})\,\frac{1}{t_{\substack{4\\3\\1}} - t_{\substack{2\\1\\3}}}\right] z + \left(1 \mp 1\right)\frac{\eta_1 K}{2}\right],$$

(+ Zeichen: $t_1 < t_2 < t_3 \leqq t \leqq t_4$, − Zeichen: $t_1 > t_2 > t_3 \geqq t \geqq t_4$),

$$\int_{t}^{t_4} \frac{1}{\bar t - t_3}\,\frac{d\bar t}{\sqrt{(\bar t - t_1)(\bar t - t_2)(\bar t - t_3)(t_4 - \bar t)}}$$

$$= + (t_2 - t_4)\,\frac{\lambda}{(t_3 - t_2)(t_3 - t_4)}\left[\mathfrak{z}_1(z, k) - \eta_1 K + \left[e_3 + (t_3 - t_4)\,\frac{1}{t_2 - t_4}\right](z - K)\right],$$

($t_1 < t_2 < t_3 \leqq t \leqq t_4$),

$$\int_{t_4}^{t} \frac{1}{\bar t - t_3}\,\frac{d\bar t}{\sqrt{(\bar t - t_1)(\bar t - t_2)(\bar t - t_3)(t_4 - \bar t)}}$$

$$= + (t_2 - t_4)\,\frac{\lambda}{(t_3 - t_2)(t_3 - t_4)}\left[\mathfrak{z}_1(z, k) - \eta_1 K + \left[e_3 + (t_3 - t_4)\,\frac{1}{t_2 - t_4}\right](z - K)\right],$$

($t_1 > t_2 > t_3 \geqq t \geqq t_4$),

für $z = \arg \operatorname{sn}\left(\sqrt{\frac{t_4 - t_2}{t_4 - t_3}\,\frac{t - t_3}{t - t_2}},\, k\right), \quad k = \sqrt{\frac{(t_3 - t_4)(t_2 - t_1)}{(t_2 - t_4)(t_3 - t_1)}}, \quad k' = \sqrt{\frac{(t_2 - t_3)(t_1 - t_4)}{(t_1 - t_3)(t_2 - t_4)}},$

$\lambda = \frac{2}{\sqrt{(t_1 - t_3)(t_2 - t_4)}};$

$$\int_{t_2}^{t} \frac{1}{\bar t - t_{\substack{1\\3\\4}}}\,\frac{d\bar t}{\sqrt{(\bar t - t_1)(\bar t - t_2)(\bar t - t_3)(\bar t - t_4)}}$$

$$= \pm (t_{\substack{4\\2\\1}} - t_{\substack{2\\4\\3}})\,\frac{\lambda}{(t_{\substack{1\\3\\4}} - t_{\substack{4\\2\\1}})(t_{\substack{1\\3\\4}} - t_{\substack{2\\4\\3}})}\left[\mathfrak{z}_{\substack{4\\2\\3}}(z, k) + \left[e_3 + (t_{\substack{4\\2\\1}} - t_{\substack{1\\3\\4}})\,\frac{1}{t_{\substack{4\\2\\1}} - t_{\substack{2\\4\\3}}}\right] z + \left(1 \pm 1\right)\frac{\eta_1 K}{2}\right],$$

(+ Zeichen: $t_1 < t_2 \leqq t \leqq t_3 < t_4$, − Zeichen: $t_1 > t_2 \geqq t \geqq t_3 > t_4$),

$$\int_{t}^{t_3} \frac{1}{\bar t - t_2}\,\frac{d\bar t}{\sqrt{(\bar t - t_1)(\bar t - t_2)(\bar t - t_3)(\bar t - t_4)}}$$

$$= - (t_3 - t_1)\,\frac{\lambda}{(t_2 - t_3)(t_2 - t_1)}\left[\mathfrak{z}_1(z, k) - \eta_1 K + \left[e_3 + (t_3 - t_2)\,\frac{1}{t_3 - t_1}\right](z - K)\right],$$

($t_1 < t_2 \leqq t \leqq t_3 < t_4$),

$$\int_{t_3}^{t} \frac{1}{\bar t - t_2}\,\frac{d\bar t}{\sqrt{(\bar t - t_1)(\bar t - t_2)(\bar t - t_3)(\bar t - t_4)}}$$

$$= - (t_3 - t_1)\,\frac{\lambda}{(t_2 - t_3)(t_2 - t_1)}\left[\mathfrak{z}_1(z, k) - \eta_1 K + \left[e_3 + (t_3 - t_2)\,\frac{1}{t_3 - t_1}\right](z - K)\right],$$

($t_1 > t_2 \geqq t \geqq t_3 > t_4$),

für $z = \arg \operatorname{sn}\left(\sqrt{\frac{t_3 - t_1}{t_3 - t_2}\,\frac{t - t_2}{t - t_1}},\, k\right), \quad k = \sqrt{\frac{(t_2 - t_3)(t_1 - t_4)}{(t_1 - t_3)(t_2 - t_4)}}, \quad k' = \sqrt{\frac{(t_3 - t_4)(t_2 - t_1)}{(t_2 - t_4)(t_3 - t_1)}},$

$\lambda = \frac{2}{\sqrt{(t_1 - t_3)(t_2 - t_4)}}.$

(1161)

$$\left.\begin{aligned}
&\int\limits_{t_2}^{t} \frac{1}{\bar t - t_1} \frac{d\bar t}{\sqrt{(\bar t - t_1)(\bar t - t_2)[(\bar t - t_3)^2 + t_4^2]}} = \mp 2 \frac{\lambda_2}{\lambda_1} \frac{1}{\sqrt{\lambda_1 \lambda_2}} \frac{1}{t_1 - t_2} \left[\mathfrak{z}_6\left(\frac{z}{2}, k\right) - \left(e_2 - \frac{1}{2}\frac{\lambda_1}{\lambda_2}\right) z + \bar\eta_1 K\right], \\
&\qquad\qquad (-\ \text{Zeichen: } t_1 < t_2 \leqq t, \quad +\ \text{Zeichen: } t_1 > t_2 \geqq t), \\
&\int\limits_{t}^{\infty} \frac{1}{\bar t - t_2} \frac{d\bar t}{\sqrt{(\bar t - t_1)(\bar t - t_2)[(\bar t - t_3)^2 + t_4^2]}} \\
&\qquad = +2 \frac{\lambda_1}{\lambda_2} \frac{1}{\sqrt{\lambda_1 \lambda_2}} \frac{1}{t_2 - t_1} \left[\mathfrak{z}_5\left(\frac{z_\infty}{2}, k\right) - \mathfrak{z}_5\left(\frac{z}{2}, k\right) - \left(e_2 - \frac{1}{2}\frac{\lambda_2}{\lambda_1}\right)(z_\infty - z)\right], \quad (t_1 < t_2 \leqq t), \\
&\int\limits_{0}^{t} \frac{1}{\bar t - t_2} \frac{d\bar t}{\sqrt{(\bar t - t_1)(\bar t - t_2)[(\bar t - t_3)^2 + t_4^2]}} \\
&\qquad = +2 \frac{\lambda_1}{\lambda_2} \frac{1}{\sqrt{\lambda_1 \lambda_2}} \frac{1}{t_2 - t_1} \left[\mathfrak{z}_5\left(\frac{z}{2}, k\right) - \mathfrak{z}_5\left(\frac{z_0}{2}, k\right) - \left(e_2 - \frac{1}{2}\frac{\lambda_2}{\lambda_1}\right)(z - z_0)\right], \quad (t_1 > t_2 \geqq t), \\
&\int\limits_{t_2}^{t} \frac{1}{\bar t - t_1} \frac{d\bar t}{\sqrt{(t_1 - \bar t)(\bar t - t_2)[(\bar t - t_3)^2 + t_4^2]}} = +2 \frac{\lambda_2}{\lambda_1} \frac{1}{\sqrt{\lambda_1 \lambda_2}} \frac{1}{t_1 - t_2} \left[\mathfrak{z}_6\left(\frac{z}{2}, k\right) - \left(e_2 + \frac{1}{2}\frac{\lambda_1}{\lambda_2}\right) z + \bar\eta_1 K\right], \\
&\qquad\qquad (t_1 \geqq t \geqq t_2), \\
&\text{für } z = 2 \arg \overline{\mathrm{nc}}\left(\sqrt{\frac{\lambda_1}{\lambda_2}\frac{t - t_2}{t - t_1}}, k\right) \text{ bzw. } z = 2 \arg \overline{\mathrm{nc}}\left(\sqrt{\frac{\lambda_1}{\lambda_2}\frac{t - t_2}{t_1 - t}}, k\right), \quad \lambda_1 = \sqrt{(t_1 - t_3)^2 + t_4^2}, \\
&k = \sqrt{\frac{-(t_1 - t_2)^2 + (\lambda_1 + \lambda_2)^2}{4 \lambda_1 \lambda_2}} \text{ bzw. } k = \sqrt{\frac{+(t_1 - t_2)^2 - (\lambda_1 - \lambda_2)^2}{4 \lambda_1 \lambda_2}}, \quad \lambda_2 = \sqrt{(t_2 - t_3)^2 + t_4^2}.
\end{aligned}\right\} \quad (1162)$$

Die beiden Integrale des bikomplexen Wurzelfalles führen im Gegensatz zu den übrigen reziproken Integralen auf elliptische Integrale dritter Gattung. Die Umformung der Integrale gestaltet sich völlig analog zu derjenigen der Integrale des vorigen Abschnittes und liefert:

$$\begin{aligned}
&\int\limits_{t^*_{\substack{1\\3}}}^{t} \frac{1}{\bar t - t_{\substack{1\\3}}} \frac{d\bar t}{\sqrt{[(\bar t - t_1)^2 + t_2^2][(\bar t - t_3)^2 + t_4^2]}} \\
&\quad = -\frac{2}{\lambda_1 + \lambda_3} \frac{1}{t_{\substack{2\\4}}} \left[\sqrt{\frac{1 + \lambda^2_{\substack{2\\4}}}{1 + k'^2 \lambda^2_{\substack{2\\4}}}}\ \begin{matrix}\text{ar tanh}\\ \text{ar coth}\end{matrix}\ \frac{1 - \mathrm{dn}(z, k)}{\sqrt{\frac{1 + \lambda^2_{\substack{2\\4}}}{1 + k'^2 \lambda^2_{\substack{2\\4}}}}\,\mathrm{dn}(z, k) - \sqrt{\frac{1 + k'^2 \lambda^2_{\substack{2\\4}}}{1 + \lambda^2_{\substack{2\\4}}}}}\right. \qquad (1163) \\
&\qquad \left. - \frac{\lambda_{\substack{2\\4}}}{1 + \lambda^2_{\substack{2\\4}}} \int\limits_0^z \frac{d\bar z}{\mathrm{sn}^2(\bar z, k) - \frac{\lambda^2_{\substack{2\\4}}}{1 + \lambda^2_{\substack{2\\4}}}}\right] \qquad (t^*_{\substack{1\\3}} = t_{\substack{1\\3}} - \lambda_{\substack{2\\4}} t_{\substack{2\\4}})
\end{aligned}$$

$$\text{für } z = \arg \mathrm{dn}\left(\frac{2 t_2}{\lambda_1 + \lambda_3} \sqrt{\frac{(t - t_3)^2 + t_4^2}{(t - t_1)^2 + t_2^2}}, k\right) \text{ bzw. } z = \arg \mathrm{dn}\left(\frac{2 t_4}{\lambda_1 + \lambda_3} \sqrt{\frac{(t - t_1)^2 + t_2^2}{(t - t_3)^2 + t_4^2}}, k\right), \quad k = \frac{2\sqrt{\lambda_1 \lambda_3}}{\lambda_1 + \lambda_3}.$$

Wie der Vergleich von (1160) und (1163) zeigt, führen Ausgangsintegrale und reziproke Integrale auf das gleiche Normalintegral dritter Gattung. Lediglich die Parameterfunktionen sind verschieden.

173. Weitere allgemeine elliptische Integrale

Mit den in den vorangegangenen Abschnitten entwickelten Grundlagen lassen sich zahlreiche weitere Gruppen allgemeiner elliptischer Integrale bilden, für welche jedoch die Betrachtungen auf den reellen Wurzelwertfall beschränkt werden können. Den Ausgangspunkt hierzu stellt das Integral

$$\int (t - t_0) \frac{dt}{\sqrt{(t - t_1)(t - t_2)(t - t_3)(t - t_4)}}$$

dar, das, da für $t - t_0$

$$t - t_\alpha = (t_i - t_\alpha) + (t - t_i) \qquad (t_i = t_1, t_2, t_3, t_4)$$

geschrieben werden kann, auf die lineare Kombination eines allgemeinen elliptischen Integrals erster Gattung mit einem solchen dritter Gattung hinausläuft. Wird dabei der Wurzelwert t_i so gewählt, daß in den sechs Rangordnungsgruppen von (1158) immer die gleiche $\wp$-Funktion erscheint, so gelangt man bei Bezugnahme auf die Funktion $\wp_1$ zu der alle sechs Rangordnungsgruppen einschließenden Integraldarstellung

$$\int_{t_{\substack{4\\3\\2}}}^{t}(\bar t-t_\alpha)\frac{\frac12\sqrt{(t_1-t_3)(t_2-t_4)}\,d\bar t}{\sqrt{\pm(\bar t-t_1)(\bar t-t_2)(\bar t-t_3)(\bar t-t_4)}}$$

$$=\mp\left[(t_\alpha-t_{\substack{4\\3\\2}})\,z\pm\frac{(t_{\substack{1\\2\\3}}-t_{\substack{4\\3\\2}})(t_{\substack{3\\4\\1}}-t_{\substack{4\\3\\2}})}{t_{\substack{1\\2\\3}}-t_{\substack{3\\4\\1}}}\int_0^z\frac{d\bar z}{\wp_1(\bar z,k)-\left[e_3+(t_{\substack{1\\4\\3}}-t_{\substack{4\\3\\2}})\dfrac{1}{t_{\substack{1\\4\\3}}-t_{\substack{3\\2\\1}}}\right]}\right], \tag{1164}$$

für welche bezüglich der zu den Rangordnungsmöglichkeiten gehörigen Substitutionen und Moduli auf die den festen Integrationsgrenzen entsprechenden Zuordnungen von (1158) verwiesen werden kann. Das in (1164) verbliebene Normalintegral dritter Gattung in der WEIERSTRASSschen Form ist durch (754) gegeben.

Wird auf der linken Seite von (1164) unter dem Integranden noch mit $(t-t_\beta)$ multipliziert, so tritt auf der rechten Seite das Integral

$$\int_0^z\left[(t_\alpha-t_{\substack{4\\3\\2}})+\frac{(\ )(\ )}{\cdots}\,\frac{1}{\wp_1(\bar z,k)-[\ ]}\right]\left[(t_\beta-t_{\substack{4\\3\\2}})+\frac{(\ )(\ )}{\cdots}\,\frac{1}{\wp_1(\bar z,k)-[\ ]}\right]d\bar z$$

auf. Man erhält daher die weitere, wiederum alle sechs Rangordnungsgruppen einschließende Integraldarstellung

$$\int_{t_{\substack{4\\3\\2}}}^{t}(\bar t-t_\alpha)(\bar t-t_\beta)\frac{\frac12\sqrt{(t_1-t_3)(t_2-t_4)}\,d\bar t}{\sqrt{\pm(\bar t-t_1)(\bar t-t_2)(\bar t-t_3)(\bar t-t_4)}}$$

$$=\mp\left[(t_\alpha-t_{\substack{4\\3\\2}})(t_\beta-t_{\substack{4\\3\\2}})\,z\pm(t_\alpha+t_\beta-2t_{\substack{4\\3\\2}})\frac{(t_{\substack{1\\2\\3}}-t_{\substack{4\\3\\2}})(t_{\substack{3\\4\\1}}-t_{\substack{4\\3\\2}})}{t_{\substack{1\\2\\3}}-t_{\substack{3\\4\\1}}}\int_0^z\frac{d\bar z}{\wp_1(\bar z,k)-\left[e_3+(t_{\substack{1\\4\\3}}-t_{\substack{4\\3\\2}})\dfrac{1}{t_{\substack{1\\4\\3}}-t_{\substack{3\\2\\1}}}\right]}+\right.$$

$$\left.+\frac{(t_{\substack{1\\2\\3}}-t_{\substack{4\\3\\2}})^2(t_{\substack{3\\4\\1}}-t_{\substack{4\\3\\2}})^2}{(t_{\substack{1\\2\\3}}-t_{\substack{3\\4\\1}})^2}\int_0^z\frac{d\bar z}{\left[\wp_1(\bar z,k)-\left[e_3+(t_{\substack{1\\4\\3}}-t_{\substack{4\\3\\2}})\dfrac{1}{t_{\substack{1\\4\\3}}-t_{\substack{3\\2\\1}}}\right]\right]^2}\right]. \tag{1165}$$

Für das in (1165) neu hinzugetretene Integral kann auf (761) verwiesen werden.

Fährt man in dieser Weise fort, so ergeben sich die weiteren, alle sechs Rangordnungsgruppen einschließenden Integralformeln

$$\int_{t_{\substack{4\\3\\2}}}^{t}(\bar t-t_\alpha)(\bar t-t_\beta)(\bar t-t_\gamma)\frac{\frac12\sqrt{(t_1-t_3)(t_2-t_4)}\,d\bar t}{\sqrt{\pm(\bar t-t_1)(\bar t-t_2)(\bar t-t_3)(\bar t-t_4)}}$$

$$=\mp\left[(t_\alpha-t_{\substack{4\\3\\2}})(t_\beta-t_{\substack{4\\3\\2}})(t_\gamma-t_{\substack{4\\3\\2}})\,z\pm\frac{(t_{\substack{1\\2\\3}}-t_{\substack{4\\3\\2}})^3(t_{\substack{3\\4\\1}}-t_{\substack{4\\3\\2}})^3}{(t_{\substack{1\\2\\3}}-t_{\substack{3\\4\\1}})^3}\int_0^z\frac{d\bar z}{\left[\wp_1(\bar z,k)-\left[e_3+(t_{\substack{1\\4\\3}}-t_{\substack{4\\3\\2}})\dfrac{1}{t_{\substack{1\\4\\3}}-t_{\substack{3\\2\\1}}}\right]\right]^3}\pm\right.$$

$$\pm[t_\alpha t_\beta+t_\beta t_\gamma+t_\gamma t_\alpha-2(t_\alpha+t_\beta+t_\gamma)t_{\substack{4\\3\\2}}+3t_{\substack{4\\3\\2}}^2]\frac{(t_{\substack{1\\2\\3}}-t_{\substack{4\\3\\2}})(t_{\substack{3\\4\\1}}-t_{\substack{4\\3\\2}})}{t_{\substack{1\\2\\3}}-t_{\substack{3\\4\\1}}}\int_0^z\frac{d\bar z}{\wp_1(\bar z,k)-\left[e_3+(t_{\substack{1\\4\\3}}-t_{\substack{4\\3\\2}})\dfrac{1}{t_{\substack{1\\4\\3}}-t_{\substack{3\\2\\1}}}\right]}+$$

$$\left.+(t_\alpha+t_\beta+t_\gamma-3t_{\substack{4\\3\\2}})\frac{(t_{\substack{1\\2\\3}}-t_{\substack{4\\3\\2}})^2(t_{\substack{3\\4\\1}}-t_{\substack{4\\3\\2}})^2}{(t_{\substack{1\\2\\3}}-t_{\substack{3\\4\\1}})^2}\int_0^z\frac{d\bar z}{\left[\wp_1(\bar z,k)-\left[e_3+(t_{\substack{1\\4\\3}}-t_{\substack{4\\3\\2}})\dfrac{1}{t_{\substack{1\\4\\3}}-t_{\substack{3\\2\\1}}}\right]\right]^2}\right] \tag{1166}$$

und

$$\int\limits_{t_{\substack{4\\3\\2}}}^{t} (\bar t - t_\alpha)(\bar t - t_\beta)(\bar t - t_\gamma)(\bar t - t_\delta)\,\frac{\tfrac{1}{2}\sqrt{(t_1-t_3)(t_2-t_4)}\,d\bar t}{\sqrt{\pm(\bar t-t_1)(\bar t-t_2)(\bar t-t_3)(\bar t-t_4)}}$$

$$= \mp\Bigg[(t_\alpha - t_{\substack{4\\3\\2}})(t_\beta - t_{\substack{4\\3\\2}})(t_\gamma - t_{\substack{4\\3\\2}})(t_\delta - t_{\substack{4\\3\\2}})\,z + \frac{(t_{\substack{1\\2\\3}} - t_{\substack{4\\3\\2}})^4 (t_{\substack{3\\4\\1}} - t_{\substack{4\\3\\2}})^4}{(t_{\substack{1\\2\\3}} - t_{\substack{3\\4\\1}})^4}\int\limits_0^z \frac{d\bar z}{\left[\wp_1(\bar z, k) - \left[e_3 + (t_{\substack{1\\4\\3}} - t_{\substack{4\\3\\2}})\frac{1}{t_{\substack{1\\4\\3}} - t_{\substack{3\\2\\1}}}\right]\right]^4} \pm$$

$$\pm [(t_\alpha - t_{\substack{4\\3\\2}})(t_\beta - t_{\substack{4\\3\\2}})(t_\gamma - t_{\substack{4\\3\\2}}) + (t_\beta - t_{\substack{4\\3\\2}})(t_\gamma - t_{\substack{4\\3\\2}})(t_\delta - t_{\substack{4\\3\\2}}) + (t_\gamma - t_{\substack{4\\3\\2}})(t_\delta - t_{\substack{4\\3\\2}})(t_\alpha - t_{\substack{4\\3\\2}}) + (t_\delta - t_{\substack{4\\3\\2}})(t_\alpha - t_{\substack{4\\3\\2}})(t_\beta - t_{\substack{4\\3\\2}})] \times$$

$$\times \frac{(t_{\substack{1\\2\\3}} - t_{\substack{4\\3\\2}})(t_{\substack{3\\4\\1}} - t_{\substack{4\\3\\2}})}{t_{\substack{1\\2\\3}} - t_{\substack{3\\4\\1}}}\int\limits_0^z \frac{d\bar z}{\wp_1(\bar z, k) - \left[e_3 + (t_{\substack{1\\4\\3}} - t_{\substack{4\\3\\2}})\frac{1}{t_{\substack{1\\4\\3}} - t_{\substack{3\\2\\1}}}\right]} +$$

$$+ [(t_\alpha - t_{\substack{4\\3\\2}})(t_\beta - t_{\substack{4\\3\\2}}) + (t_\alpha - t_{\substack{4\\3\\2}})(t_\gamma - t_{\substack{4\\3\\2}}) + (t_\alpha - t_{\substack{4\\3\\2}})(t_\delta - t_{\substack{4\\3\\2}}) + (t_\beta - t_{\substack{4\\3\\2}})(t_\gamma - t_{\substack{4\\3\\2}}) + (t_\beta - t_{\substack{4\\3\\2}})(t_\delta - t_{\substack{4\\3\\2}}) + (t_\gamma - t_{\substack{4\\3\\2}})(t_\delta - t_{\substack{4\\3\\2}})] \times$$

$$\times \frac{(t_{\substack{1\\2\\3}} - t_{\substack{4\\3\\2}})^2 (t_{\substack{3\\4\\1}} - t_{\substack{4\\3\\2}})^2}{(t_{\substack{1\\2\\3}} - t_{\substack{3\\4\\1}})^2}\int\limits_0^z \frac{d\bar z}{\left[\wp_1(\bar z, k) - \left[e_3 + (t_{\substack{1\\4\\3}} - t_{\substack{4\\3\\2}})\frac{1}{t_{\substack{1\\4\\3}} - t_{\substack{3\\2\\1}}}\right]\right]^2} \pm$$

$$\pm (t_\alpha + t_\beta + t_\gamma + t_\delta - 4t_{\substack{4\\3\\2}})\frac{(t_{\substack{1\\2\\3}} - t_{\substack{4\\3\\2}})^3 (t_{\substack{3\\4\\1}} - t_{\substack{4\\3\\2}})^3}{(t_{\substack{1\\2\\3}} - t_{\substack{3\\4\\1}})^3}\int\limits_0^z \frac{d\bar z}{\left[\wp_1(\bar z, k) - \left[e_3 + (t_{\substack{1\\4\\3}} - t_{\substack{4\\3\\2}})\frac{1}{t_{\substack{1\\4\\3}} - t_{\substack{3\\2\\1}}}\right]\right]^3}\Bigg]. \tag{1167}$$

Wird in (1167) $t_\alpha = t_1$, $t_\beta = t_2$, $t_\gamma = t_3$, $t_\delta = t_4$ gesetzt, so nimmt das Integral auf der linken Seite die Form

$$\tfrac{1}{2}\sqrt{(t_1-t_3)(t_2-t_4)}\int\limits_{t_{\substack{4\\3\\2}}}^{t}\sqrt{\pm(\bar t-t_1)(\bar t-t_2)(\bar t-t_3)(\bar t-t_4)}\,d\bar t$$

an. Für die in (1166) und (1167) hinzugetretenen Integrale kann man sich wieder der Gl. (761) bedienen.

Wird auf der linken Seite von (1164) $t - t_\alpha$ vom Zähler in den Nenner gesetzt, so tritt auf der rechten Seite das Integral

$$\frac{1}{t_\alpha - t_{\substack{4\\3\\2}}}\int\limits_0^z \frac{d\bar z}{1 + \dfrac{(t_{\substack{1\\2\\3}} - t_{\substack{4\\3\\2}})(t_{\substack{3\\4\\1}} - t_{\substack{4\\3\\2}})}{(t_\alpha - t_{\substack{4\\3\\2}})(t_{\substack{1\\2\\3}} - t_{\substack{3\\4\\1}})}\,\dfrac{1}{\wp_1(\bar z, k) - \left[e_3 + (t_{\substack{1\\4\\3}} - t_{\substack{4\\3\\2}})\frac{1}{t_{\substack{1\\4\\3}} - t_{\substack{3\\2\\1}}}\right]}}$$

$$= \frac{1}{t_\alpha - t_{\substack{4\\3\\2}}}\int\limits_0^z \frac{\wp_1(\bar z, k) - \left[e_3 + (t_{\substack{1\\4\\3}} - t_{\substack{4\\3\\2}})\frac{1}{t_{\substack{1\\4\\3}} - t_{\substack{3\\2\\1}}}\right]}{\wp_1(\bar z, k) - \left[e_3 + (t_{\substack{1\\4\\3}} - t_{\substack{4\\3\\2}})\dfrac{1}{t_{\substack{1\\4\\3}} - t_{\substack{3\\2\\1}}} - \dfrac{(t_{\substack{1\\2\\3}} - t_{\substack{4\\3\\2}})(t_{\substack{3\\4\\1}} - t_{\substack{4\\3\\2}})}{(t_\alpha - t_{\substack{4\\3\\2}})(t_{\substack{1\\2\\3}} - t_{\substack{3\\4\\1}})}\right]}\,d\bar z$$

auf. Es ergibt sich daher die alle sechs Rangordnungsgruppen einschließende Integraldarstellung

$$\int\limits_{t_{\substack{4\\3\\2}}}^{t} \frac{1}{\bar t - t_\alpha}\,\frac{\frac{1}{2}\sqrt{(t_1-t_3)(t_2-t_4)}\,d\bar t}{\sqrt{\pm(\bar t-t_1)(\bar t-t_2)(\bar t-t_3)(\bar t-t_4)}}$$

$$= \frac{z}{t_\alpha - t_{\substack{4\\3\\2}}} - \frac{(t_{\substack{1\\2\\3}} - t_{\substack{4\\3\\2}})(t_{\substack{3\\4\\1}} - t_{\substack{4\\3\\2}})}{(t_\alpha - t_{\substack{4\\3\\2}})^2 (t_{\substack{1\\2\\3}} - t_{\substack{3\\4\\1}})} \int\limits_0^z \frac{d\bar z}{\wp_1(\bar z, k) - \left[e_3 + \dfrac{t_{\substack{1\\4\\3}} - t_{\substack{4\\3\\2}}}{t_{\substack{1\\4\\3}} - t_{\substack{3\\2\\1}}} - \dfrac{(t_{\substack{1\\2\\3}} - t_{\substack{4\\3\\2}})(t_{\substack{3\\4\\1}} - t_{\substack{4\\3\\2}})}{(t_\alpha - t_{\substack{4\\3\\2}})(t_{\substack{1\\2\\3}} - t_{\substack{3\\4\\1}})}\right]}. \qquad (1168)$$

Mit (1168) erschließen sich weitere Gruppen von Integralen, die eine lineare Kombination von Integralen dieses Abschnittes darstellen. Man erhält u. a.

$$\int\limits_{t_{\substack{4\\3\\2}}}^{t} \frac{(\bar t - t_\beta)(\bar t - t_\gamma)}{\bar t - t_\alpha}\,\frac{d\bar t}{\sqrt{\pm(\bar t-t_1)(\bar t-t_2)(\bar t-t_3)(\bar t-t_4)}} = \int\limits_{t_{\substack{4\\3\\2}}}^{t} (\bar t - t_\alpha)\,\frac{d\bar t}{\sqrt{\pm(\bar t-t_1)(\bar t-t_2)(\bar t-t_3)(\bar t-t_4)}} +$$

$$+ (2t_\alpha - t_\beta - t_\gamma) \int\limits_{t_{\substack{4\\3\\2}}}^{t} \frac{d\bar t}{\sqrt{\pm(\bar t-t_1)(\bar t-t_2)(\bar t-t_3)(\bar t-t_4)}} + (t_\alpha - t_\beta)(t_\alpha - t_\gamma) \int\limits_{t_{\substack{4\\3\\2}}}^{t} \frac{1}{\bar t - t_\alpha}\,\frac{d\bar t}{\sqrt{\pm(\bar t-t_1)(\bar t-t_2)(\bar t-t_3)(\bar t-t_4)}} \qquad (1169)$$

und in Fortsetzung des hier angewandten Aufspaltungsverfahrens

$$\int\limits_{t_{\substack{4\\3\\2}}}^{t} \frac{(\bar t - t_\beta)(\bar t - t_\gamma)(\bar t - t_\delta)}{\bar t - t_\alpha}\,\frac{d\bar t}{\sqrt{\pm(\bar t-t_1)(\bar t-t_2)(\bar t-t_3)(\bar t-t_4)}}$$

$$= \int\limits_{t_{\substack{4\\3\\2}}}^{t} (\bar t - t_\gamma)(\bar t - t_\delta)\,\frac{d\bar t}{\sqrt{\pm(\bar t-t_1)(\bar t-t_2)(\bar t-t_3)(\bar t-t_4)}} +$$

$$+ (t_\alpha - t_\beta) \int\limits_{t_{\substack{4\\3\\2}}}^{t} \frac{(\bar t - t_\gamma)(\bar t - t_\delta)}{\bar t - t_\alpha}\,\frac{d\bar t}{\sqrt{\pm(\bar t-t_1)(\bar t-t_2)(\bar t-t_3)(\bar t-t_4)}} \qquad (1170)$$

und so fort.

174. Die 12 elliptischen Integrale erster und zweiter Gattung und die 14 speziellen Integrale dritter Gattung der allgemeinen Weierstraßschen Form. Allgemeine Formeln für Weierstraßsche Integrale dritter Gattung

Dem allgemeinen Fall des Weierstrassschen elliptischen Integrals erster Gattung entspricht die Form

$$\int\limits_{t_i}^{t} \frac{d\bar t}{\sqrt{\pm(\bar t-t_1)(\bar t-t_2)(\bar t-t_3)}},$$

in welcher t_i eine noch zweckmäßig festzulegende feste Grenze bezeichnet. Die Rangordnungsmöglichkeiten der drei Wurzelwerte in Beziehung zum Argument gestalten sich wie folgt:

a) Reeller Bereich:

$t \geqq t_1 > t_2 > t_3$,

$t_1 \geqq t \geqq t_2 > t_3$,

$t_1 > t_2 \geqq t \geqq t_3$,

$t_1 > t_2 > t_3 \geqq t$;

b) komplexer Bereich:

t_1, t_3 komplex, $t \geqq t_2$,

t_1, t_3 komplex, $t \leqq t_2$.

Die Grundlagen zur Darstellung der Integrale erster und zweiter Gattung bilden die Gln. (556) bis (558) und (559) bis (561) sowie die Gln. (753). Bedient man sich für die Darstellung der Umkehrfunktionen wieder des HOUELschen arg-Symbols, so folgt

$$\left.\begin{aligned}
&\int_t^{\infty}\frac{d\bar t}{\sqrt{+4(\bar t-t_1)(\bar t-t_2)(\bar t-t_3)}}=\frac{1}{\sqrt{t_1-t_3}}\arg\wp_1\left(+\frac{3t-t_1-t_2-t_3}{3(t_1-t_3)},\sqrt{\frac{t_2-t_3}{t_1-t_3}}\right) && (t\geqq t_1>t_2>t_3),\\
&\int_{t_2}^{t}\frac{d\bar t}{\sqrt{-4(\bar t-t_1)(\bar t-t_2)(\bar t-t_3)}}=\frac{1}{\sqrt{t_1-t_3}}\arg\wp_3\left(-\frac{3t-t_1-t_2-t_3}{3(t_1-t_3)},\sqrt{\frac{t_1-t_2}{t_1-t_3}}\right) && (t_1\geqq t\geqq t_2>t_3),\\
&\int_t^{t_2}\frac{d\bar t}{\sqrt{+4(\bar t-t_1)(\bar t-t_2)(\bar t-t_3)}}=\frac{1}{\sqrt{t_1-t_3}}\arg\wp_3\left(+\frac{3t-t_1-t_2-t_3}{3(t_1-t_3)},\sqrt{\frac{t_2-t_3}{t_1-t_3}}\right) && (t_1>t_2\geqq t\geqq t_3),\\
&\int_{-\infty}^{t}\frac{d\bar t}{\sqrt{-4(\bar t-t_1)(\bar t-t_2)(\bar t-t_3)}}=\frac{1}{\sqrt{t_1-t_3}}\arg\wp_1\left(-\frac{3t-t_1-t_2-t_3}{3(t_1-t_3)},\sqrt{\frac{t_1-t_2}{t_1-t_3}}\right) && (t_1>t_2>t_3\geqq t),\\
&\int_t^{\infty}\frac{d\bar t}{\sqrt{+4(\bar t-t_1)(\bar t-t_2)(\bar t-t_3)}}\\
&\qquad=\frac{1}{\sqrt[4]{(t_1-t_2)(t_3-t_2)}}\arg\wp_5\left(+\frac{3t-t_1-t_2-t_3}{3\sqrt{(t_1-t_2)(t_3-t_2)}},\sqrt{\frac{1}{2}-\frac{2t_2-t_3-t_1}{4\sqrt{(t_1-t_2)(t_3-t_2)}}}\right)\\
&&& (t_1,\,t_3\ \text{komplex},\ t\geqq t_2),\\
&\int_{-\infty}^{t}\frac{d\bar t}{\sqrt{-4(\bar t-t_1)(\bar t-t_2)(\bar t-t_3)}}\\
&\qquad=\frac{1}{\sqrt[4]{(t_1-t_2)(t_3-t_2)}}\arg\wp_5\left(-\frac{3t-t_1-t_2-t_3}{3\sqrt{(t_1-t_2)(t_3-t_2)}},\sqrt{\frac{1}{2}+\frac{2t_2-t_3-t_1}{4\sqrt{(t_1-t_2)(t_3-t_2)}}}\right)\\
&&& (t_1,\,t_3\ \text{komplex},\ t\leqq t_2).
\end{aligned}\right\}\quad(1171)$$

$$\left.\begin{aligned}
&\int_{t_1}^{t}\frac{\bar t\,d\bar t}{\sqrt{+4(\bar t-t_1)(\bar t-t_2)(\bar t-t_3)}}=\sqrt{t_1-t_3}\left[-\eta_1K+\mathfrak{z}_1\left(\arg\wp_1\left(+\frac{3t-t_1-t_2-t_3}{3(t_1-t_3)}\right),\sqrt{\frac{t_2-t_3}{t_1-t_3}}\right)\right]+\\
&\qquad+\frac{t_1+t_2+t_3}{3\sqrt{t_1-t_3}}\arg\wp_2\left(+\frac{3t-t_1-t_2-t_3}{3(t_1-t_3)},\sqrt{\frac{t_2-t_3}{t_1-t_3}}\right)\\
&&& (t\geqq t_1>t_2>t_3),\\
&\int_{t_2}^{t}\frac{\bar t\,d\bar t}{\sqrt{-4(\bar t-t_1)(\bar t-t_2)(\bar t-t_3)}}=\sqrt{t_1-t_3}\,\mathfrak{z}_3\left(\arg\wp_3\left(-\frac{3t-t_1-t_2-t_3}{3(t_1-t_3)}\right),\sqrt{\frac{t_1-t_2}{t_1-t_3}}\right)+\\
&\qquad+\frac{t_1+t_2+t_3}{3\sqrt{t_1-t_3}}\arg\wp_3\left(-\frac{3t-t_1-t_2-t_3}{3(t_1-t_3)},\sqrt{\frac{t_1-t_2}{t_1-t_3}}\right)\\
&&& (t_1\geqq t\geqq t_2>t_3),\\
&\int_{t}^{t_2}\frac{\bar t\,d\bar t}{\sqrt{+4(\bar t-t_1)(\bar t-t_2)(\bar t-t_3)}}=-\sqrt{t_1-t_3}\,\mathfrak{z}_3\left(\arg\wp_3\left(+\frac{3t-t_1-t_2-t_3}{3(t_1-t_3)}\right),\sqrt{\frac{t_2-t_3}{t_1-t_3}}\right)+\\
&\qquad+\frac{t_1+t_2+t_3}{3\sqrt{t_1-t_3}}\arg\wp_3\left(+\frac{3t-t_1-t_2-t_3}{3(t_1-t_3)},\sqrt{\frac{t_2-t_3}{t_1-t_3}}\right)\\
&&& (t_1>t_2\geqq t\geqq t_3),\\
&\int_{t}^{t_3}\frac{\bar t\,d\bar t}{\sqrt{-4(\bar t-t_1)(\bar t-t_2)(\bar t-t_3)}}=\sqrt{t_1-t_3}\left[+\eta_1K-\mathfrak{z}_1\left(\arg\wp_1\left(-\frac{3t-t_1-t_2-t_3}{3(t_1-t_3)}\right),\sqrt{\frac{t_1-t_2}{t_1-t_3}}\right)\right]+\\
&\qquad+\frac{t_1+t_2+t_3}{3\sqrt{t_1-t_3}}\arg\wp_2\left(-\frac{3t-t_1-t_2-t_3}{3(t_1-t_3)},\sqrt{\frac{t_1-t_2}{t_1-t_3}}\right)\\
&&& (t_1>t_2>t_3\geqq t),
\end{aligned}\right\}\quad(1172)$$

$$\left.\begin{aligned}
&\int\limits_{t_2}^{t} \frac{\bar t\, d\bar t}{\sqrt{+4(\bar t - t_1)(\bar t - t_2)(\bar t - t_3)}} \\
&\quad = \sqrt[4]{(t_1 - t_2)(t_3 - t_2)}\left[-\bar\eta_1 K + \mathfrak{z}_5\left(\arg\wp_5\left(+\frac{3t - t_1 - t_2 - t_3}{3\sqrt{(t_1 - t_2)(t_3 - t_2)}}\right), \sqrt{\frac{1}{2} - \frac{2t_2 - t_3 - t_1}{4\sqrt{(t_1 - t_2)(t_3 - t_2)}}}\right)\right] + \\
&\quad + \frac{t_1 + t_2 + t_3}{3\sqrt{(t_1 - t_2)(t_3 - t_2)}} \arg\wp_6\left(+\frac{3t - t_1 - t_2 - t_3}{3\sqrt{(t_1 - t_2)(t_3 - t_2)}}, \sqrt{\frac{1}{2} - \frac{2t_2 - t_3 - t_1}{4\sqrt{(t_1 - t_2)(t_3 - t_2)}}}\right) \\
&\qquad\qquad\qquad\qquad\qquad\qquad\qquad\qquad\qquad\qquad (t_1, t_3 \text{ komplex}, t \geqq t_2), \\
&\int\limits_{t}^{t_2} \frac{\bar t\, d\bar t}{\sqrt{-4(\bar t - t_1)(\bar t - t_2)(\bar t - t_3)}} \\
&\quad = \sqrt[4]{(t_1 - t_2)(t_3 - t_2)}\left[+\bar\eta_1 K - \mathfrak{z}_5\left(\arg\wp_5\left(-\frac{3t - t_1 - t_2 - t_3}{3\sqrt{(t_1 - t_2)(t_3 - t_2)}}\right), \sqrt{\frac{1}{2} + \frac{2t_2 - t_3 - t_1}{4\sqrt{(t_1 - t_2)(t_3 - t_2)}}}\right)\right] + \\
&\quad + \frac{t_1 + t_2 + t_3}{3\sqrt{(t_1 - t_2)(t_3 - t_2)}} \arg\wp_6\left(-\frac{3t - t_1 - t_2 - t_3}{3\sqrt{(t_1 - t_2)(t_3 - t_2)}}, \sqrt{\frac{1}{2} + \frac{2t_2 - t_3 - t_1}{4\sqrt{(t_1 - t_2)(t_3 - t_2)}}}\right) \\
&\qquad\qquad\qquad\qquad\qquad\qquad\qquad\qquad\qquad\qquad (t_1, t_3 \text{ komplex}, t \leqq t_2).
\end{aligned}\right\}$$

In (1171) gilt für η_1 und K der in der jeweiligen arg-Funktion hinzugesetzte Modul.

Bei der Umstellung der speziellen WEIERSTRASSschen Integrale (760) der dritten Gattung auf t_1, t_2, t_3 gehen die Parameterfunktionen e_1, e_2, e_3 und $-2e_2$ in dem Faktor vor der Wurzel in die Wurzelwerte t_1, t_2, t_3 und t_2 über. In Verbindung mit (556) bis (561) lauten die Integrale:

$$\left.\begin{aligned}
&\int\limits_{t}^{\infty} \frac{d\bar t}{(\bar t - t_{\substack{1\\2\\3}})\sqrt{+4(\bar t - t_1)(\bar t - t_2)(\bar t - t_3)}} \\
&\quad = -\frac{1}{(t_1 - t_3)^{3/2}} \frac{1}{(e_{\substack{1\\2\\3}} - e_{\substack{2\\3\\1}})(e_{\substack{1\\2\\3}} - e_{\substack{3\\1\\2}})}\left[(\eta_1 + e_{\substack{1\\2\\3}}) \arg\wp_1\left(+\frac{3t - t_1 - t_2 - t_3}{3(t_1 - t_3)}, \sqrt{\frac{t_2 - t_3}{t_1 - t_3}}\right) + \right. \\
&\quad \left. + \frac{\partial}{\partial z} \ln\vartheta_{\substack{2\\3\\4}}\left(\arg\wp_1\left(+\frac{3t - t_1 - t_2 - t_3}{3(t_1 - t_3)}\right), \sqrt{\frac{t_2 - t_3}{t_1 - t_3}}\right)\right] \qquad (t > t_1 > t_2 > t_3), \\
&\int\limits_{t_2}^{t} \frac{d\bar t}{(\bar t - t_{\substack{3\\1}})\sqrt{-4(\bar t - t_1)(\bar t - t_2)(\bar t - t_3)}} \\
&\quad = +\frac{1}{(t_1 - t_3)^{3/2}} \frac{1}{(e_{\substack{1\\3}} - e_{\substack{2\\1}})(e_{\substack{1\\3}} - e_{\substack{3\\2}})}\left[(\eta_1 + e_{\substack{1\\3}}) \arg\wp_3\left(-\frac{3t - t_1 - t_2 - t_3}{3(t_1 - t_3)}, \sqrt{\frac{t_1 - t_2}{t_1 - t_3}}\right) + \right. \\
&\quad \left. + \frac{\partial}{\partial z} \ln\vartheta_{\substack{4\\2}}\left(\arg\wp_3\left(-\frac{3t - t_1 - t_2 - t_3}{3(t_1 - t_3)}\right), \sqrt{\frac{t_1 - t_2}{t_1 - t_3}}\right)\right] \qquad (t_1 > t \geqq t_2 > t_3), \\
&\int\limits_{t}^{t_1} \frac{d\bar t}{(\bar t - t_2)\sqrt{-4(\bar t - t_1)(\bar t - t_2)(\bar t - t_3)}} \\
&\quad = -\frac{1}{(t_1 - t_3)^{3/2}} \frac{1}{(e_2 - e_3)(e_2 - e_1)}\left[(\eta_1 + e_2) \arg\wp_4\left(-\frac{3t - t_1 - t_2 - t_3}{3(t_1 - t_3)}, \sqrt{\frac{t_1 - t_2}{t_1 - t_3}}\right) - \right. \\
&\quad \left. - \frac{\partial}{\partial z} \ln\vartheta_1\left(\arg\wp_4\left(-\frac{3t - t_1 - t_2 - t_3}{3(t_1 - t_3)}\right), \sqrt{\frac{t_1 - t_2}{t_1 - t_3}}\right)\right] \qquad (t_1 \geqq t > t_2 > t_3), \\
&\int\limits_{t}^{t_2} \frac{d\bar t}{(\bar t - t_{\substack{1\\3}})\sqrt{+4(\bar t - t_1)(\bar t - t_2)(\bar t - t_3)}} \\
&\quad = -\frac{1}{(t_1 - t_3)^{3/2}} \frac{1}{(e_{\substack{1\\3}} - e_{\substack{2\\1}})(e_{\substack{1\\3}} - e_{\substack{3\\2}})}\left[(\eta_1 + e_{\substack{1\\3}}) \arg\wp_3\left(+\frac{3t - t_1 - t_2 - t_3}{3(t_1 - t_3)}, \sqrt{\frac{t_2 - t_3}{t_1 - t_3}}\right) + \right. \\
&\quad \left. + \frac{\partial}{\partial z} \ln\vartheta_{\substack{4\\2}}\left(\arg\wp_3\left(+\frac{3t - t_1 - t_2 - t_3}{3(t_1 - t_3)}\right), \sqrt{\frac{t_2 - t_3}{t_1 - t_3}}\right)\right] \qquad (t_1 > t_2 \geqq t > t_3),
\end{aligned}\right\} \quad (1173)$$

$$\int\limits_{t_3}^{t}\frac{d\bar t}{(\bar t-t_2)\sqrt{+4(\bar t-t_1)(\bar t-t_2)(\bar t-t_3)}}$$
$$=+\frac{1}{(t_1-t_3)^{3/2}}\,\frac{1}{(e_2-e_3)(e_2-e_1)}\left[(\eta_1+e_2)\arg\wp_4\left(+\frac{3t-t_1-t_2-t_3}{3(t_1-t_3)},\sqrt{\frac{t_2-t_3}{t_1-t_3}}\right)-\right.$$
$$\left.-\frac{\partial}{\partial z}\ln\vartheta_1\left(\arg\wp_4\left(+\frac{3t-t_1-t_2-t_3}{3(t_1-t_3)}\right),\sqrt{\frac{t_2-t_3}{t_1-t_3}}\right)\right]\qquad(t_1>t_2>t\geqq t_3),$$

$$\int\limits_{-\infty}^{t}\frac{d\bar t}{(\bar t-t_{\substack{3\\2\\1}})\sqrt{-4(\bar t-t_1)(\bar t-t_2)(\bar t-t_3)}}$$
$$=+\frac{1}{(t_1-t_3)^{3/2}}\,\frac{1}{(e_{\substack{1\\2\\3}}-e_{\substack{2\\3\\1}})(e_{\substack{1\\2\\3}}-e_{\substack{3\\1\\2}})}\left[(\eta_1+e_{\substack{1\\2\\3}})\arg\wp_1\left(-\frac{3t-t_1-t_2-t_3}{3(t_1-t_3)},\sqrt{\frac{t_1-t_2}{t_1-t_3}}\right)+\right.$$
$$\left.+\frac{\partial}{\partial z}\ln\vartheta_{\substack{2\\3\\4}}\left(\arg\wp_1\left(-\frac{3t-t_1-t_2-t_3}{3(t_1-t_3)}\right),\sqrt{\frac{t_1-t_2}{t_1-t_3}}\right)\right]\qquad(t_1>t_2>t_3>t),$$

$$\int\limits_{t}^{\infty}\frac{d\bar t}{(\bar t-t_2)\sqrt{+4(\bar t-t_1)(\bar t-t_2)(\bar t-t_3)}}$$
$$=\frac{-1}{\sqrt[4]{(t_1-t_2)(t_3-t_2)}^{\,3}}\left[(\bar\eta_1-2e_2)\arg\wp_5\left(+\frac{3t-t_1-t_2-t_3}{3\sqrt{(t_1-t_2)(t_3-t_2)}},\sqrt{\frac{1}{2}-\frac{2t_2-t_3-t_1}{4\sqrt{(t_1-t_2)(t_3-t_2)}}}\right)+\right.$$
$$\left.+\frac{\partial}{\partial z}\ln\vartheta_6\left(\arg\wp_5\left(+\frac{3t-t_1-t_2-t_3}{3\sqrt{(t_1-t_2)(t_3-t_2)}}\right),\sqrt{\frac{1}{2}-\frac{2t_2-t_3-t_1}{4\sqrt{(t_1-t_2)(t_3-t_2)}}}\right)\right]\qquad(t_1,t_3\ \text{komplex},\ t>t_2),$$

$$\int\limits_{-\infty}^{t}\frac{d\bar t}{(\bar t-t_2)\sqrt{-4(\bar t-t_1)(\bar t-t_2)(\bar t-t_3)}}$$
$$=\frac{+1}{\sqrt[4]{(t_1-t_2)(t_3-t_2)}^{\,3}}\left[(\bar\eta_1-2e_2)\arg\wp_5\left(-\frac{3t-t_1-t_2-t_3}{3\sqrt{(t_1-t_2)(t_3-t_2)}},\sqrt{\frac{1}{2}+\frac{2t_2-t_3-t_1}{4\sqrt{(t_1-t_2)(t_3-t_2)}}}\right)+\right.$$
$$\left.+\frac{\partial}{\partial z}\ln\vartheta_6\left(\arg\wp_5\left(-\frac{3t-t_1-t_2-t_3}{3\sqrt{(t_1-t_2)(t_3-t_2)}}\right),\sqrt{\frac{1}{2}+\frac{2t_2-t_3-t_1}{4\sqrt{(t_1-t_2)(t_3-t_2)}}}\right)\right]\qquad(t_1,t_3\ \text{komplex},\ t<t_2).$$

In (1173) sind die Parameterfunktionen η_1, $\bar\eta_1$, e_1, e_2, e_3 jeweils auf den in der arg-Funktion hinzugesetzten Modul zu beziehen.

In dem Fall des allgemeinen WEIERSTRASSschen Integrals dritter Gattung ergibt sich, wenn gemäß (556) bis (558) bzw. (559) bis (561) neue Integrationsveränderliche und neue Parameterfunktionen eingeführt werden, durch welche nach (446) auch g_2, g_3 bzw. $\bar g_2$, $\bar g_3$ bekannt sind,

$$\int\frac{dt}{(t-t_0)\sqrt{\pm4(t-t_1)(t-t_2)(t-t_3)}}=\frac{1}{(t_1-t_3)^{3/2}}\int\frac{d\bar t}{\left[\bar t-\frac{3t_0-t_1-t_2-t_3}{3(t_1-t_3)}\right]\sqrt{\pm(4\bar t^3-g_2\bar t-g_3)}}\quad\text{(reelle Fälle)},$$
$$\int\frac{dt}{(t-t_0)\sqrt{\pm4(t-t_1)(t-t_2)(t-t_3)}}=\frac{1}{\sqrt[4]{(t_1-t_2)(t_3-t_2)}^{\,3}}\int\frac{d\bar t}{\left[\bar t-\frac{3t_0-t_1-t_2-t_3}{3\sqrt{(t_1-t_2)(t_3-t_2)}}\right]\sqrt{\pm(4\bar t^3-\bar g_2\bar t-\bar g_3)}}\quad\text{(komplexe Fälle)},\qquad(1174)$$

wobei bezüglich der transformierten Integrale auf (754) bis (759) verwiesen werden kann.

175. Elliptische Integrale in trigonometrischer Form

Zusätzlich zu den bereits behandelten Gruppenintegralen von (903), (933), (936) und (937) sollen hier zunächst noch vier Integrale erster Gattung mit biquadratischen trigonometrischen Funktionen unter der Wurzel dargestellt werden. Wird in dem zweiten und elften der Normalintegrale (880) eine neue Integrationsveränderliche in der Form $t=t_0\tan\varphi$ bzw. $t=t_0\cot\varphi$

substituiert und (905) berücksichtigt, so folgt, wenn in den so sich ergebenden Integralen anschließend φ mit $\frac{\pi}{2} - \varphi$ vertauscht wird, der Vierersatz

$$\left.\begin{aligned}
&\int_{\varphi}^{\pi/2} \frac{d\bar{\varphi}}{\sqrt{\left[1-\left(1-\frac{t_0^2}{k^2}\right)\sin^2\bar{\varphi}\right]\left[-1+\left(1+\frac{t_0^2}{k'^2}\right)\sin^2\bar{\varphi}\right]}} = \frac{k\,k'}{t_0} F\left(\arcsin \frac{1}{\sqrt{k^2+t_0^2\tan^2\varphi}}, k\right), \\
&\qquad\qquad \left(\arctan \frac{k'}{t_0} \leqq \varphi \leqq \frac{\pi}{2}\right), \\
&\int_{0}^{\varphi} \frac{d\bar{\varphi}}{\sqrt{\left[1-\left(1-\frac{k^2}{t_0^2}\right)\sin^2\bar{\varphi}\right]\left[1-\left(1+\frac{k'^2}{t_0^2}\right)\sin^2\bar{\varphi}\right]}} = t_0 F\left(\arcsin \frac{1}{\sqrt{k^2+t_0^2\cot^2\varphi}}, k\right), \\
&\qquad\qquad \left(0 \leqq \varphi \leqq \operatorname{arc\,cot} \frac{k'}{t_0}\right), \\
&\int_{\varphi}^{\operatorname{arc\,cot} t_0} \frac{d\bar{\varphi}}{\sqrt{\left[1-(1+t_0^2)\sin^2\bar{\varphi}\right]\left[1-\left(1-\frac{k^2}{k'^2}t_0^2\right)\sin^2\bar{\varphi}\right]}} = \frac{k'}{t_0} F\left(\arcsin\sqrt{1-t_0^2\tan^2\varphi}, k\right), \\
&\qquad\qquad (0 \leqq \varphi \leqq \operatorname{arc\,cot} t_0), \\
&\int_{\arctan t_0}^{\varphi} \frac{d\bar{\varphi}}{\sqrt{\left[-1+\left(1+\frac{1}{t_0^2}\right)\sin^2\bar{\varphi}\right]\left[1-\left(1-\frac{k'^2}{k^2}\frac{1}{t_0^2}\right)\sin^2\bar{\varphi}\right]}} = k\,t_0 F\left(\arcsin\sqrt{1-t_0^2\cot^2\varphi}, k\right), \\
&\qquad\qquad \left(\arctan t_0 \leqq \varphi \leqq \frac{\pi}{2}\right).
\end{aligned}\right\} \quad (1175)$$

Durch Bezugnahme auf (1175) lassen sich in Verbindung mit (1101) bis (1111) zahlreiche weitere Integrale mit biquadratischen trigonometrischen Funktionen unter der Wurzel entwickeln.

Die Gln. (933) enthalten lediglich die Grundintegrale der zu (903) gehörigen elliptischen Normalintegrale zweiter Gattung. Die vollständigen Zwölfersätze folgen erst in Verbindung mit (1101) und (1102), und zwar für die zu $\sqrt{1 - k^2 \sin^2\varphi}$ gehörige Integralgruppe durch Bezugnahme auf die Integrale mit sn und für diejenige zu $\sqrt{-k'^2 + \sin^2\varphi}$ durch Bezugnahme auf die Integrale mit dn für $t = \sin\varphi$. Die zugehörigen Argumente folgen aus (905), indem darin sn $= \sin\varphi$ bzw. dn $= \sin\varphi$ gesetzt wird. Um die Integrale durch die Legendreschen F- und E-Funktionen darstellen zu können, bedient man sich zweckmäßig nicht der Gln. (1101) und (1102), sondern der Paralleldarstellungen von (929), wobei die logarithmischen Ableitungen der Jacobischen elliptischen Funktionen für das Argument $z(\text{sn}, k)$ unmittelbar den Gln. (897) entnommen werden können, während sie sich für $z(\text{dn}, k)$, ausgehend von dn $= \sin\varphi$, mit Hilfe von (767) bzw. (785) ergeben. Aus den so erhaltenen beiden Zwölfersätzen folgen die zu $\sqrt{k'^2 + k^2\sin^2\varphi}$ bzw. $\sqrt{k^2 - \sin^2\varphi}$ gehörigen Sätze durch Vertauschen von φ mit $\frac{\pi}{2} - \varphi$. Die für sn $= \sin\varphi$ anfallende Integralgruppe lautet:

$$\begin{aligned}
&\int_{\varphi}^{\pi/2} \frac{\cot^2\bar{\varphi}}{\sqrt{1-k^2\sin^2\bar{\varphi}}}\, d\bar{\varphi} = -E + E(\varphi, k) + \cot\varphi\sqrt{1-k^2\sin^2\varphi}, \\
&\int_{\varphi}^{\pi/2} \frac{\sqrt{1-k^2\sin^2\bar{\varphi}}}{\sin^2\bar{\varphi}}\, d\bar{\varphi} = -E + k'^2 K - k'^2 F(\varphi, k) + E(\varphi, k) + \cot\varphi\sqrt{1-k^2\sin^2\varphi}, \\
&\int_{\varphi}^{\pi/2} \frac{1/\sin^2\bar{\varphi}}{\sqrt{1-k^2\sin^2\bar{\varphi}}}\, d\bar{\varphi} = -E + K - F(\varphi, k) + E(\varphi, k) + \cot\varphi\sqrt{1-k^2\sin^2\varphi}, \\
&\int_{0}^{\varphi} \frac{\tan^2\bar{\varphi}}{\sqrt{1-k^2\sin^2\bar{\varphi}}}\, d\bar{\varphi} = -\frac{1}{k'^2} E(\varphi, k) + \frac{1}{k'^2}\tan\varphi\sqrt{1-k^2\sin^2\varphi},
\end{aligned}$$

$$\left.\begin{aligned}
&\int_0^{\varphi}\frac{1/\cos^2\bar\varphi}{\sqrt{1-k^2\sin^2\bar\varphi}}\,d\bar\varphi = F(\varphi,k)-\frac{1}{k'^2}E(\varphi,k)+\frac{1}{k'^2}\tan\varphi\sqrt{1-k^2\sin^2\varphi},\\
&\int_0^{\varphi}\frac{\sqrt{1-k^2\sin^2\bar\varphi}}{\cos^2\bar\varphi}\,d\bar\varphi = F(\varphi,k)-E(\varphi,k)+\tan\varphi\sqrt{1-k^2\sin^2\varphi},\\
&\int_0^{\varphi}\frac{1}{(\sqrt{1-k^2\sin^2\bar\varphi})^3}\,d\bar\varphi = \frac{1}{k'^2}E(\varphi,k)-\frac{k^2}{k'^2}\,\frac{\sin\varphi\cos\varphi}{\sqrt{1-k^2\sin^2\varphi}},\\
&\int_0^{\varphi}\frac{\sin^2\bar\varphi}{(\sqrt{1-k^2\sin^2\bar\varphi})^3}\,d\bar\varphi = -\frac{1}{k^2}F(\varphi,k)+\frac{1}{k^2k'^2}E(\varphi,k)-\frac{1}{k'^2}\,\frac{\sin\varphi\cos\varphi}{\sqrt{1-k^2\sin^2\varphi}},\\
&\int_0^{\varphi}\frac{\cos^2\bar\varphi}{(\sqrt{1-k^2\sin^2\bar\varphi})^3}\,d\bar\varphi = \frac{1}{k^2}F(\varphi,k)-\frac{1}{k^2}E(\varphi,k)+\frac{\sin\varphi\cos\varphi}{\sqrt{1-k^2\sin^2\varphi}},\\
&\int_0^{\varphi}\sqrt{1-k^2\sin^2\bar\varphi}\,d\bar\varphi = E(\varphi,k),\\
&\int_0^{\varphi}\frac{\cos^2\bar\varphi}{\sqrt{1-k^2\sin^2\bar\varphi}}\,d\bar\varphi = -\frac{k'^2}{k^2}F(\varphi,k)+\frac{1}{k^2}E(\varphi,k),\\
&\int_0^{\varphi}\frac{\sin^2\bar\varphi}{\sqrt{1-k^2\sin^2\bar\varphi}}\,d\bar\varphi = +\frac{1}{k^2}F(\varphi,k)-\frac{1}{k^2}E(\varphi,k).
\end{aligned}\right\}\quad(1176)$$

Durch Vertauschen von φ mit $\left(\frac{\pi}{2}-\varphi\right)$ in (1176) geht die Wurzel in

$$\sqrt{1-k^2\cos^2\varphi}=\sqrt{k'^2+k^2\sin^2\varphi}$$

über, was der dritten Integralgruppe in den Gln. (903) bzw. (933) entspricht. Für den zu dn $=\sin\varphi$ gehörigen Zwölfersatz ergibt sich:

$$\left.\begin{aligned}
&\int_{\operatorname{arc}\cos k}^{\varphi}\frac{\sqrt{-k'^2+\sin^2\bar\varphi}}{\cos^2\bar\varphi}\,d\bar\varphi = -\left[E-E\left(\operatorname{arc}\sin\frac{\cos\varphi}{k},k\right)\right]+\tan\varphi\sqrt{-k'^2+\sin^2\varphi},\\
&\int_{\operatorname{arc}\cos k}^{\varphi}\frac{\tan^2\bar\varphi}{\sqrt{-k'^2+\sin^2\bar\varphi}}\,d\bar\varphi = \frac{k'^2}{k^2}\left[K-F\left(\operatorname{arc}\sin\frac{\cos\varphi}{k},k\right)\right]-\frac{1}{k^2}\left[E-E\left(\operatorname{arc}\sin\frac{\cos\varphi}{k},k\right)\right]+\\
&\qquad+\frac{1}{k^2}\tan\varphi\sqrt{-k'^2+\sin^2\varphi},\\
&\int_{\operatorname{arc}\cos k}^{\varphi}\frac{1/\cos^2\bar\varphi}{\sqrt{-k'^2+\sin^2\bar\varphi}}\,d\bar\varphi = \frac{1}{k^2}\left[K-F\left(\operatorname{arc}\sin\frac{\cos\varphi}{k},k\right)\right]-\frac{1}{k^2}\left[E-E\left(\operatorname{arc}\sin\frac{\cos\varphi}{k},k\right)\right]+\\
&\qquad+\frac{1}{k^2}\tan\varphi\sqrt{-k'^2+\sin^2\varphi},\\
&\int_{\varphi}^{\pi/2}\frac{\cos^2\bar\varphi}{(\sqrt{-k'^2+\sin^2\bar\varphi})^3}\,d\bar\varphi = -\frac{1}{k'^2}E\left(\operatorname{arc}\sin\frac{\cos\varphi}{k},k\right)+\frac{1}{k'^2}\,\frac{\sin\varphi\cos\varphi}{\sqrt{-k'^2+\sin^2\varphi}},\\
&\int_{\varphi}^{\pi/2}\frac{1}{(\sqrt{-k'^2+\sin^2\bar\varphi})^3}\,d\bar\varphi = +\frac{1}{k^2}F\left(\operatorname{arc}\sin\frac{\cos\varphi}{k},k\right)-\frac{1}{k^2k'^2}E\left(\operatorname{arc}\sin\frac{\cos\varphi}{k},k\right)+\\
&\qquad+\frac{1}{k^2k'^2}\,\frac{\sin\varphi\cos\varphi}{\sqrt{-k'^2+\sin^2\varphi}},\\
&\int_{\varphi}^{\pi/2}\frac{\sin^2\bar\varphi}{(\sqrt{-k'^2+\sin^2\bar\varphi})^3}\,d\bar\varphi = +\frac{1}{k^2}F\left(\operatorname{arc}\sin\frac{\cos\varphi}{k},k\right)-\frac{1}{k^2}E\left(\operatorname{arc}\sin\frac{\cos\varphi}{k},k\right)+\frac{1}{k^2}\,\frac{\sin\varphi\cos\varphi}{\sqrt{-k'^2+\sin^2\varphi}},
\end{aligned}\right\}\quad(1177)$$

$$\int_{\varphi}^{\pi/2} \frac{1/\sin^2\bar{\varphi}}{\sqrt{-k'^2+\sin^2\bar{\varphi}}}\,d\bar{\varphi} = +\frac{1}{k'^2} E\left(\arc\sin\frac{\cos\varphi}{k}, k\right) - \frac{1}{k'^2}\cot\varphi\sqrt{-k'^2+\sin^2\varphi},$$

$$\int_{\varphi}^{\pi/2} \frac{\cot^2\bar{\varphi}}{\sqrt{-k'^2+\sin^2\bar{\varphi}}}\,d\bar{\varphi} = -F\left(\arc\sin\frac{\cos\varphi}{k}, k\right) + \frac{1}{k'^2} E\left(\arc\sin\frac{\cos\varphi}{k}, k\right) - \frac{1}{k'^2}\cot\varphi\sqrt{-k'^2+\sin^2\varphi},$$

$$\int_{\varphi}^{\pi/2} \frac{\sqrt{-k'^2+\sin^2\bar{\varphi}}}{\sin^2\bar{\varphi}}\,d\bar{\varphi} = +F\left(\arc\sin\frac{\cos\varphi}{k}, k\right) - E\left(\arc\sin\frac{\cos\varphi}{k}, k\right) + \cot\varphi\sqrt{-k'^2+\sin^2\varphi},$$

$$\int_{\varphi}^{\pi/2} \frac{\sin^2\bar{\varphi}}{\sqrt{-k'^2+\sin^2\bar{\varphi}}}\,d\bar{\varphi} = E\left(\arc\sin\frac{\cos\varphi}{k}, k\right),$$

$$\int_{\varphi}^{\pi/2} \sqrt{-k'^2+\sin^2\bar{\varphi}}\,d\bar{\varphi} = -k'^2 F\left(\arc\sin\frac{\cos\varphi}{k}, k\right) + E\left(\arc\sin\frac{\cos\varphi}{k}, k\right),$$

$$\int_{\varphi}^{\pi/2} \frac{\cos^2\bar{\varphi}}{\sqrt{-k'^2+\sin^2\bar{\varphi}}}\,d\bar{\varphi} = F\left(\arc\sin\frac{\cos\varphi}{k}, k\right) - E\left(\arc\sin\frac{\cos\varphi}{k}, k\right).$$

Durch Vertauschen von φ mit $\left(\frac{\pi}{2}-\varphi\right)$ in (1177) geht

$$\sqrt{-k'^2+\sin^2\varphi} \quad \text{in} \quad \sqrt{-k'^2+\cos^2\varphi} = \sqrt{k^2-\sin^2\varphi}$$

über, was der zweiten Integralgruppe in den Gln. (903) bzw. (933) entspricht.

Weitere Integralgruppen ergeben sich in Verbindung mit den Gln. (1104) bis (1111) unter Bezugnahme auf die Integrale mit sn und dn für $t = \sin\varphi$. Dabei müssen die in den Integraldarstellungen auftretenden Zeta- und $\wp'$-Funktionen noch auf trigonometrische Funktionen und Legendresche F- und E-Funktionen umgeschrieben werden. Für die Zeta-Funktionen stehen hierfür die Gln. (1022), für die $\wp'$-Funktionen die Gln. (778) zur Verfügung, wobei die trigonometrischen Funktionen für das Argument $z(\mathrm{sn}, k)$ den Gln. (897) unmittelbar entnommen werden können, während sie sich für $z(\mathrm{dn}, k)$, ausgehend von $\mathrm{dn} = \sin\varphi$, mit Hilfe von (767) bzw. (785) ergeben. Durch Vertauschen von φ mit $\left(\frac{\pi}{2}-\varphi\right)$ folgen entsprechend den bei (1176) gegebenen Erläuterungen die zu den mittleren Gleichungen von (903) bzw. (933) gehörigen Integralgruppen. Wenn bei der Zusammenfassung noch (442), (446) und (449) beachtet wird, so ergibt sich für die $\mathrm{sn} = \sin\varphi$-Gruppe:

$$\int_{\varphi}^{\pi/2} \frac{\cot^4\bar{\varphi}}{\sqrt{1-k^2\sin^2\bar{\varphi}}}\,d\bar{\varphi} = -\frac{1}{3}k'^2[K-F(\varphi,k)] + 2e_1[E-E(\varphi,k)] + \frac{1-6e_1\sin^2\varphi}{3\sin^2\varphi\tan\varphi}\sqrt{1-k^2\sin^2\varphi},$$

$$\int_{\varphi}^{\pi/2} \frac{(\sqrt{1-k^2\sin^2\bar{\varphi}})^3}{\sin^4\bar{\varphi}}\,d\bar{\varphi} = k'^2\left(k'^2-\frac{1}{3}\right)[K-F(\varphi,k)] + 2e_2[E-E(\varphi,k)] + \frac{1-6e_2\sin^2\varphi}{3\sin^2\varphi\tan\varphi}\sqrt{1-k^2\sin^2\varphi},$$

$$\int_{\varphi}^{\pi/2} \frac{1/\sin^4\bar{\varphi}}{\sqrt{1-k^2\sin^2\bar{\varphi}}}\,d\bar{\varphi} = \frac{2+k^2}{3}[K-F(\varphi,k)] + 2e_3[E-E(\varphi,k)] + \frac{1-6e_3\sin^2\varphi}{3\sin^2\varphi\tan\varphi}\sqrt{1-k^2\sin^2\varphi},$$

$$\int_0^{\varphi} \frac{\tan^4\bar{\varphi}}{\sqrt{1-k^2\sin^2\bar{\varphi}}}\,d\bar{\varphi} = \frac{1}{k'^4}\left[-\frac{1}{3}k'^2F(\varphi,k) + 2e_1E(\varphi,k) + \frac{k'^2-6e_1\cos^2\varphi}{3\cos^2\varphi\cot\varphi}\sqrt{1-k^2\sin^2\varphi}\right],$$

$$\int_0^{\varphi} \frac{1/\cos^4\bar{\varphi}}{\sqrt{1-k^2\sin^2\bar{\varphi}}}\,d\bar{\varphi} = \frac{1}{k'^4}\left[k'^2\left(k'^2-\frac{1}{3}\right)F(\varphi,k) + 2e_2E(\varphi,k) + \frac{k'^2-6e_2\cos^2\varphi}{3\cos^2\varphi\cot\varphi}\sqrt{1-k^2\sin^2\varphi}\right],$$

$$\left.\begin{aligned}
&\int_0^\varphi \frac{(\sqrt{1-k^2\sin^2\bar\varphi})^3}{\cos^4\bar\varphi}\,d\bar\varphi = \frac{2+k^2}{3}F(\varphi,k)+2e_3E(\varphi,k)+\frac{k'^2-6e_3\cos^2\varphi}{3\cos^2\varphi\cot\varphi}\sqrt{1-k^2\sin^2\varphi},\\
&\int_0^\varphi \frac{1}{(\sqrt{1-k^2\sin^2\bar\varphi})^5}\,d\bar\varphi = \frac{1}{k'^4}\left[-\frac{1}{3}k'^2F(\varphi,k)+2e_1E(\varphi,k)-k^2\frac{(k'^2+6e_1-6k^2e_1\sin^2\varphi)\sin\varphi\cos\varphi}{3(\sqrt{1-k^2\sin^2\varphi})^3}\right],\\
&\int_0^\varphi \frac{\sin^4\bar\varphi}{(\sqrt{1-k^2\sin^2\bar\varphi})^5}\,d\bar\varphi = \frac{1}{k^4k'^4}\left[k'^2\left(k'^2-\frac{1}{3}\right)F(\varphi,k)+2e_2E(\varphi,k)-\right.\\
&\qquad\qquad\left.-k^2\frac{(k'^2+6e_2-6k^2e_2\sin^2\varphi)\sin\varphi\cos\varphi}{3(\sqrt{1-k^2\sin^2\varphi})^3}\right],\\
&\int_0^\varphi \frac{\cos^4\bar\varphi}{(\sqrt{1-k^2\sin^2\bar\varphi})^5}\,d\bar\varphi = \frac{1}{k^4}\left[\frac{2+k^2}{3}F(\varphi,k)+2e_3E(\varphi,k)-k^2\frac{(k'^2+6e_3-6k^2e_3\sin^2\varphi)\sin\varphi\cos\varphi}{3(\sqrt{1-k^2\sin^2\varphi})^3}\right],\\
&\int_0^\varphi (\sqrt{1-k^2\sin^2\bar\varphi})^3\,d\bar\varphi = [-\tfrac{1}{3}k'^2F(\varphi,k)+2e_1E(\varphi,k)+\tfrac{1}{3}k^2\sin\varphi\cos\varphi\sqrt{1-k^2\sin^2\varphi}],\\
&\int_0^\varphi \frac{\cos^4\bar\varphi}{\sqrt{1-k^2\sin^2\bar\varphi}}\,d\bar\varphi = \frac{1}{k^4}\left[k'^2\left(k'^2-\frac{1}{3}\right)F(\varphi,k)+2e_2E(\varphi,k)+\frac{1}{3}k^2\sin\varphi\cos\varphi\sqrt{1-k^2\sin^2\varphi}\right],\\
&\int_0^\varphi \frac{\sin^4\bar\varphi}{\sqrt{1-k^2\sin^2\bar\varphi}}\,d\bar\varphi = \frac{1}{k^4}\left[\frac{2+k^2}{3}F(\varphi,k)+2e_3E(\varphi,k)+\frac{1}{3}k^2\sin\varphi\cos\varphi\sqrt{1-k^2\sin^2\varphi}\right].
\end{aligned}\right\}\quad(1178)$$

$$\left.\begin{aligned}
&\int_\varphi^{\pi/2} \frac{\sqrt{1-k^2\sin^2\bar\varphi}}{\sin^4\bar\varphi}\,d\bar\varphi = +\frac{2}{3}k'^2[K-F(\varphi,k)]-e_1[E-E(\varphi,k)]+\frac{1+3e_1\sin^2\varphi}{3\sin^2\varphi\tan\varphi}\sqrt{1-k^2\sin^2\varphi},\\
&\int_\varphi^{\pi/2} \frac{\cot^2\bar\varphi/\sin^2\bar\varphi}{\sqrt{1-k^2\sin^2\bar\varphi}}\,d\bar\varphi = -\frac{1}{3}k'^2[K-F(\varphi,k)]-e_2[E-E(\varphi,k)]+\frac{1+3e_2\sin^2\varphi}{3\sin^2\varphi\tan\varphi}\sqrt{1-k^2\sin^2\varphi},\\
&\int_\varphi^{\pi/2} \frac{\sqrt{1-k^2\sin^2\bar\varphi}}{\sin^2\bar\varphi\tan^2\bar\varphi}\,d\bar\varphi = -\frac{1}{3}k'^2[K-F(\varphi,k)]-e_3[E-E(\varphi,k)]+\frac{1+3e_3\sin^2\varphi}{3\sin^2\varphi\tan\varphi}\sqrt{1-k^2\sin^2\varphi},\\
&\int_0^\varphi \frac{\sqrt{1-k^2\sin^2\bar\varphi}}{\cos^4\bar\varphi}\,d\bar\varphi = \frac{1}{k'^2}\left[\frac{2}{3}k'^2F(\varphi,k)-e_1E(\varphi,k)+\frac{k'^2+3e_1\cos^2\varphi}{3\cos^2\varphi\cot\varphi}\sqrt{1-k^2\sin^2\varphi}\right],\\
&\int_0^\varphi \frac{\sqrt{1-k^2\sin^2\bar\varphi}}{\cos^2\bar\varphi\cot^2\bar\varphi}\,d\bar\varphi = \frac{1}{k'^2}\left[-\frac{1}{3}k'^2F(\varphi,k)-e_2E(\varphi,k)+\frac{k'^2+3e_2\cos^2\varphi}{3\cos^2\varphi\cot\varphi}\sqrt{1-k^2\sin^2\varphi}\right],\\
&\int_0^\varphi \frac{\tan^2\bar\varphi/\cos^2\bar\varphi}{\sqrt{1-k^2\sin^2\bar\varphi}}\,d\bar\varphi = \frac{1}{k'^4}\left[-\frac{1}{3}k'^2F(\varphi,k)-e_3E(\varphi,k)+\frac{k'^2+3e_3\cos^2\varphi}{3\cos^2\varphi\cot\varphi}\sqrt{1-k^2\sin^2\varphi}\right],\\
&\int_0^\varphi \frac{\sin^2\bar\varphi\cos^2\bar\varphi}{(\sqrt{1-k^2\sin^2\bar\varphi})^5}\,d\bar\varphi = \frac{-1}{k^4k'^2}\left[\frac{2}{3}k'^2F(\varphi,k)-e_1E(\varphi,k)-k^2\frac{(k'^2-3e_1+3k^2e_1\sin^2\varphi)\sin\varphi\cos\varphi}{3(\sqrt{1-k^2\sin^2\varphi})^3}\right],\\
&\int_0^\varphi \frac{\cos^2\bar\varphi}{(\sqrt{1-k^2\sin^2\bar\varphi})^5}\,d\bar\varphi = \frac{-1}{k^2k'^2}\left[-\frac{1}{3}k'^2F(\varphi,k)-e_2E(\varphi,k)-k^2\frac{(k'^2-3e_2+3k^2e_2\sin^2\varphi)\sin\varphi\cos\varphi}{3(\sqrt{1-k^2\sin^2\varphi})^3}\right],\\
&\int_0^\varphi \frac{\sin^2\bar\varphi}{(\sqrt{1-k^2\sin^2\bar\varphi})^5}\,d\bar\varphi = \frac{1}{k^2k'^4}\left[-\frac{1}{3}k'^2F(\varphi,k)-e_3E(\varphi,k)-k^2\frac{(k'^2-3e_3+3k^2e_3\sin^2\varphi)\sin\varphi\cos\varphi}{3(\sqrt{1-k^2\sin^2\varphi})^3}\right],
\end{aligned}\right\}\quad(1179)$$

$$\begin{aligned}
\int_0^{\varphi}\frac{\sin^2\bar\varphi\cos^2\bar\varphi}{\sqrt{1-k^2\sin^2\bar\varphi}}\,d\bar\varphi &= -\frac{1}{k^4}\left[\frac{2}{3}k'^2F(\varphi,k)-e_1E(\varphi,k)+\frac{1}{3}k^2\sin\varphi\cos\varphi\sqrt{1-k^2\sin^2\varphi}\right],\\
\int_0^{\varphi}\frac{\sqrt{1-k^2\sin^2\bar\varphi}}{1/\sin^2\bar\varphi}\,d\bar\varphi &= -\frac{1}{k^2}\left[-\frac{1}{3}k'^2F(\varphi,k)-e_2E(\varphi,k)+\frac{1}{3}k^2\sin\varphi\cos\varphi\sqrt{1-k^2\sin^2\varphi}\right],\\
\int_0^{\varphi}\frac{\sqrt{1-k^2\sin^2\bar\varphi}}{1/\cos^2\bar\varphi}\,d\bar\varphi &= +\frac{1}{k^2}\left[-\frac{1}{3}k'^2F(\varphi,k)-e_3E(\varphi,k)+\frac{1}{3}k^2\sin\varphi\cos\varphi\sqrt{1-k^2\sin^2\varphi}\right].
\end{aligned}$$

$$\left.\begin{aligned}
\int_{\varphi}^{\operatorname{arc\,cot}\sqrt{k'}}\frac{\sqrt{1-k^2\sin^2\bar\varphi}}{\sin^2\bar\varphi\cos^2\bar\varphi}\,d\bar\varphi &= \left(\frac{3}{2}e_1K-E\right)-3e_1F(\varphi,k)+2E(\varphi,k)+\frac{1-2\sin^2\varphi}{\sin\varphi\cos\varphi}\sqrt{1-k^2\sin^2\varphi},\\
\int_{\varphi}^{\pi/2}\frac{\cot^2\bar\varphi}{(\sqrt{1-k^2\sin^2\bar\varphi})^3}\,d\bar\varphi &= K-F(\varphi,k)-2[E-E(\varphi,k)]+\cot\varphi\frac{1-2k^2\sin^2\varphi}{\sqrt{1-k^2\sin^2\varphi}},\\
\int_{\varphi}^{\pi/2}\frac{\sqrt{1-k^2\sin^2\bar\varphi}}{\tan^2\bar\varphi}\,d\bar\varphi &= k'^2[K-F(\varphi,k)]-2[E-E(\varphi,k)]+\cot\varphi\sqrt{1-k^2\sin^2\varphi},\\
\int_0^{\varphi}\frac{\sin^2\bar\varphi\cos^2\bar\varphi}{(\sqrt{1-k^2\sin^2\bar\varphi})^3}\,d\bar\varphi &= \frac{1}{k^4}\left[3e_1F(\varphi,k)-2E(\varphi,k)+k^2\frac{\sin\varphi\cos\varphi}{\sqrt{1-k^2\sin^2\varphi}}\right],\\
\int_0^{\varphi}\frac{\sqrt{1-k^2\sin^2\bar\varphi}}{\cot^2\bar\varphi}\,d\bar\varphi &= F(\varphi,k)-2E(\varphi,k)+\tan\varphi\sqrt{1-k^2\sin^2\varphi},\\
\int_0^{\varphi}\frac{\tan^2\bar\varphi}{(\sqrt{1-k^2\sin^2\bar\varphi})^3}\,d\bar\varphi &= \frac{1}{k'^4}\left[k'^2F(\varphi,k)-2E(\varphi,k)+\tan\varphi\frac{k'^2+2k^2\cos^2\varphi}{\sqrt{1-k^2\sin^2\varphi}}\right].
\end{aligned}\right\}\quad(1180)$$

$$\left.\begin{aligned}
\int_{\varphi}^{\operatorname{arc\,cot}\sqrt{k'}}\frac{(\sqrt{1-k^2\sin^2\bar\varphi})^3}{\sin^2\bar\varphi\cos^2\bar\varphi}\,d\bar\varphi &= -\frac{1+k'}{2}k^2+2k'^2\left[\frac{K}{2}-F(\varphi,k)\right]-3e_1\left[\frac{E}{2}-E(\varphi,k)\right]+\\
&\quad+\frac{1-3e_1\sin^2\varphi}{\sin\varphi\cos\varphi}\sqrt{1-k^2\sin^2\varphi},\\
\int_{\varphi}^{\pi/2}\frac{1/\sin^2\bar\varphi}{(\sqrt{1-k^2\sin^2\bar\varphi})^3}\,d\bar\varphi &= K-F(\varphi,k)+\frac{3e_2}{k'^2}[E-E(\varphi,k)]+\cot\varphi\frac{1+3\frac{k^2}{k'^2}e_2\sin^2\varphi}{\sqrt{1-k^2\sin^2\varphi}},\\
\int_{\varphi}^{\pi/2}\frac{\cot^2\bar\varphi\cos^2\bar\varphi}{\sqrt{1-k^2\sin^2\bar\varphi}}\,d\bar\varphi &= \frac{k'^2}{k^2}[K-F(\varphi,k)]+\frac{3e_3}{k^2}[E-E(\varphi,k)]+\cot\varphi\sqrt{1-k^2\sin^2\varphi},\\
\int_{\varphi}^{\operatorname{arc\,cot}\sqrt{k'}}\frac{1/\sin^2\bar\varphi\cos^2\bar\varphi}{\sqrt{1-k^2\sin^2\bar\varphi}}\,d\bar\varphi &= \frac{1}{k'^2}\left\{\frac{k^2-3e_1k'}{2}-\eta_1K+2k'^2\left[\frac{K}{2}-F(\varphi,k)\right]-3e_1\left[\frac{E}{2}-E(\varphi,k)\right]+\right.\\
&\quad\left.+\frac{k'^2-3e_1\sin^2\varphi}{\sin\varphi\cos\varphi}\sqrt{1-k^2\sin^2\varphi}\right\},\\
\int_{\varphi}^{\pi/2}\frac{\cot^2\bar\varphi\cos^2\bar\varphi}{(\sqrt{1-k^2\sin^2\bar\varphi})^3}\,d\bar\varphi &= -\frac{k'^2}{k^2}[K-F(\varphi,k)]-\frac{3e_2}{k^2}[E-E(\varphi,k)]+\cot\varphi\frac{1-3e_2\sin^2\varphi}{\sqrt{1-k^2\sin^2\varphi}},\\
\int_{\varphi}^{\pi/2}\frac{(\sqrt{1-k^2\sin^2\bar\varphi})^3}{\sin^2\bar\varphi}\,d\bar\varphi &= k'^2[K-F(\varphi,k)]+3e_3[E-E(\varphi,k)]+\cot\varphi\sqrt{1-k^2\sin^2\varphi},
\end{aligned}\right\}\quad(1181)$$

$$\int_0^{\varphi} \frac{\cos^4\bar\varphi}{(\sqrt{1-k^2\sin^2\bar\varphi})^3}\,d\bar\varphi = -\frac{2k'^2}{k^4}F(\varphi,k) + \frac{3e_1}{k^4}E(\varphi,k) - \frac{k'^2}{k^2}\frac{\sin\varphi\cos\varphi}{\sqrt{1-k^2\sin^2\varphi}},$$

$$\int_0^{\varphi} \frac{\tan^2\bar\varphi\sin^2\bar\varphi}{\sqrt{1-k^2\sin^2\bar\varphi}}\,d\bar\varphi = -\frac{1}{k^2}F(\varphi,k) - \frac{3e_2}{k^2k'^2}E(\varphi,k) + \frac{1}{k'^2}\tan\varphi\sqrt{1-k^2\sin^2\varphi},$$

$$\int_0^{\varphi} \frac{1/\cos^2\bar\varphi}{(\sqrt{1-k^2\sin^2\bar\varphi})^3}\,d\bar\varphi = +\frac{1}{k'^2}F(\varphi,k) + \frac{3e_3}{k'^4}E(\varphi,k) + \frac{1}{k'^4}\tan\varphi\frac{k'^2+k^2(1+k^2)\cos^2\varphi}{\sqrt{1-k^2\sin^2\varphi}},$$

$$\int_0^{\varphi} \frac{\sin^4\bar\varphi}{(\sqrt{1-k^2\sin^2\bar\varphi})^3}\,d\bar\varphi = -\frac{2}{k^4}F(\varphi,k) + \frac{3e_1}{k^4k'^2}E(\varphi,k) - \frac{1}{k^2k'^2}\frac{\sin\varphi\cos\varphi}{\sqrt{1-k^2\sin^2\varphi}},$$

$$\int_0^{\varphi} \frac{(\sqrt{1-k^2\sin^2\bar\varphi})^3}{\cos^2\bar\varphi}\,d\bar\varphi = +k'^2F(\varphi,k) + 3e_2E(\varphi,k) + k'^2\tan\varphi\sqrt{1-k^2\sin^2\varphi},$$

$$\int_0^{\varphi} \frac{\tan^2\bar\varphi\sin^2\bar\varphi}{(\sqrt{1-k^2\sin^2\bar\varphi})^3}\,d\bar\varphi = \frac{1}{k^2k'^2}F(\varphi,k) + \frac{3e_3}{k^2k'^4}E(\varphi,k) + \frac{1}{k'^4}\tan\varphi\frac{2+3e_3\sin^2\varphi}{\sqrt{1-k^2\sin^2\varphi}}.$$

Wird in den 42 Integralen von (1178) bis (1181) φ mit $\left(\frac{\pi}{2}-\varphi\right)$ vertauscht, so geht die Wurzel in

$$\sqrt{1-k^2\cos^2\varphi} = \sqrt{k'^2+k^2\sin^2\varphi}$$

über und es ergeben sich die der dritten Integralgruppe von (903) bzw. (933) entsprechenden Integrale. Für die dn $=\sin\varphi$-Gruppe folgt:

$$\int_{\arccos k}^{\varphi} \frac{(\sqrt{-k'^2+\sin^2\bar\varphi})^3}{\cos^4\bar\varphi}\,d\bar\varphi = -\frac{1}{3}k'^2\left[K - F\left(\arcsin\frac{\cos\varphi}{k},k\right)\right] + 2e_1\left[E - E\left(\arcsin\frac{\cos\varphi}{k},k\right)\right] + \\ + \frac{k^2-6e_1\cos^2\varphi}{3\cos^2\varphi\cot\varphi}\sqrt{-k'^2+\sin^2\varphi},$$

$$\int_{\arccos k}^{\varphi} \frac{\tan^4\bar\varphi}{\sqrt{-k'^2+\sin^2\bar\varphi}}\,d\bar\varphi = \frac{k'^2(k'^2-\frac{1}{3})}{k^4}\left[K - F\left(\arcsin\frac{\cos\varphi}{k},k\right)\right] + \frac{2e_2}{k^4}\left[E - E\left(\arcsin\frac{\cos\varphi}{k},k\right)\right] + \\ + \frac{k^2-6e_2\cos^2\varphi}{3k^4\cos^2\varphi\cot\varphi}\sqrt{-k'^2+\sin^2\varphi},$$

$$\int_{\arccos k}^{\varphi} \frac{1/\cos^4\bar\varphi}{\sqrt{-k'^2+\sin^2\bar\varphi}}\,d\bar\varphi = \frac{2+k^2}{3k^4}\left[K - F\left(\arcsin\frac{\cos\varphi}{k},k\right)\right] + \frac{2e_3}{k^4}\left[E - E\left(\arcsin\frac{\cos\varphi}{k},k\right)\right] + \\ + \frac{k^2-6e_3\cos^2\varphi}{3k^4\cos^2\varphi\cot\varphi}\sqrt{-k'^2+\sin^2\varphi},$$

$$\int_{\varphi}^{\pi/2} \frac{\cos^4\bar\varphi}{(\sqrt{-k'^2+\sin^2\bar\varphi})^5}\,d\bar\varphi = -\frac{1}{3k'^2}F\left(\arcsin\frac{\cos\varphi}{k},k\right) + \frac{2e_1}{k'^4}E\left(\arcsin\frac{\cos\varphi}{k},k\right) + \\ + \frac{[k'^2(k^2+6e_1)-6e_1\sin^2\varphi]\sin\varphi\cos\varphi}{3k'^4(\sqrt{-k'^2+\sin^2\varphi})^3},$$

$$\int_{\varphi}^{\pi/2} \frac{1}{(\sqrt{-k'^2+\sin^2\bar\varphi})^5}\,d\bar\varphi = \frac{k'^2-\frac{1}{3}}{k'^2k^4}F\left(\arcsin\frac{\cos\varphi}{k},k\right) + \frac{2e_2}{k^4k'^4}E\left(\arcsin\frac{\cos\varphi}{k},k\right) + \\ + \frac{[k'^2(k^2+6e_2)-6e_2\sin^2\varphi]\sin\varphi\cos\varphi}{3k^4k'^4(\sqrt{-k'^2+\sin^2\varphi})^3},$$

$$\int_{\varphi}^{\pi/2} \frac{\sin^4\bar\varphi}{(\sqrt{-k'^2+\sin^2\bar\varphi})^5}\,d\bar\varphi = \frac{2+k^2}{3k^4} F\left(\arcsin\frac{\cos\varphi}{k}, k\right) + \frac{2e_3}{k^4} E\left(\arcsin\frac{\cos\varphi}{k}, k\right) + \frac{[k'^2(k^2+6e_3) - 6e_3\sin^2\varphi]\sin\varphi\cos\varphi}{3k^4(\sqrt{-k'^2+\sin^2\varphi})^3},$$

$$\int_{\varphi}^{\pi/2} \frac{1/\sin^4\bar\varphi}{\sqrt{-k'^2+\sin^2\bar\varphi}}\,d\bar\varphi = -\frac{1}{3k'^2} F\left(\arcsin\frac{\cos\varphi}{k}, k\right) + \frac{2e_1}{k'^4} E\left(\arcsin\frac{\cos\varphi}{k}, k\right) - \frac{k'^2+6e_1\sin^2\varphi}{3k'^4\sin^2\varphi\tan\varphi}\sqrt{-k'^2+\sin^2\varphi},$$

$$\int_{\varphi}^{\pi/2} \frac{\cot^4\bar\varphi}{\sqrt{-k'^2+\sin^2\bar\varphi}}\,d\bar\varphi = \frac{k'^2-\frac{1}{3}}{k'^2} F\left(\arcsin\frac{\cos\varphi}{k}, k\right) + \frac{2e_2}{k'^4} E\left(\arcsin\frac{\cos\varphi}{k}, k\right) - \frac{k'^2+6e_2\sin^2\varphi}{3k'^4\sin^2\varphi\tan\varphi}\sqrt{-k'^2+\sin^2\varphi},$$

$$\int_{\varphi}^{\pi/2} \frac{(\sqrt{-k'^2+\sin^2\bar\varphi})^3}{\sin^4\bar\varphi}\,d\bar\varphi = \frac{2+k^2}{3} F\left(\arcsin\frac{\cos\varphi}{k}, k\right) + 2e_3 E\left(\arcsin\frac{\cos\varphi}{k}, k\right) - \frac{k'^2+6e_3\sin^2\varphi}{3\sin^2\varphi\tan\varphi}\sqrt{-k'^2+\sin^2\varphi},$$

$$\int_{\varphi}^{\pi/2} \frac{\sin^4\bar\varphi}{\sqrt{-k'^2+\sin^2\bar\varphi}}\,d\bar\varphi = -\frac{1}{3}k'^2 F\left(\arcsin\frac{\cos\varphi}{k}, k\right) + 2e_1 E\left(\arcsin\frac{\cos\varphi}{k}, k\right) + \tfrac{1}{3}\sin\varphi\cos\varphi\sqrt{-k'^2+\sin^2\varphi},$$

$$\int_{\varphi}^{\pi/2} (\sqrt{-k'^2+\sin^2\bar\varphi})^3\,d\bar\varphi = k'^2\left(k'^2-\frac{1}{3}\right) F\left(\arcsin\frac{\cos\varphi}{k}, k\right) + 2e_2 E\left(\arcsin\frac{\cos\varphi}{k}, k\right) + \tfrac{1}{3}\sin\varphi\cos\varphi\sqrt{-k'^2+\sin^2\varphi},$$

$$\int_{\varphi}^{\pi/2} \frac{\cos^4\bar\varphi}{\sqrt{-k'^2+\sin^2\bar\varphi}}\,d\bar\varphi = \frac{2+k^2}{3} F\left(\arcsin\frac{\cos\varphi}{k}, k\right) + 2e_3 E\left(\arcsin\frac{\cos\varphi}{k}, k\right) + \tfrac{1}{3}\sin\varphi\cos\varphi\sqrt{-k'^2+\sin^2\varphi}.$$

(1182)

$$\int_{\arccos k}^{\varphi} \frac{\tan^2\bar\varphi/\cos^2\bar\varphi}{\sqrt{-k'^2+\sin^2\bar\varphi}}\,d\bar\varphi = +\frac{2}{3}\frac{k'^2}{k^4}\left[K - F\left(\arcsin\frac{\cos\varphi}{k}, k\right)\right] - \frac{e_1}{k^4}\left[E - E\left(\arcsin\frac{\cos\varphi}{k}, k\right)\right] + \frac{k^2+3e_1\cos^2\varphi}{3k^4\cos^2\varphi\cot\varphi}\sqrt{-k'^2+\sin^2\varphi},$$

$$\int_{\arccos k}^{\varphi} \frac{\sqrt{-k'^2+\sin^2\bar\varphi}}{\cos^4\bar\varphi}\,d\bar\varphi = -\frac{1}{3}\frac{k'^2}{k^2}\left[K - F\left(\arcsin\frac{\cos\varphi}{k}, k\right)\right] - \frac{e_2}{k^2}\left[E - E\left(\arcsin\frac{\cos\varphi}{k}, k\right)\right] + \frac{k^2+3e_2\cos^2\varphi}{3k^2\cos^2\varphi\cot\varphi}\sqrt{-k'^2+\sin^2\varphi},$$

$$\int_{\arccos k}^{\varphi} \frac{\sqrt{-k'^2+\sin^2\bar\varphi}}{\cot^2\bar\varphi\cos^2\bar\varphi}\,d\bar\varphi = -\frac{1}{3}\frac{k'^2}{k^2}\left[K - F\left(\arcsin\frac{\cos\varphi}{k}, k\right)\right] - \frac{e_3}{k^2}\left[E - E\left(\arcsin\frac{\cos\varphi}{k}, k\right)\right] + \frac{k^2+3e_3\cos^2\varphi}{3k^2\cos^2\varphi\cot\varphi}\sqrt{-k'^2+\sin^2\varphi},$$

$$\int_{\varphi}^{\pi/2} \frac{\sin^2\bar\varphi}{(\sqrt{-k'^2+\sin^2\bar\varphi})^5}\,d\bar\varphi = +\frac{2}{3k^4} F\left(\arcsin\frac{\cos\varphi}{k}, k\right) - \frac{e_1}{k'^2k^4} E\left(\arcsin\frac{\cos\varphi}{k}, k\right) + \frac{[k'^2(k^2-3e_1)+3e_1\sin^2\varphi]\sin\varphi\cos\varphi}{3k'^2k^4(\sqrt{-k'^2+\sin^2\varphi})^3},$$

$$\left.\begin{aligned}
\int_{\varphi}^{\pi/2} \frac{\sin^2\bar\varphi\cos^2\bar\varphi}{(\sqrt{-k'^2+\sin^2\bar\varphi})^5}\,d\bar\varphi &= -\frac{1}{3k^2}F\left(\arcsin\frac{\cos\varphi}{k},k\right)-\frac{e_2}{k'^2k^2}E\left(\arcsin\frac{\cos\varphi}{k},k\right)+\\
&\quad+\frac{[k'^2(k^2-3e_2)+3e_2\sin^2\varphi]\sin\varphi\cos\varphi}{3k'^2k^2(\sqrt{-k'^2+\sin^2\varphi})^3},\\
\int_{\varphi}^{\pi/2} \frac{\cos^2\bar\varphi}{(\sqrt{-k'^2+\sin^2\bar\varphi})^5}\,d\bar\varphi &= -\frac{1}{3k'^2k^2}F\left(\arcsin\frac{\cos\varphi}{k},k\right)-\frac{e_3}{k'^4k^2}E\left(\arcsin\frac{\cos\varphi}{k},k\right)+\\
&\quad+\frac{[k'^2(k^2-3e_3)+3e_3\sin^2\varphi]\sin\varphi\cos\varphi}{3k'^4k^2(\sqrt{-k'^2+\sin^2\varphi})^3},\\
\int_{\varphi}^{\pi/2} \frac{\sqrt{-k'^2+\sin^2\bar\varphi}}{\sin^2\bar\varphi\tan^2\bar\varphi}\,d\bar\varphi &= -\frac{2}{3}F\left(\arcsin\frac{\cos\varphi}{k},k\right)+\frac{e_1}{k'^2}E\left(\arcsin\frac{\cos\varphi}{k},k\right)+\\
&\quad+\frac{k'^2-3e_1\sin^2\varphi}{3k'^2\sin^2\varphi\tan\varphi}\sqrt{-k'^2+\sin^2\varphi},\\
\int_{\varphi}^{\pi/2} \frac{\sqrt{-k'^2+\sin^2\bar\varphi}}{\sin^4\bar\varphi}\,d\bar\varphi &= +\frac{1}{3}F\left(\arcsin\frac{\cos\varphi}{k},k\right)+\frac{e_2}{k'^2}E\left(\arcsin\frac{\cos\varphi}{k},k\right)+\\
&\quad+\frac{k'^2-3e_2\sin^2\varphi}{3k'^2\sin^2\varphi\tan\varphi}\sqrt{-k'^2+\sin^2\varphi},\\
\int_{\varphi}^{\pi/2} \frac{\cot^2\bar\varphi/\sin^2\bar\varphi}{\sqrt{-k'^2+\sin^2\bar\varphi}}\,d\bar\varphi &= -\frac{1}{3k'^2}F\left(\arcsin\frac{\cos\varphi}{k},k\right)-\frac{e_3}{k'^4}E\left(\arcsin\frac{\cos\varphi}{k},k\right)-\\
&\quad-\frac{k'^2-3e_3\sin^2\varphi}{3k'^4\sin^2\varphi\tan\varphi}\sqrt{-k'^2+\sin^2\varphi},\\
\int_{\varphi}^{\pi/2} \frac{\sqrt{-k'^2+\sin^2\bar\varphi}}{1/\cos^2\bar\varphi}\,d\bar\varphi &= -\frac{2}{3}k'^2F\left(\arcsin\frac{\cos\varphi}{k},k\right)+e_1E\left(\arcsin\frac{\cos\varphi}{k},k\right)-\\
&\quad-\tfrac{1}{3}\sin\varphi\cos\varphi\sqrt{-k'^2+\sin^2\varphi},\\
\int_{\varphi}^{\pi/2} \frac{\sin^2\bar\varphi\cos^2\bar\varphi}{\sqrt{-k'^2+\sin^2\bar\varphi}}\,d\bar\varphi &= +\frac{1}{3}k'^2F\left(\arcsin\frac{\cos\varphi}{k},k\right)+e_2E\left(\arcsin\frac{\cos\varphi}{k},k\right)-\\
&\quad-\tfrac{1}{3}\sin\varphi\cos\varphi\sqrt{-k'^2+\sin^2\varphi},\\
\int_{\varphi}^{\pi/2} \frac{\sqrt{-k'^2+\sin^2\bar\varphi}}{1/\sin^2\bar\varphi}\,d\bar\varphi &= -\frac{1}{3}k'^2F\left(\arcsin\frac{\cos\varphi}{k},k\right)-e_3E\left(\arcsin\frac{\cos\varphi}{k},k\right)+\\
&\quad+\tfrac{1}{3}\sin\varphi\cos\varphi\sqrt{-k'^2+\sin^2\varphi}.
\end{aligned}\right\}\quad(1183)$$

$$\left.\begin{aligned}
\int_{\arcsin\sqrt{k'}}^{\varphi} \frac{\tan^2\bar\varphi}{(\sqrt{-k'^2+\sin^2\bar\varphi})^3}\,d\bar\varphi &= \frac{\frac{3}{2}e_1K-E}{k^4}-\frac{3e_1}{k^4}F\left(\arcsin\frac{\cos\varphi}{k},k\right)+\frac{2}{k^4}E\left(\arcsin\frac{\cos\varphi}{k},k\right)+\\
&\quad+\frac{1}{k^4}\tan\varphi\frac{-3e_1+2\sin^2\varphi}{\sqrt{-k'^2+\sin^2\varphi}},\\
\int_{\arccos k}^{\varphi} \frac{\sqrt{-k'^2+\sin^2\bar\varphi}}{\sin^2\bar\varphi\cos^2\bar\varphi}\,d\bar\varphi &= K-F\left(\arcsin\frac{\cos\varphi}{k},k\right)-2\left[E-E\left(\arcsin\frac{\cos\varphi}{k},k\right)\right]+\\
&\quad+\frac{-1+2\sin^2\varphi}{\sin\varphi\cos\varphi}\sqrt{-k'^2+\sin^2\varphi},\\
\int_{\arccos k}^{\varphi} \frac{\sqrt{-k'^2+\sin^2\bar\varphi}}{\cot^2\bar\varphi}\,d\bar\varphi &= k'^2\left[K-F\left(\arcsin\frac{\cos\varphi}{k},k\right)\right]-2\left[E-E\left(\arcsin\frac{\cos\varphi}{k},k\right)\right]+\\
&\quad+\tan\varphi\sqrt{-k'^2+\sin^2\varphi},\\
\int_{\varphi}^{\pi/2} \frac{\sqrt{-k'^2+\sin^2\bar\varphi}}{\tan^2\bar\varphi}\,d\bar\varphi &= 3e_1F\left(\arcsin\frac{\cos\varphi}{k},k\right)-2E\left(\arcsin\frac{\cos\varphi}{k},k\right)+\cot\varphi\sqrt{-k'^2+\sin^2\varphi},
\end{aligned}\right\}\quad(1184)$$

$$\int_{\varphi}^{\pi/2} \frac{\sin^2\bar\varphi\cos^2\bar\varphi}{(\sqrt{-k'^2+\sin^2\bar\varphi})^3}\,d\bar\varphi = F\left(\arcsin\frac{\cos\varphi}{k},k\right) - 2E\left(\arcsin\frac{\cos\varphi}{k},k\right) + \frac{\sin\varphi\cos\varphi}{\sqrt{-k'^2+\sin^2\varphi}},$$

$$\int_{\varphi}^{\pi/2} \frac{\cot^2\bar\varphi}{(\sqrt{-k'^2+\sin^2\bar\varphi})^3}\,d\bar\varphi = \frac{1}{k'^2}F\left(\arcsin\frac{\cos\varphi}{k},k\right) - \frac{2}{k'^4}E\left(\arcsin\frac{\cos\varphi}{k},k\right) + \frac{1}{k'^4}\cot\varphi\,\frac{-k'^2+2\sin^2\varphi}{\sqrt{-k'^2+\sin^2\varphi}}.$$

$$\int_{\arcsin\sqrt{k'}}^{\varphi} \frac{\sin^2\bar\varphi\tan^2\bar\varphi}{(\sqrt{-k'^2+\sin^2\bar\varphi})^3}\,d\bar\varphi = -\frac{1+k'}{2k^2} + \frac{2k'^2}{k^4}\left[\frac{K}{2} - F\left(\arcsin\frac{\cos\varphi}{k},k\right)\right] - \frac{3e_1}{k^4}\left[\frac{E}{2} - E\left(\arcsin\frac{\cos\varphi}{k},k\right)\right] + \frac{1}{k'^4}\tan\varphi\,\frac{-2k'^2+3e_1\sin^2\varphi}{\sqrt{-k'^2+\sin^2\varphi}},$$

$$\int_{\arccos k}^{\varphi} \frac{1/\sin^2\bar\varphi\cos^2\bar\varphi}{\sqrt{-k'^2+\sin^2\bar\varphi}}\,d\bar\varphi = \frac{1}{k^2}\left[K - F\left(\arcsin\frac{\cos\varphi}{k},k\right)\right] + \frac{3e_2}{k^2k'^2}\left[E - E\left(\arcsin\frac{\cos\varphi}{k},k\right)\right] - \frac{-k^2+3e_2\sin^2\varphi}{k^2k'^2\sin\varphi\cos\varphi}\sqrt{-k'^2+\sin^2\varphi},$$

$$\int_{\arccos k}^{\varphi} \frac{(\sqrt{-k'^2+\sin^2\bar\varphi})^3}{\cos^2\bar\varphi}\,d\bar\varphi = k'^2\left[K - F\left(\arcsin\frac{\cos\varphi}{k},k\right)\right] + 3e_3\left[E - E\left(\arcsin\frac{\cos\varphi}{k},k\right)\right] + k^2\tan\varphi\sqrt{-k'^2+\sin^2\varphi},$$

$$\int_{\arcsin\sqrt{k'}}^{\varphi} \frac{1/\cos^2\bar\varphi}{(\sqrt{-k'^2+\sin^2\bar\varphi})^3}\,d\bar\varphi = \frac{1}{k^4k'^2}\left\{\frac{k^2-3e_1k'}{2} - \eta_1K + 2k'^2\left[\frac{K}{2} - F\left(\arcsin\frac{\cos\varphi}{k},k\right)\right] - 3e_1\left[E - E\left(\arcsin\frac{\cos\varphi}{k},k\right)\right] + \tan\varphi\,\frac{-(1+k'^4)+3e_1\sin^2\varphi}{\sqrt{-k'^2+\sin^2\varphi}}\right\},$$

$$\int_{\arccos k}^{\varphi} \frac{(\sqrt{-k'^2+\sin^2\bar\varphi})^3}{\sin^2\bar\varphi\cos^2\bar\varphi}\,d\bar\varphi = -k'^2\left[K - F\left(\arcsin\frac{\cos\varphi}{k},k\right)\right] - 3e_2\left[E - E\left(\arcsin\frac{\cos\varphi}{k},k\right)\right] + \frac{k'^2+3e_2\sin^2\varphi}{\sin\varphi\cos\varphi}\sqrt{-k'^2+\sin^2\varphi},$$

$$\int_{\arccos k}^{\varphi} \frac{\sin^2\bar\varphi\tan^2\bar\varphi}{\sqrt{-k'^2+\sin^2\bar\varphi}}\,d\bar\varphi = +\frac{k'^2}{k^2}\left[K - F\left(\arcsin\frac{\cos\varphi}{k},k\right)\right] + \frac{3e_3}{k^2}\left[E - E\left(\arcsin\frac{\cos\varphi}{k},k\right)\right] + \frac{1}{k^2}\tan\varphi\sqrt{-k'^2+\sin^2\varphi}, \tag{1185}$$

$$\int_{\varphi}^{\pi/2} \frac{(\sqrt{-k'^2+\sin^2\bar\varphi})^3}{\sin^2\bar\varphi}\,d\bar\varphi = -2k'^2F\left(\arcsin\frac{\cos\varphi}{k},k\right) + 3e_1E\left(\arcsin\frac{\cos\varphi}{k},k\right) - k'^2\cot\varphi\sqrt{-k'^2+\sin^2\varphi},$$

$$\int_{\varphi}^{\pi/2} \frac{\cos^4\bar\varphi}{(\sqrt{-k'^2+\sin^2\bar\varphi})^3}\,d\bar\varphi = -F\left(\arcsin\frac{\cos\varphi}{k},k\right) - \frac{3e_2}{k'^2}E\left(\arcsin\frac{\cos\varphi}{k},k\right) + \frac{k^2}{k'^2}\,\frac{\sin\varphi\cos\varphi}{\sqrt{-k'^2+\sin^2\varphi}},$$

$$\int_{\varphi}^{\pi/2} \frac{1/\sin^2\bar\varphi}{(\sqrt{-k'^2+\sin^2\bar\varphi})^3}\,d\bar\varphi = \frac{1}{k^2k'^2}\left[F\left(\arcsin\frac{\cos\varphi}{k},k\right) + \frac{3e_3}{k'^2}E\left(\arcsin\frac{\cos\varphi}{k},k\right) - \frac{1}{k'^2}\cot\varphi\,\frac{k^2k'^2+3e_3\sin^2\varphi}{\sqrt{-k'^2+\sin^2\varphi}}\right],$$

$$\int_{\varphi}^{\pi/2} \frac{\cos^2\bar\varphi\cot^2\bar\varphi}{\sqrt{-k'^2+\sin^2\bar\varphi}}\,d\bar\varphi = -2F\left(\arcsin\frac{\cos\varphi}{k},k\right) + \frac{3e_1}{k'^2}E\left(\arcsin\frac{\cos\varphi}{k},k\right) - \frac{1}{k'^2}\cot\varphi\sqrt{-k'^2+\sin^2\varphi},$$

$$\int_{\varphi}^{\pi/2} \frac{\sin^4\bar\varphi}{(\sqrt{-k'^2+\sin^2\bar\varphi})^3}\,d\bar\varphi = \frac{k'^2}{k^2} F\left(\arcsin\frac{\cos\varphi}{k}, k\right) + \frac{3e_2}{k^2} E\left(\arcsin\frac{\cos\varphi}{k}, k\right) + \frac{k'^2}{k^2}\frac{\sin\varphi\cos\varphi}{\sqrt{-k'^2+\sin^2\varphi}},$$

$$\int_{\varphi}^{\pi/2} \frac{\cos^2\bar\varphi\cot^2\bar\varphi}{(\sqrt{-k'^2+\sin^2\bar\varphi})^3}\,d\bar\varphi = +\frac{1}{k'^2} F\left(\arcsin\frac{\cos\varphi}{k}, k\right) + \frac{3e_3}{k'^4} E\left(\arcsin\frac{\cos\varphi}{k}, k\right) - \\ - \frac{1}{k'^4}\cot\varphi\frac{k'^2+3e_3\sin^2\varphi}{\sqrt{-k'^2+\sin^2\varphi}}.$$

Vertauscht man in den 42 Integralen von (1182) bis (1185) φ mit $\left(\frac{\pi}{2}-\varphi\right)$, so geht die Wurzel in

$$\sqrt{-k'^2+\cos^2\varphi} = \sqrt{k^2-\sin^2\varphi}$$

über und es folgen die zu der zweiten Gruppe von (903) bzw. (933) gehörigen Integrale.

Bezüglich der trigonometrischen Formen der den vier Wurzelfällen entsprechenden Normalintegrale dritter Gattung kann auf Abschnitt 138 und die dort gegebenen Formeln verwiesen werden.

176. Elliptische Integrale in hyperbolischer Form

Wird in den Gln. (1176) und (1178) bis (1181) φ mit $i\,\psi$ und k mit $i\,k'$ vertauscht und berücksichtigt man dabei die Gln. (908) und (921), nach welchen

$$F(i\,\psi, k') = i\,F(\arcsin\tanh\psi, k),$$
$$E(i\,\psi, k') = i[F(\arcsin\tanh\psi, k) - E(\arcsin\tanh\psi, k) + \tanh\psi\sqrt{1+k'^2\sinh^2\psi}]$$

wird, so nehmen die elliptischen Integrale eine hyperbolische Form an. Mit den Integralen (1177) und (1182) bis (1185) läßt sich in gleicher Weise verfahren, nachdem zuvor φ mit $\frac{\pi}{2}-\varphi$ vertauscht wurde. Dabei können die auf den rechten Seiten auftretenden arc sin-Funktionen auf die Form

$$\arcsin\frac{\sin i\,\psi}{k'} = \arcsin i\,\frac{\sinh\psi}{k'} = i\,\mathrm{ar}\sinh\frac{\sinh\psi}{k'} = i\,\mathrm{ar}\tanh\frac{\sinh\psi}{\sqrt{k'^2+\sinh^2\psi}}$$

umgeschrieben werden, woraus sich in Verbindung mit den Gln. (908) und (921)

$$F\left(\arcsin\frac{\sin i\,\psi}{k'}, k'\right) = i\,F\left(\arcsin\frac{\sinh\psi}{\sqrt{k'^2+\sinh^2\psi}}, k\right),$$

$$E\left(\arcsin\frac{\sin i\,\psi}{k'}, k'\right) = i\left[F\left(\arcsin\frac{\sinh\psi}{\sqrt{k'^2+\sinh^2\psi}}, k\right) - E\left(\arcsin\frac{\sinh\psi}{\sqrt{k'^2+\sinh^2\psi}}, k\right) + \frac{\sinh\psi\cosh\psi}{\sqrt{k'^2+\sinh^2\psi}}\right]$$

ergibt. Die den Gln. (1176) bis (1185) entsprechenden Integralgruppen lauten:

$$\int_{\psi}^{\infty} \frac{\coth^2\bar\psi}{\sqrt{1+k'^2\sinh^2\bar\psi}}\,d\bar\psi = [K - F(\arcsin\tanh\psi, k)] - [E - E(\arcsin\tanh\psi, k)] + \frac{\sqrt{1+k'^2\sinh^2\psi}}{\sinh\psi\cosh\psi},$$

$$\int_{\psi}^{\infty} \frac{\sqrt{1+k'^2\sinh^2\bar\psi}}{\sinh^2\bar\psi}\,d\bar\psi = k'^2[K - F(\arcsin\tanh\psi, k)] - [E - E(\arcsin\tanh\psi, k)] + \frac{\sqrt{1+k'^2\sinh^2\psi}}{\sinh\psi\cosh\psi},$$

$$\int_{\psi}^{\infty} \frac{1/\sinh^2\bar\psi}{\sqrt{1+k'^2\sinh^2\bar\psi}}\,d\bar\psi = -E + E(\arcsin\tanh\psi, k) + \frac{\sqrt{1+k'^2\sinh^2\psi}}{\sinh\psi\cosh\psi},$$

$$\int_{0}^{\psi} \frac{\tanh^2\bar\psi}{\sqrt{1+k'^2\sinh^2\bar\psi}}\,d\bar\psi = \frac{1}{k^2}F(\arcsin\tanh\psi, k) - \frac{1}{k^2}E(\arcsin\tanh\psi, k),$$

$$\left.\begin{aligned}
&\int_0^\psi \frac{1/\cosh^2\bar\psi}{\sqrt{1+k'^2\sinh^2\bar\psi}}\,d\bar\psi = -\frac{k'^2}{k^2}F(\arcsin\tanh\psi,k)+\frac{1}{k^2}E(\arcsin\tanh\psi,k),\\
&\int_0^\psi \frac{\sqrt{1+k'^2\sinh^2\bar\psi}}{\cosh^2\bar\psi}\,d\bar\psi = E(\arcsin\tanh\psi,k),\\
&\int_0^\psi \frac{1}{(\sqrt{1+k'^2\sinh^2\bar\psi})^3}\,d\bar\psi = \frac{1}{k^2}F(\arcsin\tanh\psi,k)-\frac{1}{k^2}E(\arcsin\tanh\psi,k)+\frac{\tanh\psi}{\sqrt{1+k'^2\sinh^2\psi}},\\
&\int_0^\psi \frac{\sinh^2\bar\psi}{(\sqrt{1+k'^2\sinh^2\bar\psi})^3}\,d\bar\psi = -\frac{1}{k^2}F(\arcsin\tanh\psi,k)+\frac{1}{k^2k'^2}E(\arcsin\tanh\psi,k)-\frac{1}{k'^2}\frac{\tanh\psi}{\sqrt{1+k'^2\sinh^2\psi}},\\
&\int_0^\psi \frac{\cosh^2\bar\psi}{(\sqrt{1+k'^2\sinh^2\bar\psi})^3}\,d\bar\psi = \frac{1}{k'^2}E(\arcsin\tanh\psi,k)-\frac{k^2}{k'^2}\frac{\tanh\psi}{\sqrt{1+k'^2\sinh^2\psi}},\\
&\int_0^\psi \sqrt{1+k'^2\sinh^2\bar\psi}\,d\bar\psi = F(\arcsin\tanh\psi,k)-E(\arcsin\tanh\psi,k)+\tanh\psi\sqrt{1+k'^2\sinh^2\psi},\\
&\int_0^\psi \frac{\cosh^2\bar\psi}{\sqrt{1+k'^2\sinh^2\bar\psi}}\,d\bar\psi = F(\arcsin\tanh\psi,k)-\frac{1}{k'^2}E(\arcsin\tanh\psi,k)+\frac{1}{k'^2}\tanh\psi\sqrt{1+k'^2\sinh^2\psi},\\
&\int_0^\psi \frac{\sinh^2\bar\psi}{\sqrt{1+k'^2\sinh^2\bar\psi}}\,d\bar\psi = -\frac{1}{k'^2}E(\arcsin\tanh\psi,k)+\frac{1}{k'^2}\tanh\psi\sqrt{1+k'^2\sinh^2\psi}.
\end{aligned}\right\}\quad(1186)$$

$$\left.\begin{aligned}
&\int_\psi^\infty \frac{\sqrt{k'^2+\sinh^2\bar\psi}}{\sinh^2\bar\psi}\,d\bar\psi = \left[K-F\left(\arcsin\frac{\sinh\psi}{\sqrt{k'^2+\sinh^2\psi}},k\right)\right]-\left[E-E\left(\arcsin\frac{\sinh\psi}{\sqrt{k'^2+\sinh^2\psi}},k\right)\right]+\\
&\qquad+k'^2\frac{\coth\psi}{\sqrt{k'^2+\sinh^2\psi}},\\
&\int_\psi^\infty \frac{\coth^2\bar\psi}{\sqrt{k'^2+\sinh^2\bar\psi}}\,d\bar\psi = \left[K-F\left(\arcsin\frac{\sinh\psi}{\sqrt{k'^2+\sinh^2\psi}},k\right)\right]-\frac{1}{k'^2}\left[E-E\left(\arcsin\frac{\sinh^2\psi}{\sqrt{k'^2+\sinh^2\psi}},k\right)\right]+\\
&\qquad+\frac{\coth\psi}{\sqrt{k'^2+\sinh^2\psi}},\\
&\int_\psi^\infty \frac{1/\sinh^2\bar\psi}{\sqrt{k'^2+\sinh^2\bar\psi}}\,d\bar\psi = -\frac{1}{k'^2}\left[E-E\left(\arcsin\frac{\sinh\psi}{\sqrt{k'^2+\sinh^2\psi}},k\right)\right]+\frac{\coth\psi}{\sqrt{k'^2+\sinh^2\psi}},\\
&\int_0^\psi \frac{\sinh^2\bar\psi}{(\sqrt{k'^2+\sinh^2\bar\psi})^3}\,d\bar\psi = \frac{1}{k^2}F\left(\arcsin\frac{\sinh\psi}{\sqrt{k'^2+\sinh^2\psi}},k\right)-\frac{1}{k^2}E\left(\arcsin\frac{\sinh\psi}{\sqrt{k'^2+\sinh^2\psi}},k\right),\\
&\int_0^\psi \frac{1}{(\sqrt{k'^2+\sinh^2\bar\psi})^3}\,d\bar\psi = -\frac{1}{k^2}F\left(\arcsin\frac{\sinh\psi}{\sqrt{k'^2+\sinh^2\psi}},k\right)+\frac{1}{k^2k'^2}E\left(\arcsin\frac{\sinh\psi}{\sqrt{k'^2+\sinh^2\psi}},k\right),\\
&\int_0^\psi \frac{\cosh^2\bar\psi}{(\sqrt{k'^2+\sinh^2\bar\psi})^3}\,d\bar\psi = \frac{1}{k'^2}E\left(\arcsin\frac{\sinh\psi}{\sqrt{k'^2+\sinh^2\psi}},k\right),\\
&\int_0^\psi \frac{1/\cosh^2\bar\psi}{\sqrt{k'^2+\sinh^2\bar\psi}}\,d\bar\psi = \frac{1}{k^2}F\left(\arcsin\frac{\sinh\psi}{\sqrt{k'^2+\sinh^2\psi}},k\right)-\frac{1}{k^2}E\left(\arcsin\frac{\sinh\psi}{\sqrt{k'^2+\sinh^2\psi}},k\right)+\\
&\qquad+\frac{\tanh\psi}{\sqrt{k'^2+\sinh^2\psi}},
\end{aligned}\right\}\quad(1187)$$

$$\int_0^\psi \frac{\tanh^2\bar\psi}{\sqrt{k'^2+\sinh^2\bar\psi}}\,d\bar\psi = -\frac{k'^2}{k^2}F\left(\arcsin\frac{\sinh\psi}{\sqrt{k'^2+\sinh^2\psi}},k\right)+\frac{1}{k^2}E\left(\arcsin\frac{\sinh\psi}{\sqrt{k'^2+\sinh^2\psi}},k\right)- -\frac{\tanh\psi}{\sqrt{k'^2+\sinh^2\psi}},$$

$$\int_0^\psi \frac{\sqrt{k'^2+\sinh^2\bar\psi}}{\cosh^2\bar\psi}\,d\bar\psi = E\left(\arcsin\frac{\sinh\psi}{\sqrt{k'^2+\sinh^2\psi}},k\right)-k^2\frac{\tanh\psi}{\sqrt{k'^2+\sinh^2\psi}},$$

$$\int_0^\psi \frac{\cosh^2\bar\psi}{\sqrt{k'^2+\sinh^2\bar\psi}}\,d\bar\psi = F\left(\arcsin\frac{\sinh\psi}{\sqrt{k'^2+\sinh^2\psi}},k\right)-E\left(\arcsin\frac{\sinh^2\psi}{\sqrt{k'^2+\sinh^2\psi}},k\right)+\frac{\sinh\psi\cosh\psi}{\sqrt{k'^2+\sinh^2\psi}},$$

$$\int_0^\psi \sqrt{k'^2+\sinh^2\bar\psi}\,d\bar\psi = k'^2F\left(\arcsin\frac{\sinh\psi}{\sqrt{k'^2+\sinh^2\psi}},k\right)-E\left(\arcsin\frac{\sinh\psi}{\sqrt{k'^2+\sinh^2\psi}},k\right)+\frac{\sinh\psi\cosh\psi}{\sqrt{k'^2+\sinh^2\psi}},$$

$$\int_0^\psi \frac{\sinh^2\bar\psi}{\sqrt{k'^2+\sinh^2\bar\psi}}\,d\bar\psi = -E\left(\arcsin\frac{\sinh\psi}{\sqrt{k'^2+\sinh^2\psi}},k\right)+\frac{\sinh\psi\cosh\psi}{\sqrt{k'^2+\sinh^2\psi}}.$$

$$\int_\psi^\infty \frac{\coth^4\bar\psi}{\sqrt{1+k'^2\sinh^2\bar\psi}}\,d\bar\psi = \frac{2+k^2}{3}[K-F(\arcsin\tanh\psi,k)]+2e_3[E-E(\arcsin\tanh\psi,k)]- -\frac{2e_3-\frac{1}{3}\coth^2\psi}{\sinh\psi\cosh\psi}\sqrt{1+k'^2\sinh^2\psi},$$

$$\int_\psi^\infty \frac{(\sqrt{1+k'^2\sinh^2\bar\psi})^3}{\sinh^4\bar\psi}\,d\bar\psi = k'^2\left(k'^2-\frac{1}{3}\right)[K-F(\arcsin\tanh\psi,k)]+2e_2[E-E(\arcsin\tanh\psi,k)]- -\frac{2e_2-\frac{1}{3}\coth^2\psi}{\sinh\psi\cosh\psi}\sqrt{1+k'^2\sinh^2\psi},$$

$$\int_\psi^\infty \frac{1/\sinh^4\bar\psi}{\sqrt{1+k'^2\sinh^2\bar\psi}}\,d\bar\psi = -\frac{1}{3}k'^2[K-F(\arcsin\tanh\psi,k)]+2e_1[E-E(\arcsin\tanh\psi,k)]- -\frac{2e_1-\frac{1}{3}\coth^2\psi}{\sinh\psi\cosh\psi}\sqrt{1+k'^2\sinh^2\psi},$$

$$\int_0^\psi \frac{\tanh^4\bar\psi}{\sqrt{1+k'^2\sinh^2\bar\psi}}\,d\bar\psi = \frac{1}{k^4}\left[\frac{2+k^2}{3}F(\arcsin\tanh\psi,k)+2e_3E(\arcsin\tanh\psi,k)+ +\frac{k^2\tanh\psi}{3\cosh^2\psi}\sqrt{1+k'^2\sinh^2\psi}\right],$$

$$\int_0^\psi \frac{1/\cosh^4\bar\psi}{\sqrt{1+k'^2\sinh^2\bar\psi}}\,d\bar\psi = \frac{1}{k^4}\left[k'^2\left(k'^2-\frac{1}{3}\right)F(\arcsin\tanh\psi,k)+2e_2E(\arcsin\tanh\psi,k)+ +\frac{k^2\tanh\psi}{3\cosh^2\psi}\sqrt{1+k'^2\sinh^2\psi}\right],$$

$$\int_0^\psi \frac{(\sqrt{1+k'^2\sinh^2\bar\psi})^3}{\cosh^4\bar\psi}\,d\bar\psi = -\frac{1}{3}k'^2F(\arcsin\tanh\psi,k)+2e_1E(\arcsin\tanh\psi,k)+ +\frac{k^2\tanh\psi}{3\cosh^2\psi}\sqrt{1+k'^2\sinh^2\psi},$$

$$\int_0^\psi \frac{1}{(\sqrt{1+k'^2\sinh^2\bar\psi})^5}\,d\bar\psi = \frac{1}{k^4}\left[\frac{2+k^2}{3}F(\arcsin\tanh\psi,k)+2e_3E(\arcsin\tanh\psi,k)- -\frac{2k^2e_3\tanh\psi}{\sqrt{1+k'^2\sinh^2\psi}}-\frac{k^2k'^2\sinh\psi\cosh\psi}{3(\sqrt{1+k'^2\sinh^2\psi})^3}\right],$$

(1188)

$$\int_0^\psi \frac{\sinh^4\bar\psi}{(\sqrt{1+k'^2\sinh^2\bar\psi})^5}\,d\bar\psi = \frac{1}{k^4 k'^4}\left[k'^2\left(k'^2-\frac{1}{3}\right)F(\arcsin\tanh\psi, k) + 2e_2\,E(\arcsin\tanh\psi, k) - \right.$$
$$\left. - \frac{2k^2 e_2\tanh\psi}{\sqrt{1+k'^2\sinh^2\psi}} - \frac{k^2 k'^2\sinh\psi\cosh\psi}{3(\sqrt{1+k'^2\sinh^2\psi})^3}\right],$$

$$\int_0^\psi \frac{\cosh^4\bar\psi}{(\sqrt{1+k'^2\sinh^2\bar\psi})^5}\,d\bar\psi = \frac{1}{k'^4}\left[-\frac{1}{3}k'^2\,F(\arcsin\tanh\psi, k) + 2e_1\,E(\arcsin\tanh\psi, k) - \right.$$
$$\left. - \frac{2k^2 e_1\tanh\psi}{\sqrt{1+k'^2\sinh^2\psi}} - \frac{k^2 k'^2\sinh\psi\cosh\psi}{3(\sqrt{1+k'^2\sinh^2\psi})^3}\right],$$

$$\int_0^\psi (\sqrt{1+k'^2\sinh^2\bar\psi})^3\,d\bar\psi = \frac{2+k^2}{3}F(\arcsin\tanh\psi, k) + 2e_3\,E(\arcsin\tanh\psi, k) -$$
$$- \left(2e_3 - \frac{k'^2}{3}\cosh^2\psi\right)\tanh\psi\sqrt{1+k'^2\sinh^2\psi},$$

$$\int_0^\psi \frac{\cosh^4\bar\psi}{\sqrt{1+k'^2\sinh^2\bar\psi}}\,d\bar\psi = \frac{1}{k'^4}\left[k'^2\left(k'^2-\frac{1}{3}\right)F(\arcsin\tanh\psi, k) + 2e_2\,E(\arcsin\tanh\psi, k) - \right.$$
$$\left. - \left(2e_2 - \frac{k'^2}{3}\cosh^2\psi\right)\tanh\psi\sqrt{1+k'^2\sinh^2\psi}\right],$$

$$\int_0^\psi \frac{\sinh^4\bar\psi}{\sqrt{1+k'^2\sinh^2\bar\psi}}\,d\bar\psi = \frac{1}{k'^4}\left[-\frac{1}{3}k'^2\,F(\arcsin\tanh\psi, k) + 2e_1\,E(\arcsin\tanh\psi, k) - \right.$$
$$\left. - \left(2e_1 - \frac{k'^2}{3}\cosh^2\psi\right)\tanh\psi\sqrt{1+k'^2\sinh^2\psi}\right].$$

$$\int_\psi^\infty \frac{\sqrt{1+k'^2\sinh^2\bar\psi}}{\sinh^4\bar\psi}\,d\bar\psi = -\frac{k'^2}{3}[K - F(\arcsin\tanh\psi, k)] - e_3[E - E(\arcsin\tanh\psi, k)] +$$
$$+ \frac{e_3 + \frac{1}{3}\coth^2\psi}{\sinh\psi\cosh\psi}\sqrt{1+k'^2\sinh^2\psi},$$

$$\int_\psi^\infty \frac{\coth^2\bar\psi/\sinh^2\bar\psi}{\sqrt{1+k'^2\sinh^2\bar\psi}}\,d\bar\psi = -\frac{k'^2}{3}[K - F(\arcsin\tanh\psi, k)] - e_2[E - E(\arcsin\tanh\psi, k)] +$$
$$+ \frac{e_2 + \frac{1}{3}\coth^2\psi}{\sinh\psi\cosh\psi}\sqrt{1+k'^2\sinh^2\psi},$$

$$\int_\psi^\infty \frac{\sqrt{1+k'^2\sinh^2\bar\psi}}{\sinh^2\bar\psi\tanh^2\bar\psi}\,d\bar\psi = \frac{2k'^2}{3}[K - F(\arcsin\tanh\psi, k)] - e_1[E - E(\arcsin\tanh\psi, k)] +$$
$$+ \frac{e_1 + \frac{1}{3}\coth^2\psi}{\sinh\psi\cosh\psi}\sqrt{1+k'^2\sinh^2\psi},$$

$$\int_0^\psi \frac{\sqrt{1+k'^2\sinh^2\bar\psi}}{\cosh^4\bar\psi}\,d\bar\psi = -\frac{1}{3}\frac{k'^2}{k^2}F(\arcsin\tanh\psi, k) - \frac{e_3}{k^2}E(\arcsin\tanh\psi, k) +$$
$$+ \frac{\tanh\psi}{3\cosh^2\psi}\sqrt{1+k'^2\sinh^2\psi},$$

$$\int_0^\psi \frac{\sqrt{1+k'^2\sinh^2\bar\psi}}{\cosh^2\bar\psi\coth^2\bar\psi}\,d\bar\psi = +\frac{1}{3}\frac{k'^2}{k^2}F(\arcsin\tanh\psi, k) + \frac{e_2}{k^2}E(\arcsin\tanh\psi, k) -$$
$$- \frac{\tanh\psi}{3\cosh^2\psi}\sqrt{1+k'^2\sinh^2\psi},$$

$$\int_0^\psi \frac{\tanh^2\bar\psi/\cosh^2\bar\psi}{\sqrt{1+k'^2\sinh^2\bar\psi}}\,d\bar\psi = -\frac{2}{3}\frac{k'^2}{k^4}F(\arcsin\tanh\psi, k) + \frac{e_1}{k^4}E(\arcsin\tanh\psi, k) -$$
$$- \frac{1}{k^2}\frac{\tanh\psi}{3\cosh^2\psi}\sqrt{1+k'^2\sinh^2\psi},$$

$$\left.\begin{aligned}
\int_0^{\psi}\frac{\sinh^2\bar\psi\cosh^2\bar\psi}{(\sqrt{1+k'^2\sinh^2\bar\psi})^5}\,d\bar\psi &= -\frac{1}{3k^2k'^2}F(\arcsin\tanh\psi,k)-\frac{e_3}{k^2k'^4}E(\arcsin\tanh\psi,k)+\\
&\quad+\frac{e_3\tanh\psi}{k'^4\sqrt{1+k'^2\sinh^2\psi}}-\frac{\sinh\psi\cosh\psi}{3k'^2(\sqrt{1+k'^2\sinh^2\psi})^3},\\
\int_0^{\psi}\frac{\cosh^2\bar\psi}{(\sqrt{1+k'^2\sinh^2\bar\psi})^5}\,d\bar\psi &= +\frac{1}{3k^2}F(\arcsin\tanh\psi,k)+\frac{e_2}{k^2k'^2}E(\arcsin\tanh\psi,k)-\\
&\quad-\frac{e_2\tanh\psi}{k'^2\sqrt{1+k'^2\sinh^2\psi}}+\frac{\sinh\psi\cosh\psi}{3(\sqrt{1+k'^2\sinh^2\psi})^3},\\
\int_0^{\psi}\frac{\sinh^2\bar\psi}{(\sqrt{1+k'^2\sinh^2\bar\psi})^5}\,d\bar\psi &= -\frac{2}{3k^4}F(\arcsin\tanh\psi,k)+\frac{e_1}{k^4k'^2}E(\arcsin\tanh\psi,k)-\\
&\quad-\frac{e_1\tanh\psi}{k^2k'^2\sqrt{1+k'^2\sinh^2\psi}}+\frac{\sinh\psi\cosh\psi}{3k^2(\sqrt{1+k'^2\sinh^2\psi})^3},\\
\int_0^{\psi}\frac{\sinh^2\bar\psi\cosh^2\bar\psi}{\sqrt{1+k'^2\sinh^2\bar\psi}}\,d\bar\psi &= -\frac{1}{3k'^2}F(\arcsin\tanh\psi,k)-\frac{e_3}{k'^4}E(\arcsin\tanh\psi,k)+\\
&\quad+\frac{1}{k'^4}\left(e_3+\frac{k'^2}{3}\cosh^2\psi\right)\tanh\psi\sqrt{1+k'^2\sinh^2\psi},\\
\int_0^{\psi}\frac{\sqrt{1+k'^2\sinh^2\bar\psi}}{1/\sinh^2\bar\psi}\,d\bar\psi &= -\frac{1}{3}F(\arcsin\tanh\psi,k)-\frac{e_2}{k'^2}E(\arcsin\tanh\psi,k)+\\
&\quad+\frac{1}{k'^2}\left(e_2+\frac{k'^2}{3}\cosh^2\psi\right)\tanh\psi\sqrt{1+k'^2\sinh^2\psi},\\
\int_0^{\psi}\frac{\sqrt{1+k'^2\sinh^2\bar\psi}}{1/\cosh^2\bar\psi}\,d\bar\psi &= +\frac{2}{3}F(\arcsin\tanh\psi,k)-\frac{e_1}{k'^2}E(\arcsin\tanh\psi,k)+\\
&\quad+\frac{1}{k'^2}\left(e_1+\frac{k'^2}{3}\cosh^2\psi\right)\tanh\psi\sqrt{1+k'^2\sinh^2\psi}.
\end{aligned}\right\}\quad(1189)$$

$$\left.\begin{aligned}
\int_{\psi}^{\infty}\frac{\sqrt{1+k'^2\sinh^2\bar\psi}}{\sinh^2\bar\psi\cosh^2\bar\psi}\,d\bar\psi &= k'^2[K-F(\arcsin\tanh\psi,k)]-2[E-E(\arcsin\tanh\psi,k)]+\frac{\sqrt{1+k'^2\sinh^2\psi}}{\sinh\psi\cosh\psi},\\
\int_{\psi}^{\infty}\frac{\coth^2\bar\psi}{(\sqrt{1+k'^2\sinh^2\bar\psi})^3}\,d\bar\psi &= [K-F(\arcsin\tanh\psi,k)]-2[E-E(\arcsin\tanh\psi,k)]+\\
&\quad+\frac{1+(1-2k^2)\sinh^2\psi}{\sinh\psi\cosh\psi\sqrt{1+k'^2\sinh^2\psi}},\\
\int\frac{\sqrt{1+k'^2\sinh^2\psi}}{\tanh^2\psi}\,d\psi &= (1+k'^2)\,F(\arcsin\tanh\psi,k)-2E(\arcsin\tanh\psi,k)+\\
&\quad+(2\tanh\psi-\coth\psi)\sqrt{1+k'^2\sinh^2\psi},\\
\int_0^{\psi}\frac{\sinh^2\bar\psi\cosh^2\bar\psi}{(\sqrt{1+k'^2\sinh^2\bar\psi})^3}\,d\bar\psi &= \frac{1}{k'^2}F(\arcsin\tanh\psi,k)-\frac{2}{k'^4}E(\arcsin\tanh\psi,k)+\frac{(2-k'^2+k'^2\sinh^2\psi)\tanh\psi}{k'^4\sqrt{1+k'^2\sinh^2\psi}},\\
\int_0^{\psi}\frac{\sqrt{1+k'^2\sinh^2\bar\psi}}{\coth^2\bar\psi}\,d\bar\psi &= F(\arcsin\tanh\psi,k)-2E(\arcsin\tanh\psi,k)+\tanh\psi\sqrt{1+k'^2\sinh^2\psi},\\
\int_0^{\psi}\frac{\tanh^2\bar\psi}{(\sqrt{1+k'^2\sinh^2\bar\psi})^3}\,d\bar\psi &= \frac{1+k'^2}{k^4}F(\arcsin\tanh\psi,k)-\frac{2}{k^4}E(\arcsin\tanh\psi,k)+\frac{1}{k^2}\frac{\tanh\psi}{\sqrt{1+k'^2\sinh^2\psi}}.
\end{aligned}\right\}\quad(1190)$$

$$\int_\psi^\infty \frac{(\sqrt{1+k'^2\sinh^2\bar\psi})^3}{\sinh^2\bar\psi\cosh^2\bar\psi}\,d\bar\psi = k'^2[K-F(\arcsin\tanh\psi,k)]+3e_3[E-E(\arcsin\tanh\psi,k)]+\frac{\sqrt{1+k'^2\sinh^2\psi}}{\sinh\psi\cosh\psi},$$

$$\int_\psi^\infty \frac{1/\sinh^2\bar\psi}{(\sqrt{1+k'^2\sinh^2\bar\psi})^3}\,d\bar\psi = -\frac{k'^2}{k^2}[K-F(\arcsin\tanh\psi,k)]-\frac{3e_2}{k^2}[E-E(\arcsin\tanh\psi,k)]+ \frac{1+2k'^2\sinh^2\psi}{\sinh\psi\cosh\psi\sqrt{1+k'^2\sinh^2\psi}},$$

$$\int \frac{\coth^2\psi\cosh^2\psi}{\sqrt{1+k'^2\sinh^2\psi}}\,d\psi = -2F(\arcsin\tanh\psi,k)+\frac{3e_1}{k'^2}E(\arcsin\tanh\psi,k)+ \frac{k'^2-\sinh^2\psi}{k'^2\sinh\psi\cosh\psi}\sqrt{1+k'^2\sinh^2\psi},$$

$$\int_\psi^\infty \frac{1/\sinh^2\bar\psi\cosh^2\bar\psi}{\sqrt{1+k'^2\sinh^2\bar\psi}}\,d\bar\psi = \frac{k'^2}{k^2}[K-F(\arcsin\tanh\psi,k)]+\frac{3e_3}{k^2}[E-E(\arcsin\tanh\psi,k)]+\frac{\sqrt{1+k'^2\sinh^2\psi}}{\sinh\psi\cosh\psi},$$

$$\int_\psi^\infty \frac{\coth^2\bar\psi\cosh^2\bar\psi}{(\sqrt{1+k'^2\sinh^2\bar\psi})^3}\,d\bar\psi = [K-F(\arcsin\tanh\psi,k)]+\frac{3e_2}{k'^2}[E-E(\arcsin\tanh\psi,k)]+ \frac{1+\left(2k'^2+\frac{3e_2}{k'^2}\right)\sinh^2\psi}{\sinh\psi\cosh\psi\sqrt{1+k'^2\sinh^2\psi}},$$

$$\int \frac{(\sqrt{1+k'^2\sinh^2\psi})^3}{\sinh^2\psi}\,d\psi = 2k'^2F(\arcsin\tanh\psi,k)-3e_1E(\arcsin\tanh\psi,k)- \frac{1-k'^2\sinh^2\psi}{\sinh\psi\cosh\psi}\sqrt{1+k'^2\sinh^2\psi}, \tag{1191}$$

$$\int_0^\psi \frac{\cosh^4\bar\psi}{(\sqrt{1+k'^2\sinh^2\bar\psi})^3}\,d\bar\psi = \frac{1}{k'^2}F(\arcsin\tanh\psi,k)+\frac{3e_3}{k'^4}E(\arcsin\tanh\psi,k)+ \frac{1+k^4+k'^2\sinh^2\psi}{k'^4\sqrt{1+k'^2\sinh^2\psi}}\tanh\psi,$$

$$\int_0^\psi \frac{\tanh^2\bar\psi\sinh^2\bar\psi}{\sqrt{1+k'^2\sinh^2\bar\psi}}\,d\bar\psi = -\frac{1}{k^2}F(\arcsin\tanh\psi,k)-\frac{3e_2}{k^2k'^2}E(\arcsin\tanh\psi,k)+ \frac{1}{k'^2}\tanh\psi\sqrt{1+k'^2\sinh^2\psi},$$

$$\int_0^\psi \frac{1/\cosh^2\bar\psi}{(\sqrt{1+k'^2\sinh^2\bar\psi})^3}\,d\bar\psi = -\frac{2k'^2}{k^4}F(\arcsin\tanh\psi,k)+\frac{3e_1}{k^4}E(\arcsin\tanh\psi,k)-\frac{k'^2}{k^2}\frac{\tanh\psi}{\sqrt{1+k'^2\sinh^2\psi}},$$

$$\int_0^\psi \frac{\sinh^4\bar\psi}{(\sqrt{1+k'^2\sinh^2\bar\psi})^3}\,d\bar\psi = \frac{1}{k^2k'^2}F(\arcsin\tanh\psi,k)+\frac{3e_3}{k^2k'^4}E(\arcsin\tanh\psi,k)+ \frac{1}{k'^4}\frac{2+k'^2\sinh^2\psi}{\sqrt{1+k'^2\sinh^2\psi}}\tanh\psi,$$

$$\int_0^\psi \frac{(\sqrt{1+k'^2\sinh^2\bar\psi})^3}{\cosh^2\bar\psi}\,d\bar\psi = k'^2F(\arcsin\tanh\psi,k)+3e_2E(\arcsin\tanh\psi,k)+k'^2\tanh\psi\sqrt{1+k'^2\sinh^2\psi},$$

$$\int_0^\psi \frac{\tanh^2\bar\psi\sinh^2\bar\psi}{(\sqrt{1+k'^2\sinh^2\bar\psi})^3}\,d\bar\psi = -\frac{2}{k^4}F(\arcsin\tanh\psi,k)+\frac{3e_1}{k^4k'^2}E(\arcsin\tanh\psi,k)-\frac{1}{k^2k'^2}\frac{\tanh\psi}{\sqrt{1+k'^2\sinh^2\psi}}.$$

$$\int_\psi^\infty \frac{(\sqrt{k'^2+\sinh^2\bar\psi})^3}{\sinh^4\bar\psi}\,d\bar\psi = \frac{2+k^2}{3}\left[K-F\left(\arcsin\frac{\sinh\psi}{\sqrt{k'^2+\sinh^2\psi}},k\right)\right]+ 2e_3\left[E-E\left(\arcsin\frac{\sinh\psi}{\sqrt{k'^2+\sinh^2\psi}},k\right)\right]+\frac{k'^2}{3}\frac{k'^2+(1-6e_3)\sinh^2\psi}{\sinh^2\psi\tanh\psi\sqrt{k'^2+\sinh^2\psi}},$$

$$
\left.
\begin{aligned}
\int_{\psi}^{\infty} \frac{\coth^4\bar\psi}{\sqrt{k'^2+\sinh^2\bar\psi}}\,d\bar\psi &= \frac{k'^2-\frac{1}{3}}{k'^2}\left[K - F\left(\arcsin\frac{\sinh\psi}{\sqrt{k'^2+\sinh^2\psi}},\,k\right)\right] + \\
&\quad + \frac{2e_2}{k'^4}\left[E - E\left(\arcsin\frac{\sinh\psi}{\sqrt{k'^2+\sinh^2\psi}},\,k\right)\right] + \frac{1}{3k'^2}\,\frac{k'^2+(1-6e_2)\sinh^2\psi}{\sinh^2\psi\tanh\psi\sqrt{k'^2+\sinh^2\psi}},\\
\int_{\psi}^{\infty} \frac{1/\sinh^4\bar\psi}{\sqrt{k'^2+\sinh^2\bar\psi}}\,d\bar\psi &= -\frac{1}{3k'^2}\left[K - F\left(\arcsin\frac{\sinh\psi}{\sqrt{k'^2+\sinh^2\psi}},\,k\right)\right] + \\
&\quad + \frac{2e_1}{k'^4}\left[E - E\left(\arcsin\frac{\sinh\psi}{\sqrt{k'^2+\sinh^2\psi}},\,k\right)\right] + \frac{1}{3k'^2}\,\frac{k'^2+(1-6e_1)\sinh^2\psi}{\sinh^2\psi\tanh\psi\sqrt{k'^2+\sinh^2\psi}},\\
\int_{0}^{\psi} \frac{\sinh^4\bar\psi}{(\sqrt{k'^2+\sinh^2\bar\psi})^5}\,d\bar\psi &= \frac{2+k^2}{3k^4}F\left(\arcsin\frac{\sinh\psi}{\sqrt{k'^2+\sinh^2\psi}},\,k\right) + \frac{2e_3}{k^4}E\left(\arcsin\frac{\sinh\psi}{\sqrt{k'^2+\sinh^2\psi}},\,k\right) + \\
&\quad + \frac{k'^2\sinh\psi\cosh\psi}{3k^2(\sqrt{k'^2+\sinh^2\psi})^3},\\
\int_{0}^{\psi} \frac{1}{(\sqrt{k'^2+\sinh^2\bar\psi})^5}\,d\bar\psi &= \frac{k'^2-\frac{1}{3}}{k^4k'^2}F\left(\arcsin\frac{\sinh\psi}{\sqrt{k'^2+\sinh^2\psi}},\,k\right) + \frac{2e_2}{k^4k'^4}E\left(\arcsin\frac{\sinh\psi}{\sqrt{k'^2+\sinh^2\psi}},\,k\right) + \\
&\quad + \frac{\sinh\psi\cosh\psi}{3k^2k'^2(\sqrt{k'^2+\sinh^2\psi})^3},\\
\int_{0}^{\psi} \frac{\cosh^4\bar\psi}{(\sqrt{k'^2+\sinh^2\bar\psi})^5}\,d\bar\psi &= -\frac{1}{3k'^2}F\left(\arcsin\frac{\sinh\psi}{\sqrt{k'^2+\sinh^2\psi}},\,k\right) + \frac{2e_1}{k'^4}E\left(\arcsin\frac{\sinh\psi}{\sqrt{k'^2+\sinh^2\psi}},\,k\right) + \\
&\quad + \frac{k^2\sinh\psi\cosh\psi}{3k'^2(\sqrt{k'^2+\sinh^2\psi})^3},\\
\int_{0}^{\psi} \frac{1/\cosh^4\bar\psi}{\sqrt{k'^2+\sinh^2\bar\psi}}\,d\bar\psi &= \frac{2+k^2}{3k^4}F\left(\arcsin\frac{\sinh\psi}{\sqrt{k'^2+\sinh^2\psi}},\,k\right) + \frac{2e_3}{k^4}E\left(\arcsin\frac{\sinh\psi}{\sqrt{k'^2+\sinh^2\psi}},\,k\right) + \\
&\quad + \frac{k^2-(1+6e_3)\cosh^2\psi}{3k^2\cosh^2\psi\coth\psi\sqrt{k'^2+\sinh^2\psi}},\\
\int_{0}^{\psi} \frac{\tanh^4\bar\psi}{\sqrt{k'^2+\sinh^2\bar\psi}}\,d\bar\psi &= \frac{k'^2(k'^2-\frac{1}{3})}{k^4}F\left(\arcsin\frac{\sinh\psi}{\sqrt{k'^2+\sinh^2\psi}},\,k\right) + \frac{2e_2}{k^4}E\left(\arcsin\frac{\sinh\psi}{\sqrt{k'^2+\sinh^2\psi}},\,k\right) + \\
&\quad + \frac{k^2-(1+6e_2)\cosh^2\psi}{3k^2\cosh^2\psi\coth\psi\sqrt{k'^2+\sinh^2\psi}},\\
\int_{0}^{\psi} \frac{(\sqrt{k'^2+\sinh^2\bar\psi})^3}{\cosh^4\bar\psi}\,d\bar\psi &= -\frac{1}{3}k'^2F\left(\arcsin\frac{\sinh\psi}{\sqrt{k'^2+\sinh^2\psi}},\,k\right) + 2e_1E\left(\arcsin\frac{\sinh\psi}{\sqrt{k'^2+\sinh^2\psi}},\,k\right) + \\
&\quad + \frac{k^2[k^2-(1+6e_1)\cosh^2\psi]}{3\cosh^2\psi\coth\psi\sqrt{k'^2+\sinh^2\psi}},\\
\int_{0}^{\psi} \frac{\cosh^4\bar\psi}{\sqrt{k'^2+\sinh^2\bar\psi}}\,d\bar\psi &= \frac{2+k^2}{3}F\left(\arcsin\frac{\sinh\psi}{\sqrt{k'^2+\sinh^2\psi}},\,k\right) + 2e_3E\left(\arcsin\frac{\sinh\psi}{\sqrt{k'^2+\sinh^2\psi}},\,k\right) + \\
&\quad + \frac{(k'^2-6e_3+\sinh^2\psi)\sinh\psi\cosh\psi}{3\sqrt{k'^2+\sinh^2\psi}},\\
\int_{0}^{\psi} (\sqrt{k'^2+\sinh^2\bar\psi})^3\,d\bar\psi &= k'^2\left(k'^2-\frac{1}{3}\right)F\left(\arcsin\frac{\sinh\psi}{\sqrt{k'^2+\sinh^2\psi}},\,k\right) + 2e_2E\left(\arcsin\frac{\sinh\psi}{\sqrt{k'^2+\sinh^2\psi}},\,k\right) + \\
&\quad + \frac{(k'^2-6e_2+\sinh^2\psi)\sinh\psi\cosh\psi}{3\sqrt{k'^2+\sinh^2\psi}},\\
\int_{0}^{\psi} \frac{\sinh^4\bar\psi}{\sqrt{k'^2+\sinh^2\bar\psi}}\,d\bar\psi &= -\frac{1}{3}k'^2F\left(\arcsin\frac{\sinh\psi}{\sqrt{k'^2+\sinh^2\psi}},\,k\right) + 2e_1E\left(\arcsin\frac{\sinh\psi}{\sqrt{k'^2+\sinh^2\psi}},\,k\right) + \\
&\quad + \frac{(k'^2-6e_1+\sinh^2\psi)\sinh\psi\cosh\psi}{3\sqrt{k'^2+\sinh^2\psi}}.
\end{aligned}
\right\}
\tag{1192}
$$

$$\left.\begin{aligned}
&\int\limits_{\psi}^{\infty} \frac{\coth^2\bar\psi/\sinh^2\bar\psi}{\sqrt{k'^2+\sinh^2\bar\psi}}\,d\bar\psi = -\frac{1}{3k'^2}\left[K - F\left(\arcsin\frac{\sinh\psi}{\sqrt{k'^2+\sinh^2\psi}},\,k\right)\right] - \\
&\qquad -\frac{e_3}{k'^4}\left[E - E\left(\arcsin\frac{\sinh\psi}{\sqrt{k'^2+\sinh^2\psi}},\,k\right)\right] + \frac{k'^2+(1+3e_3)\sinh^2\psi}{3k'^2\sinh^2\psi\tanh\psi\sqrt{k'^2+\sinh^2\psi}},\\
&\int\limits_{\psi}^{\infty} \frac{\sqrt{k'^2+\sinh^2\bar\psi}}{\sinh^4\bar\psi}\,d\bar\psi = -\frac{1}{3}\left[K - F\left(\arcsin\frac{\sinh\psi}{\sqrt{k'^2+\sinh^2\psi}},\,k\right)\right] - \\
&\qquad -\frac{e_2}{k'^2}\left[E - E\left(\arcsin\frac{\sinh\psi}{\sqrt{k'^2+\sinh^2\psi}},\,k\right)\right] + \frac{k'^2[k'^2+(1+3e_2)\sinh^2\psi]}{3k'^2\sinh^2\psi\tanh\psi\sqrt{k'^2+\sinh^2\psi}},\\
&\int\limits_{\psi}^{\infty} \frac{\sqrt{k'^2+\sinh^2\bar\psi}}{\tanh^2\bar\psi\sinh^2\bar\psi}\,d\bar\psi = \frac{2}{3}\left[K - F\left(\arcsin\frac{\sinh\psi}{\sqrt{k'^2+\sinh^2\psi}},\,k\right)\right] - \\
&\qquad -\frac{e_1}{k'^2}\left[E - E\left(\arcsin\frac{\sinh\psi}{\sqrt{k'^2+\sinh^2\psi}},\,k\right)\right] + \frac{k'^2[k'^2+(1+3e_1)\sinh^2\psi]}{3k'^2\sinh^2\psi\tanh\psi\sqrt{k'^2+\sinh^2\psi}},\\
&\int\limits_{0}^{\psi} \frac{\cosh^2\bar\psi}{(\sqrt{k'^2+\sinh^2\bar\psi})^5}\,d\bar\psi = -\frac{1}{3k^2k'^2}F\left(\arcsin\frac{\sinh\psi}{\sqrt{k'^2+\sinh^2\psi}},\,k\right) - \frac{e_3}{k^2k'^4}E\left(\arcsin\frac{\sinh\psi}{\sqrt{k'^2+\sinh^2\psi}},\,k\right) + \\
&\qquad +\frac{\sinh\psi\cosh\psi}{3k'^2(\sqrt{k'^2+\sinh^2\psi})^3},\\
&\int\limits_{0}^{\psi} \frac{\sinh^2\bar\psi\cosh^2\bar\psi}{(\sqrt{k'^2+\sinh^2\bar\psi})^5}\,d\bar\psi = \frac{1}{3k^2}F\left(\arcsin\frac{\sinh\psi}{\sqrt{k'^2+\sinh^2\psi}},\,k\right) + \frac{e_2}{k^2k'^2}E\left(\arcsin\frac{\sinh\psi}{\sqrt{k'^2+\sinh^2\psi}},\,k\right) - \\
&\qquad -\frac{\sinh\psi\cosh\psi}{3(\sqrt{k'^2+\sinh^2\psi})^3},\\
&\int\limits_{0}^{\psi} \frac{\sinh^2\bar\psi}{(\sqrt{k'^2+\sinh^2\bar\psi})^5}\,d\bar\psi = -\frac{2}{3k^4}F\left(\arcsin\frac{\sinh\psi}{\sqrt{k'^2+\sinh^2\psi}},\,k\right) + \frac{e_1}{k^4k'^2}E\left(\arcsin\frac{\sinh\psi}{\sqrt{k'^2+\sinh^2\psi}},\,k\right) - \\
&\qquad -\frac{\sinh\psi\cosh\psi}{3k^2(\sqrt{k'^2+\sinh^2\psi})^3},\\
&\int\limits_{0}^{\psi} \frac{\sqrt{k'^2+\sinh^2\bar\psi}}{\cosh^2\bar\psi\coth^2\bar\psi}\,d\bar\psi = -\frac{1}{3}\frac{k'^2}{k^2}F\left(\arcsin\frac{\sinh\psi}{\sqrt{k'^2+\sinh^2\psi}},\,k\right) - \frac{e_3}{k^2}E\left(\arcsin\frac{\sinh\psi}{\sqrt{k'^2+\sinh^2\psi}},\,k\right) + \\
&\qquad +\frac{k^2-(1-3e_3)\cosh^2\psi}{3\cosh^2\psi\coth\psi\sqrt{k'^2+\sinh^2\psi}},\\
&\int\limits_{0}^{\psi} \frac{\sqrt{k'^2+\sinh^2\bar\psi}}{\cosh^4\bar\psi}\,d\bar\psi = \frac{1}{3}\frac{k'^2}{k^2}F\left(\arcsin\frac{\sinh\psi}{\sqrt{k'^2+\sinh^2\psi}},\,k\right) + \frac{e_2}{k^2}E\left(\arcsin\frac{\sinh\psi}{\sqrt{k'^2+\sinh^2\psi}},\,k\right) - \\
&\qquad -\frac{k^2-(1-3e_2)\cosh^2\psi}{3\cosh^2\psi\coth\psi\sqrt{k'^2+\sinh^2\psi}},\\
&\int\limits_{0}^{\psi} \frac{\tanh^2\bar\psi/\cosh^2\bar\psi}{\sqrt{k'^2+\sinh^2\bar\psi}}\,d\bar\psi = -\frac{2k'^2}{3k^4}F\left(\arcsin\frac{\sinh\psi}{\sqrt{k'^2+\sinh^2\psi}},\,k\right) + \frac{e_1}{k^4}E\left(\arcsin\frac{\sinh\psi}{\sqrt{k'^2+\sinh^2\psi}},\,k\right) - \\
&\qquad -\frac{k^2-(1-3e_1)\cosh^2\psi}{3k^2\cosh^2\psi\coth\psi\sqrt{k'^2+\sinh^2\psi}},\\
&\int\limits_{0}^{\psi} \frac{\sqrt{k'^2+\sinh^2\bar\psi}}{1/\sinh^2\bar\psi}\,d\bar\psi = -\frac{1}{3}k'^2F\left(\arcsin\frac{\sinh\psi}{\sqrt{k'^2+\sinh^2\psi}},\,k\right) - e_3E\left(\arcsin\frac{\sinh\psi}{\sqrt{k'^2+\sinh^2\psi}},\,k\right) + \\
&\qquad +\frac{(k'^2+3e_3+\sinh^2\psi)\sinh\psi\cosh\psi}{3\sqrt{k'^2+\sinh^2\psi}},
\end{aligned}\right\}\quad(1193)$$

$$\int_0^{\psi} \frac{\sinh^2\bar{\psi}\cosh^2\bar{\psi}}{\sqrt{k'^2+\sinh^2\bar{\psi}}}\,d\bar{\psi} = -\frac{1}{3}k'^2 F\left(\arcsin\frac{\sinh\psi}{\sqrt{k'^2+\sinh^2\psi}}, k\right) - e_2 E\left(\arcsin\frac{\sinh\psi}{\sqrt{k'^2+\sinh^2\psi}}, k\right) + \frac{(k'^2+3e_2+\sinh^2\psi)\sinh\psi\cosh\psi}{3\sqrt{k'^2+\sinh^2\psi}},$$

$$\int_0^{\psi} \frac{\sqrt{k'^2+\sinh^2\bar{\psi}}}{1/\cosh^2\bar{\psi}}\,d\bar{\psi} = \frac{2}{3}k'^2 F\left(\arcsin\frac{\sinh\psi}{\sqrt{k'^2+\sinh^2\psi}}, k\right) - e_1 E\left(\arcsin\frac{\sinh\psi}{\sqrt{k'^2+\sinh^2\psi}}, k\right) + \frac{(k'^2+3e_1+\sinh^2\psi)\sinh\psi\cosh\psi}{3\sqrt{k'^2+\sinh^2\psi}}.$$

$$\int_{\psi}^{\infty} \frac{\coth^2\bar{\psi}}{(\sqrt{k'^2+\sinh^2\bar{\psi}})^3}\,d\bar{\psi} = +\frac{1}{k'^2}\left[K - F\left(\arcsin\frac{\sinh\psi}{\sqrt{k'^2+\sinh^2\psi}}, k\right)\right] - \frac{2}{k'^4}\left[E - E\left(\arcsin\frac{\sinh\psi}{\sqrt{k'^2+\sinh^2\psi}}, k\right)\right] + \frac{\coth\psi}{k'^2\sqrt{k'^2+\sinh^2\psi}},$$

$$\int_{\psi}^{\infty} \frac{\sqrt{k'^2+\sinh^2\bar{\psi}}}{\sinh^2\bar{\psi}\cosh^2\bar{\psi}}\,d\bar{\psi} = \left[K - F\left(\arcsin\frac{\sinh\psi}{\sqrt{k'^2+\sinh^2\psi}}, k\right)\right] - 2\left[E - E\left(\arcsin\frac{\sinh\psi}{\sqrt{k'^2+\sinh^2\psi}}, k\right)\right] + \frac{k'^2-3e_2\sinh^2\psi}{\sinh\psi\cosh\psi\sqrt{k'^2+\sinh^2\psi}},$$

$$\int \frac{\sqrt{k'^2+\sinh^2\psi}}{\tanh^2\psi}\,d\psi = 3e_1 F\left(\arcsin\frac{\sinh\psi}{\sqrt{k'^2+\sinh^2\psi}}, k\right) - 2E\left(\arcsin\frac{\sinh\psi}{\sqrt{k'^2+\sinh^2\psi}}, k\right) + \frac{(-k'^2+\sinh^2\psi)\coth\psi}{\sqrt{k'^2+\sinh^2\psi}},\tag{1194}$$

$$\int_0^{\psi} \frac{\sqrt{k'^2+\sinh^2\bar{\psi}}}{\coth^2\bar{\psi}}\,d\bar{\psi} = k'^2 F\left(\arcsin\frac{\sinh\psi}{\sqrt{k'^2+\sinh^2\psi}}, k\right) - 2E\left(\arcsin\frac{\sinh\psi}{\sqrt{k'^2+\sinh^2\psi}}, k\right) + \frac{(-3e_3+\sinh^2\psi)\tanh\psi}{\sqrt{k'^2+\sinh^2\psi}},$$

$$\int_0^{\psi} \frac{\sinh^2\bar{\psi}\cosh^2\bar{\psi}}{(\sqrt{k'^2+\sinh^2\bar{\psi}})^3}\,d\bar{\psi} = F\left(\arcsin\frac{\sinh\psi}{\sqrt{k'^2+\sinh^2\psi}}, k\right) - 2E\left(\arcsin\frac{\sinh\psi}{\sqrt{k'^2+\sinh^2\psi}}, k\right) + \frac{\sinh\psi\cosh\psi}{\sqrt{k'^2+\sinh^2\psi}},$$

$$\int_0^{\psi} \frac{\tanh^2\bar{\psi}}{(\sqrt{k'^2+\sinh^2\bar{\psi}})^3}\,d\bar{\psi} = \frac{3e_1}{k^4} F\left(\arcsin\frac{\sinh\psi}{\sqrt{k'^2+\sinh^2\psi}}, k\right) - \frac{2}{k^4} E\left(\arcsin\frac{\sinh\psi}{\sqrt{k'^2+\sinh^2\psi}}, k\right) + \frac{1}{k^2}\frac{\tanh\psi}{\sqrt{k'^2+\sinh^2\psi}}.$$

$$\int_{\psi}^{\infty} \frac{\cosh^2\bar{\psi}\coth^2\bar{\psi}}{(\sqrt{k'^2+\sinh^2\bar{\psi}})^3}\,d\bar{\psi} = \frac{1}{k'^2}\left[K - F\left(\arcsin\frac{\sinh\psi}{\sqrt{k'^2+\sinh^2\psi}}, k\right)\right] + \frac{3e_3}{k'^4}\left[E - E\left(\arcsin\frac{\sinh\psi}{\sqrt{k'^2+\sinh^2\psi}}, k\right)\right] + \frac{\coth\psi}{k'^2\sqrt{k'^2+\sinh^2\psi}},$$

$$\int_{\psi}^{\infty} \frac{1/\sinh^2\bar{\psi}\cosh^2\bar{\psi}}{\sqrt{k'^2+\sinh^2\bar{\psi}}}\,d\bar{\psi} = -\frac{1}{k^2}\left[K - F\left(\arcsin\frac{\sinh\psi}{\sqrt{k'^2+\sinh^2\psi}}, k\right)\right] - \frac{3e_2}{k^2k'^2}\left[E - E\left(\arcsin\frac{\sinh\psi}{\sqrt{k'^2+\sinh^2\psi}}, k\right)\right] + \frac{1+2\sinh^2\psi}{\sinh\psi\cosh\psi\sqrt{k'^2+\sinh^2\psi}},$$

$$\int \frac{(\sqrt{k'^2+\sinh^2\psi})^3}{\sinh^2\psi}\,d\psi = 2k'^2 F\left(\arcsin\frac{\sinh\psi}{\sqrt{k'^2+\sinh^2\psi}},k\right) - 3e_1 E\left(\arcsin\frac{\sinh\psi}{\sqrt{k'^2+\sinh^2\psi}},k\right) - \frac{(k'^4-\sinh^2\psi)\coth\psi}{\sqrt{k'^2+\sinh^2\psi}},$$

$$\int_\psi^\infty \frac{1/\sinh^2\bar\psi}{(\sqrt{k'^2+\sinh^2\bar\psi})^3}\,d\bar\psi = \frac{1}{k^2k'^2}\left[K - F\left(\arcsin\frac{\sinh\psi}{\sqrt{k'^2+\sinh^2\psi}},k\right)\right] + \frac{3e_3}{k^2k'^4}\left[E - E\left(\arcsin\frac{\sinh\psi}{\sqrt{k'^2+\sinh^2\psi}},k\right)\right] + \frac{\coth\psi}{k'^2\sqrt{k'^2+\sinh^2\psi}},$$

$$\int_\psi^\infty \frac{(\sqrt{k'^2+\sinh^2\bar\psi})^3}{\sinh^2\bar\psi\cosh^2\bar\psi}\,d\bar\psi = k'^2\left[K - F\left(\arcsin\frac{\sinh\psi}{\sqrt{k'^2+\sinh^2\psi}},k\right)\right] + 3e_2\left[E - E\left(\arcsin\frac{\sinh\psi}{\sqrt{k'^2+\sinh^2\psi}},k\right)\right] + \frac{k'^4+(1-2k^2k'^2)\sinh^2\psi}{\sinh\psi\cosh\psi\sqrt{k'^2+\sinh^2\psi}},$$

$$\int \frac{\cosh^2\psi\coth^2\psi}{\sqrt{k'^2+\sinh^2\psi}}\,d\psi = 2F\left(\arcsin\frac{\sinh\psi}{\sqrt{k'^2+\sinh^2\psi}},k\right) - \frac{3e_1}{k'^2}E\left(\arcsin\frac{\sinh\psi}{\sqrt{k'^2+\sinh^2\psi}},k\right) - \frac{(1-\sinh^2\psi)\coth\psi}{\sqrt{k'^2+\sinh^2\psi}},$$

$$\int_0^\psi \frac{(\sqrt{k'^2+\sinh^2\bar\psi})^3}{\cosh^2\bar\psi}\,d\bar\psi = k'^2 F\left(\arcsin\frac{\sinh\psi}{\sqrt{k'^2+\sinh^2\psi}},k\right) + 3e_3 E\left(\arcsin\frac{\sinh\psi}{\sqrt{k'^2+\sinh^2\psi}},k\right) + \frac{(1+k^4+\sinh^2\psi)\tanh\psi}{\sqrt{k'^2+\sinh^2\psi}},$$

$$\int_0^\psi \frac{\sinh^4\bar\psi}{(\sqrt{k'^2+\sinh^2\bar\psi})^3}\,d\bar\psi = -\frac{k'^2}{k^2}F\left(\arcsin\frac{\sinh\psi}{\sqrt{k'^2+\sinh^2\psi}},k\right) - \frac{3e_2}{k^2}E\left(\arcsin\frac{\sinh\psi}{\sqrt{k'^2+\sinh^2\psi}},k\right) + \frac{\sinh\psi\cosh\psi}{\sqrt{k'^2+\sinh^2\psi}},$$

$$\int_0^\psi \frac{1/\cosh^2\bar\psi}{(\sqrt{k'^2+\sinh^2\bar\psi})^3}\,d\bar\psi = -\frac{2}{k^4}F\left(\arcsin\frac{\sinh\psi}{\sqrt{k'^2+\sinh^2\psi}},k\right) + \frac{3e_1}{k^4k'^2}E\left(\arcsin\frac{\sinh\psi}{\sqrt{k'^2+\sinh^2\psi}},k\right) - \frac{1}{k^2}\frac{\tanh\psi}{\sqrt{k'^2+\sinh^2\psi}},$$

$$\int_0^\psi \frac{\sinh^2\bar\psi\tanh^2\bar\psi}{\sqrt{k'^2+\sinh^2\bar\psi}}\,d\bar\psi = \frac{k'^2}{k^2}F\left(\arcsin\frac{\sinh\psi}{\sqrt{k'^2+\sinh^2\psi}},k\right) + \frac{3e_3}{k^2}E\left(\arcsin\frac{\sinh\psi}{\sqrt{k'^2+\sinh^2\psi}},k\right) + \frac{(2+\sinh^2\psi)\tanh\psi}{\sqrt{k'^2+\sinh^2\psi}},$$

$$\int_0^\psi \frac{\cosh^4\bar\psi}{(\sqrt{k'^2+\sinh^2\bar\psi})^3}\,d\bar\psi = F\left(\arcsin\frac{\sinh\psi}{\sqrt{k'^2+\sinh^2\psi}},k\right) + \frac{3e_2}{k'^2}E\left(\arcsin\frac{\sinh\psi}{\sqrt{k'^2+\sinh^2\psi}},k\right) + \frac{\sinh\psi\cosh\psi}{\sqrt{k'^2+\sinh^2\psi}},$$

$$\int_0^\psi \frac{\sinh^2\bar\psi\tanh^2\bar\psi}{(\sqrt{k'^2+\sinh^2\bar\psi})^3}\,d\bar\psi = -\frac{2k'^2}{k^4}F\left(\arcsin\frac{\sinh\psi}{\sqrt{k'^2+\sinh^2\psi}},k\right) + \frac{3e_1}{k^4}E\left(\arcsin\frac{\sinh\psi}{\sqrt{k'^2+\sinh^2\psi}},k\right) - \frac{1}{k^2}\frac{\tanh\psi}{\sqrt{k'^2+\sinh^2\psi}}.$$

(1195)

Kapitel 11

Die Jacobischen elliptischen Funktionen und ihre logarithmischen Ableitungen im Komplexen

177. Die Jacobischen elliptischen Funktionen und ihre logarithmischen Ableitungen sowie die zugehörigen Ausartungen im Komplexen. Zurückführung auf die drei Funktionen $\mathrm{sn}(z, k)$, $\mathrm{cn}(z, k)$, $\overline{\mathrm{sd}}(z, k)$

Werden die JACOBIschen elliptischen Funktionen und die zugehörigen logarithmischen Ableitungen im Komplexen betrachtet, so erweisen sich nur drei der 18 Funktionen als voneinander unabhängig. Die übrigen 15 lassen sich durch eine Koordinatenverschiebung oder durch Drehung des Koordinatensystems um 90° unter Vertauschung von k und k' oder in Verbindung mit den GAUSSschen und LANDENschen Transformationsgleichungen auf drei Grundfunktionen zurückführen. Werden für diese die Funktionen $\mathrm{sn}(z, k)$, $\mathrm{cn}(z, k)$, $\overline{\mathrm{sd}}(z, k)$ ausgewählt, so erhält man bei Beachtung von (768), (793) bis (798), (824) und (825), geordnet nach den Grundfunktionen, für das $(\zeta, \varkappa)$-System und das (z, k)-System

$$\mathrm{sn}(\zeta, \varkappa) = \mathrm{sn}(\zeta, \varkappa), \qquad \mathrm{sn}(z, k) = \mathrm{sn}(z, k),$$

$$\mathrm{cd}(\zeta, \varkappa) = \mathrm{sn}(\zeta + \tfrac{1}{2}, \varkappa), \qquad \mathrm{cd}(z, k) = \mathrm{sn}(z + K, k),$$

$$\mathrm{ns}(\zeta, \varkappa) = k\,\mathrm{sn}\left(\zeta + \frac{i\varkappa}{2}, \varkappa\right), \qquad \mathrm{ns}(z, k) = k\,\mathrm{sn}(z + i\,K', k),$$

$$\mathrm{dc}(\zeta, \varkappa) = k\,\mathrm{sn}\left(\zeta + \frac{1}{2} + \frac{i\varkappa}{2}, \varkappa\right), \qquad \mathrm{dc}(z, k) = k\,\mathrm{sn}(z + K + i\,K', k),$$

$$\mathrm{nd}(\zeta, \varkappa) = \mathrm{sn}\left(i\frac{\zeta}{\varkappa} + \frac{1}{2}, \frac{1}{\varkappa}\right), \qquad \mathrm{nd}(z, k) = \mathrm{sn}(i\,z + K', k'),$$

$$\mathrm{sc}(\zeta, \varkappa) = -i\,\mathrm{sn}\left(i\frac{\zeta}{\varkappa}, \frac{1}{\varkappa}\right), \qquad \mathrm{sc}(z, k) = -i\,\mathrm{sn}(i\,z, k'),$$

$$\mathrm{dn}(\zeta, \varkappa) = k'\,\mathrm{sn}\left(i\frac{\zeta}{\varkappa} + \frac{1}{2} + \frac{i}{2\varkappa}, \frac{1}{\varkappa}\right), \qquad \mathrm{dn}(z, k) = k'\,\mathrm{sn}(i\,z + K' + i\,K, k'),$$

$$\mathrm{cs}(\zeta, \varkappa) = i\,k'\,\mathrm{sn}\left(i\frac{\zeta}{\varkappa} + \frac{i}{2\varkappa}, \frac{1}{\varkappa}\right), \qquad \mathrm{cs}(z, k) = i\,k'\,\mathrm{sn}(i\,z + i\,K, k'),$$

$$\overline{\mathrm{nd}}(\zeta, \varkappa) = +(1 - k')\,\mathrm{sn}(2\zeta, 2\varkappa), \qquad \overline{\mathrm{nd}}(z, k) = +(1 - k')\,\mathrm{sn}\left((1 + k')\,z, \frac{1 - k'}{1 + k'}\right),$$

$$\overline{\mathrm{cs}}(\zeta, \varkappa) = -(1 - k')\,\mathrm{sn}(2\zeta + i\varkappa, 2\varkappa), \qquad \overline{\mathrm{cs}}(z, k) = -(1 - k')\,\mathrm{sn}\left((1 + k')\,(z + i\,K'), \frac{1 - k'}{1 + k'}\right),$$

$$\overline{\mathrm{dc}}(\zeta, \varkappa) = -i(1 - k)\,\mathrm{sn}\left(\frac{2i\,\zeta}{\varkappa}, \frac{2}{\varkappa}\right), \qquad \overline{\mathrm{dc}}(z, k) = -i(1 - k)\,\mathrm{sn}\left(i(1 + k)\,z, \frac{1 - k}{1 + k}\right),$$

$$\overline{\mathrm{ns}}(\zeta, \varkappa) = -i(1 - k)\,\mathrm{sn}\left(\frac{2i\,\zeta}{\varkappa} + \frac{i}{\varkappa}, \frac{2}{\varkappa}\right), \qquad \overline{\mathrm{ns}}(z, k) = -i(1 - k)\,\mathrm{sn}\left(i(1 + k)\,(z + K), \frac{1 - k}{1 + k}\right),$$

$$\mathrm{cn}(\zeta, \varkappa) = \mathrm{cn}(\zeta, \varkappa), \qquad \mathrm{cn}(z, k) = \mathrm{cn}(z, k),$$

$$\mathrm{nc}(\zeta, \varkappa) = \mathrm{cn}\left(i\frac{\zeta}{\varkappa}, \frac{1}{\varkappa}\right), \qquad \mathrm{nc}(z, k) = \mathrm{cn}(i\,z, k'),$$

$$\mathrm{sd}(\zeta, \varkappa) = -\frac{1}{k'}\,\mathrm{cn}\left(\zeta + \frac{1}{2}, \varkappa\right), \qquad \mathrm{sd}(z, k) = -\frac{1}{k'}\,\mathrm{cn}(z + K, k),$$

$$\mathrm{ds}(\zeta, \varkappa) = i\,k\,\mathrm{cn}\left(\zeta + \frac{i\,\varkappa}{2}, \varkappa\right), \qquad \mathrm{ds}(z, k) = i\,k\,\mathrm{cn}(z + i\,K', k),$$

$$\overline{\mathrm{sd}}(\zeta, \varkappa) = \overline{\mathrm{sd}}(\zeta, \varkappa), \qquad \overline{\mathrm{sd}}(z, k) = \overline{\mathrm{sd}}(z, k),$$

$$\overline{\mathrm{cn}}(\zeta, \varkappa) = \overline{\mathrm{sd}}(\zeta + \tfrac{1}{2}, \varkappa), \qquad \overline{\mathrm{cn}}(z, k) = \overline{\mathrm{sd}}(z + K, k).$$

Aus den Abb. 225 bis 227 ist für einen halben Grundperiodenbereich bzw. für einen halben Fundamentalbereich das Verhalten der 18 durch sn, cn und $\overline{\mathrm{sd}}$ dargestellten elliptischen Funktionen im Komplexen ersichtlich. Längs der strichlierten Rand- und Mittellinien sind die Funktionswerte reell, längs der ausgezogenen imaginär. Den Nullstellen entsprechen die angelegten Kreise, den Polstellen die nichtangelegten. Die Pole wie auch die Nullstellen sind solche erster Ordnung.

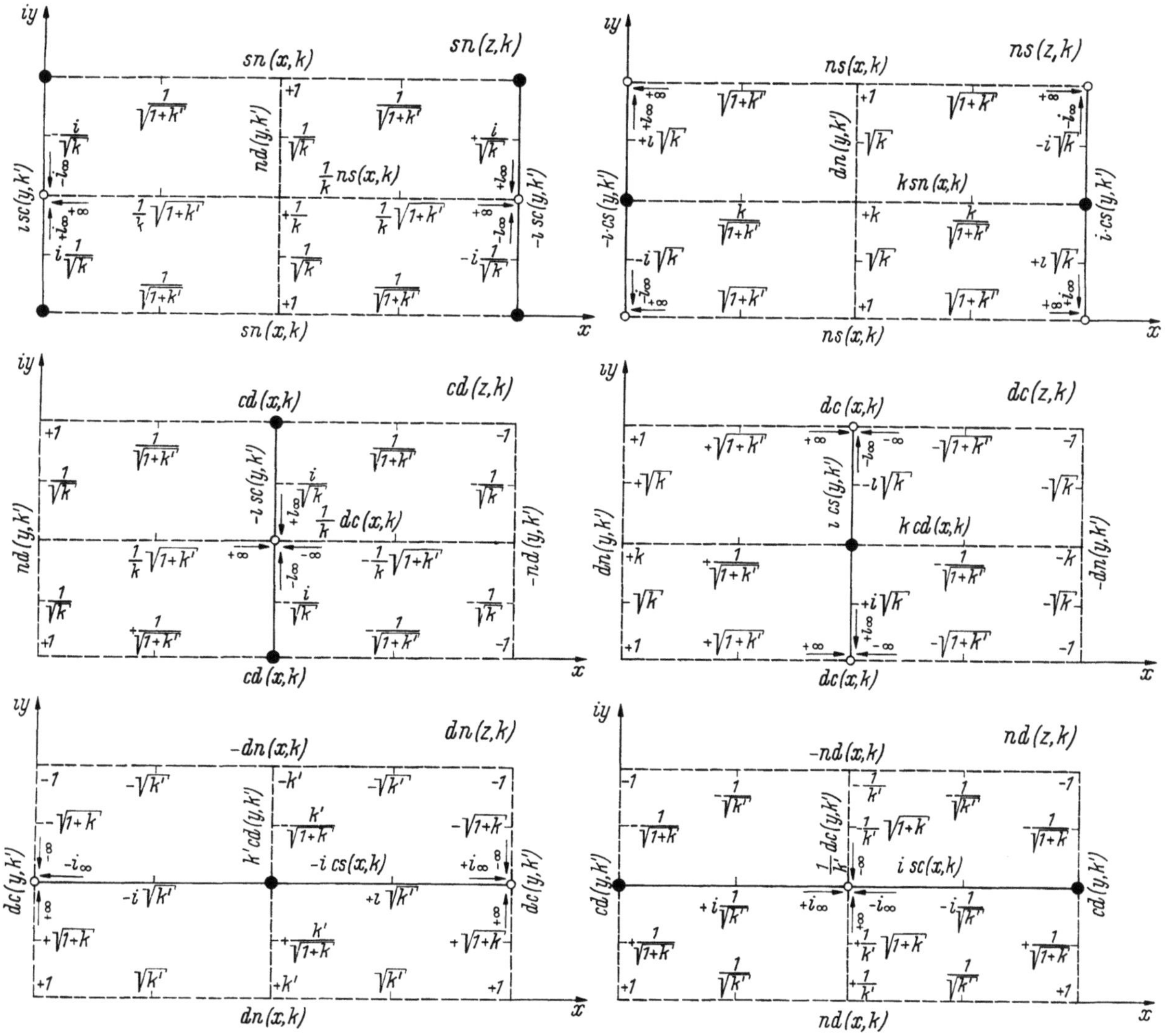

Abb. 225. Funktionsverhalten der JACOBIschen elliptischen Funktionen sn(z, k), ns(z, k), cd(z, k), dc(z, k), dn(z, k) und nd(z, k) für $\frac{K'}{K} = \frac{1}{2}$

(○ einfache Pole, ● einfache Nullstellen)

Läßt man den Modul die Werte $k = 0$ und $k = 1$ annehmen, so arten gemäß (865), (869) und (871) die elliptischen Funktionen in trigonometrische bzw. hyperbolische Funktionen aus, die unmittelbar in Real- und Imaginärteile aufgespalten werden können. Mit $z = x + i\,y$ lautet die Aufspaltung (s. S. 98):

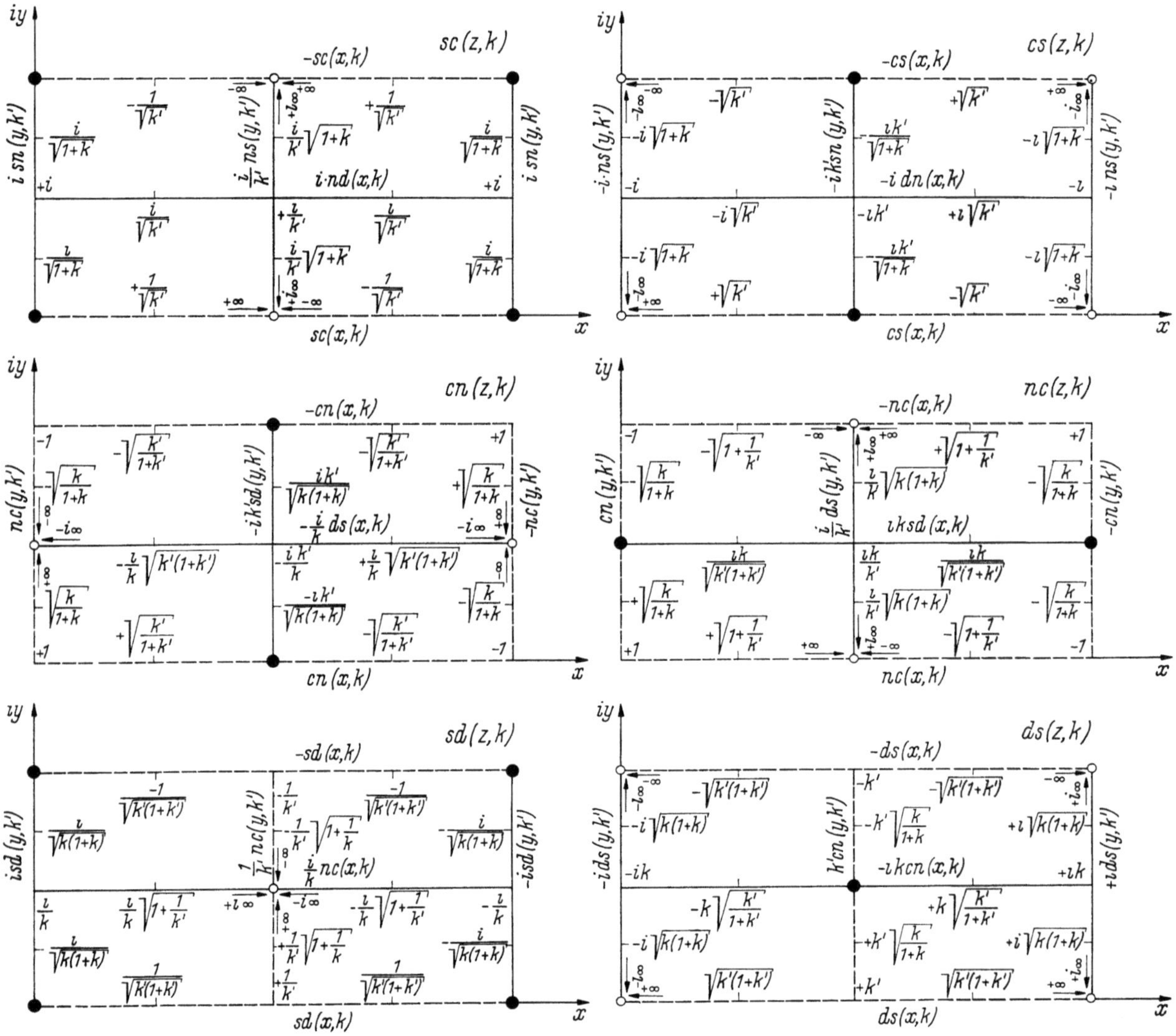

Abb. 226. Funktionsverhalten der JACOBIschen elliptischen Funktionen $\mathrm{sc}(z, k)$, $\mathrm{cs}(z, k)$, $\mathrm{cn}(z, k)$, $\mathrm{nc}(z, k)$, $\mathrm{sd}(z, k)$ und $\mathrm{ds}(z, k)$ für $\frac{K'}{K} = \frac{1}{2}$

(○ einfache Pole, ● einfache Nullstellen)

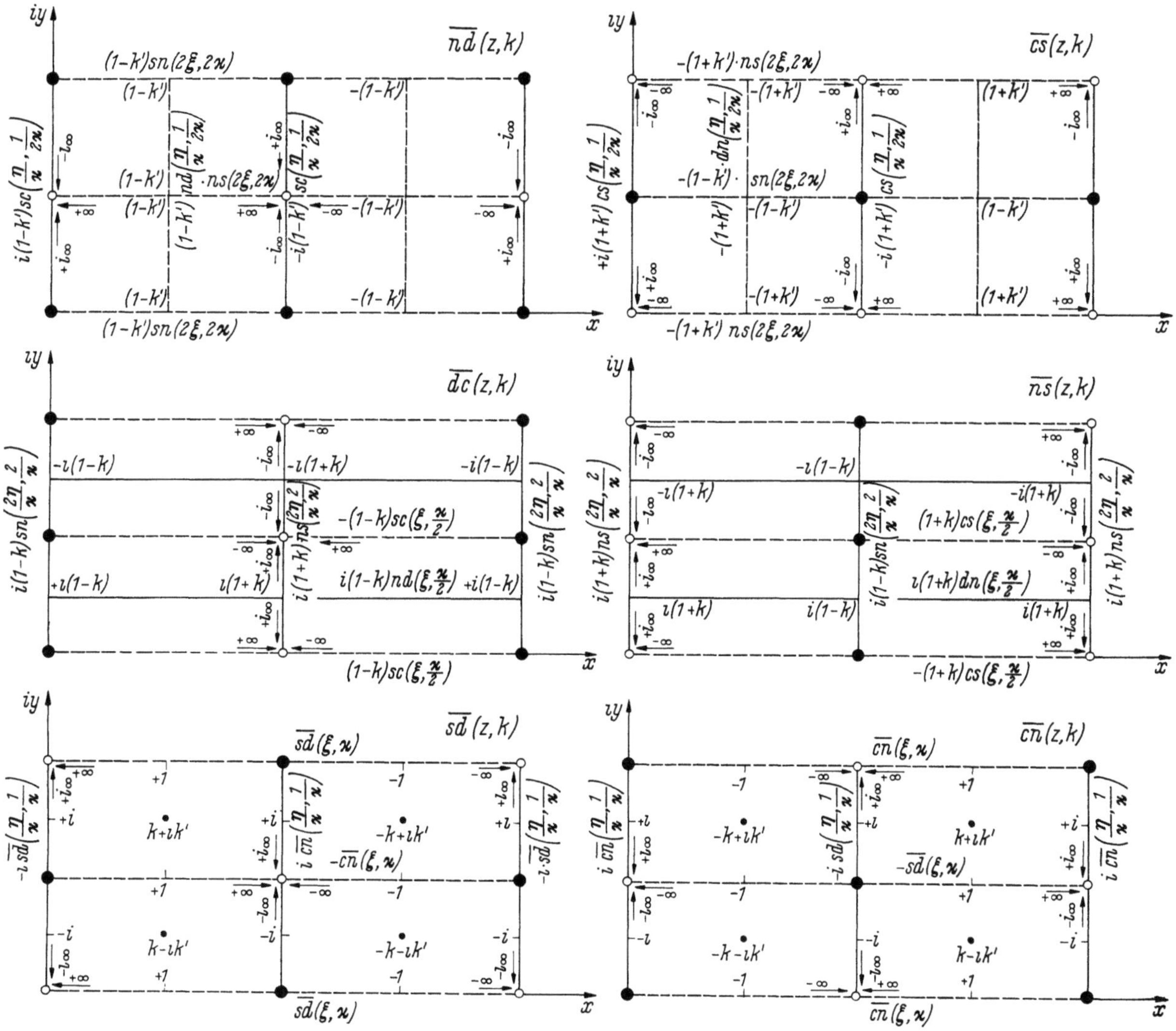

Abb. 227. Funktionsverhalten der logarithmischen Ableitungen der Jacobischen elliptischen Funktionen für $\frac{K'}{K} = \frac{1}{2}$
(○ einfache Pole, ● einfache Nullstellen)

$$\left.\begin{aligned}
&\mathrm{cs}(x+i\,y,0)=\frac{\sin x\cos x-i\sinh y\cosh y}{\sin^2 x+\sinh^2 y}, && \mathrm{cs}(x+i\,y,1)=\frac{\sinh x\cos y-i\cosh x\sin y}{\sinh^2 x+\sin^2 y},\\
&\mathrm{ds}(x+i\,y,0)=\frac{\sin x\cosh y-i\cos x\sinh y}{\sin^2 x+\sinh^2 y}, && \mathrm{ds}(x+i\,y,1)=\frac{\sinh x\cos y-i\cosh x\sin y}{\sinh^2 x+\sin^2 y},\\
&\mathrm{ns}(x+i\,y,0)=\frac{\sin x\cosh y-i\cos x\sinh y}{\sin^2 x+\sinh^2 y}, && \mathrm{ns}(x+i\,y,1)=\frac{\sinh x\cosh x-i\sin y\cos y}{\sinh^2 x+\sin^2 y},\\
&\mathrm{sc}(x+i\,y,0)=\frac{\sin x\cos x+i\sinh y\cosh y}{\cos^2 x+\sinh^2 y}, && \mathrm{sc}(x+i\,y,1)=\sinh x\cos y+i\cosh x\sin y,\\
&\mathrm{nc}(x+i\,y,0)=\frac{\cos x\cosh y+i\sin x\sinh y}{\cos^2 x+\sinh^2 y}, && \mathrm{nc}(x+i\,y,1)=\cosh x\cos y+i\sinh x\sin y,\\
&\mathrm{dc}(x+i\,y,0)=\frac{\cos x\cosh y+i\sin x\sinh y}{\cos^2 x+\sinh^2 y}, && \mathrm{dc}(x+i\,y,1)=1,\\
&\mathrm{nd}(x+i\,y,0)=1, && \mathrm{nd}(x+i\,y,1)=\cosh x\cos y+i\sinh x\sin y,\\
&\mathrm{sd}(x+i\,y,0)=\sin x\cosh y+i\cos x\sinh y, && \mathrm{sd}(x+i\,y,1)=\sinh x\cos y+i\cosh x\sin y,\\
&\mathrm{cd}(x+i\,y,0)=\cos x\cosh y-i\sin x\sinh y, && \mathrm{cd}(x+i\,y,1)=1,\\
&\mathrm{dn}(x+i\,y,0)=1, && \mathrm{dn}(x+i\,y,1)=\frac{\cosh x\cos y-i\sinh x\sin y}{\sinh^2 x+\cos^2 y},\\
&\mathrm{cn}(x+i\,y,0)=\cos x\cosh y-i\sin x\sinh y, && \mathrm{cn}(x+i\,y,1)=\frac{\cosh x\cos y-i\sinh x\sin y}{\sinh^2 x+\cos^2 y},\\
&\mathrm{sn}(x+i\,y,0)=\sin x\cosh y+i\cos x\sinh y, && \mathrm{sn}(x+i\,y,1)=\frac{\sinh x\cosh x+i\sin y\cos y}{\sinh^2 x+\cos^2 y},\\
&\overline{\mathrm{sc}}(x+i\,y,0)=2\,\frac{\sin 2x\cosh 2y-i\cos 2x\sinh 2y}{\sin^2 2x+\sinh^2 2y}, && \overline{\mathrm{sc}}(x+i\,y,1)=\frac{\sinh 2x\cosh 2x-i\sin 2y\cos 2y}{\sinh^2 2x+\sin^2 2y},\\
&\overline{\mathrm{sd}}(x+i\,y,0)=\frac{\sin x\cos x-i\sinh y\cosh y}{\sin^2 x+\sinh^2 y}, && \overline{\mathrm{sd}}(x+i\,y,1)=\frac{\sinh x\cosh x-i\sin y\cos y}{\sinh^2 x+\sin^2 y},\\
&\overline{\mathrm{sn}}(x+i\,y,0)=\frac{\sin x\cos x-i\sinh y\cosh y}{\sin^2 x+\sinh^2 y}, && \overline{\mathrm{sn}}(x+i\,y,1)=2\,\frac{\sinh x\cos y-i\cosh x\sin y}{\sinh^2 x+\sin^2 y},\\
&\overline{\mathrm{nc}}(x+i\,y,0)=\frac{\sin x\cos x+i\sinh y\cosh y}{\cos^2 x+\sinh^2 y}, && \overline{\mathrm{nc}}(x+i\,y,1)=\frac{\sinh x\cosh x+i\sin y\cos y}{\sinh^2 x+\cos^2 y},\\
&\overline{\mathrm{nd}}(x+i\,y,0)=0, && \overline{\mathrm{nd}}(x+i\,y,1)=\frac{\sinh 2x\cosh 2x-i\sin 2y\cos 2y}{\sinh^2 2x+\cos^2 2y},\\
&\overline{\mathrm{dc}}(x+i\,y,0)=\frac{\sin x\cos x+i\sinh y\cosh y}{\cos^2 x+\sinh^2 y}, && \overline{\mathrm{dc}}(x+i\,y,1)=0.
\end{aligned}\right\}\tag{1196}$$

178. Analytische Darstellung der Funktionen $\mathrm{sn}(z, k)$, $\mathrm{cn}(z, k)$ und $\overline{\mathrm{sd}}(z, k)$ im Komplexen einschließlich derjenigen ihrer Ausartungen

Für die Funktionen $\mathrm{sn}(z, k)$, $\mathrm{cn}(z, k)$ und $\overline{\mathrm{sd}}(z, k)$, auf welche nach Abschnitt 177 die übrigen 15 JACOBIschen elliptischen Funktionen zurückgeführt werden können, veranschaulicht Abb. 228 das Nullstellen- und Polverhalten sowie die Bereiche reeller und imaginärer Funktionswerte in einem mehrere Fundamentalbereiche umfassenden Gebiet der z-Ebene. Nachfolgend sollen nun diese Funktionen analytisch dargestellt werden.

Wird in den beiden letzten der Gln. (844) $\zeta = \xi$ und $\zeta_0 = i\,\eta$ gesetzt und gleichzeitig (824) beachtet, so ergibt sich mit $\zeta + \zeta_0 = \xi + i\,\eta$, wenn die Realteilfunktionen mit u, die Imaginärteilfunktionen mit v bezeichnet werden, für $\mathrm{sn}(\zeta, \varkappa)$ und $\mathrm{cn}(\zeta, \varkappa)$

$$\begin{aligned}
&\mathrm{sn}(\xi+i\,\eta,\varkappa)=u_1(\xi,\eta,\varkappa)+i\,v_1(\xi,\eta,\varkappa), \quad u_1=\frac{1}{k^2}\,\frac{\mathrm{sn}(\xi,\varkappa)\,\mathrm{ds}\left(\frac{\eta}{\varkappa},\frac{1}{\varkappa}\right)\mathrm{ns}\left(\frac{\eta}{\varkappa},\frac{1}{\varkappa}\right)}{\mathrm{sn}^2(\xi,\varkappa)+\frac{1}{k^2}\,\mathrm{cs}^2\left(\frac{\eta}{\varkappa},\frac{1}{\varkappa}\right)},\\
&v_1=\frac{1}{k^2}\,\frac{\mathrm{cs}(\xi,\varkappa)\,\mathrm{ds}(\xi,\varkappa)\,\mathrm{sc}\left(\frac{\eta}{\varkappa},\frac{1}{\varkappa}\right)}{\mathrm{sc}^2\left(\frac{\eta}{\varkappa},\frac{1}{\varkappa}\right)+\frac{1}{k^2}\,\mathrm{ns}^2(\xi,\varkappa)}.
\end{aligned}\tag{1197}$$

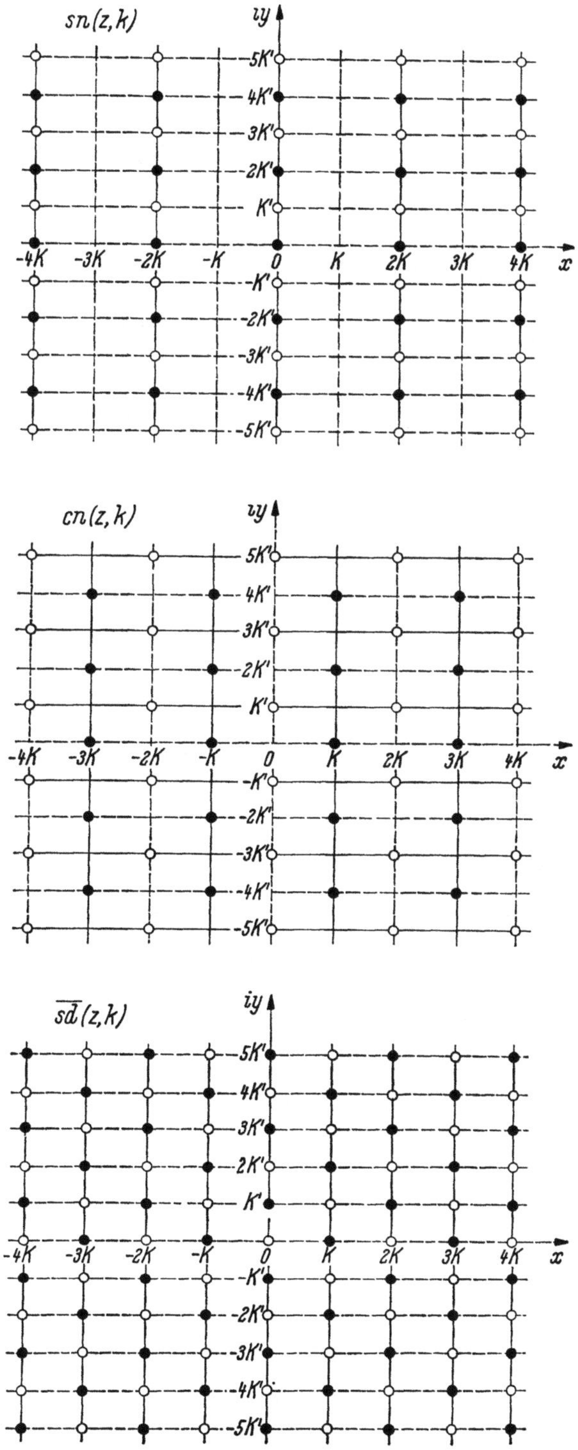

Abb. 228. Nullstellen und Pole der Funktionen sn(z, k), cn(z, k) und $\overline{\text{sd}}(z, k)$ für $\frac{K'}{K} = \frac{1}{2}$

(○ einfache Pole, ● einfache Nullstellen)

$$\operatorname{cn}(\xi + i\eta, \varkappa) = u_2(\xi, \eta, \varkappa) + i\, v_2(\xi, \eta, \varkappa), \quad u_2 = \frac{-1}{k^2}\,\frac{\operatorname{cn}(\xi, \varkappa)\operatorname{cs}\left(\frac{\eta}{\varkappa}, \frac{1}{\varkappa}\right)\operatorname{ns}\left(\frac{\eta}{\varkappa}, \frac{1}{\varkappa}\right)}{\operatorname{cn}^2(\xi, \varkappa) - \frac{1}{k^2}\operatorname{ds}^2\left(\frac{\eta}{\varkappa}, \frac{1}{\varkappa}\right)},$$

$$v_2 = -\frac{\operatorname{sn}(\xi, \varkappa)\operatorname{dn}(\xi, \varkappa)\operatorname{ds}\left(\frac{\eta}{\varkappa}, \frac{1}{\varkappa}\right)}{\operatorname{ds}^2\left(\frac{\eta}{\varkappa}, \frac{1}{\varkappa}\right) - k^2\operatorname{cn}^2(\xi, \varkappa)}. \tag{1198}$$

Die Umschreibung von (1197) und (1198) auf das (z, k)-System liefert mit $z = x + i y$ unter Einschluß der Ausartungen für $k = 0$ und $k = 1$

$$\left.\begin{aligned}
&\operatorname{sn}(x + i y, k) = u_1(x, y, k) + i\, v_1(x, y, k), \quad u_1 = \frac{1}{k^2}\,\frac{\operatorname{sn}(x, k)\operatorname{ds}(y, k')\operatorname{ns}(y, k')}{\operatorname{sn}^2(x, k) + \frac{1}{k^2}\operatorname{cs}^2(y, k')},\\
&\qquad v_1 = \frac{1}{k^2}\,\frac{\operatorname{cs}(x, k)\operatorname{ds}(x, k)\operatorname{sc}(y, k')}{\operatorname{sc}^2(y, k') + \frac{1}{k^2}\operatorname{ns}^2(x, k)},\\
&\operatorname{sn}(x + i y, 0) = \sin(x + i y), \quad u_1 = \sin x \cosh y, \quad v_1 = \cos x \sinh y,\\
&\operatorname{sn}(x + i y, 1) = \tanh(x + i y), \quad u_1 = \frac{\sinh 2x}{\cosh 2x + \cos 2y}, \quad v_1 = \frac{\sin 2y}{\cosh 2x + \cos 2y}.
\end{aligned}\right\} \tag{1199}$$

$$\left.\begin{aligned}
&\operatorname{cn}(x + i y, k) = u_2(x, y, k) + i\, v_2(x, y, k), \quad u_2 = \frac{-1}{k^2}\,\frac{\operatorname{cn}(x, k)\operatorname{cs}(y, k')\operatorname{ns}(y, k')}{\operatorname{cn}^2(x, k) - \frac{1}{k^2}\operatorname{ds}^2(y, k')},\\
&\qquad v_2 = -\frac{\operatorname{sn}(x, k)\operatorname{dn}(x, k)\operatorname{ds}(y, k')}{\operatorname{ds}^2(y, k') - k^2\operatorname{cn}^2(x, k)},\\
&\operatorname{cn}(x + i y, 0) = \cos(x + i y), \quad u_2 = \cos x \cosh y, \quad v_2 = -\sin x \sinh y,\\
&\operatorname{cn}(x + i y, 1) = \frac{1}{\cosh(x + i y)}, \quad u_2 = \frac{\cosh x \cos y}{\sinh^2 x + \cos^2 y}, \quad v_2 = -\frac{\sinh x \sin y}{\sinh^2 x + \cos^2 y}.
\end{aligned}\right\} \tag{1200}$$

Die u- und v-Funktionen sind in (1199) und (1200) bereits so aufgebaut, daß eine Auflösung nach x und y bzw. nach $\operatorname{sn}(x, k)$ und $\operatorname{sc}(y, k')$ im Falle von $\operatorname{sn}(z, k)$ und nach $\operatorname{cn}(x, k)$ und $\operatorname{ds}(y, k')$ im Falle von $\operatorname{cn}(z, k)$ möglich ist. Bei den Ausartungen gelangt man über die Arcus- bzw. Area-Funktionen zu unmittelbaren Darstellungen in der Form $x = x(u, v)$, $y = y(u, v)$. Es ergibt sich, wenn noch (767) berücksichtigt wird,

$$\left.\begin{aligned}
&\left.\begin{aligned}
&\operatorname{sn}(x, k) = \frac{\operatorname{ds}(y, k')\operatorname{ns}(y, k')}{2u_1 k^2}\left(1 - \sqrt{1 - \frac{4k^2}{k'^4}\,u_1^2\,\overline{\operatorname{nd}}^2(y, k')}\right),\\
&\operatorname{sc}(y, k') = \frac{\operatorname{cs}(x, k)\operatorname{ds}(x, k)}{2v_1 k^2}\left(1 - \sqrt{1 - \frac{4k^2}{k'^4}\,v_1^2\,\overline{\operatorname{cd}}^2(x, k)}\right),
\end{aligned}\right\} \quad \text{für } \operatorname{sn}(z, k)\\
&k = 0\colon \quad x_1 + i y_1 = \operatorname{arc\,sin}(u_1 + i v_1), \quad x_1 = \operatorname{arc\,sin}\sqrt{\frac{1}{2}(u_1^2 + v_1^2 + 1)\left(1 - \sqrt{1 - \frac{4u_1^2}{(u_1^2 + v_1^2 + 1)^2}}\right)},\\
&\qquad y_1 = \operatorname{ar\,sinh}\sqrt{\frac{1}{2}(u_1^2 + v_1^2 - 1)\left(1 + \sqrt{1 + \frac{4v_1^2}{(u_1^2 + v_1^2 - 1)^2}}\right)},\\
&k = 1\colon \quad x_1 + i y_1 = \operatorname{ar\,tanh}(u_1 + i v_1), \quad x_1 = \frac{1}{2}\operatorname{ar\,tanh}\frac{2u_1}{u_1^2 + v_1^2 + 1},\\
&\qquad y_1 = -\frac{1}{2}\operatorname{arc\,tan}\frac{2v_1}{u_1^2 + v_1^2 - 1}.
\end{aligned}\right\} \tag{1201}$$

$$\left.\begin{aligned}
&\operatorname{cn}(x, k) = \frac{\operatorname{cs}(y, k')\operatorname{ns}(y, k')}{2u_2 k^2}\left(-1 + \sqrt{1 + 4k^2 u_2^2\,\overline{\operatorname{nc}}^2(y, k')}\right),\\
&\operatorname{ds}(y, k') = \frac{\operatorname{sn}(x, k)\operatorname{dn}(x, k)}{2v_2}\left(-1 + \sqrt{1 + 4k^2 v_2^2\,\overline{\operatorname{ds}}^2(x, k)}\right),
\end{aligned}\right\} \quad \text{für } \operatorname{cn}(z, k)$$

$$\left.\begin{aligned}
k = 0:\quad & x_2 + i\,y_2 = \operatorname{arc\,cos}(u_2 + i\,v_2), \quad x_2 = \operatorname{arc\,cos}\sqrt{\frac{1}{2}(u_2^2 + v_2^2 + 1)\left(1 - \sqrt{1 - \frac{4u_2^2}{(u_2^2+v_2^2+1)^2}}\right)},\\
& y_2 = \operatorname{ar\,sinh}\sqrt{\frac{1}{2}(u_2^2 + v_2^2 - 1)\left(1 + \sqrt{1 + \frac{4v_2^2}{(u_2^2+v_2^2-1)^2}}\right)},\\
k = 1:\quad & x_2 + i\,y_2 = \operatorname{ar\,cosh}\frac{u_2 - i\,v_2}{u_2^2 + v_2^2}, \quad x_2 = \operatorname{ar\,tanh}\sqrt{\frac{(u_2^2+v_2^2)^2 - u_2^2 + v_2^2}{2u_2^2}\left(-1 + \sqrt{1 + \frac{4u_2^2 v_2^2}{((u_2^2+v_2^2)^2 - u_2^2 + v_2^2)^2}}\right)},\\
& y_2 = -\operatorname{arc\,tan}\sqrt{\frac{(u_2^2+v_2^2)^2 - u_2^2 + v_2^2}{2u_2^2}\left(+1 + \sqrt{1 + \frac{4u_2^2 v_2^2}{((u_2^2+v_2^2)^2 - u_2^2 + v_2^2)^2}}\right)}.
\end{aligned}\right\}\quad (1202)$$

Für die dritte Grundfunktion $\overline{\mathrm{sd}}(z, k)$ gestaltet sich die Aufspaltung etwas umständlicher. Wird in der zweiten der Gln. (859) $\zeta = 2\xi$ und $\zeta_0 = 2i\,\eta$ gesetzt, so folgt zunächst

$$\overline{\mathrm{sd}}(\xi + i\,\eta, \varkappa) = u_3(\xi, \eta, \varkappa) + i\,v_3(\xi, \eta, \varkappa); \quad u_3 = + \frac{\mathrm{ns}(2\,\xi, \varkappa)\,\mathrm{ns}\left(\frac{2\eta}{\varkappa}, \frac{1}{\varkappa}\right) + \mathrm{cs}(2\,\xi, \varkappa)\,\mathrm{cs}\left(\frac{2\eta}{\varkappa}, \frac{1}{\varkappa}\right)}{\mathrm{ns}^2(2\,\xi, \varkappa) + \mathrm{cs}^2\left(\frac{2\eta}{\varkappa}, \frac{1}{\varkappa}\right)}\,\mathrm{ds}\left(\frac{2\eta}{\varkappa}, \frac{1}{\varkappa}\right),$$

$$v_3 = - \frac{\mathrm{ns}(2\,\xi, \varkappa)\,\mathrm{ns}\left(\frac{2\eta}{\varkappa}, \frac{1}{\varkappa}\right) + \mathrm{cs}(2\,\xi, \varkappa)\,\mathrm{cs}\left(\frac{2\eta}{\varkappa}, \frac{1}{\varkappa}\right)}{\mathrm{ns}^2(2\,\xi, \varkappa) + \mathrm{cs}^2\left(\frac{2\eta}{\varkappa}, \frac{1}{\varkappa}\right)}\,\mathrm{ds}(2\,\xi, \varkappa).$$

In diesen Ausdrücken kann nun der Bruch mit $\mathrm{sn}(2\,\xi, \varkappa)\,\mathrm{sn}\left(\frac{2\eta}{\varkappa}, \frac{1}{\varkappa}\right)$ erweitert werden. Wird außerdem noch im Nenner $\mathrm{ns}(2\,\xi, \varkappa)\,\mathrm{ns}\left(\frac{2\eta}{\varkappa}, \frac{1}{\varkappa}\right)$ vorgezogen, so erhält man

$$\frac{\mathrm{ns}(2\,\xi, \varkappa)\,\mathrm{ns}\left(\frac{2\eta}{\varkappa}, \frac{1}{\varkappa}\right) + \mathrm{cs}(2\,\xi, \varkappa)\,\mathrm{cs}\left(\frac{2\eta}{\varkappa}, \frac{1}{\varkappa}\right)}{\mathrm{ns}^2(2\,\xi, \varkappa) + \mathrm{cs}^2\left(\frac{2\eta}{\varkappa}, \frac{1}{\varkappa}\right)} = \frac{1}{\mathrm{ns}(2\,\xi, \varkappa)\,\mathrm{ns}\left(\frac{2\eta}{\varkappa}, \frac{1}{\varkappa}\right)}\,\frac{1 + \mathrm{cn}(2\,\xi, \varkappa)\,\mathrm{cn}\left(\frac{2\eta}{\varkappa}, \frac{1}{\varkappa}\right)}{\mathrm{sn}^2\left(\frac{2\eta}{\varkappa}, \frac{1}{\varkappa}\right) + \mathrm{sn}^2(2\,\xi, \varkappa)\,\mathrm{cn}^2\left(\frac{2\eta}{\varkappa}, \frac{1}{\varkappa}\right)}$$

oder, da wegen (785)

$$\mathrm{sn}^2\left(\frac{2\eta}{\varkappa}, \frac{1}{\varkappa}\right) + \mathrm{sn}^2(2\,\xi, \varkappa)\,\mathrm{cn}^2\left(\frac{2\eta}{\varkappa}, \frac{1}{\varkappa}\right) = 1 - \mathrm{cn}^2(2\,\xi, \varkappa)\,\mathrm{cn}^2\left(\frac{2\eta}{\varkappa}, \frac{1}{\varkappa}\right)$$

gesetzt werden kann, nach Kürzung mit $1 + \mathrm{cn}(2\,\xi, \varkappa)\,\mathrm{cn}\left(\frac{2\eta}{\varkappa}, \frac{1}{\varkappa}\right)$ und Stürzen des vorderen Bruches

$$\frac{\mathrm{ns}(2\,\xi, \varkappa)\,\mathrm{ns}\left(\frac{2\eta}{\varkappa}, \frac{1}{\varkappa}\right) + \mathrm{cs}(2\,\xi, \varkappa)\,\mathrm{cs}\left(\frac{2\eta}{\varkappa}, \frac{1}{\varkappa}\right)}{\mathrm{ns}^2(2\,\xi, \varkappa) + \mathrm{cs}^2\left(\frac{2\eta}{\varkappa}, \frac{1}{\varkappa}\right)} = \frac{\mathrm{sn}(2\,\xi, \varkappa)\,\mathrm{sn}\left(\frac{2\eta}{\varkappa}, \frac{1}{\varkappa}\right)}{1 - \mathrm{cn}(2\,\xi, \varkappa)\,\mathrm{cn}\left(\frac{2\eta}{\varkappa}, \frac{1}{\varkappa}\right)}.$$

Die Berücksichtigung dieses Ausdruckes in der Ausgangsformel liefert

$$\overline{\mathrm{sd}}(\xi + i\,\eta, \varkappa) = u_3(\xi, \eta, \varkappa) + i\,v_3(\xi, \eta, \varkappa); \quad u_3 = \frac{\mathrm{sn}(2\,\xi, \varkappa)\,\mathrm{dn}\left(\frac{2\eta}{\varkappa}, \frac{1}{\varkappa}\right)}{1 - \mathrm{cn}(2\,\xi, \varkappa)\,\mathrm{cn}\left(\frac{2\eta}{\varkappa}, \frac{1}{\varkappa}\right)}, \quad v_3 = -\frac{\mathrm{dn}(2\,\xi, \varkappa)\,\mathrm{sn}\left(\frac{2\eta}{\varkappa}, \frac{1}{\varkappa}\right)}{1 - \mathrm{cn}(2\,\xi, \varkappa)\,\mathrm{cn}\left(\frac{2\eta}{\varkappa}, \frac{1}{\varkappa}\right)}. \quad (1203)$$

Die Umschreibung von (1203) auf das (z, k)-System ergibt unter Einschluß der Ausartungen für $k = 0$ und $k = 1$

$$\left.\begin{aligned}
\overline{\mathrm{sd}}(x + i\,y, k) &= u_3(x, y, k) + i\,v_3(x, y, k); & u_3 &= \frac{\mathrm{sn}(2x, k)\,\mathrm{dn}(2y, k')}{1 - \mathrm{cn}(2x, k)\,\mathrm{cn}(2y, k')}, & v_3 &= -\frac{\mathrm{dn}(2x, k)\,\mathrm{sn}(2y, k')}{1 - \mathrm{cn}(2x, k)\,\mathrm{cn}(2y, k')},\\
\overline{\mathrm{sd}}(x + i\,y, 0) &= \cot(x + i\,y); & u_3 &= +\frac{\sin 2x}{\cosh 2y - \cos 2x}, & v_3 &= -\frac{\sinh 2y}{\cosh 2y - \cos 2x},\\
\overline{\mathrm{sd}}(x + i\,y, 1) &= \coth(x + i\,y); & u_3 &= +\frac{\sinh 2x}{\cosh 2x - \cos 2y}, & v_3 &= -\frac{\sin 2y}{\cosh 2x - \cos 2y}.
\end{aligned}\right\}\quad (1204)$$

Bei $\overline{\mathrm{sd}}(z, k)$ können im Gegensatz zu $\mathrm{sn}(z, k)$ und $\mathrm{cn}(z, k)$, bei denen nach (1201) und (1202) im allgemeinen Falle nur eine Teilauflösung möglich war, x und y als Funktionen von u_3 und v_3 dargestellt werden. Zunächst folgt aus (1204) in Verbindung mit (770)

$$u_3^2 + v_3^2 = \frac{1 + \mathrm{cn}(2x, k)\,\mathrm{cn}(2y, k')}{1 - \mathrm{cn}(2x, k)\,\mathrm{cn}(2y, k')} \quad \text{bzw.} \quad \mathrm{cn}(2x, k)\,\mathrm{cn}(2y, k') = \frac{u_3^2 + v_3^2 - 1}{u_3^2 + v_3^2 + 1}. \tag{1205}$$

Bildet man nun mit Hilfe von (1204) u_3^2 oder v_3^2 unter Berücksichtigung von (770) und (1205), so ergeben sich biquadratische Gleichungen für $\mathrm{cn}(2x, k)$ und $\mathrm{cn}(2y, k')$ bzw. für $\mathrm{nc}(2x, k)$ und $\mathrm{nc}(2y, k')$. Ihre Auflösung liefert in Verbindung mit der zweiten der Gln. (442)

$$\left.\begin{aligned}
\mathrm{cn}(2x, k) &= \sqrt{\frac{v_3^2 - u_3^2 + \frac{3}{2}e_2(1 + (u_3^2 + v_3^2)^2)}{k^2(u_3^2 + v_3^2 + 1)^2}\left(1 + \sqrt{1 + \frac{k^2\,k'^2(1 - (u_3^2 + v_3^2)^2)^2}{[v_3^2 - u_3^2 + \frac{3}{2}e_2(1 + (u_3^2 + v_3^2)^2)]^2}}\right)} \quad (e_2 > 0),\\
\mathrm{cn}(2y, k') &= \sqrt{\frac{u_3^2 - v_3^2 - \frac{3}{2}e_2(1 + (u_3^2 + v_3^2)^2)}{k'^2(u_3^2 + v_3^2 + 1)^2}\left(1 + \sqrt{1 + \frac{k^2\,k'^2(1 - (u_3^2 + v_3^2)^2)^2}{[u_3^2 - v_3^2 - \frac{3}{2}e_2(1 + (u_3^2 + v_3^2)^2)]^2}}\right)} \quad (e_2 < 0),\\
\mathrm{nc}(2x, k) &= \sqrt{\frac{u_3^2 - v_3^2 - \frac{3}{2}e_2(1 + (u_3^2 + v_3^2)^2)}{k'^2(u_3^2 + v_3^2 - 1)^2}\left(1 + \sqrt{1 + \frac{k^2\,k'^2(1 - (u_3^2 + v_3^2)^2)^2}{[u_3^2 - v_3^2 - \frac{3}{2}e_2(1 + (u_3^2 + v_3^2)^2)]^2}}\right)} \quad (e_2 < 0),\\
\mathrm{nc}(2y, k') &= \sqrt{\frac{v_3^2 - u_3^2 + \frac{3}{2}e_2(1 + (u_3^2 + v_3^2)^2)}{k^2(u_3^2 + v_3^2 - 1)^2}\left(1 + \sqrt{1 + \frac{k^2\,k'^2(1 - (u_3^2 + v_3^2)^2)^2}{[v_3^2 - u_3^2 + \frac{3}{2}e_2(1 + (u_3^2 + v_3^2)^2)]^2}}\right)} \quad (e_2 > 0),\\
k = 0{:}\quad & x_3 + i\,y_3 = \mathrm{arc\,cot}(u_3 + i\,v_3); \quad x_3 = \frac{1}{2}\,\mathrm{arc\,tan}\,\frac{2u_3}{u_3^2 + v_3^2 - 1}, \quad y_3 = -\frac{1}{2}\,\mathrm{ar\,tanh}\,\frac{2v_3}{u_3^2 + v_3^2 + 1},\\
k = 1{:}\quad & x_3 + i\,y_3 = \mathrm{ar\,coth}(u_3 + i\,v_3); \quad x_3 = \frac{1}{2}\,\mathrm{ar\,tanh}\,\frac{2u_3}{u_3^2 + v_3^2 + 1}, \quad y_3 = -\frac{1}{2}\,\mathrm{arc\,tan}\,\frac{2v_3}{u_3^2 + v_3^2 - 1}.
\end{aligned}\right\} \tag{1206}$$

Die Gln. (1201), (1202) und (1206) geben die Möglichkeit, die Funktionen $\mathrm{sn}(z, k)$, $\mathrm{cn}(z, k)$ und $\overline{\mathrm{sd}}(z, k)$ in üblicher Weise über die Linien $u = \mathrm{const}$ und $v = \mathrm{const}$ als orthogonale quadratmaschige Kurvennetze in der z-Ebene darzustellen, wie es in den Abb. 229 bis 243 für die Parameterwerte

$$\varkappa = 0, \quad \varkappa = \tfrac{1}{2}, \quad \varkappa = 1, \quad \varkappa = 2, \quad \varkappa \to \infty,$$

und zwar bei $\mathrm{sn}(z, k)$ und $\mathrm{cn}(z, k)$ für einen halben und bei $\overline{\mathrm{sd}}(z, k)$ für einen ganzen Fundamentalbereich geschehen ist. Die in den Abbildungen auftretenden Pole sind solche erster Ordnung, d. h. Dipole, die in ihrer Umgebung das durch die Gln. (584) beschriebene und aus Abb. 55 ersichtliche Verhalten aufweisen.

Betrachtet man die Abb. 229 bis 243 als Potentialfelder und die Linien $u = \mathrm{const}$ als Potentiallinien, so entsprechen den Polen Quellsenken, deren Stromlinien die gezeichneten Bereiche gerade ausfüllen. Bei der Funktion $\mathrm{sn}(z, k)$ kehrt die vom Dipol ausgehende Strömung ganz zu diesem zurück, während dies bei $\mathrm{cn}(z, k)$ nur teilweise der Fall ist. Hier ergießt sich ein Teil der Strömung in den linken und ein anderer in den rechten Nachbarpol, wobei die lemniskatischen Strömungsscheiden den zu $v_2 = \mp k'/k$ gehörigen Stromlinien entsprechen. Die Funktion $\overline{\mathrm{sd}}(z, k)$ besitzt ebenfalls Strömungsscheiden, die aber cosinuslinienartig verlaufen und dadurch ein grundsätzlich anderes Strömungsbild ergeben. Werden die Linien $v = \mathrm{const}$ als Potentiallinien gedeutet, so liegen bei allen drei Funktionen Strömungen mit Strömungsscheiden vor, die den Werten

$$u_1 = \pm 1 \quad \text{und} \quad u_1 = \pm\frac{1}{k} \quad \text{bzw.} \quad u_2 = \pm 1 \quad \text{bzw.} \quad u_3 = \pm k$$

zugeordnet sind.

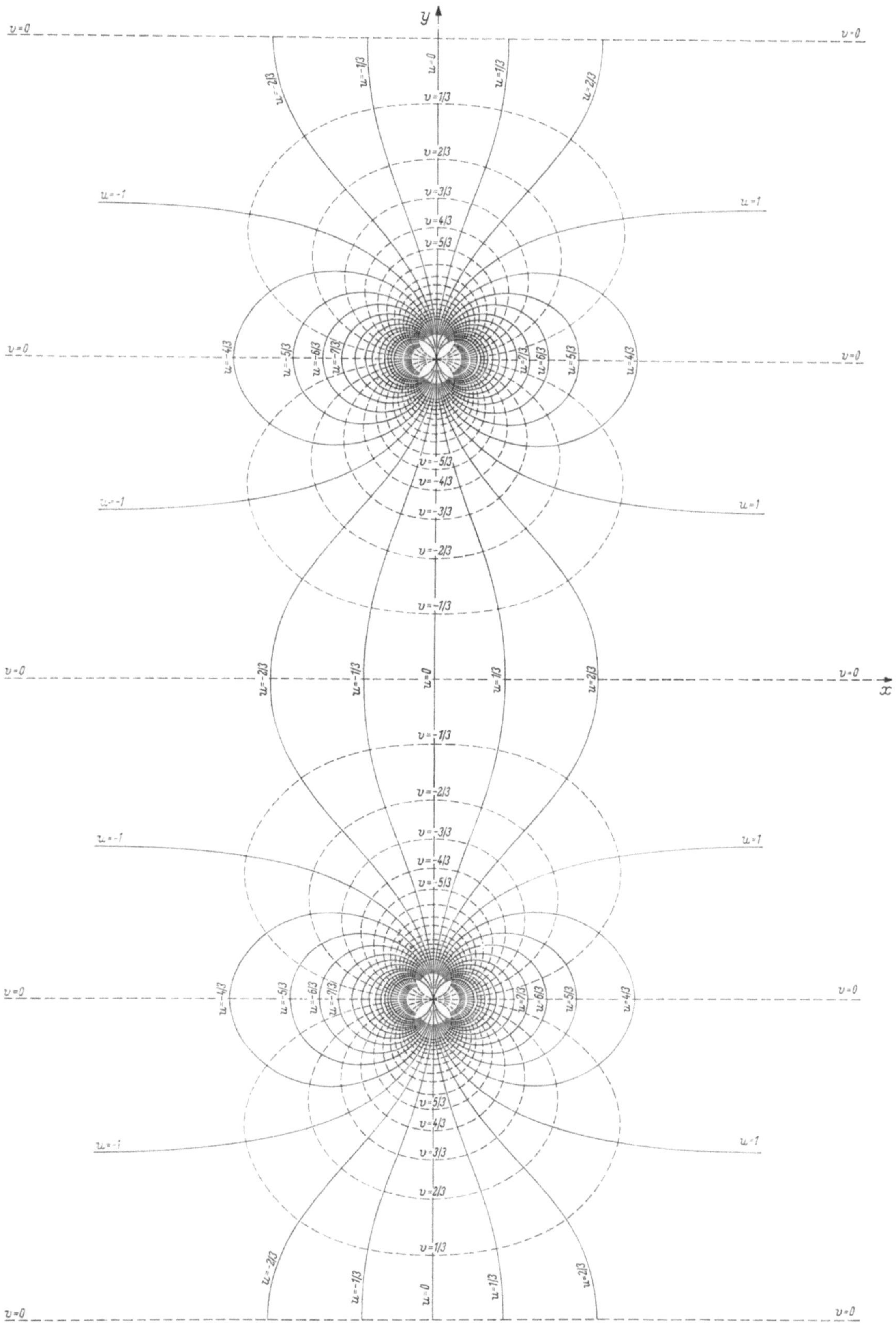

Abb. 229. Darstellung der Funktion $w = u + i v = \mathrm{sn}(z, k)$ für $k = 1$ bzw. $\varkappa = 0$ in der z-Ebene

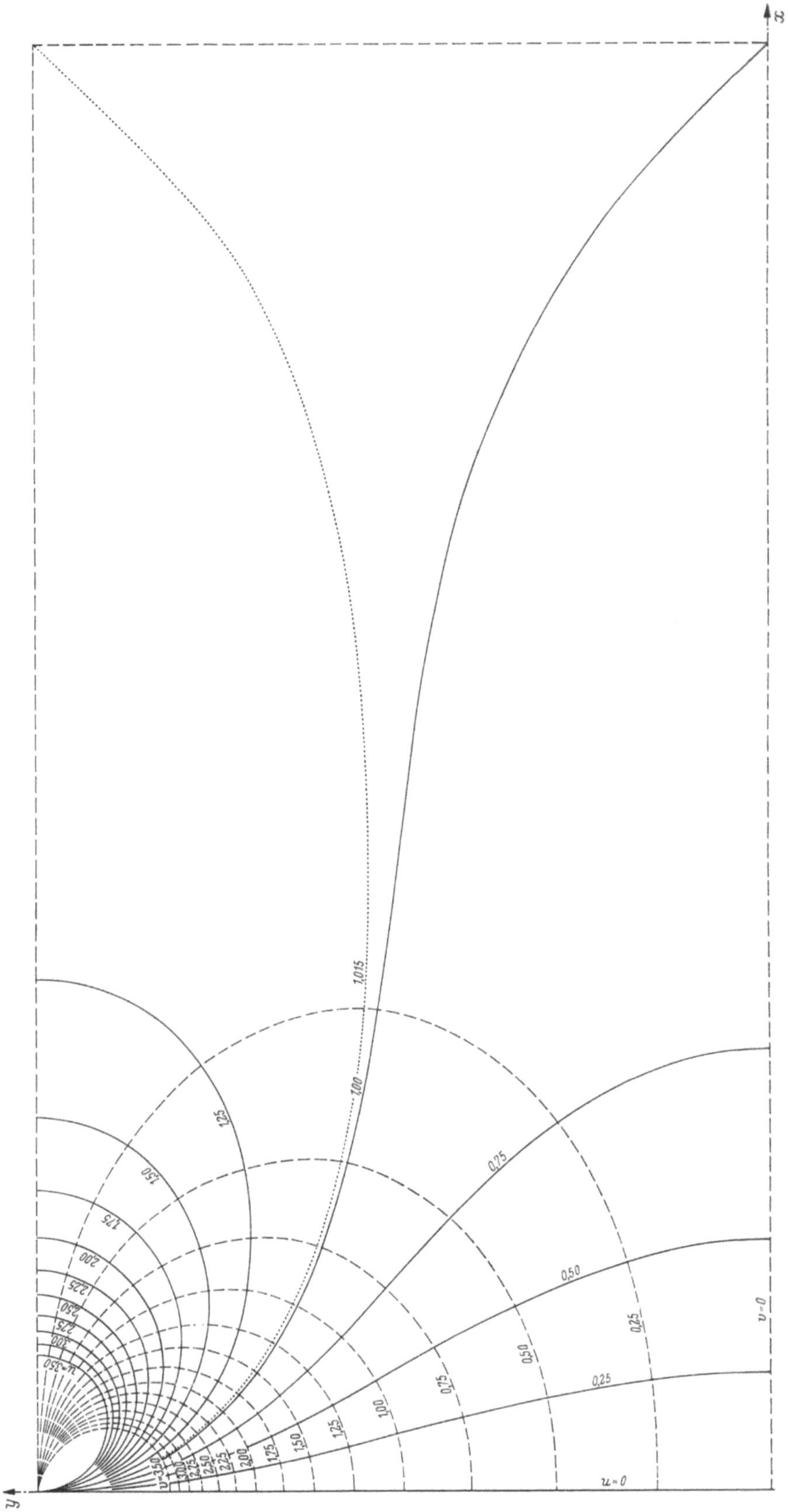

Abb. 230. Darstellung der Funktion $w = u + i\,v = \operatorname{sn}(z, k)$ für $k = 0{,}985$ bzw. $\varkappa = 0{,}5$ in der z-Ebene

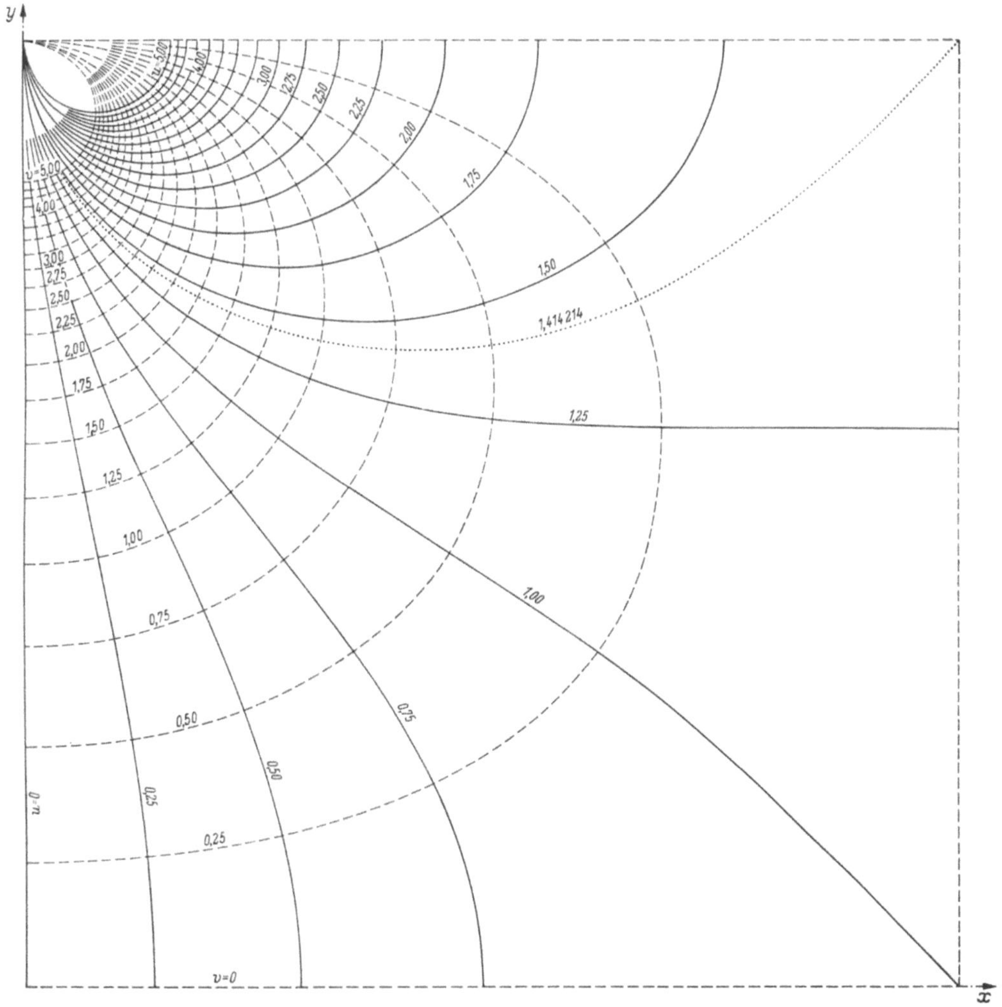

Abb. 231. Darstellung der Funktion $w = u + i\,v = \mathrm{sn}(z, k)$ für $k = 0{,}707$ bzw. $\varkappa = 1{,}0$ in der z-Ebene

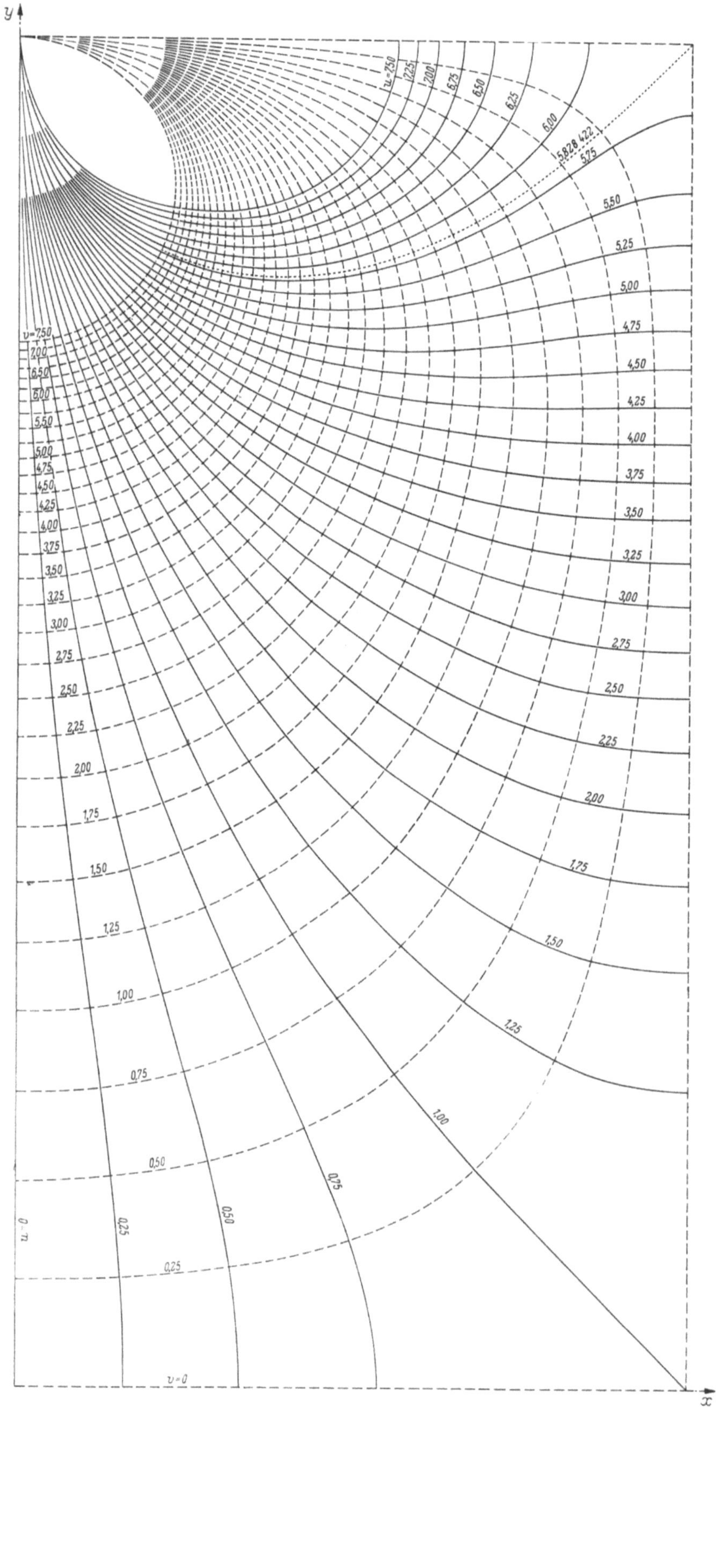

Abb. 232
Darstellung der Funktion $w = u + i\,v = \mathrm{sn}\,(z, k)$ für $k = 0{,}172$ bzw. $\varkappa = 2{,}0$ in der z-Ebene

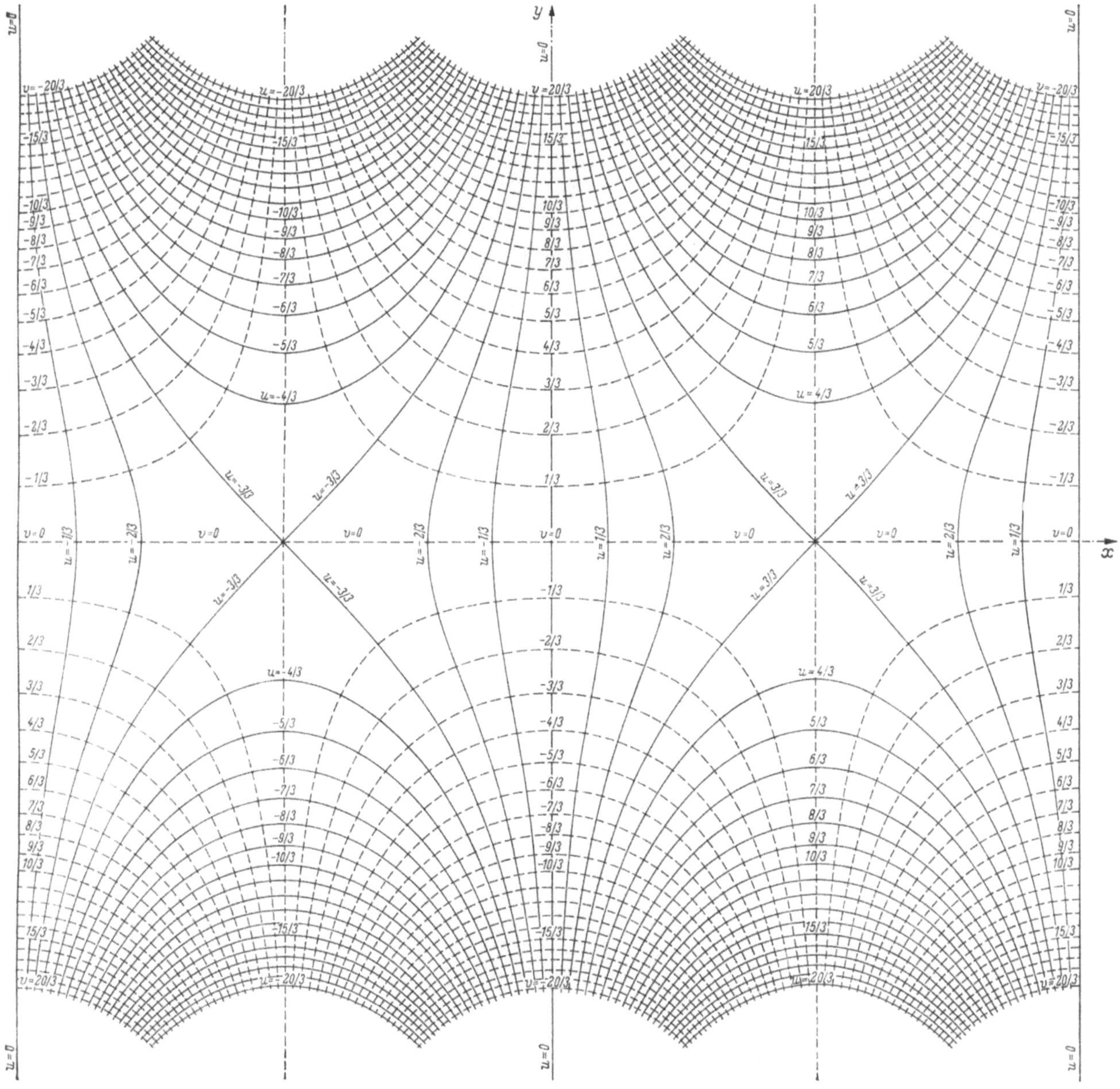

Abb. 233. Darstellung der Funktion $w = u + i\,v = \mathrm{sn}(z, k)$ für $k = 0$ bzw. $\varkappa \to \infty$ in der z-Ebene

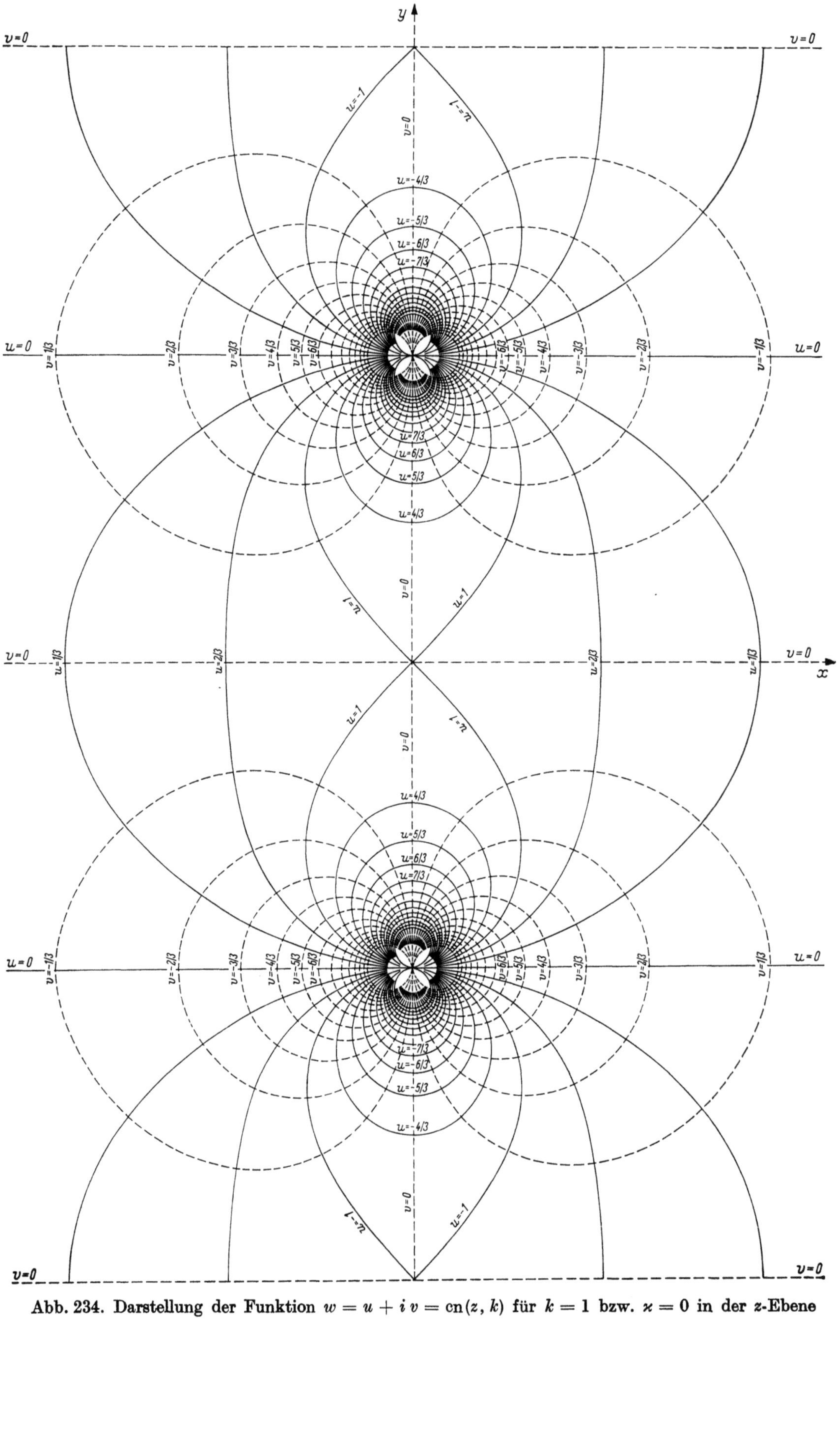

Abb. 234. Darstellung der Funktion $w = u + i\,v = \operatorname{cn}(z, k)$ für $k = 1$ bzw. $\varkappa = 0$ in der z-Ebene

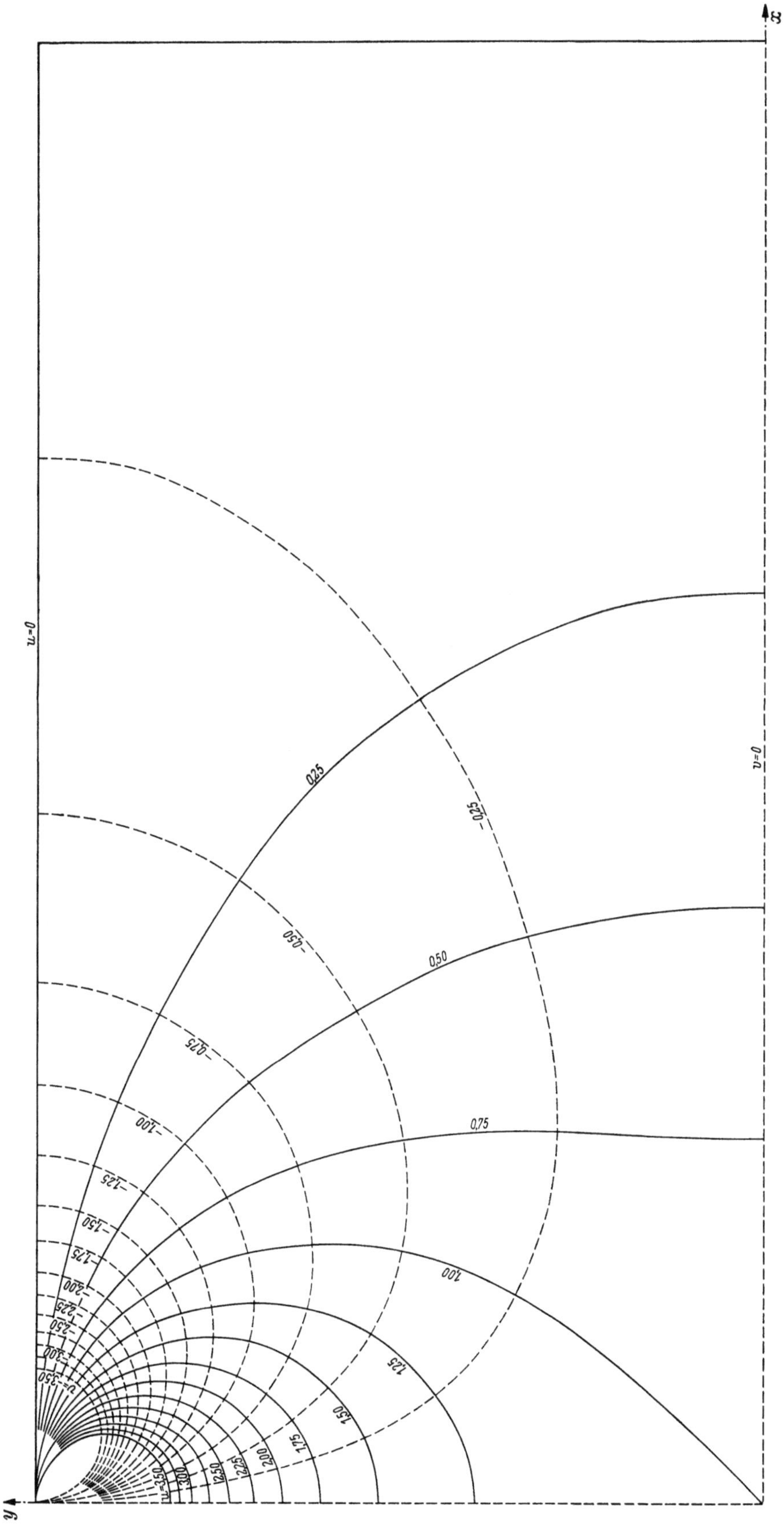

Abb. 235
Darstellung der Funktion $w = u + i v = \mathrm{cn}(z, k)$ für $k = 0{,}985$ bzw. $\varkappa = 0{,}5$ in der z-Ebene

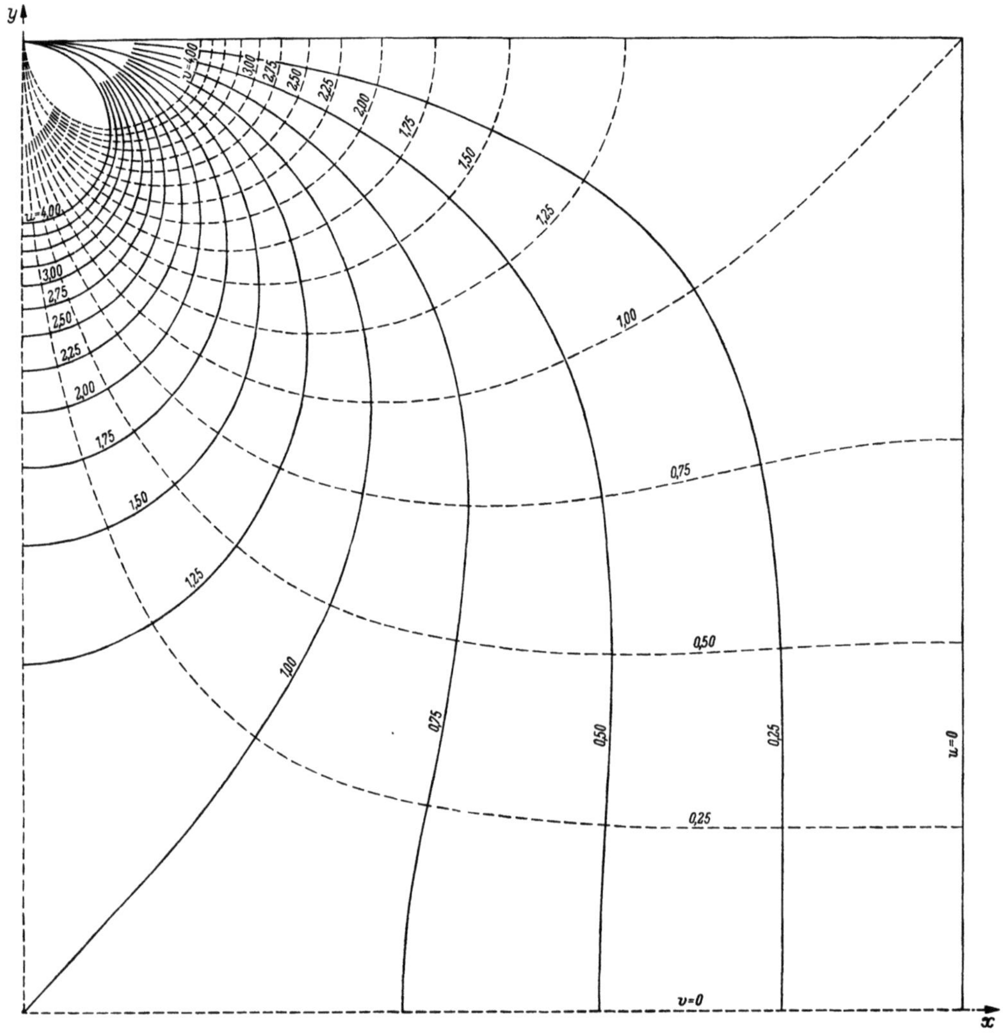

Abb. 236. Darstellung der Funktion $w = u + i v = \mathrm{cn}(z, k)$ für $k = 0,707$ bzw. $\varkappa = 1,0$ in der z-Ebene

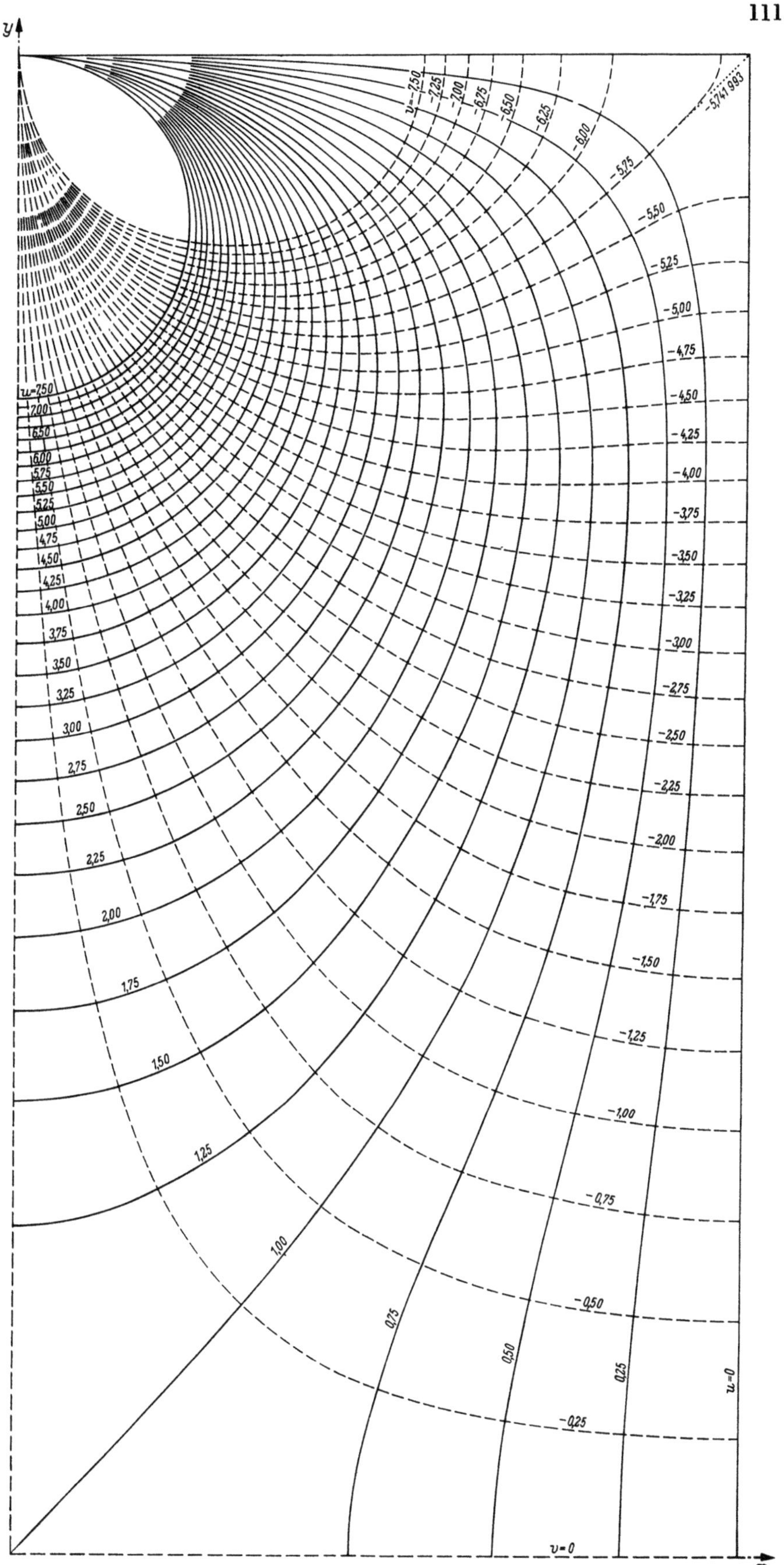

Abb. 237. Darstellung der Funktion $w = u + i\,v = \operatorname{cn}(z, k)$ für $k = 0{,}172$ bzw. $\varkappa = 2{,}0$ in der z-Ebene

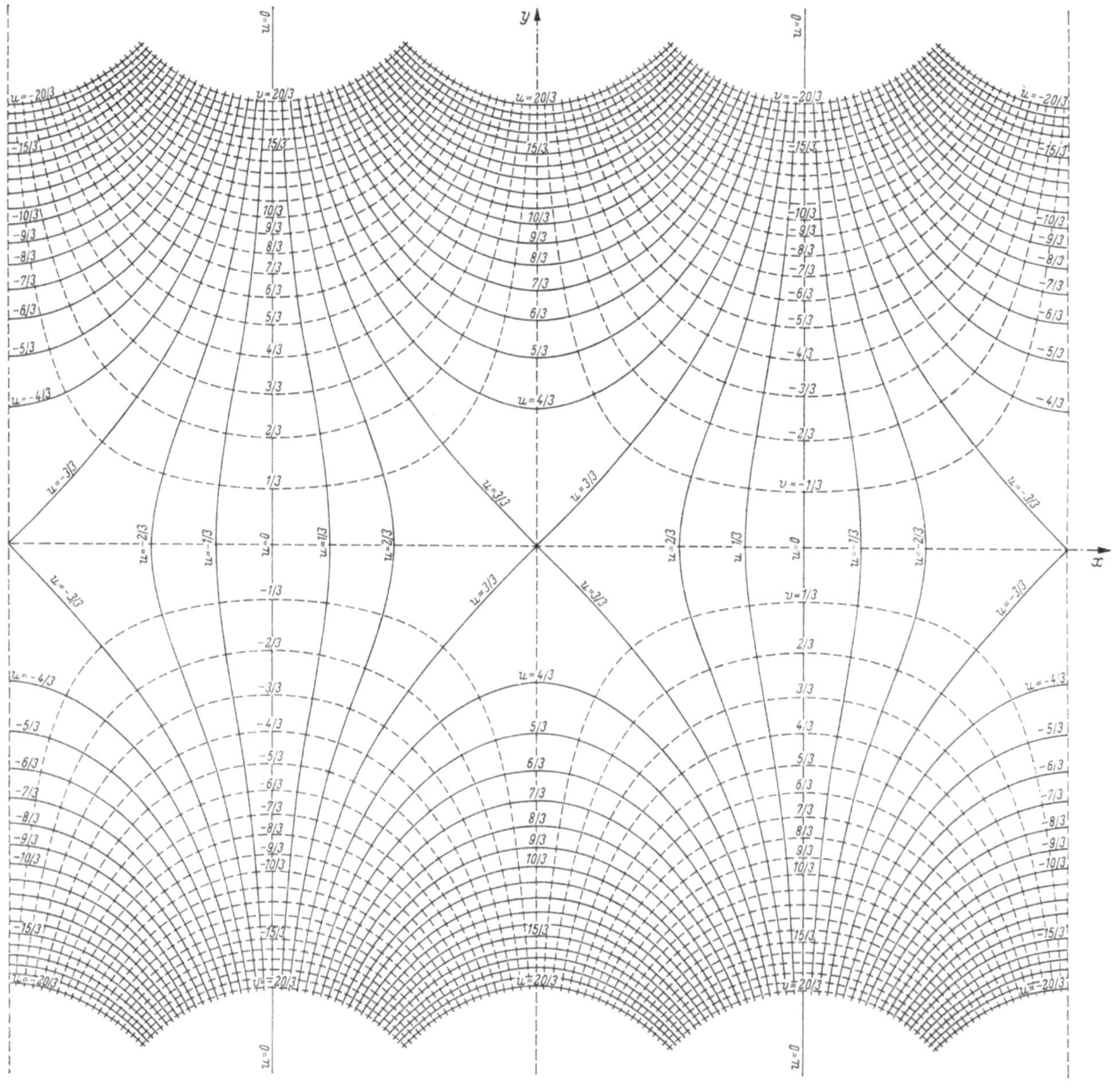

Abb. 238. Darstellung der Funktion $w = u + i\,v = \mathrm{cn}(z, k)$ für $k = 0$ bzw. $\varkappa \to \infty$ in der z-Ebene

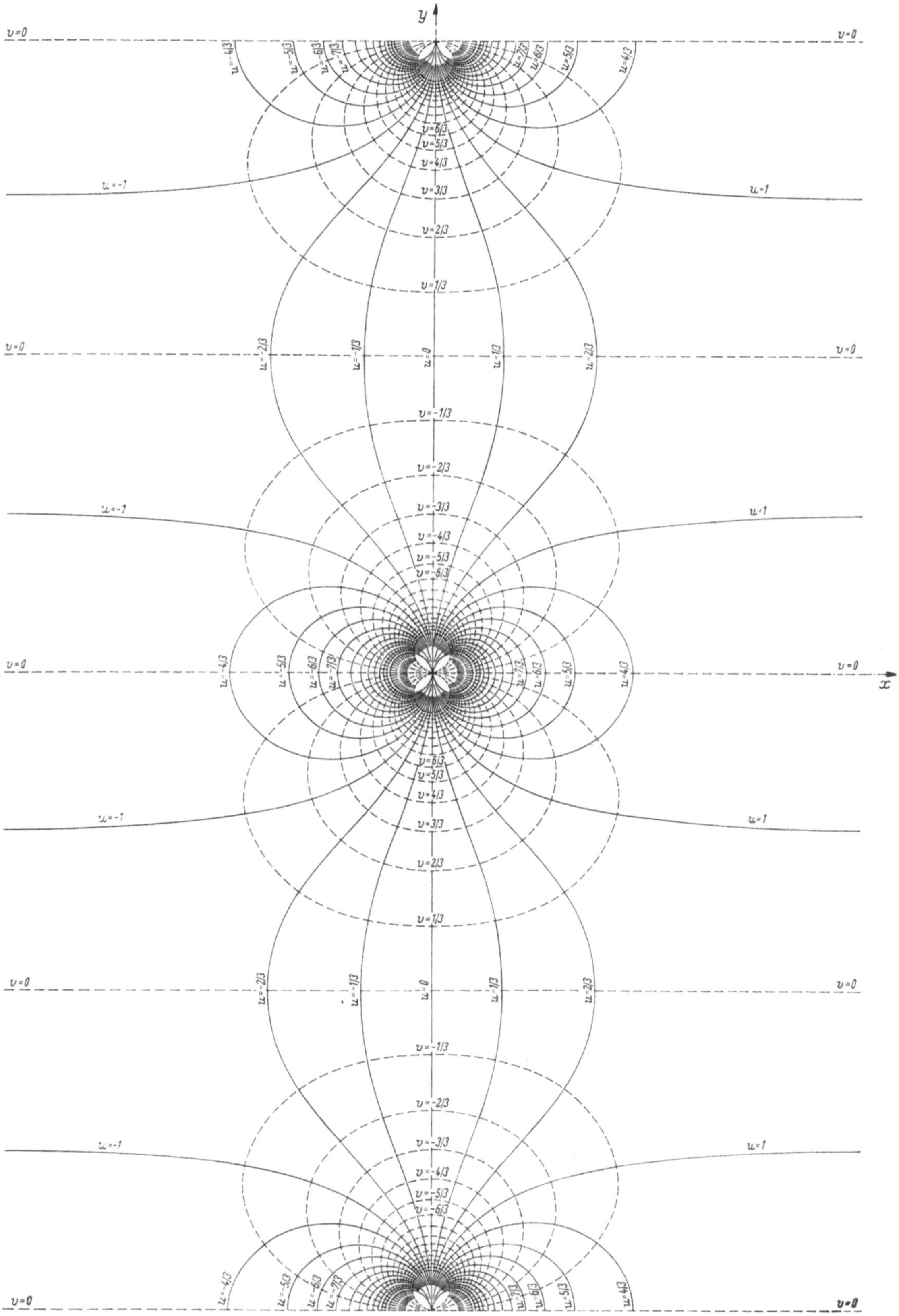

Abb. 239. Darstellung der Funktion $w = u + i\,v = \overline{\text{sd}}(z, k)$ für $k = 1$ bzw. $\varkappa = 0$ in der z-Ebene

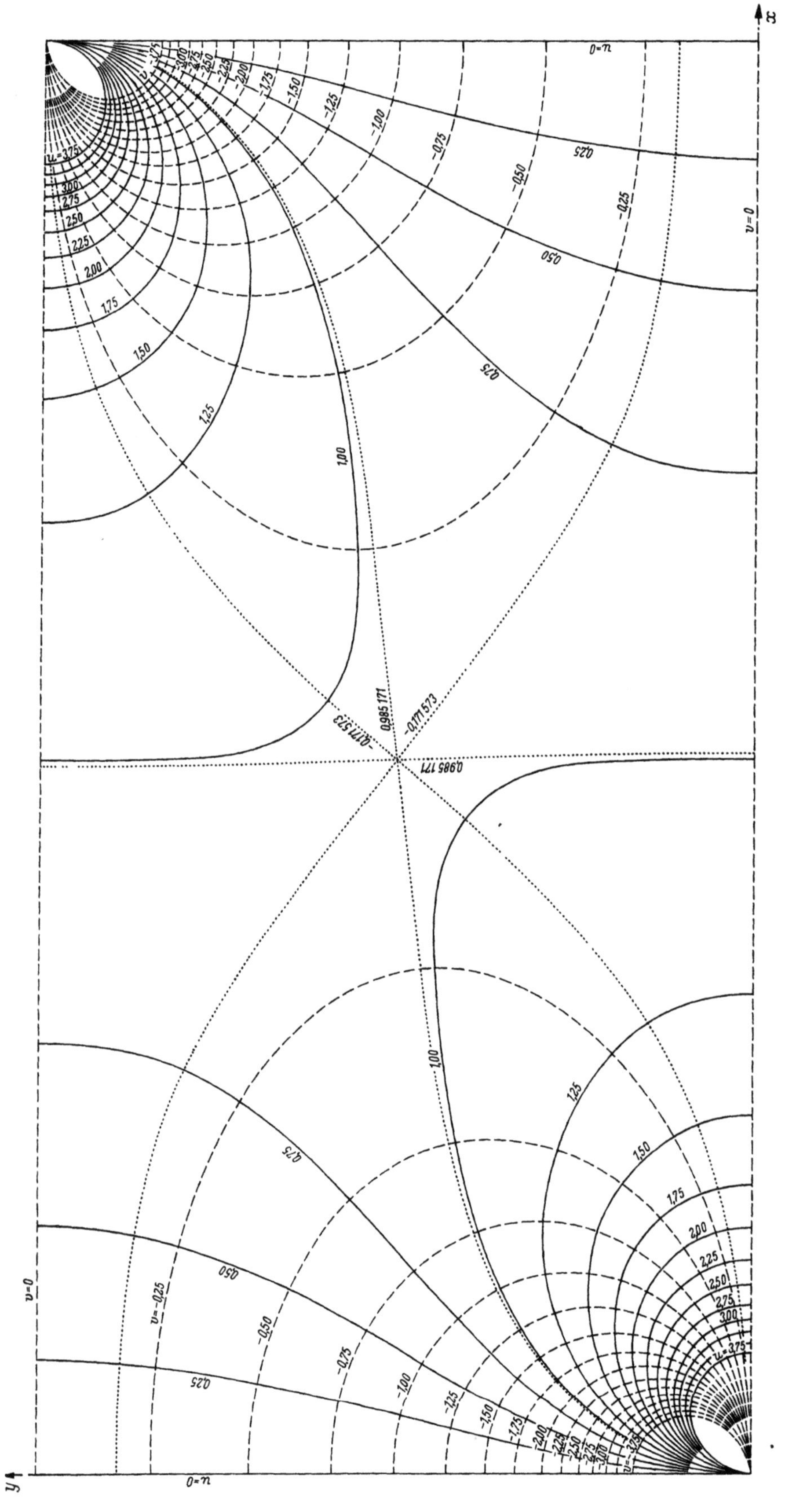

Abb. 240
Darstellung der Funktion $w = u + i\,v = \overline{\mathrm{sd}}\,(z, k)$ für $k = 0{,}985$ bzw. $\varkappa = 0{,}5$ in der z-Ebene

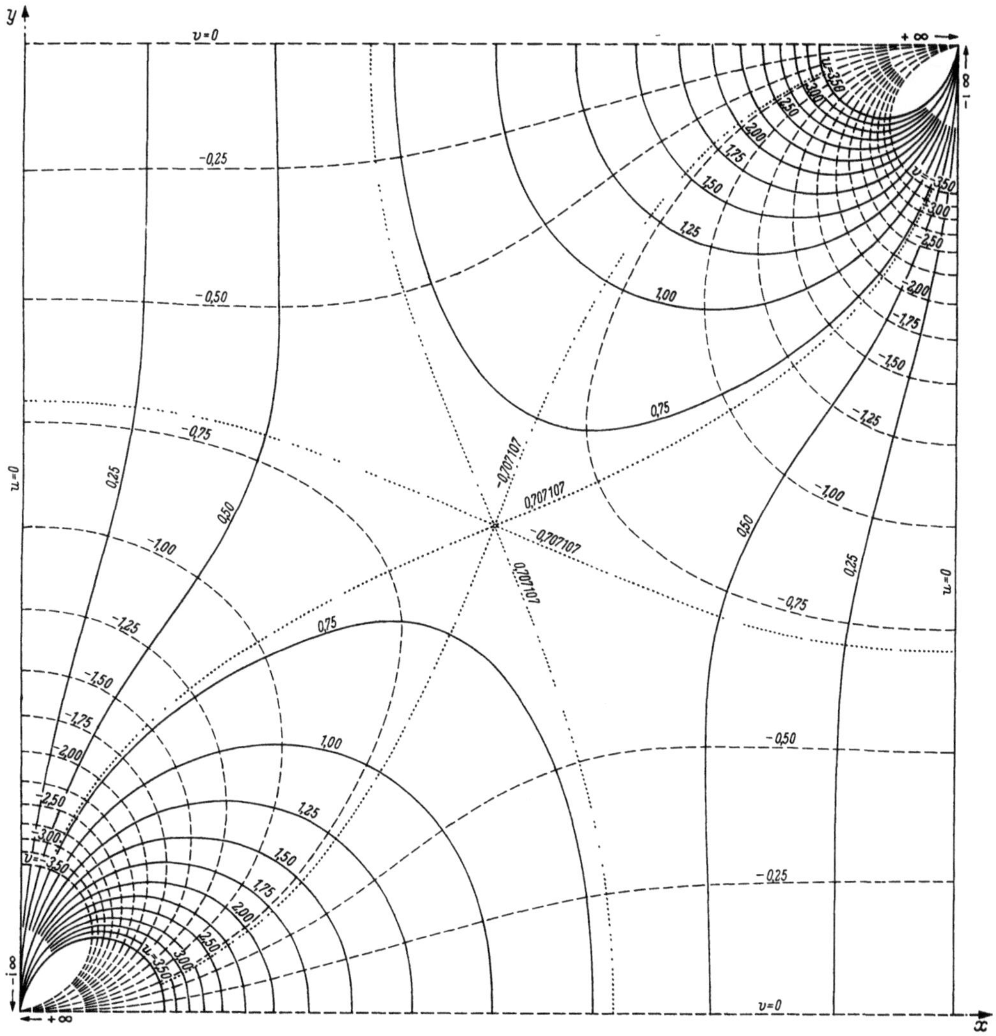

Abb. 241. Darstellung der Funktion $w = u + i\,v = \overline{\mathrm{sd}}(z, k)$ für $k = 0{,}707$ bzw. $\varkappa = 1{,}0$ in der z-Ebene

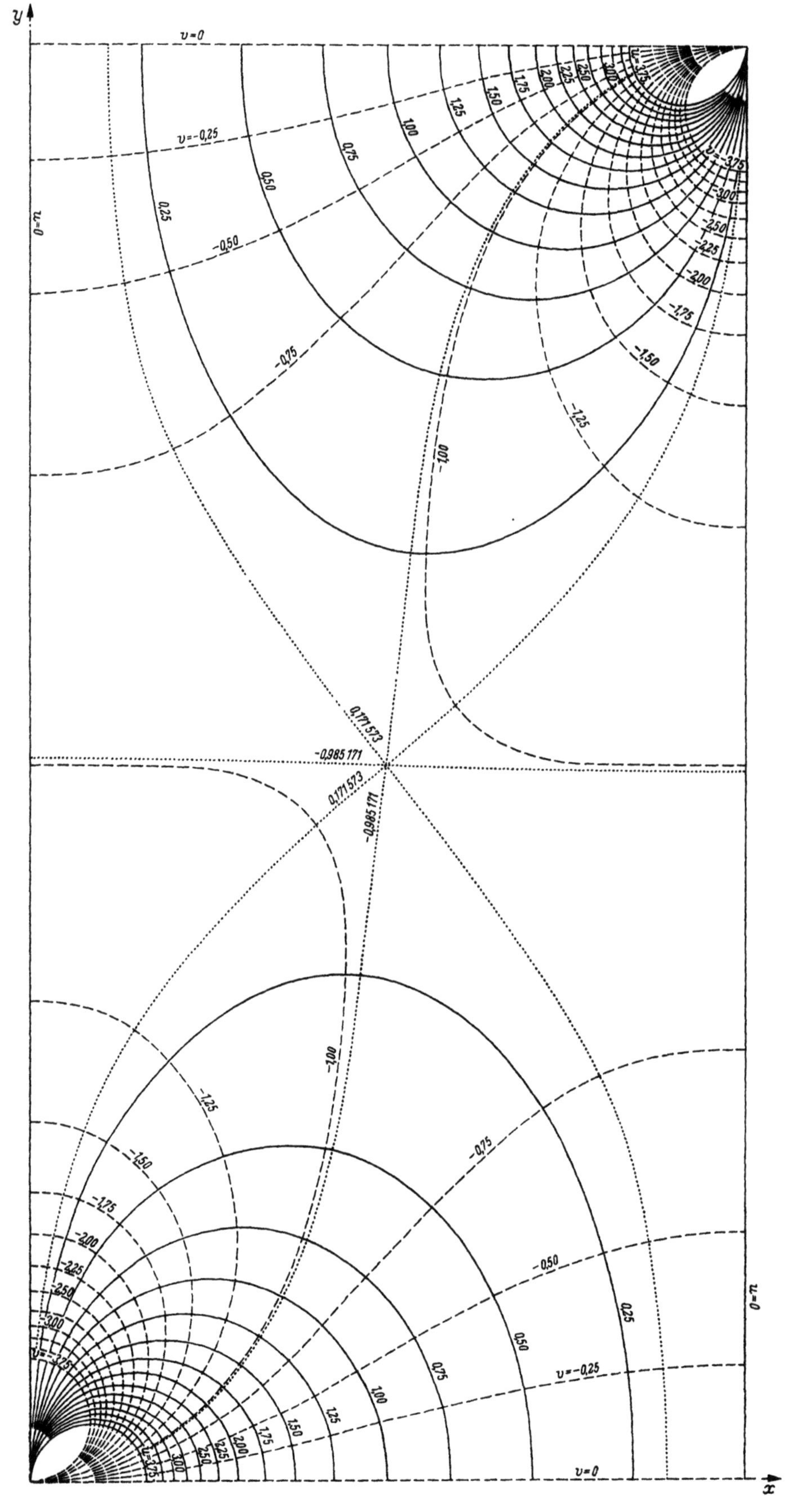

Abb. 242
Darstellung der Funktion $w = u + i v = \overline{\mathrm{sd}}(z, k)$ für $k = 0{,}172$ bzw. $\varkappa = 2{,}0$ in der z-Ebene

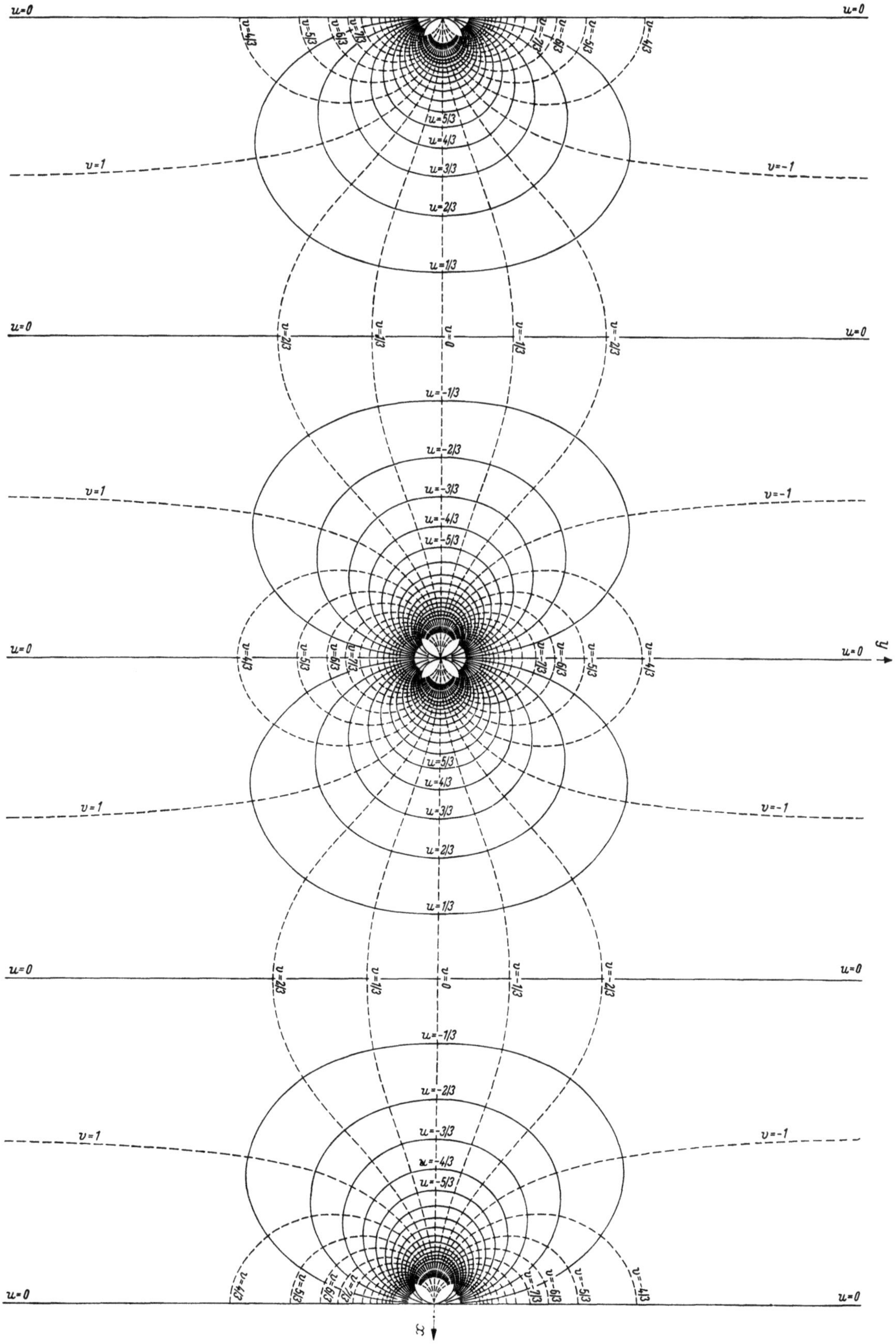

Abb. 243. Darstellung der Funktion $w = u + i\,v = \overline{\mathrm{sd}}(z, k)$ für $k = 0$ bzw. $\varkappa \to \infty$ in der z-Ebene

179. Partielle Ableitungen zu den Funktionen sn(z, k), cn(z, k) und $\overline{\mathrm{sd}}(z, k)$

Die zu einer analytischen Funktion $u + i\,v = f(x + i\,y)$ gehörigen partiellen Ableitungen umfassen die beiden Gruppen der partiellen Ableitungen von u und v nach x und y und von x und y nach u und v. Im vorliegenden Falle können, da die Ableitungen der in (1199), (1200) und (1204) auftretenden JACOBIschen elliptischen Funktionen durch (828) gegeben sind, die partiellen Ableitungen von u und v nach x und y als bekannt angesehen werden. Für die partiellen Ableitungen von x und y nach u und v folgt nach den Methoden der Funktionentheorie auf Grund von Identitätsbetrachtungen

$$\frac{\partial x}{\partial u} = \frac{\partial y}{\partial v} = \frac{\frac{\partial u}{\partial x}}{\left(\frac{\partial u}{\partial x}\right)^2 + \left(\frac{\partial u}{\partial y}\right)^2} = \frac{\frac{\partial v}{\partial y}}{\left(\frac{\partial v}{\partial x}\right)^2 + \left(\frac{\partial v}{\partial y}\right)^2}, \quad \frac{\partial x}{\partial v} = -\frac{\partial y}{\partial u} = \frac{-\frac{\partial u}{\partial y}}{\left(\frac{\partial u}{\partial x}\right)^2 + \left(\frac{\partial u}{\partial y}\right)^2} = \frac{\frac{\partial v}{\partial x}}{\left(\frac{\partial v}{\partial x}\right)^2 + \left(\frac{\partial v}{\partial y}\right)^2}. \tag{1207}$$

Bei dem verwickelten Aufbau der Gln. (1199), (1200), (1204) einerseits und (1207) andererseits muß hier von einer allgemeinen Darstellung der zu den Funktionen sn(z, k), cn(z, k) und $\overline{\mathrm{sd}}(z, k)$ gehörenden partiellen Ableitungen abgesehen werden. Statt dessen sollen für einige ausgezeichnete und für die Anwendung wichtige Werte von x und y die der Gruppe (1207) angehörenden partiellen Ableitungen nachfolgend zusammengestellt werden.

$$\left.\begin{aligned}
&x = 0,\quad k = k: && \frac{\partial x}{\partial u_1} = \frac{\partial y}{\partial v_1} = \mathrm{cd}(y, k')\,\mathrm{cn}(y, k'), && \frac{\partial x}{\partial v_1} = -\frac{\partial y}{\partial u_1} = 0,\\
&x = 0,\quad k = 0: && \frac{\partial x}{\partial u_1} = \frac{\partial y}{\partial v_1} = \frac{1}{\cosh y}, && \frac{\partial x}{\partial v_1} = -\frac{\partial y}{\partial u_1} = 0,\\
&x = 0,\quad k = 1: && \frac{\partial x}{\partial u_1} = \frac{\partial y}{\partial v_1} = \cos^2 y, && \frac{\partial x}{\partial v_1} = -\frac{\partial y}{\partial u_1} = 0,\\
&y = 0,\quad k = k: && \frac{\partial x}{\partial u_1} = \frac{\partial y}{\partial v_1} = \mathrm{nc}(x, k)\,\mathrm{nd}(x, k), && \frac{\partial x}{\partial v_1} = -\frac{\partial y}{\partial u_1} = 0,\\
&y = 0,\quad k = 0: && \frac{\partial x}{\partial u_1} = \frac{\partial y}{\partial v_1} = \frac{1}{\cos x}, && \frac{\partial x}{\partial v_1} = -\frac{\partial y}{\partial u_1} = 0,\\
&y = 0,\quad k = 1: && \frac{\partial x}{\partial u_1} = \frac{\partial y}{\partial v_1} = \cosh^2 x, && \frac{\partial x}{\partial v_1} = -\frac{\partial y}{\partial u_1} = 0,\\
&x = K,\quad k = k: && \frac{\partial x}{\partial u_1} = \frac{\partial y}{\partial v_1} = 0, && \frac{\partial x}{\partial v_1} = -\frac{\partial y}{\partial u_1} = -\frac{1}{k'^2}\,\mathrm{ds}(y, k')\,\mathrm{dc}(y, k'),\\
&x = \frac{\pi}{2},\quad k = 0: && \frac{\partial x}{\partial u_1} = \frac{\partial y}{\partial v_1} = 0, && \frac{\partial x}{\partial v_1} = -\frac{\partial y}{\partial u_1} = -\frac{1}{\sinh y},\\
&y = K',\quad k = k: && \frac{\partial x}{\partial u_1} = \frac{\partial y}{\partial v_1} = -k\,\mathrm{sc}(x, k)\,\mathrm{sd}(x, k), && \frac{\partial x}{\partial v_1} = -\frac{\partial y}{\partial u_1} = 0,\\
&y = \frac{\pi}{2},\quad k = 1: && \frac{\partial x}{\partial u_1} = \frac{\partial y}{\partial v_1} = -\sinh^2 x, && \frac{\partial x}{\partial v_1} = -\frac{\partial y}{\partial u_1} = 0.
\end{aligned}\right\} \tag{1208}$$

$$\left.\begin{aligned}
&x = 0,\quad k = k: && \frac{\partial x}{\partial u_2} = \frac{\partial y}{\partial v_2} = 0, && \frac{\partial x}{\partial v_2} = -\frac{\partial y}{\partial u_2} = -\mathrm{cs}(y, k')\,\mathrm{cd}(y, k'),\\
&x = 0,\quad k = 0: && \frac{\partial x}{\partial u_2} = \frac{\partial y}{\partial v_2} = 0, && \frac{\partial x}{\partial v_2} = -\frac{\partial y}{\partial u_2} = -\frac{1}{\sinh y},\\
&x = 0,\quad k = 1: && \frac{\partial x}{\partial u_2} = \frac{\partial y}{\partial v_2} = 0, && \frac{\partial x}{\partial v_2} = -\frac{\partial y}{\partial u_2} = -\frac{\cos^2 y}{\sin y},\\
&y = 0,\quad k = k: && \frac{\partial x}{\partial u_2} = \frac{\partial y}{\partial v_2} = -\mathrm{ns}(x, k)\,\mathrm{nd}(x, k), && \frac{\partial x}{\partial v_2} = -\frac{\partial y}{\partial u_2} = 0,\\
&y = 0,\quad k = 0: && \frac{\partial x}{\partial u_2} = \frac{\partial y}{\partial v_2} = -\frac{1}{\sin x}, && \frac{\partial x}{\partial v_2} = -\frac{\partial y}{\partial u_2} = 0,\\
&y = 0,\quad k = 1: && \frac{\partial x}{\partial u_2} = \frac{\partial y}{\partial v_2} = -\frac{\cosh^2 x}{\sinh x}, && \frac{\partial x}{\partial v_2} = -\frac{\partial y}{\partial u_2} = 0,
\end{aligned}\right\} \tag{1209}$$

$$\left.\begin{aligned}
&x = K, \quad k = k: && \frac{\partial x}{\partial u_2} = \frac{\partial y}{\partial v_2} = -\frac{1}{k'}\,\mathrm{dc}(y, k')\,\mathrm{dn}(y, k'), && \frac{\partial x}{\partial v_2} = -\frac{\partial y}{\partial u_2} = 0,\\
&x = \frac{\pi}{2}, \quad k = 0: && \frac{\partial x}{\partial u_2} = \frac{\partial y}{\partial v_2} = -\frac{1}{\cosh y}, && \frac{\partial x}{\partial v_2} = -\frac{\partial y}{\partial u_2} = 0,\\
&y = K', \quad k = k: && \frac{\partial x}{\partial u_2} = \frac{\partial y}{\partial v_2} = 0, && \frac{\partial x}{\partial v_2} = -\frac{\partial y}{\partial u_2} = k\,\mathrm{sc}(x, k)\,\mathrm{sn}(x, k),\\
&y = \frac{\pi}{2}, \quad k = 1: && \frac{\partial x}{\partial u_2} = \frac{\partial y}{\partial v_2} = 0, && \frac{\partial x}{\partial v_2} = -\frac{\partial y}{\partial u_2} = \frac{\sinh^2 x}{\cosh x}.
\end{aligned}\right\}$$

$$\left.\begin{aligned}
&x = 0, \quad k = k: && \frac{\partial x}{\partial u_3} = \frac{\partial y}{\partial v_3} = \frac{1 - \mathrm{cn}(2y, k')}{2\,\mathrm{dn}(2y, k')}, && \frac{\partial x}{\partial v_3} = -\frac{\partial y}{\partial u_3} = 0,\\
&x = 0, \quad k = 0: && \frac{\partial x}{\partial u_3} = \frac{\partial y}{\partial v_3} = \sinh^2 y, && \frac{\partial x}{\partial v_3} = -\frac{\partial y}{\partial u_3} = 0,\\
&x = 0, \quad k = 1: && \frac{\partial x}{\partial u_3} = \frac{\partial y}{\partial v_3} = \sin^2 y, && \frac{\partial x}{\partial v_3} = -\frac{\partial y}{\partial u_3} = 0,\\
&y = 0, \quad k = k: && \frac{\partial x}{\partial u_3} = \frac{\partial y}{\partial v_3} = \frac{-1 + \mathrm{cn}(2x, k)}{2\,\mathrm{dn}(2x, k)}, && \frac{\partial x}{\partial v_3} = -\frac{\partial y}{\partial u_3} = 0,\\
&y = 0, \quad k = 0: && \frac{\partial x}{\partial u_3} = \frac{\partial y}{\partial v_3} = -\sin^2 x, && \frac{\partial x}{\partial v_3} = -\frac{\partial y}{\partial u_3} = 0,\\
&y = 0, \quad k = 1: && \frac{\partial x}{\partial u_3} = \frac{\partial y}{\partial v_3} = -\sinh^2 x, && \frac{\partial x}{\partial v_3} = -\frac{\partial y}{\partial u_3} = 0,\\
&x = K, \quad k = k: && \frac{\partial x}{\partial u_3} = \frac{\partial y}{\partial v_3} = -\frac{1 + \mathrm{cn}(2y, k')}{2\,\mathrm{dn}(2y, k')}, && \frac{\partial x}{\partial v_3} = -\frac{\partial y}{\partial u_3} = 0,\\
&x = \frac{\pi}{2}, \quad k = 0: && \frac{\partial x}{\partial u_3} = \frac{\partial y}{\partial v_3} = -\cosh^2 y, && \frac{\partial x}{\partial v_3} = -\frac{\partial y}{\partial u_3} = 0.
\end{aligned}\right\} \quad (1210)$$

180. Die Umkehrfunktionen der Jacobischen elliptischen Funktionen und ihrer logarithmischen Ableitungen einschließlich ihrer Ausartungen im Komplexen

Nach (1193) bis (1195) lassen sich die 12 JACOBIschen elliptischen Funktionen und die zugehörigen 6 logarithmischen Ableitungen im Komplexen durch die drei Funktionen $\mathrm{sn}(z, k)$, $\mathrm{cn}(z, k)$ und $\overline{\mathrm{sd}}(z, k)$ linear darstellen. In analoger Weise läßt sich zeigen, daß die zugehörigen 18 Umkehrfunktionen mit $t = \mathrm{sn}(z, k)$ bzw. $t = \mathrm{cn}(z, k)$ bzw. $t = \overline{\mathrm{sd}}(z, k)$ auf drei Grundfunktionen, nämlich

$$z(\mathrm{sn}, k) = \int\limits_0^{\mathrm{sn}} \frac{dt}{\sqrt{(1 - t^2)\,(1 - k^2 t^2)}}, \qquad z(\mathrm{cn}, k) = \int\limits_{\mathrm{cn}}^{1} \frac{dt}{\sqrt{(1 - t^2)\,(k'^2 + k^2 t^2)}},$$

$$z(\overline{\mathrm{sd}}, k) = \int\limits_{\overline{\mathrm{sd}}}^{\infty} \frac{dt}{\sqrt{(t^2 - (k + i\,k')^2)\,(t^2 - (k - i\,k')^2)}}$$

zurückgeführt werden können. Die 15 übrigen Umkehrfunktionen unterscheiden sich von den drei ausgewählten lediglich durch eine Drehung des Koordinatensystems um 90°, durch Vertauschen von u und v und durch isotrope Maßstabstransformationen.

Aus den Abb. 229 bis 243 in Verbindung mit dem aus der Abb. 228 ersichtlichen Periodenverhalten ergibt sich, daß $\mathrm{sn}(z, k)$ und $\mathrm{cn}(z, k)$ in einem ganzen und $\overline{\mathrm{sd}}(z, k)$ in einem halben Fundamentalbereich jedes Wertepaar u, v gerade einmal annehmen. Die zugehörigen Umkehrfunktionen erfüllen daher in den bezeichneten Bereichen gerade ein ganzes RIEMANNsches Blatt. Zu den übrigen ∞^2 Fundamental- bzw. Fundamentalhalbbereichen gehören weitere ∞^2 RIEMANNsche Blätter, die längs der den Bereichsrändern entsprechenden Strecken miteinander verheftet sind.

Wird als Fundamental- bzw. Fundamentalhalbbereich gemäß der Abb. 244 ein ganzer bzw. halber Grundperiodenbereich gewählt, so kann dieser in allen drei Fällen — ähnlich wie bei den Umkehrfunktionen von $\wp_1$ und $\wp_5$ — in zwei gleich große Teilbereiche zerlegt werden, von denen der eine nur positive, der andere nur negative v-Werte aufweist, so daß jedem der beiden Teilbereiche gerade ein halbes RIEMANNsches Blatt entspricht.

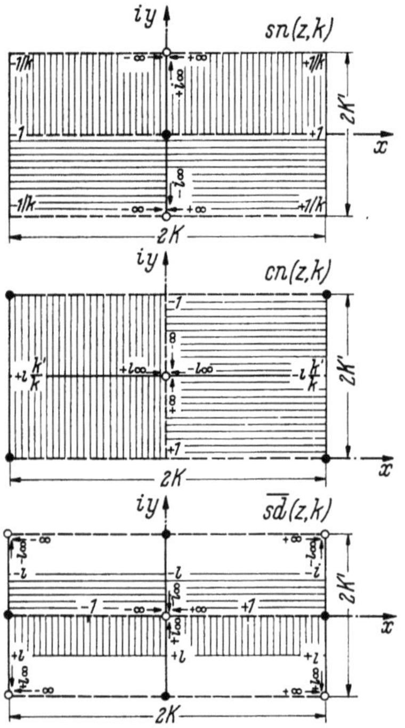

Abb. 244. Bereichsdarstellung für die Funktionen sn(z, k), cn(z, k) und $\overline{\mathrm{sd}}(z, k)$ für $\frac{K'}{K} = \frac{1}{2}$

Die Funktion sn(z, k) ist nach Abb. 244 auf einem Teilbereichsrande überall reell. Dieser bildet sich daher, da u auf jenem monoton von

$$-\infty \to -\frac{1}{k} \to -1 \to 0 \to +1 \to +\frac{1}{k} \to +\infty$$

ansteigt, auf die gesamte u-Achse der w-Ebene ab. die Strecke

$$-1 \leqq u \leqq +1,$$

die der beiden Teilbereichen gemeinsamen Strecke

$$-K \leqq x \leqq +K, \quad y = 0$$

entspricht, bleibt die einzige nicht aufzuschneidende Strecke der u-Achse. Die aufgeschnittenen Strecken

$$-\infty < u \leqq -\frac{1}{k}, \quad -\frac{1}{k} \leqq u \leqq -1, \quad 1 \leqq u \leqq \frac{1}{k}, \quad \frac{1}{k} \leqq u < \infty$$

stellen die Verheftungslinien der RIEMANNschen Blätter dar.

Die Funktion cn(z, k) ist nach Abb. 244 auf je einer der vier Randstrecken eines Teilbereiches imaginär und auf den drei übrigen Randstrecken reell. Die Übergangsstellen müssen sich, da sie nicht gleichzeitig reell und imaginär sein können, in den Koordinatenursprung $u = 0$, $v = 0$ der w-Ebene abbilden. Dazwischen besitzt v einen symmetrischen Verlauf mit $|v|_{\max} = k'/k$. Die Teilbereichsränder mit reellen Funktionswerten bilden sich, da u monoton von

$$-\infty \to -1 \to 0 \cdots 0 \to 1 \to \infty$$

ansteigt, wiederum auf die gesamte u-Achse der w-Ebene ab. Dabei bleiben die Strecken

$$-\infty < u \leqq -1 \quad \text{und} \quad 1 \leqq u < \infty,$$

die der den beiden Teilbereichen gemeinsamen Strecke

$$x = 0, \quad 0 \leqq y \leqq 2K'$$

entsprechen, unaufgeschnitten. Die Verheftungslinien der RIEMANNschen Blätter bilden die in der w-Ebene ein Kreuz darstellenden Strecken

$$-1 \leqq u \leqq 0, \quad v = 0,$$
$$0 \leqq u \leqq 1, \quad v = 0,$$
$$u = 0, \quad -k'/k \leqq v \leqq 0,$$
$$u = 0, \quad 0 \leqq v \leqq +k'/k.$$

Bei der Funktion $\overline{\mathrm{sd}}(z, k)$ weisen nach Abb. 244 die Teilbereichsränder nur noch längs der den beiden Teilbereichen gemeinsamen Randlinie $y = 0$ reelle Funktionswerte auf, die bei ihrer Abbildung die gesamte u-Achse der w-Ebene erfüllen.

Auf den übrigen Teilbereichsrändern ist die Funktion parallel zur y-Achse imaginär, parallel zur x-Achse komplex, und zwar derart, daß die Funktion in den Anschlußpunkten gerade $+i$ oder $-i$ wird. Dem Bereichsrand entspricht in der w-Ebene ein H mit gebogenen Schenkeln, dessen Mittelpunkt mit dem Koordinatenursprung zusammenfällt und dessen halbe Steghöhe gleich 1 ist. Die beiden gebogenen Schenkel und die beiden Steghälften stellen gleichzeitig die vier Strecken dar, längs deren die w-Ebene aufzuschneiden ist und längs deren die RIEMANNschen Blätter miteinander verheftet sind.

Die den Funktionen $z(\mathrm{sn}, k)$, $z(\mathrm{cn}, k)$ und $z(\overline{\mathrm{sd}}, k)$ in der $(w = u + i\,v)$ — Ebene entsprechenden orthogonalen, quadratmaschigen Kurvennetze folgen für $x = \mathrm{const}$ und $y = \mathrm{const}$ aus (1199), (1200) und (1204) und können für die Parameterwerte

$$\varkappa = 0, \quad \varkappa = \tfrac{1}{2}, \quad \varkappa = 1, \quad \varkappa = 2, \quad \varkappa \to \infty$$

den Abb. 245 bis 259 entnommen werden, in welchen die Verheftungslinien durch kräftige Strichstärke hervorgehoben sind.

Deutet man die Abb. 245 bis 259 als Potentialfelder, so stellen sie Halbraum- bzw. Kontinuumsströmungen dar. Diese sollen noch für die nicht ausgearteten Parameterfälle ($\varkappa = \frac{1}{2}$, $\varkappa = 1$, $\varkappa = 2$) kurz erläutert werden.

Den zu $z(\mathrm{sn}, k)$ gehörigen Potentialfeldern (Abb. 246 bis 248) entsprechen Sperr-Schlitz-Strömungen in einem durch die u-Achse begrenzten Halbraum. Betrachtet man die Linien $x = \mathrm{const}$ als Stromlinien, so sind die Bereiche

$$-\frac{1}{k} \leqq u \leqq -1 \quad \text{und} \quad 1 \leqq u \leqq \frac{1}{k}$$

der u-Achse gesperrt, während die Eintritts- und Austrittsschlitze den Bereichen

$$-1 \leqq u \leqq +1 \quad \text{bzw.} \quad -\infty < u \leqq -\frac{1}{k} \quad \text{und} \quad \frac{1}{k} \leqq u < \infty$$

entsprechen. Deutet man beispielsweise im unteren Halbraum die Linien $y = \mathrm{const}$ als Stromlinien, so umfassen die Sperren die Bereiche

$$-\infty < u \leqq -\frac{1}{k}, \qquad -1 \leqq u \leqq +1, \qquad \frac{1}{k} \leqq u < \infty$$

der u-Achse, während die dazwischenliegenden Schlitze dem Strömungseintritt und -austritt entsprechen.

Im Falle von $z(\mathrm{cn}, k)$ liegen Potentialfelder vor, bei denen in die Sperr-Schlitz-Strömungen noch Hindernisse eingebaut sind. Betrachtet man in dem zu negativen v-Werten gehörenden Halbraum die Linien $x = \mathrm{const}$ als Stromlinien (Abb. 251 bis 253) so stellt der Bereich

$$-1 \leqq u \leqq +1$$

der u-Achse den Schlitz und der Bereich

$$-\frac{k'}{k} \leqq v \leqq 0$$

der v-Achse das Hindernis dar. Der Strömungseintritt erfolgt auf der einen Seite der v-Achse, der Austritt auf der anderen. Werden in einem zu positiven u-Werten gehörenden Halbraum die Linien $y = \mathrm{const}$ als Stromlinien gedeutet, so ist der Bereich

$$-\infty < v \leqq -\frac{k'}{k} \quad \text{und} \quad +\frac{k'}{k} \leqq v < +\infty$$

der v-Achse gesperrt, während dem Bereich

$$0 \leqq u \leqq +1$$

der u-Achse das Hindernis entspricht. Die Schlitzbereiche

$$-\frac{k'}{k} \leqq v \leqq 0 \quad \text{und} \quad 0 \leqq v \leqq +\frac{k'}{k}$$

der v-Achse kennzeichnen den Eintritt und Austritt der Halbraumströmung.

In einem $z(\overline{\mathrm{sd}}, k)$ entsprechenden Potentialfeld (Abb. 256 bis 258) beschreiben die als Stromlinien gedachten Linien $x = \mathrm{const}$ die Strömung von einer linienhaften Quelle zu einer linienhaften Senke. Deutet man die Linien $y = \mathrm{const}$ als Stromlinien, so stellt das Feld die gleichsinnige, potentialwirbelartige Umströmung zweier gleichartiger linienhafter Hindernisse dar.

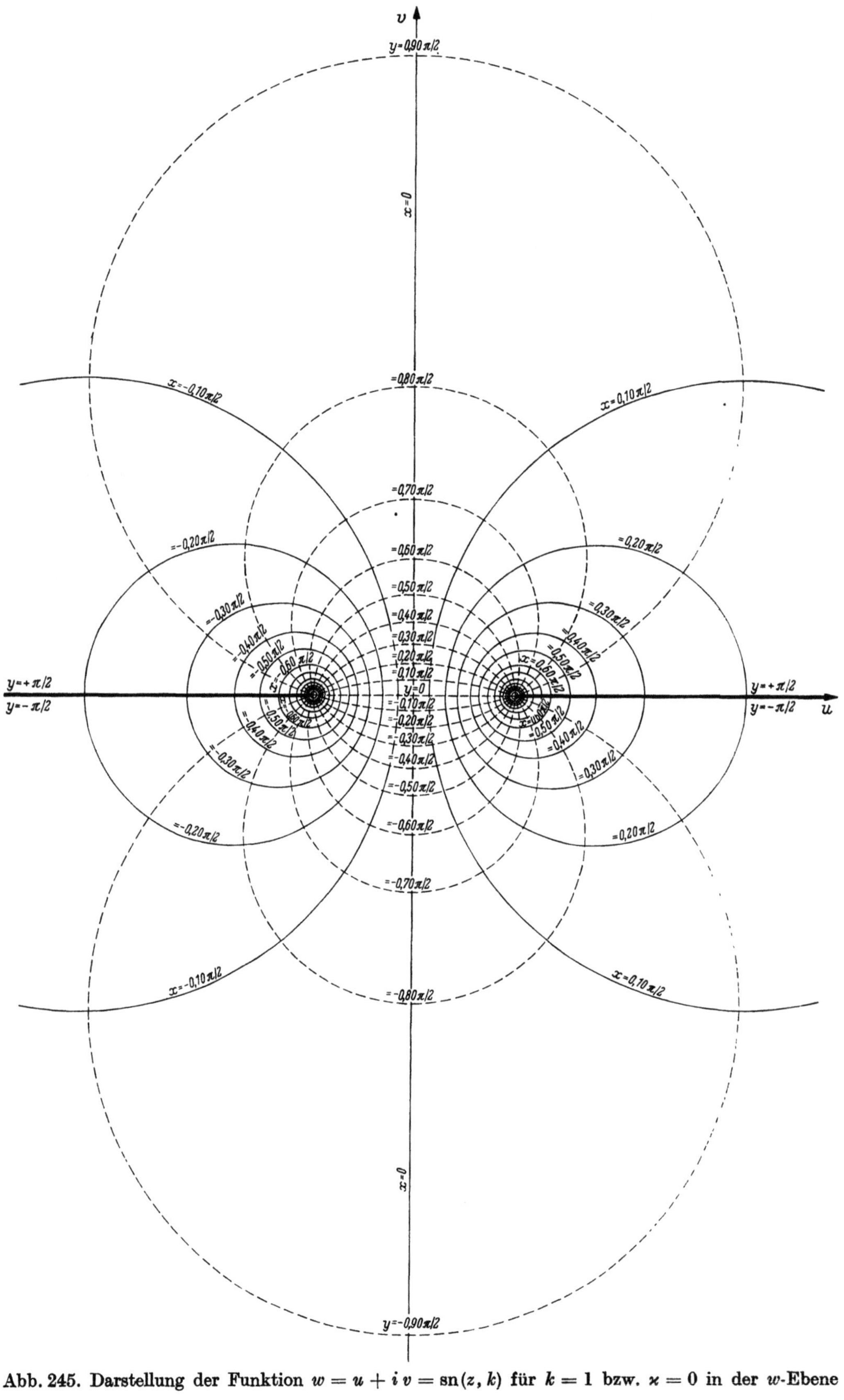

Abb. 245. Darstellung der Funktion $w = u + i\,v = \mathrm{sn}(z, k)$ für $k = 1$ bzw. $\varkappa = 0$ in der w-Ebene

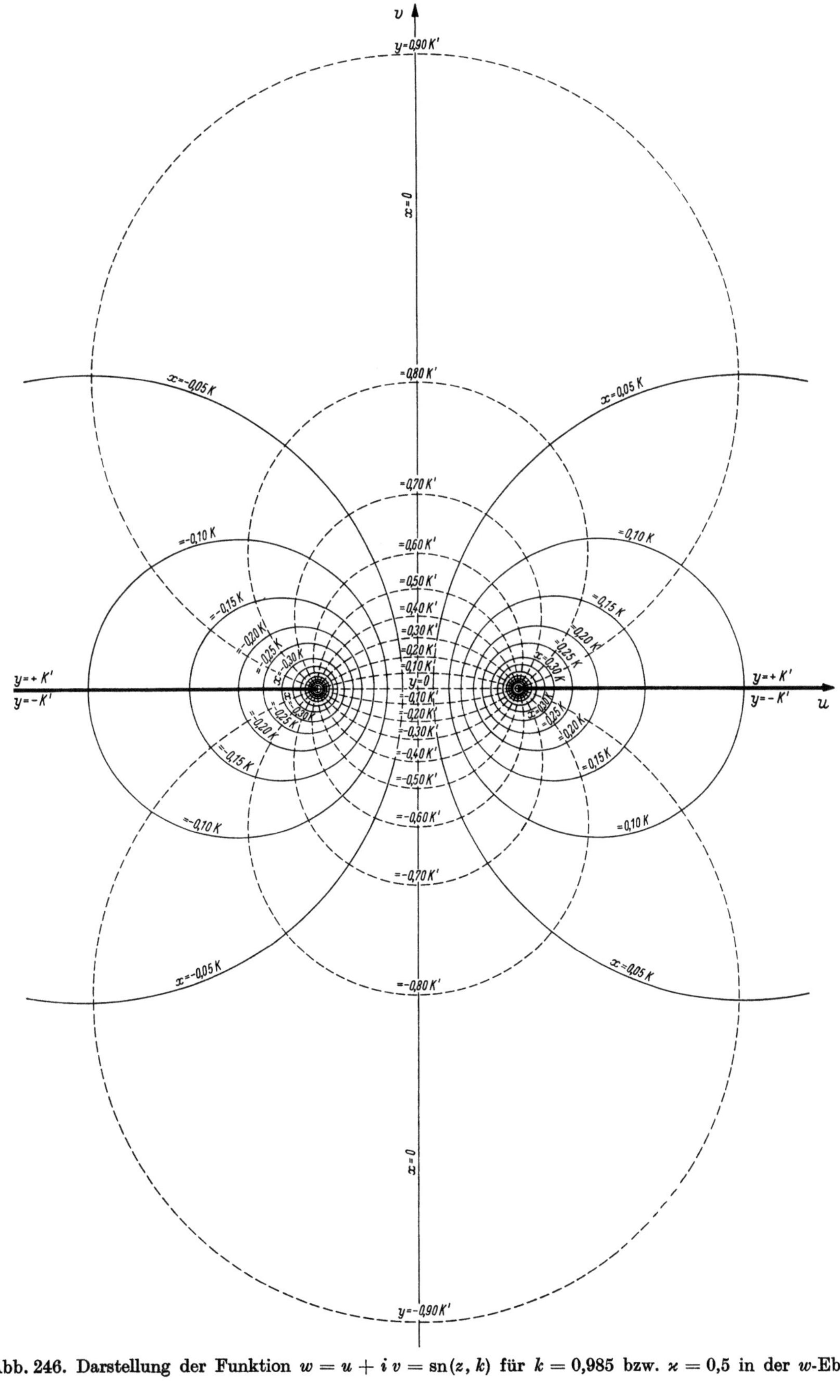

Abb. 246. Darstellung der Funktion $w = u + i\,v = \operatorname{sn}(z, k)$ für $k = 0{,}985$ bzw. $\varkappa = 0{,}5$ in der w-Ebene

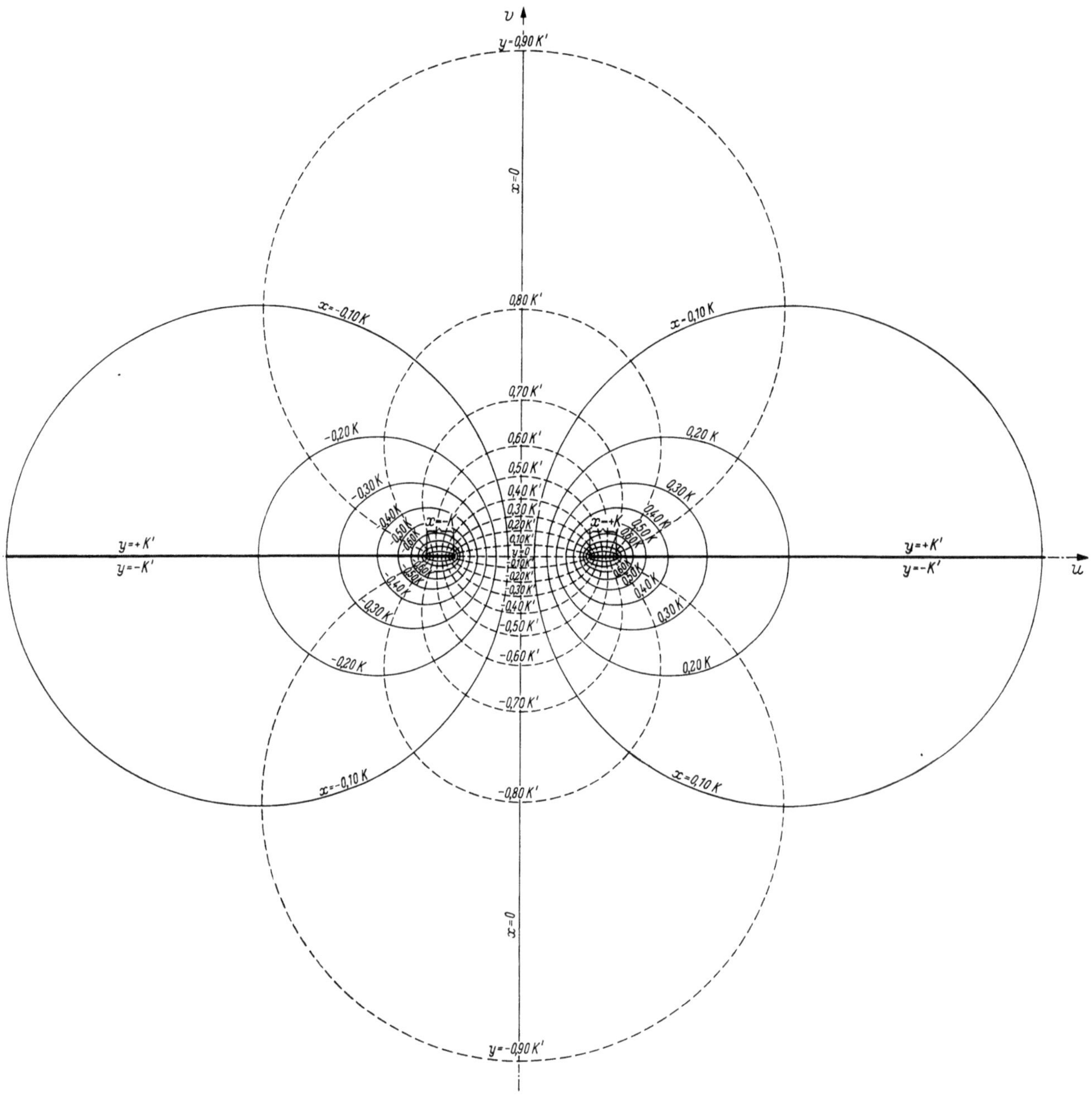

Abb. 247. Darstellung der Funktion $w = u + i\,v = \mathrm{sn}(z, k)$ für $k = 0{,}707$ bzw. $\varkappa = 1{,}0$ in der w-Ebene

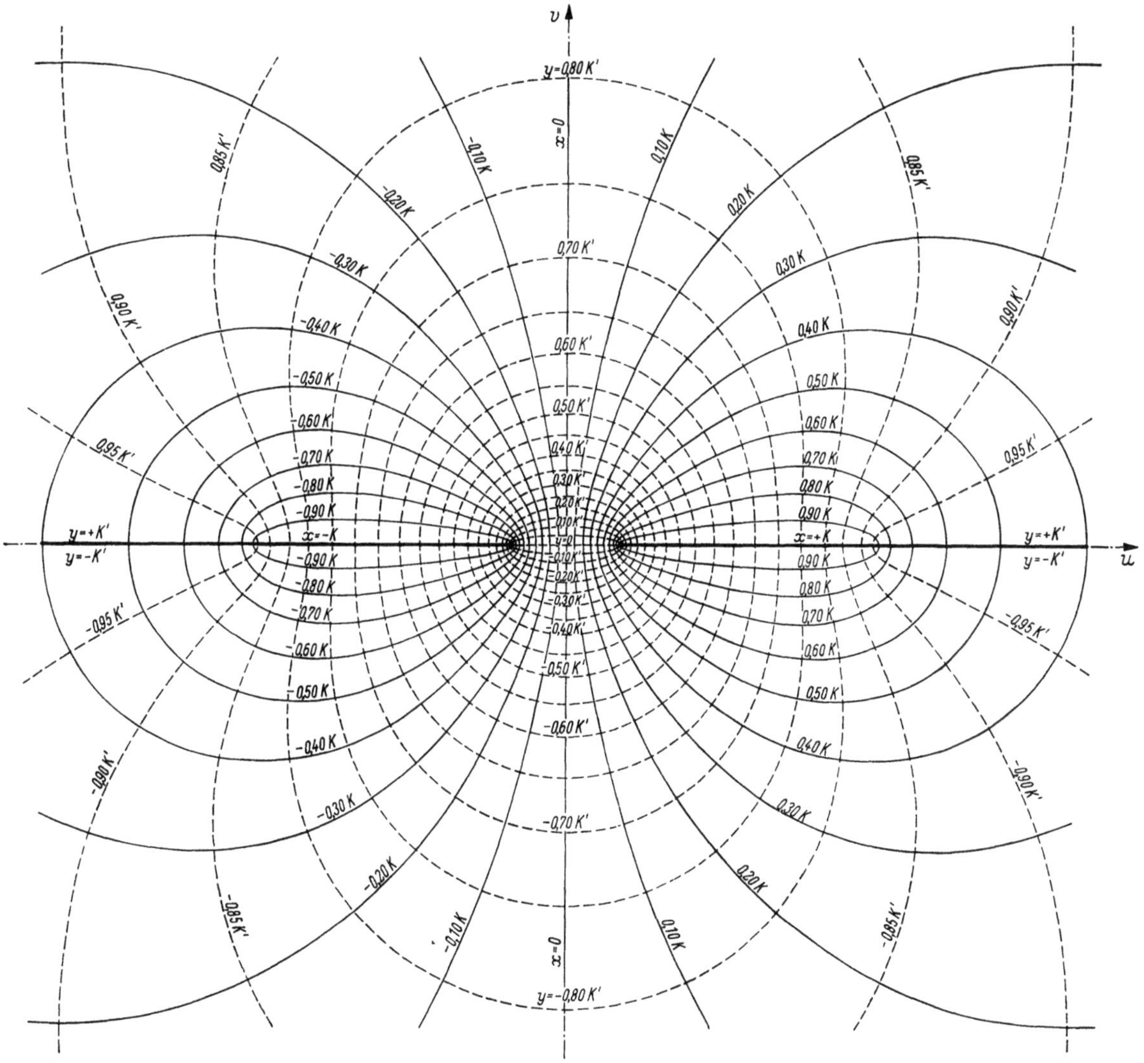

Abb. 248. Darstellung der Funktion $w = u + i\,v = \mathrm{sn}(z, k)$ für $k = 0{,}172$ bzw. $\varkappa = 2{,}0$ in der w-Ebene

Es müssen nun noch die Ausartungen, deren analytische Darstellung aus den Abb. 245, 249, 250, 254, 255, 259 ersichtlich ist, kurz betrachtet werden. Wie schon die Gln. (1199), (1200) und (1204) erkennen lassen und wie es auch durch den Vergleich der Abb. 245 und 250 sowie der

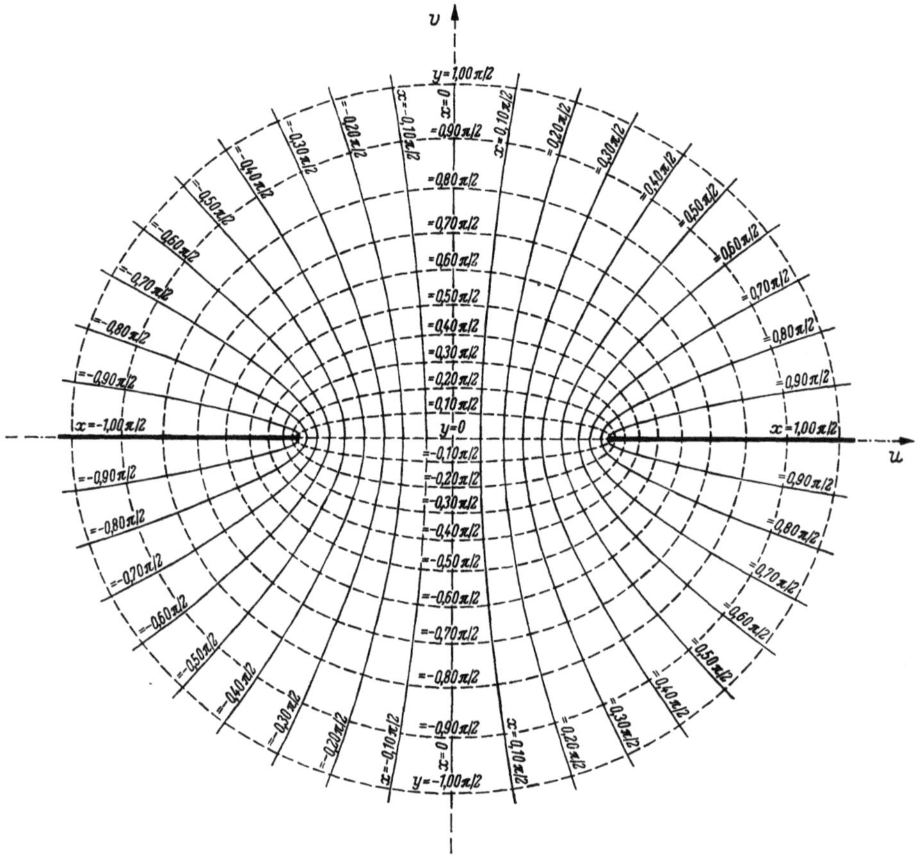

Abb. 249. Darstellung der Funktion $w = u + i\,v = \mathrm{sn}(z, k)$ für $k = 0$ bzw. $\varkappa \to \infty$ in der w-Ebene

Abb. 249, 254, 255 und 259 bestätigt wird, befinden sich unter den sechs Ausartungen von $z(\mathrm{sn}, k)$, $z(\mathrm{cn}, k)$ und $z(\overline{\mathrm{sd}}, k)$ nur drei, die als voneinander unabhängig angesprochen werden können. Als solche können $z(\mathrm{sn}, 0)$, $z(\mathrm{cn}, 1)$ und $z(\overline{\mathrm{sd}}, 1)$ ausgewählt werden.

Nach Abb. 249, 250 und 255 entsprechen der Funktion

$$z(\mathrm{sn}, 0) = \mathrm{arc\,sin}(u_1 + i\,v_1)$$

zwei Systeme konfokaler Ellipsen und Hyperbeln, der Funktion

$$z(\mathrm{cn}, 1) = \mathrm{ar\,cosh}\,\frac{u_2 - i\,v_2}{u_2^2 + v_2^2}$$

Systeme verallgemeinerter Cassinischer Kurven und der Funktion

$$z(\overline{\mathrm{sd}}, 1) = \mathrm{ar\,coth}(u_3 + i\,v_3)$$

zwei Scharen exzentrischer Kreise, die mit den sogenannten Dipolarkoordinaten identisch sind.

Die aus den Abbildungen ablesbaren Eigenschaften der Funktionen $z(\mathrm{sn}, 0)$, $z(\mathrm{cn}, 1)$ und $z(\overline{\mathrm{sd}}, 1)$ entnimmt man den Gln. (1199), (1200) und (1204), wenn in diesen die Realteil- und

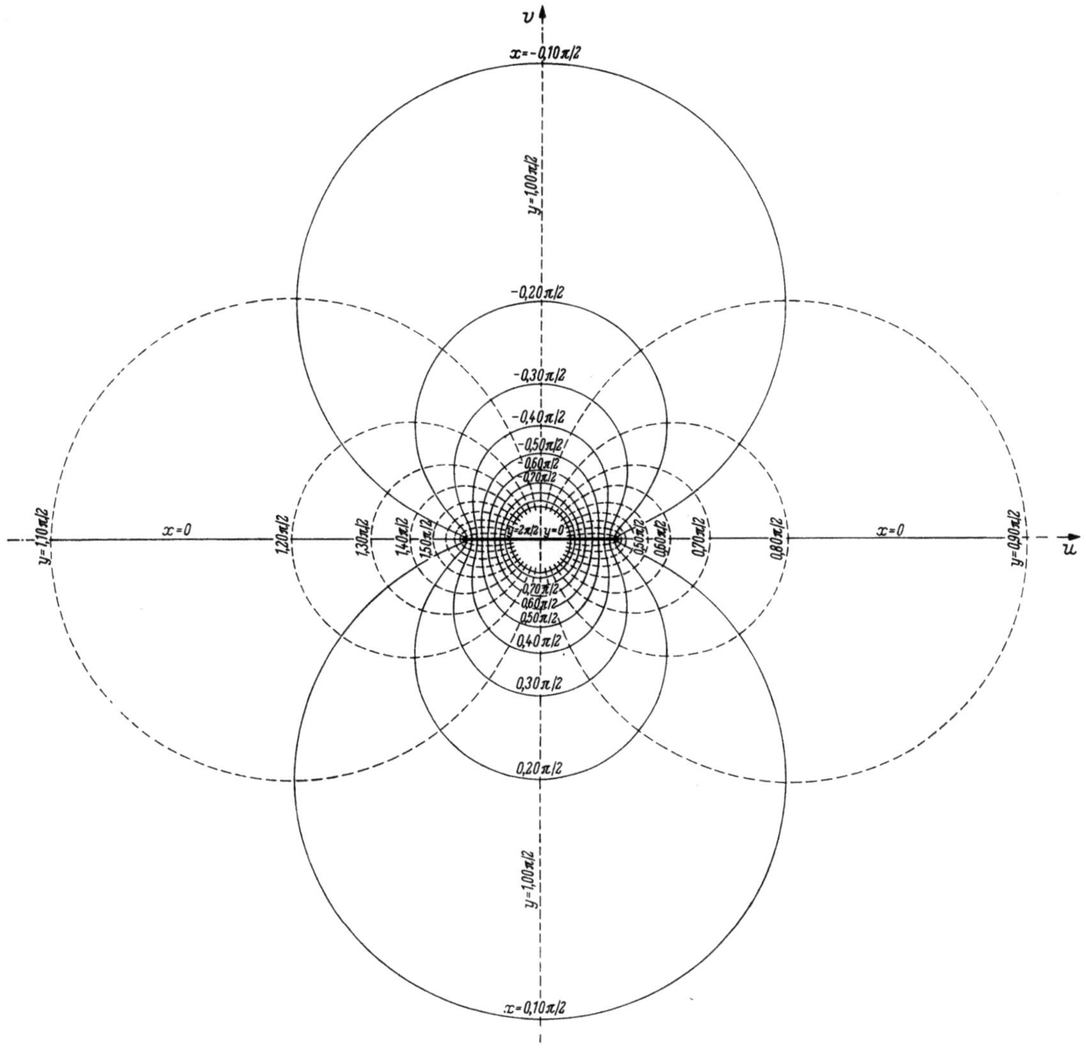

Abb. 250. Darstellung der Funktion $w = u + i\,v = \mathrm{cn}(z, k)$ für $k = 1$ bzw. $\varkappa = 0$ in der w-Ebene

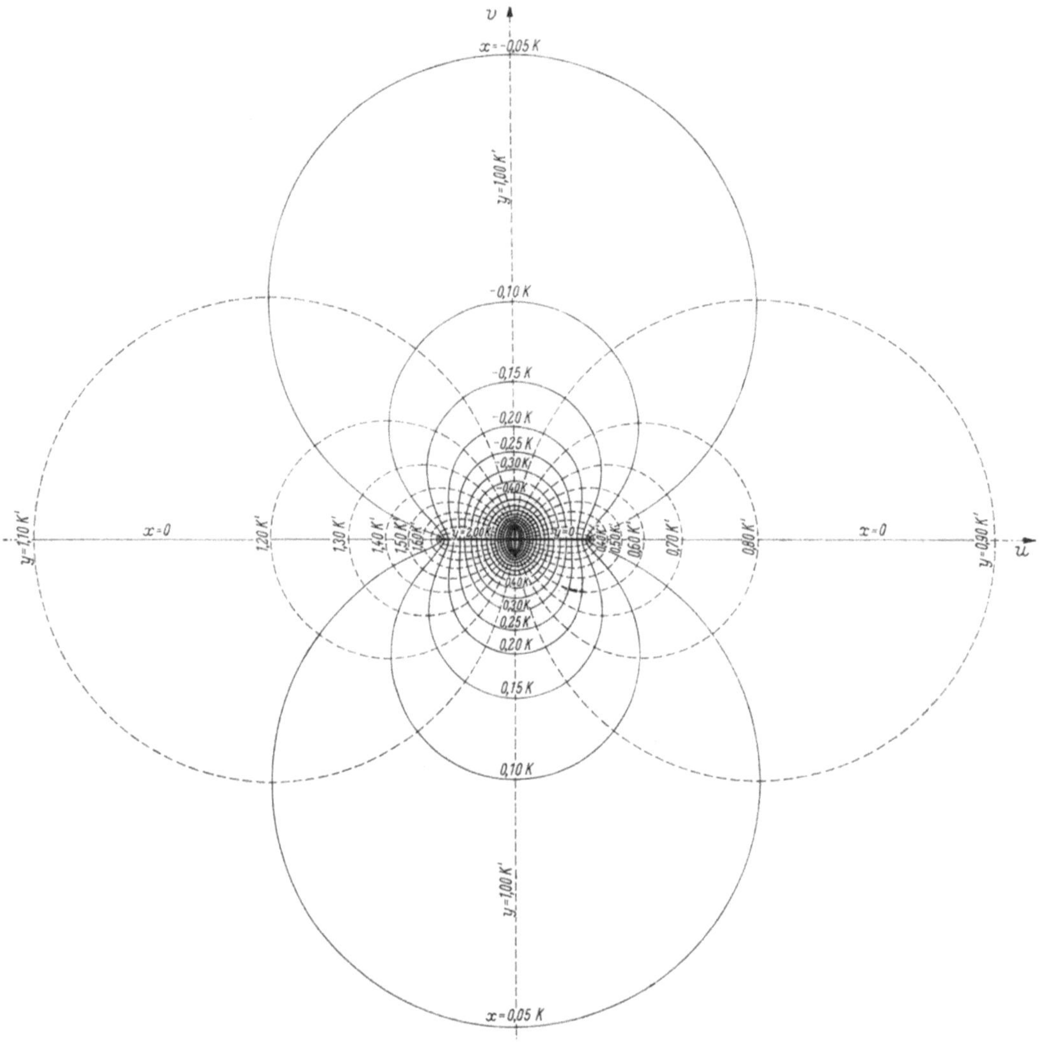

Abb. 251. Darstellung der Funktion $w = u + i\,v = \mathrm{cn}(z, k)$ für $k = 0{,}985$ bzw. $\varkappa = 0{,}5$ in der w-Ebene

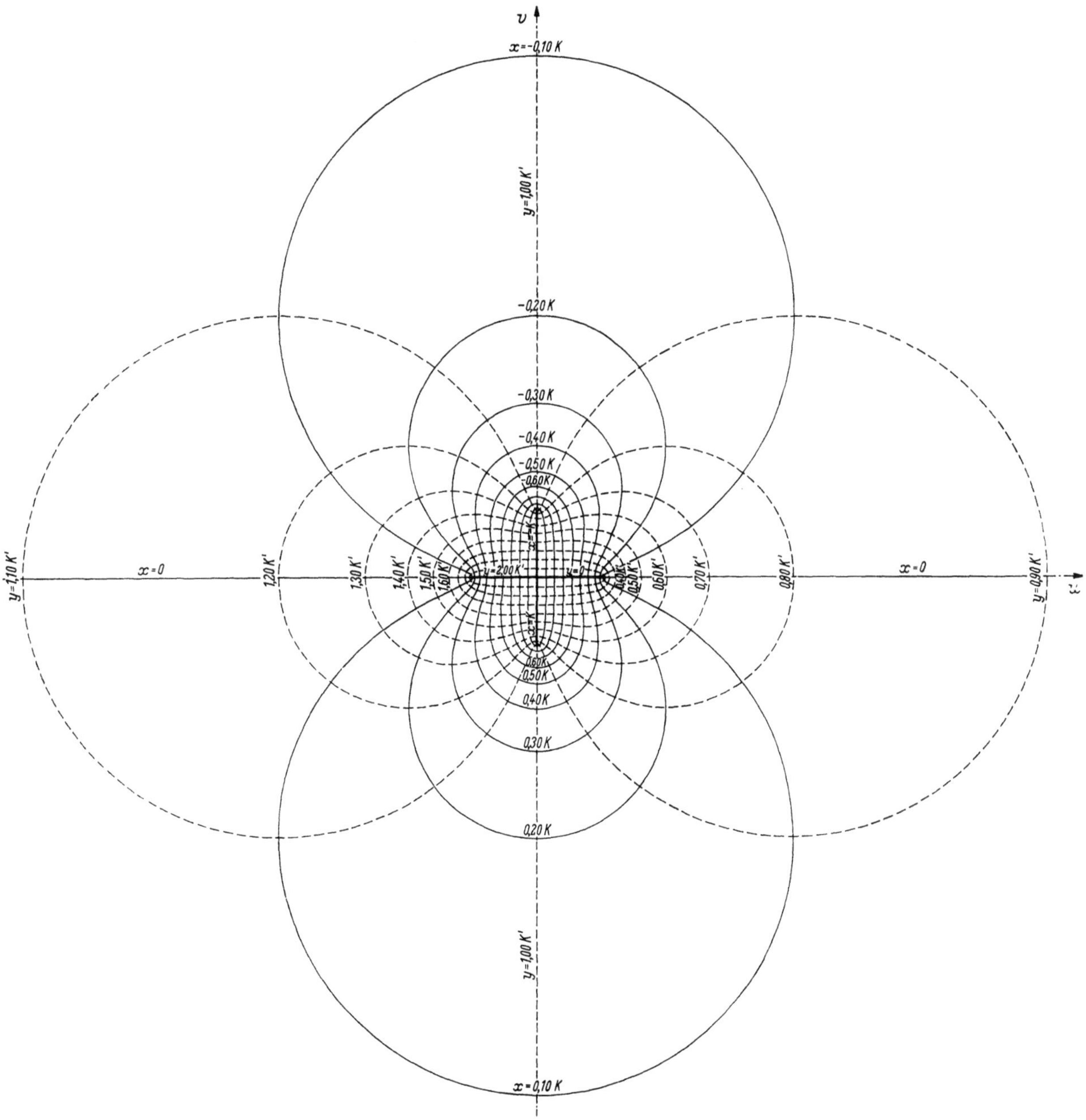

Abb. 252. Darstellung der Funktion $w = u + i\,v = \operatorname{cn}(z, k)$ für $k = 0{,}707$ bzw. $\varkappa = 1{,}0$ in der w-Ebene

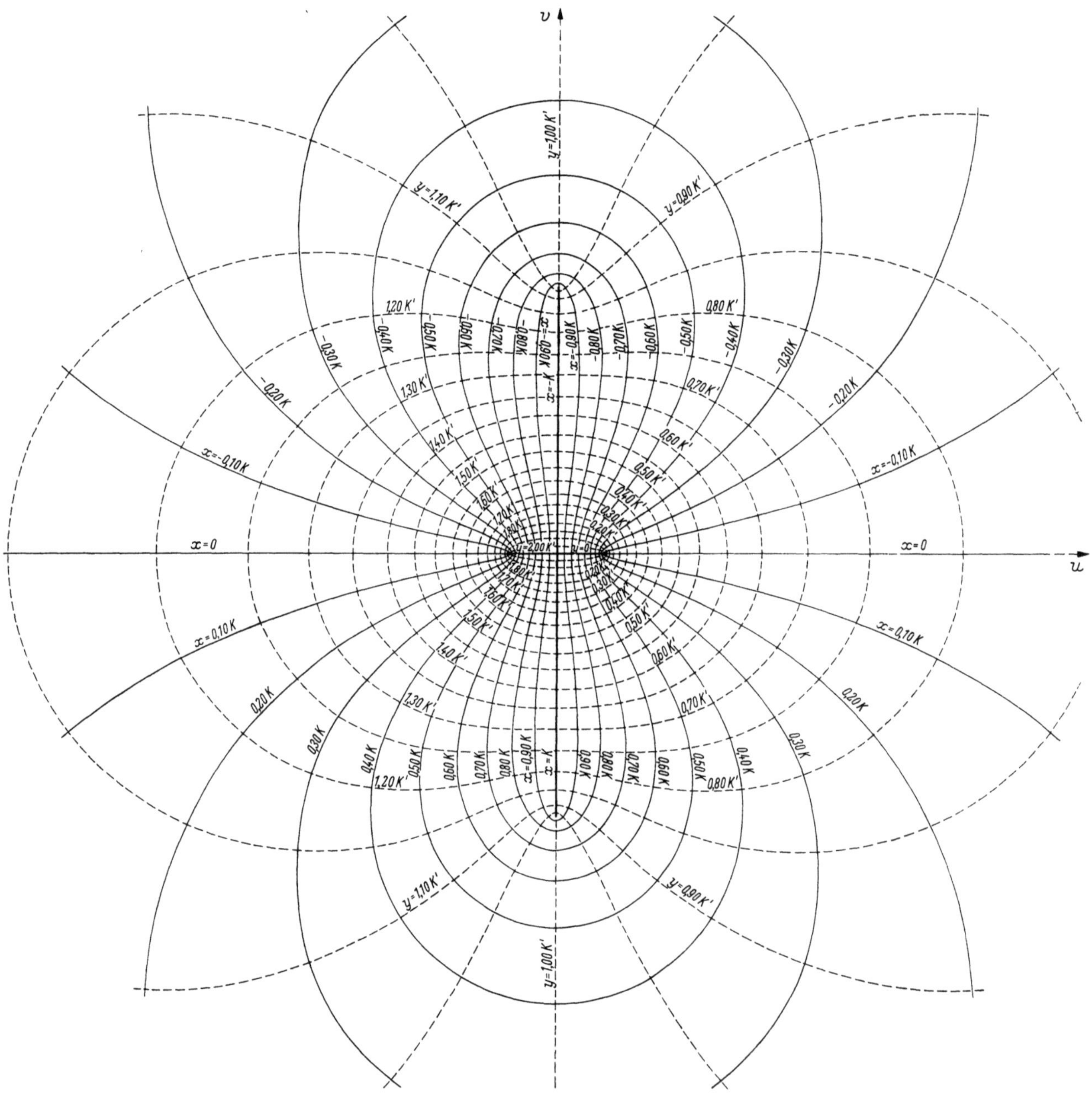

Abb. 253. Darstellung der Funktion $w = u + i\,v = \mathrm{cn}(z, k)$ für $k = 0{,}172$ bzw. $\varkappa = 2{,}0$ in der w-Ebene

Imaginärteil-Funktionen entsprechend miteinander in Beziehung gesetzt werden. So liefert (1199)

$$u_1^2 + v_1^2 = \sinh^2 y + \sin^2 x = \cosh^2 y - \cos^2 x \quad \text{für} \quad z(\text{sn}, 0), \tag{1211}$$

$$\frac{u_1^2}{\sin^2 x} - \frac{v_1^2}{\cos^2 x} = 1, \quad \frac{u_1^2}{\cosh^2 y} + \frac{v_1^2}{\sinh^2 y} = 1 \quad \text{für} \quad z(\text{sn}, 0). \tag{1212}$$

Ferner erhält man aus (1200)

$$u_2^2 + v_2^2 = \frac{1}{\sinh^2 x + \cos^2 y} \quad \text{für} \quad z(\text{cn}, 1), \tag{1213}$$

$$\frac{u_2^2}{\cos^2 y} - \frac{v_2^2}{\sin^2 y} = (u_2^2 + v_2^2)^2, \quad \frac{u_2^2}{\cosh^2 x} + \frac{v_2^2}{\sinh^2 x} = (u_2^2 + v_2^2)^2 \quad \text{für} \quad z(\text{cn}, 1). \tag{1214}$$

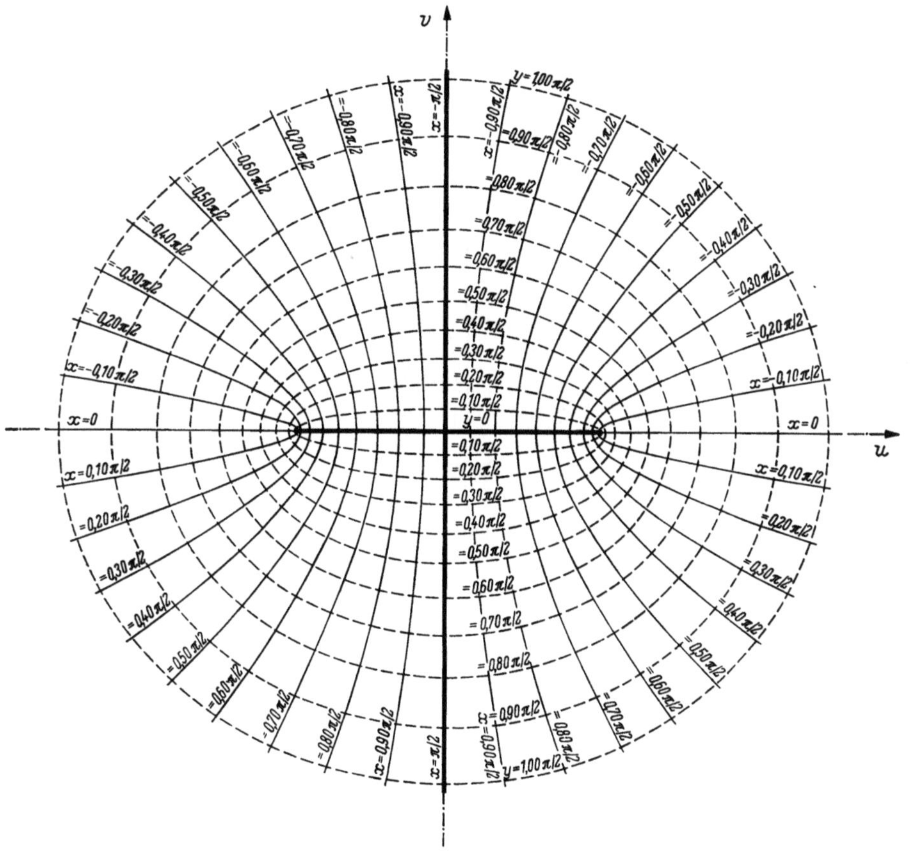

Abb. 254. Darstellung der Funktion $w = u + i\,v = \text{cn}(z, k)$ für $k = 0$ bzw. $\varkappa \to \infty$ in der w-Ebene

Schließlich folgt aus (1204) zunächst

$$\left.\begin{aligned} \cos 2y &= \cosh 2x - \frac{\sinh 2x}{u_3}, & \cosh 2x &= \cos 2y - \frac{\sin 2y}{v_3} \\ \sin 2y &= -\frac{v_3}{u_3} \sinh 2x, & \sinh 2x &= -\frac{u_3}{v_3} \sin 2y \end{aligned}\right\} \quad \text{für} \quad z(\overline{\text{sd}}, 1), \qquad (1215$$

und damit

$$(u_3 - \coth 2x)^2 + v_3^2 = \frac{1}{\sinh^2 2x}, \quad (v_3 + \cot 2y)^2 + u_3^2 = \frac{1}{\sin^2 2y} \quad \text{für} \quad z(\overline{\text{sd}}, 1), \tag{1216}$$

$$u_3^2 + v_3^2 = \frac{\cosh 2x + \cos 2y}{\cosh 2x - \cos 2y} \quad \text{für} \quad z(\overline{\text{sd}}, 1). \tag{1217}$$

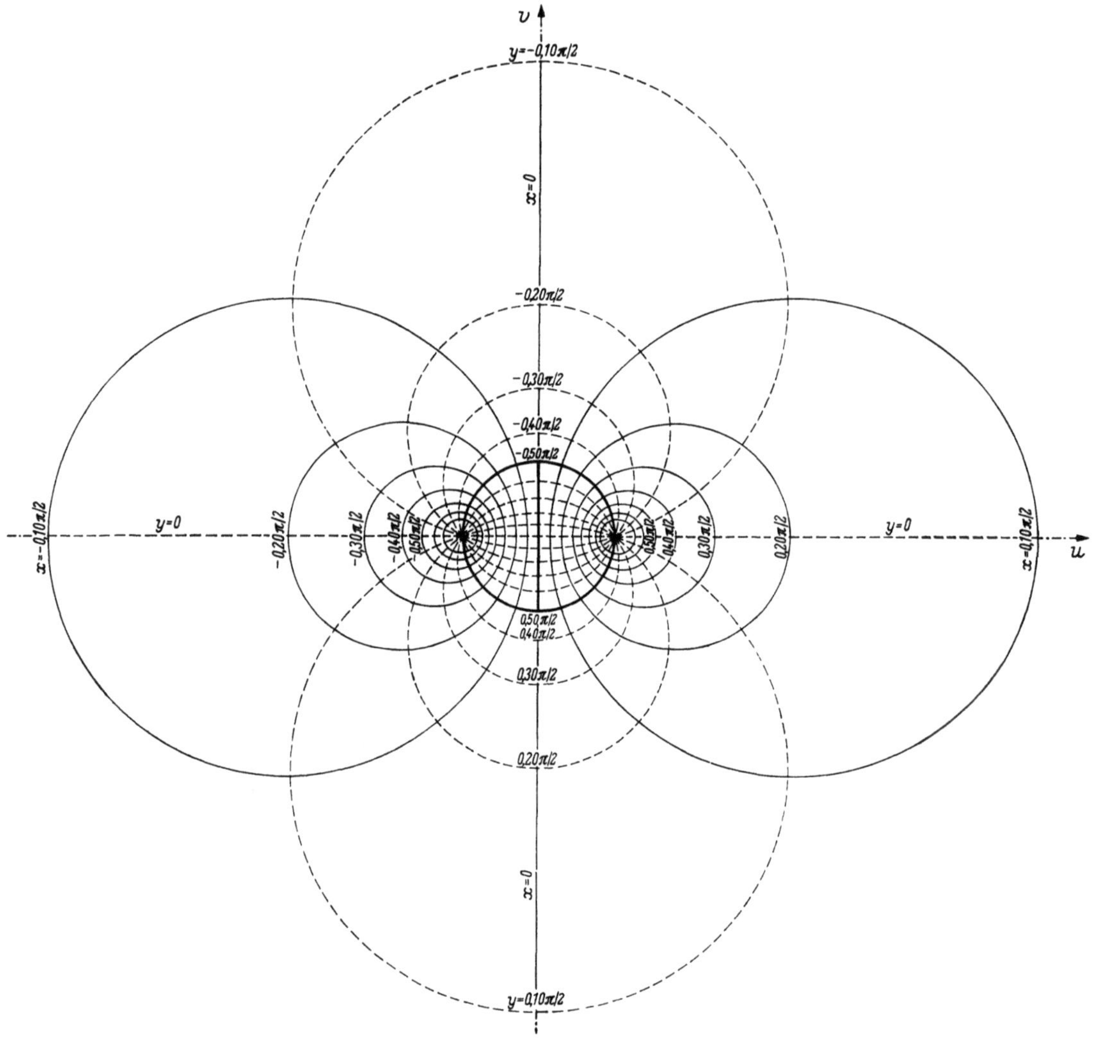

Abb. 255. Darstellung der Funktion $w = u + i\,v = \overline{\mathrm{sd}}(z, k)$ für $k = 1$ bzw. $\varkappa = 0$ in der w-Ebene

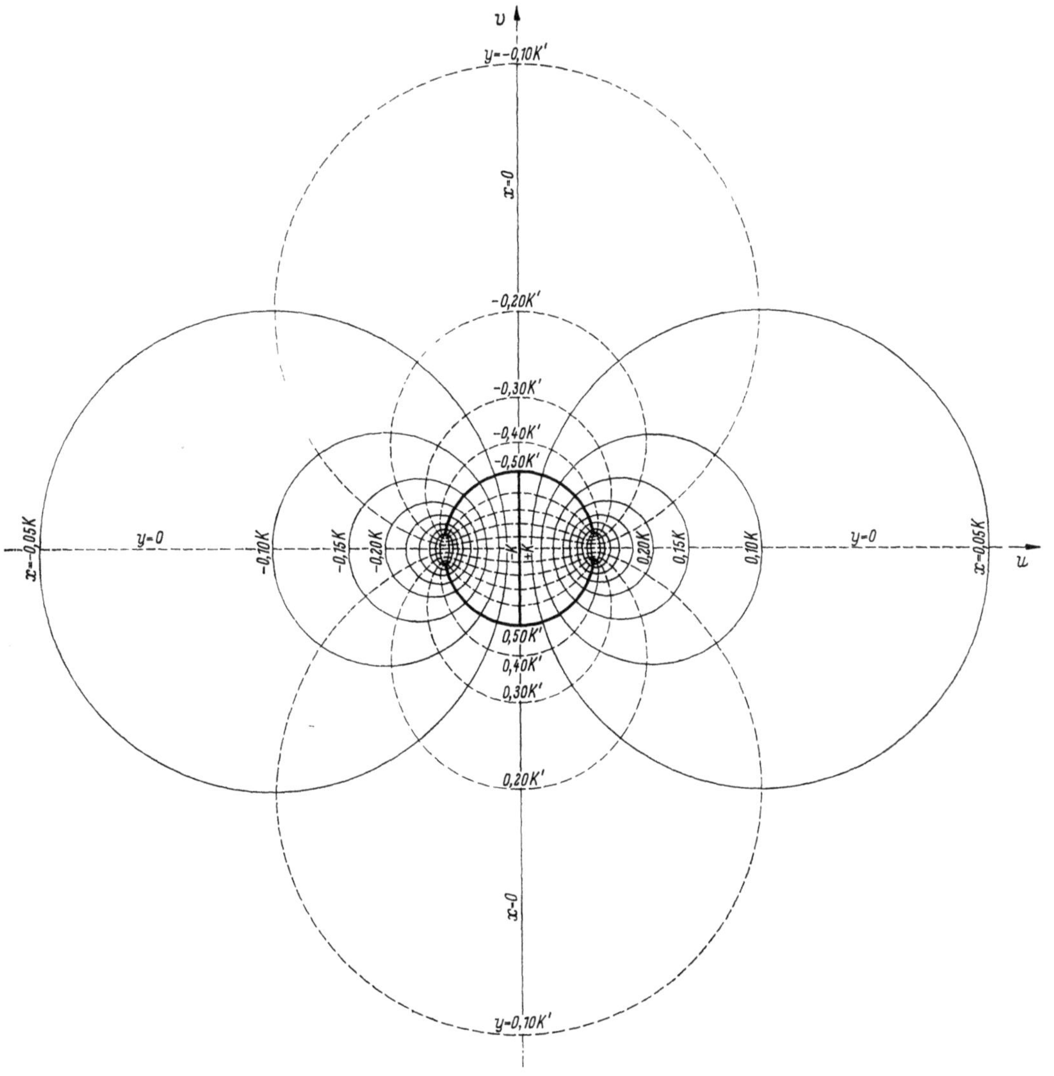

Abb. 256. Darstellung der Funktion $w = u + i\,v = \overline{\mathrm{sd}}(z, k)$ für $k = 0{,}985$ bzw. $\varkappa = 0{,}5$ in der w-Ebene

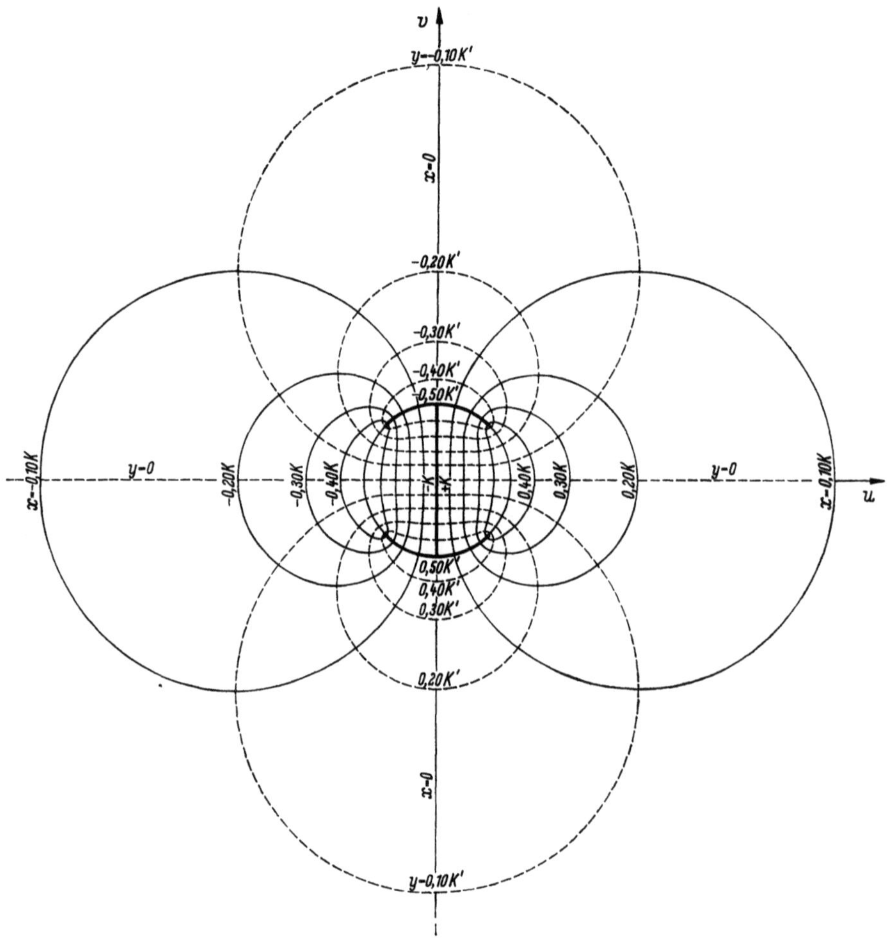

Abb. 257. Darstellung der Funktion $w = u + i\,v = \overline{\mathrm{sd}}(z, k)$ für $k = 0{,}707$ bzw. $\varkappa = 1{,}0$ in der w-Ebene

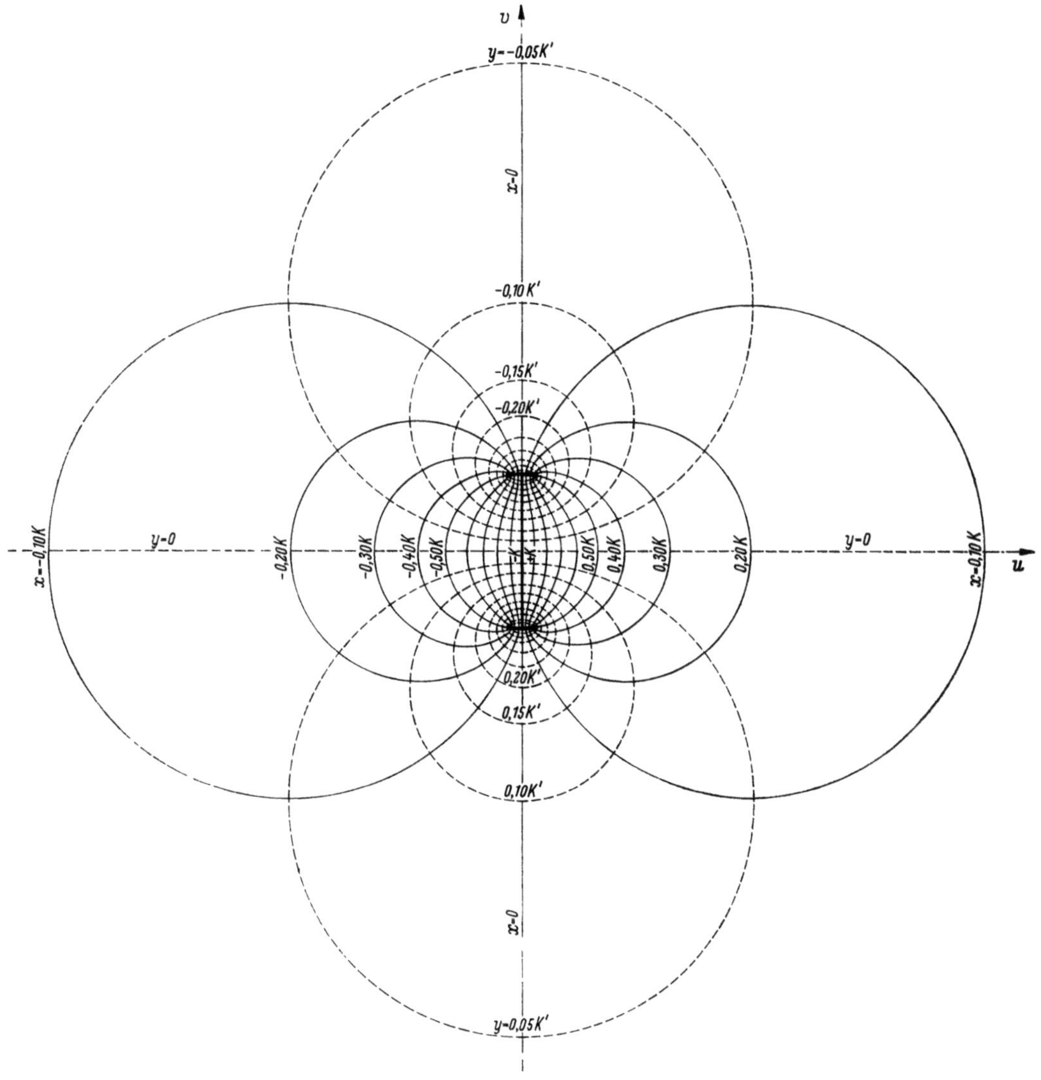

Abb. 258. Darstellung der Funktion $w = u + i\,v = \overline{\mathrm{sd}}(z, k)$ für $k = 0{,}172$ bzw. $\varkappa = 2{,}0$ in der w-Ebene

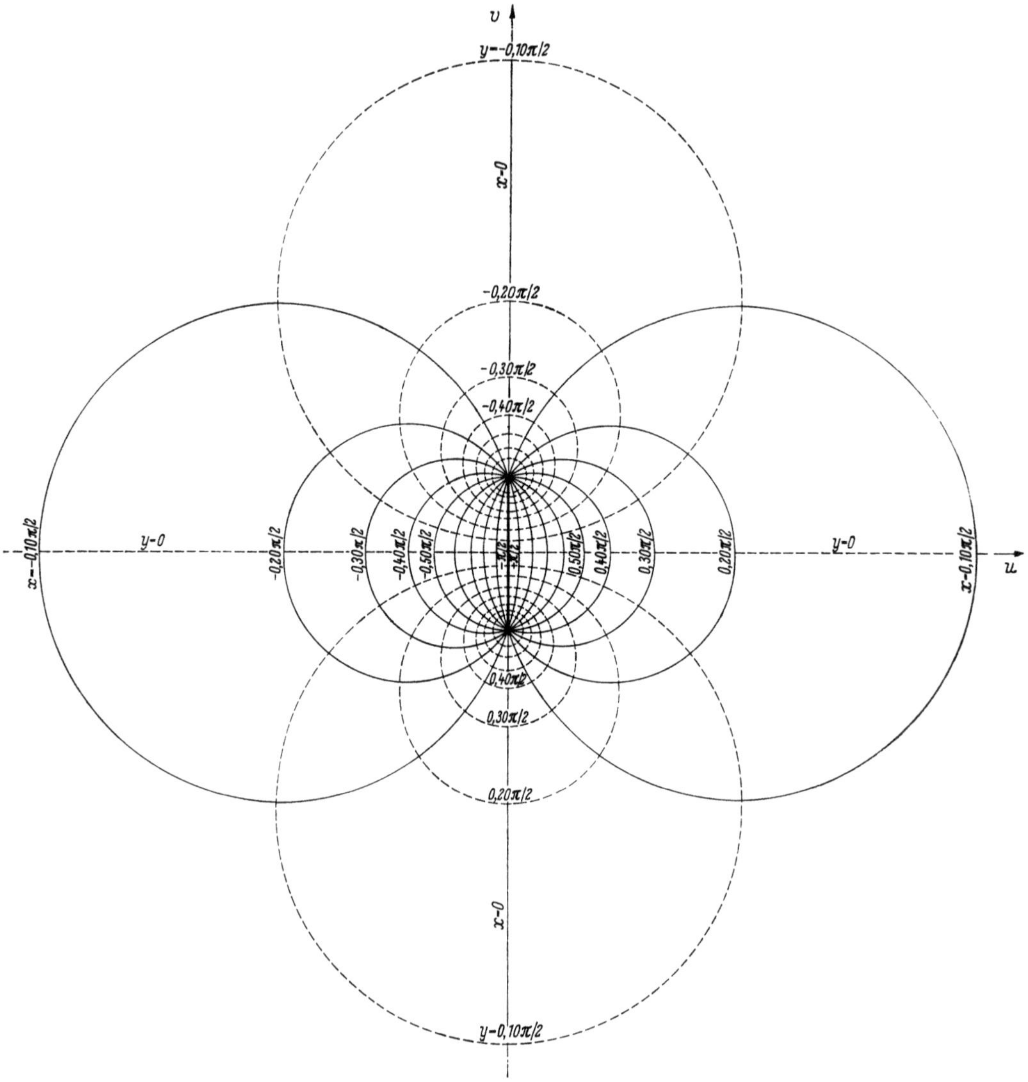

Abb. 259. Darstellung der Funktion $w = u + i\,v = \overline{\mathrm{sd}}(z, k)$ für $k = 0$ bzw. $\varkappa \to \infty$ in der w-Ebene

181. Die konforme Abbildung des Rechtecks auf das Äußere und Innere des Einheitskreises durch die Funktionen $z(\overline{\mathrm{sd}}, k)$ und $z(\overline{\mathrm{cn}}, k)$

Wird in (1204) $x = \pm\frac{1}{2}K$ bzw. $y = \pm\frac{1}{2}K'$ gesetzt, so folgt in Verbindung mit (770) und (793)

$$u_3\left(\pm\frac{K}{2}, y\right) = \pm\mathrm{dn}(2y, k'), \quad v_3\left(\pm\frac{K}{2}, y\right) = \mp k'\,\mathrm{sn}(2y, k'),$$

oder

$$u_3^2\left(\pm\frac{K}{2}, y\right) + v_3^2\left(\pm\frac{K}{2}, y\right) = 1 \tag{1218a}$$

bzw.

$$u_3\left(x, \pm\frac{K'}{2}\right) = \pm k\,\mathrm{sn}(2x, k), \quad v_3\left(x, \pm\frac{K'}{2}\right) = \mp\mathrm{dn}(2x, k),$$

oder

$$u_3^2\left(x, \pm\frac{K'}{2}\right) + v_3^2\left(x, \pm\frac{K'}{2}\right) = 1. \tag{1218b}$$

In analoger Weise ergibt sich im Ausartungsfalle $\varkappa = 0$, wenn in (1204) $x \to \pm\infty$, $y = \pm\frac{\pi}{4}$ gesetzt wird,

$$\begin{aligned} &u_3(\infty, y) = 1, \qquad v_3(\infty, y) = 0, \qquad u_3^2(\infty, y) + v_3^2(\infty, y) = 1,\\ &u_3\left(x, \pm\frac{\pi}{4}\right) = \tanh 2x, \quad v_3\left(x, \pm\frac{\pi}{4}\right) = \mp\frac{1}{\cosh 2x}, \quad u_3^2\left(x, \pm\frac{\pi}{4}\right) + v_3^2\left(x, \pm\frac{\pi}{4}\right) = 1. \end{aligned} \tag{1219}$$

Hiernach wird das Rechteck mit den Kantenlängen K und K' durch die Funktion $w = \overline{\mathrm{sd}}(z, k)$ auf den Einheitskreis um den Koordinatenursprung ($u = 0$, $v = 0$) abgebildet. Da $\overline{\mathrm{sd}}(z, k)$ im Mittelpunkt des Rechtecks einen Pol besitzt, handelt es sich dabei um die Abbildung auf das Äußere des Einheitskreises.

Die Abbildung auf das Innere des Einheitskreises ergibt sich durch Spiegelung von $\overline{\mathrm{sd}}(z, k)$ am Einheitskreis, d. h. durch Vertauschen von $\overline{\mathrm{sd}}(z, k)$ mit $1/\overline{\mathrm{sd}}(z, k)$. Nun ist aber nach der zweiten der Gln. (774)

$$\frac{1}{\overline{\mathrm{sd}}(z, k)} = \overline{\mathrm{nc}}(z, k), \tag{1220}$$

d. h., durch die Umkehrfunktion $z(\overline{\mathrm{nc}}, k)$ wird das Rechteck mit den Kantenlängen K und K' auf das Innere des Einheitskreises um den Koordinatenursprung ($u = 0$, $v = 0$) abgebildet. Für die Aufspaltung von $\overline{\mathrm{nc}}(x + iy, k)$ folgt nach (1220) und (1204)

$$\mathrm{nc}(x + iy, k) = u_4(x, y, k) + i\,v_4(x, y, k) = \frac{1}{u_3(x, y, k) + i\,v_3(x, y, k)} = \frac{u_3(x, y, k) - i\,v_3(x, y, k)}{u_3^2(x, y, k) + v_3^2(x, y, k)}.$$

Wird hierin noch (1204) und (770) berücksichtigt, so ergibt sich schließlich

$$\begin{aligned} &\overline{\mathrm{sd}}(x + iy, k) = u_3(x, y, k) + i\,v_3(x, y, k), \quad (-K \leqq x \leqq +K,\ -K' \leqq y \leqq +K'),\\ &u_3(x, y, k) = +\frac{\mathrm{sn}(2x, k)\,\mathrm{dn}(2y, k')}{1 - \mathrm{cn}(2x, k)\,\mathrm{cn}(2y, k')},\\ &v_3(x, y, k) = -\frac{\mathrm{dn}(2x, k)\,\mathrm{sn}(2y, k')}{1 - \mathrm{cn}(2x, k)\,\mathrm{cn}(2y, k')}; \end{aligned} \quad \text{(Abbildung auf das Äußere des Einheitskreises)} \tag{1221}$$

$$\begin{aligned} &\overline{\mathrm{nc}}(x + iy, k) = u_4(x, y, k) + i\,v_4(x, y, k), \quad (-K \leqq x \leqq +K,\ -K' \leqq y \leqq +K'),\\ &u_4(x, y, k) = +\frac{\mathrm{sn}(2x, k)\,\mathrm{dn}(2y, k')}{1 + \mathrm{cn}(2x, k)\,\mathrm{cn}(2y, k')},\\ &v_4(x, y, k) = +\frac{\mathrm{dn}(2x, k)\,\mathrm{sn}(2y, k')}{1 + \mathrm{cn}(2x, k)\,\mathrm{cn}(2y, k')}. \end{aligned} \quad \text{(Abbildung auf das Innere des Einheitskreises)} \tag{1222}$$

In den Abb. 260 und 261 sind die beiden konformen Abbildungen dargestellt, und zwar für die Parameterwerte

$$\varkappa = \frac{K'}{K} = 1 \quad \text{und} \quad \varkappa = \frac{K'}{K} = \frac{1}{2}$$

sowie für den Ausartungsfall $\varkappa = 0$.

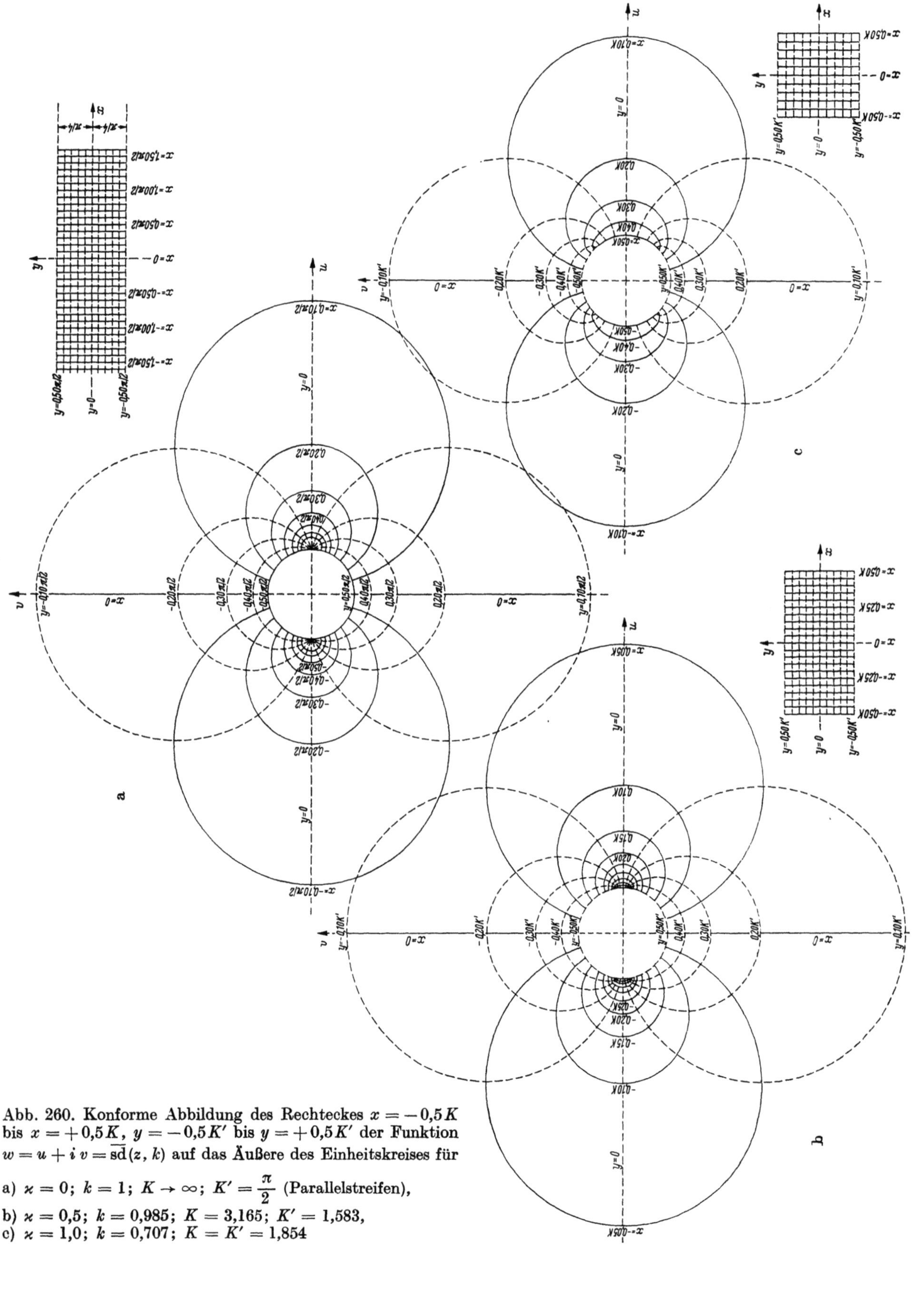

Abb. 260. Konforme Abbildung des Rechteckes $x = -0{,}5K$ bis $x = +0{,}5K$, $y = -0{,}5K'$ bis $y = +0{,}5K'$ der Funktion $w = u + iv = \overline{\mathrm{sd}}(z, k)$ auf das Äußere des Einheitskreises für

a) $\varkappa = 0$; $k = 1$; $K \to \infty$; $K' = \frac{\pi}{2}$ (Parallelstreifen),

b) $\varkappa = 0{,}5$; $k = 0{,}985$; $K = 3{,}165$; $K' = 1{,}583$,

c) $\varkappa = 1{,}0$; $k = 0{,}707$; $K = K' = 1{,}854$

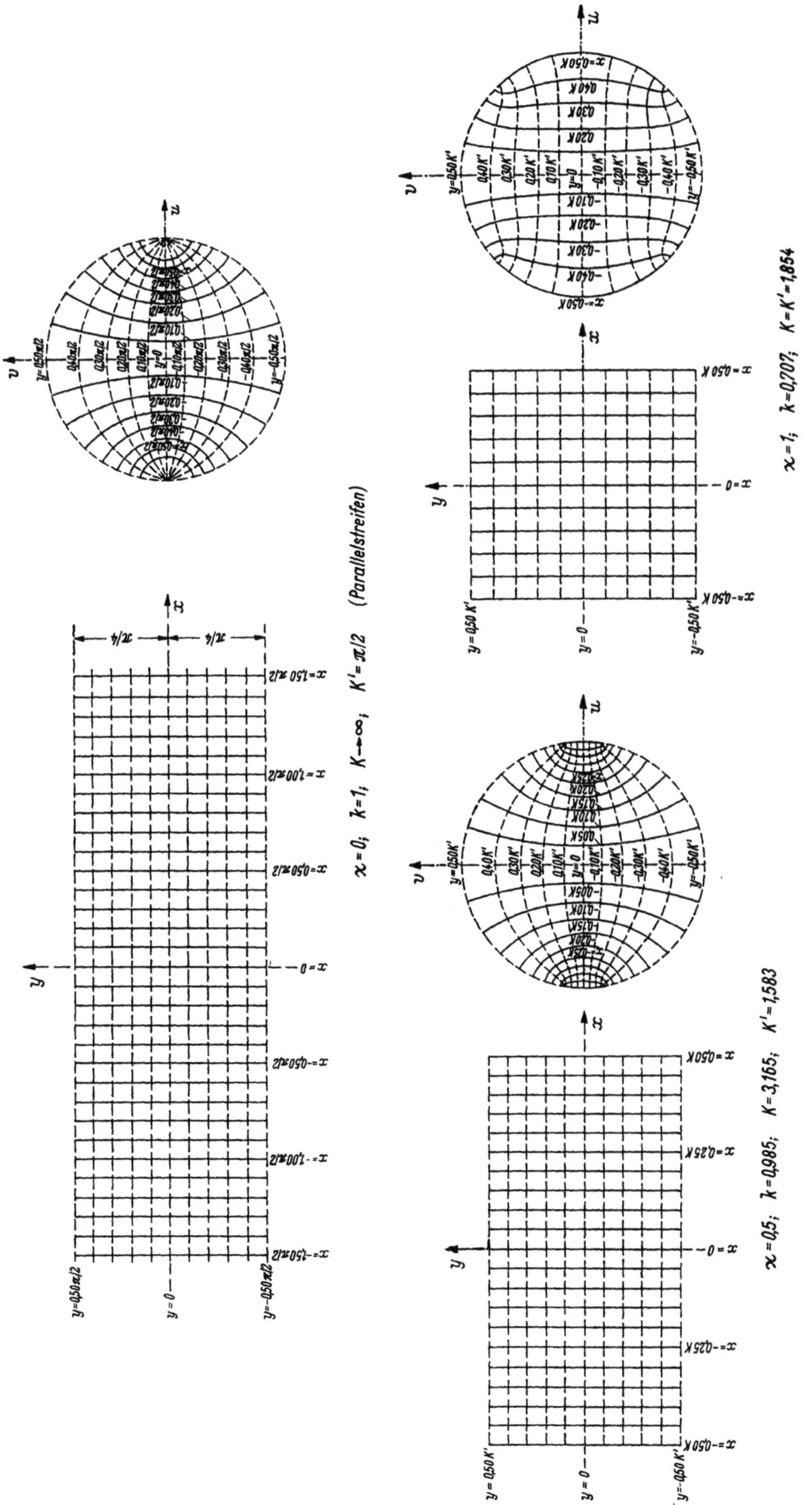

Abb. 261
Konforme Abbildung des Rechteckes $x = -0{,}5K$ bis $x = +0{,}5K$, $y = -0{,}5K'$ bis $y = +0{,}5K'$ der Funktion $w = u + i\,v = \overline{\mathrm{nc}}(z, k)$ auf das Innere des Einheitskreises für $\varkappa = 0$, $\varkappa = 0{,}5$ und $\varkappa = 1{,}0$

182. Die Logarithmen der Jacobischen elliptischen Funktionen und ihrer logarithmischen Ableitungen einschließlich ihrer Ausartungen im Komplexen und zugehörigen partiellen Ableitungen

Werden die Gln. (1193) bis (1195) logarithmiert, so gehen die auf den rechten Seiten dieser Gleichungen auftretenden multiplikativen Konstanten in additive über. Mit

$$\ln i = \ln e^{i\pi/2} = i\frac{\pi}{2}, \quad \ln(-i) = \ln e^{-i\pi/2} = -i\frac{\pi}{2}, \quad \ln(-1) = \ln e^{-i\pi} = -i\pi$$

erhält man:

$$\left.\begin{aligned}
\ln \mathrm{sn}(\zeta,\varkappa) &= \ln \mathrm{sn}(\zeta,\varkappa), & \ln \mathrm{sn}(z,k) &= \ln \mathrm{sn}(z,k),\\
\ln \mathrm{cd}(\zeta,\varkappa) &= \ln \mathrm{sn}(\zeta+\tfrac{1}{2},\varkappa), & \ln \mathrm{cd}(z,k) &= \ln \mathrm{sn}(z+K,k),\\
\ln \mathrm{ns}(\zeta,\varkappa) &= \ln \mathrm{sn}\left(\zeta+\frac{i\varkappa}{2},\varkappa\right)+\ln k, & \ln \mathrm{ns}(z,k) &= \ln \mathrm{sn}(z+iK',k)+\ln k,\\
\ln \mathrm{dc}(\zeta,\varkappa) &= \ln \mathrm{sn}\left(\zeta+\frac{1}{2}+\frac{i\varkappa}{2},\varkappa\right)+\ln k, & \ln \mathrm{dc}(z,k) &= \ln \mathrm{sn}(z+K+iK',k)+\ln k,\\
\ln \mathrm{nd}(\zeta,\varkappa) &= \ln \mathrm{sn}\left(\frac{i\zeta}{\varkappa}+\frac{1}{2},\frac{1}{\varkappa}\right), & \ln \mathrm{nd}(z,k) &= \ln \mathrm{sn}(iz+K',k'),\\
\ln \mathrm{sc}(\zeta,\varkappa) &= \ln \mathrm{sn}\left(\frac{i\zeta}{\varkappa},\frac{1}{\varkappa}\right)-i\frac{\pi}{2}, & \ln \mathrm{sc}(z,k) &= \ln \mathrm{sn}(iz,k')-i\frac{\pi}{2},\\
\ln \mathrm{dn}(\zeta,\varkappa) &= \ln \mathrm{sn}\left(\frac{i\zeta}{\varkappa}+\frac{1}{2}+\frac{i}{2\varkappa},\frac{1}{\varkappa}\right)+\ln k', & \ln \mathrm{dn}(z,k) &= \ln \mathrm{sn}(iz+K'+iK,k')+\ln k',\\
\ln \mathrm{cs}(\zeta,\varkappa) &= \ln \mathrm{sn}\left(\frac{i\zeta}{\varkappa}+\frac{i}{2\varkappa},\frac{1}{\varkappa}\right)+i\frac{\pi}{2}+\ln k', & \ln \mathrm{cs}(z,k) &= \ln \mathrm{sn}(iz+iK,k')+i\frac{\pi}{2}+\ln k',\\
\ln \overline{\mathrm{nd}}(\zeta,\varkappa) &= \ln \mathrm{sn}(2\zeta,2\varkappa)+\ln(1-k'),\\
\ln \overline{\mathrm{cs}}(\zeta,\varkappa) &= \ln \mathrm{sn}(2\zeta+i\varkappa,2\varkappa)-i\pi+\ln(1-k'),\\
\ln \overline{\mathrm{dc}}(\zeta,\varkappa) &= \ln \mathrm{sn}\left(\frac{2i\zeta}{\varkappa},\frac{2}{\varkappa}\right)-i\frac{\pi}{2}+\ln(1-k),\\
\ln \overline{\mathrm{ns}}(\zeta,\varkappa) &= \ln \mathrm{sn}\left(\frac{2i\zeta}{\varkappa}+\frac{i}{\varkappa},\frac{2}{\varkappa}\right)-i\frac{\pi}{2}+\ln(1-k).
\end{aligned}\right\}\quad(1223)$$

$$\left.\begin{aligned}
\ln \mathrm{cn}(\zeta,\varkappa) &= \ln \mathrm{cn}(\zeta,\varkappa), & \ln \mathrm{cn}(z,k) &= \ln \mathrm{cn}(z,k),\\
\ln \mathrm{nc}(\zeta,\varkappa) &= \ln \mathrm{cn}\left(\frac{i\zeta}{\varkappa},\frac{1}{\varkappa}\right), & \ln \mathrm{nc}(z,k) &= \ln \mathrm{cn}(iz,k'),\\
\ln \mathrm{sd}(\zeta,\varkappa) &= \ln \mathrm{cn}(\zeta+\tfrac{1}{2},\varkappa)-i\pi-\ln k', & \ln \mathrm{sd}(z,k) &= \ln \mathrm{cn}(z+K,k)-i\pi-\ln k',\\
\ln \mathrm{ds}(\zeta,\varkappa) &= \ln \mathrm{cn}\left(\zeta+\frac{i\varkappa}{2},\varkappa\right)+i\frac{\pi}{2}+\ln k, & \ln \mathrm{ds}(z,k) &= \ln \mathrm{cn}(z+iK',k)+i\frac{\pi}{2}+\ln k.
\end{aligned}\right\}\quad(1224)$$

$$\left.\begin{aligned}
\ln \overline{\mathrm{sd}}(\zeta,\varkappa) &= \ln \overline{\mathrm{sd}}(\zeta,\varkappa), & \ln \overline{\mathrm{sd}}(z,k) &= \ln \overline{\mathrm{sd}}(z,k),\\
\ln \overline{\mathrm{cn}}(\zeta,\varkappa) &= \ln \overline{\mathrm{sd}}(\zeta+\tfrac{1}{2},\varkappa), & \ln \overline{\mathrm{cn}}(z,k) &= \ln \overline{\mathrm{sd}}(z+K,k).
\end{aligned}\right\}\quad(1225)$$

Da die additiven Konstanten von (1223) bis (1225) für die analytische Darstellung belanglos sind, lassen sich die Logarithmen der 12 JACOBIschen elliptischen Funktionen und ihrer 6 logarithmischen Ableitungen in Verbindung mit einer isotropen Maßstabsverzerrung und einer linearen Koordinatentransformation auf die drei Grundfunktionen

$$\ln \mathrm{sn}(z,k), \quad \ln \mathrm{cn}(z,k), \quad \ln \overline{\mathrm{sd}}(z,k)$$

zurückführen. Dies zeigen auch die in Abschnitt 101 besprochenen Abb. 121 und 122, die das Pol-, Nullstellen- und Randverhalten der 14 Funktionen

$$2\ln\sqrt{\wp_{\substack{1\\2\\3\\4}} - e_{\substack{1\\2\\3}}} \quad \text{und} \quad 2\ln\sqrt{\wp_{\substack{5\\6}} + 2e_2}$$

im Grundperioden- bzw. Doppelperiodenbereich erläutern. Diese Funktionen entsprechen nach (766) und (771) bis auf den Faktor 2 vor der Wurzel und belanglose additive Konstanten den durch (1223)[1–8], (1224) und (1225) dargestellten Funktionen. Für die drei ausgewählten Funktionen, deren Bereiche reellen und imaginären Funktionsverhaltens einschließlich der Pole und Nullstellen aus Abb. 262 für ein größeres Gebiet der z-Ebene ersichtlich sind, folgt in Verbindung mit (1197), (1198) und (1203)

$$\left.\begin{aligned}
\ln \operatorname{sn}(\xi + i\eta, \varkappa) &= \Phi_1(\xi, \eta, \varkappa) + i\,\Psi_1(\xi, \eta, \varkappa); & \Phi_1(\xi, \eta, \varkappa) &= \tfrac{1}{2}\ln(u_1^2 + v_1^2),\\
&& \Psi_1(\xi, \eta, \varkappa) &= \operatorname{arc\,tan}\frac{v_1}{u_1},\\
\ln \operatorname{cn}(\xi + i\eta, \varkappa) &= \Phi_2(\xi, \eta, \varkappa) + i\,\Psi_2(\xi, \eta, \varkappa); & \Phi_2(\xi, \eta, \varkappa) &= \tfrac{1}{2}\ln(u_2^2 + v_2^2),\\
&& \Psi_2(\xi, \eta, \varkappa) &= \operatorname{arc\,tan}\frac{v_2}{u_2},\\
\ln \overline{\operatorname{sd}}(\xi + i\eta, \varkappa) &= \Phi_3(\xi, \eta, \varkappa) + i\,\Psi_3(\xi, \eta, \varkappa); & \Phi_3(\xi, \eta, \varkappa) &= \tfrac{1}{2}\ln(u_3^2 + v_3^2),\\
&& \Psi_3(\xi, \eta, \varkappa) &= \operatorname{arc\,tan}\frac{v_3}{u_3}.
\end{aligned}\right\} \qquad (1226)$$

Um die Φ- und Ψ-Funktionen explizit darstellen zu können, müssen u und v den gleichen Nenner aufweisen. v_1 muß daher noch mit $\operatorname{sn}^2(\xi, \varkappa)\operatorname{cs}^2\left(\frac{\eta}{\varkappa}, \frac{1}{\varkappa}\right)$ erweitert werden. Bei gleichzeitiger Beachtung von (767) und (770) ergibt sich

$$\Phi_1 = \frac{1}{2}\ln\frac{\operatorname{sn}^2(\xi,\varkappa)\operatorname{ds}^2\left(\frac{\eta}{\varkappa},\frac{1}{\varkappa}\right)\operatorname{ns}^2\left(\frac{\eta}{\varkappa},\frac{1}{\varkappa}\right) + \operatorname{cn}^2(\xi,\varkappa)\operatorname{dn}^2(\xi,\varkappa)\operatorname{cs}^2\left(\frac{\eta}{\varkappa},\frac{1}{\varkappa}\right)}{\left(k^2\operatorname{sn}^2(\xi,\varkappa) + \operatorname{cs}^2\left(\frac{\eta}{\varkappa},\frac{1}{\varkappa}\right)\right)^2} = \frac{1}{2}\ln\frac{1 + \operatorname{sn}^2(\xi,\varkappa)\operatorname{cs}^2\left(\frac{\eta}{\varkappa},\frac{1}{\varkappa}\right)}{k^2\operatorname{sn}^2(\xi,\varkappa) + \operatorname{cs}^2\left(\frac{\eta}{\varkappa},\frac{1}{\varkappa}\right)},$$

$$\Psi_1 = \operatorname{arc\,tan}\frac{\operatorname{cn}(\xi,\varkappa)\operatorname{dn}(\xi,\varkappa)\operatorname{cs}\left(\frac{\eta}{\varkappa},\frac{1}{\varkappa}\right)}{\operatorname{sn}(\xi,\varkappa)\operatorname{ds}\left(\frac{\eta}{\varkappa},\frac{1}{\varkappa}\right)\operatorname{ns}\left(\frac{\eta}{\varkappa},\frac{1}{\varkappa}\right)} = \operatorname{arc\,tan}\frac{\operatorname{cs}(\xi,\varkappa)\operatorname{dn}(\xi,\varkappa)}{\operatorname{dc}\left(\frac{\eta}{\varkappa},\frac{1}{\varkappa}\right)\operatorname{ns}\left(\frac{\eta}{\varkappa},\frac{1}{\varkappa}\right)} = \operatorname{arc\,tan}\frac{\overline{\operatorname{ns}}(\xi,\varkappa)}{\overline{\operatorname{cs}}\left(\frac{\eta}{\varkappa},\frac{1}{\varkappa}\right)}.$$

$$\Phi_2 = \frac{1}{2}\ln\frac{\operatorname{cn}^2(\xi,\varkappa)\operatorname{cs}^2\left(\frac{\eta}{\varkappa},\frac{1}{\varkappa}\right)\operatorname{ns}^2\left(\frac{\eta}{\varkappa},\frac{1}{\varkappa}\right) + \operatorname{sn}^2(\xi,\varkappa)\operatorname{dn}^2(\xi,\varkappa)\operatorname{ds}^2\left(\frac{\eta}{\varkappa},\frac{1}{\varkappa}\right)}{\left(k^2\operatorname{cn}^2(\xi,\varkappa) - \operatorname{ds}^2\left(\frac{\eta}{\varkappa},\frac{1}{\varkappa}\right)\right)^2} = \frac{1}{2}\ln\frac{k'^2 + \operatorname{cn}^2(\xi,\varkappa)\operatorname{ds}^2\left(\frac{\eta}{\varkappa},\frac{1}{\varkappa}\right)}{-k^2\operatorname{cn}^2(\xi,\varkappa) + \operatorname{ds}^2\left(\frac{\eta}{\varkappa},\frac{1}{\varkappa}\right)},$$

$$\Psi_2 = -\operatorname{arc\,tan}\frac{\operatorname{sn}(\xi,\varkappa)\operatorname{dn}(\xi,\varkappa)\operatorname{ds}\left(\frac{\eta}{\varkappa},\frac{1}{\varkappa}\right)}{\operatorname{cn}(\xi,\varkappa)\operatorname{cs}\left(\frac{\eta}{\varkappa},\frac{1}{\varkappa}\right)\operatorname{ns}\left(\frac{\eta}{\varkappa},\frac{1}{\varkappa}\right)} = -\operatorname{arc\,tan}\frac{\operatorname{sc}(\xi,\varkappa)\operatorname{dn}(\xi,\varkappa)}{\operatorname{cd}\left(\frac{\eta}{\varkappa},\frac{1}{\varkappa}\right)\operatorname{ns}\left(\frac{\eta}{\varkappa},\frac{1}{\varkappa}\right)} = \operatorname{arc\,tan}\frac{\overline{\operatorname{cn}}(\xi,\varkappa)}{\overline{\operatorname{sd}}\left(\frac{\eta}{\varkappa},\frac{1}{\varkappa}\right)}.$$

$$\Phi_3 = \frac{1}{2}\ln\frac{\operatorname{sn}^2(2\xi,\varkappa)\operatorname{dn}^2\left(\frac{2\eta}{\varkappa},\frac{1}{\varkappa}\right) + \operatorname{dn}^2(2\xi,\varkappa)\operatorname{sn}^2\left(\frac{2\eta}{\varkappa},\frac{1}{\varkappa}\right)}{\left(1 - \operatorname{cn}(2\xi,\varkappa)\operatorname{cn}\left(\frac{2\eta}{\varkappa},\frac{1}{\varkappa}\right)\right)^2} = \frac{1}{2}\ln\frac{1 + \operatorname{cn}(2\xi,\varkappa)\operatorname{cn}\left(\frac{2\eta}{\varkappa},\frac{1}{\varkappa}\right)}{1 - \operatorname{cn}(2\xi,\varkappa)\operatorname{cn}\left(\frac{2\eta}{\varkappa},\frac{1}{\varkappa}\right)},$$

$$\Psi_3 = -\operatorname{arc\,tan}\frac{\operatorname{sd}\left(\frac{2\eta}{\varkappa},\frac{1}{\varkappa}\right)}{\operatorname{sd}(2\xi,\varkappa)}.$$

Damit erhält man mit $\xi + i\eta = \zeta$

$$\ln \operatorname{sn}(\zeta,\varkappa) = \Phi_1(\xi,\eta,\varkappa) + i\,\Psi_1(\xi,\eta,\varkappa); \qquad \Phi_1 = \frac{1}{2}\ln\frac{1 + \operatorname{sn}^2(\xi,\varkappa)\operatorname{cs}^2\left(\frac{\eta}{\varkappa},\frac{1}{\varkappa}\right)}{k^2\operatorname{sn}^2(\xi,\varkappa) + \operatorname{cs}^2\left(\frac{\eta}{\varkappa},\frac{1}{\varkappa}\right)},$$

$$\Psi_1 = \operatorname{arc\,tan}\frac{\overline{\operatorname{ns}}(\xi,\varkappa)}{\overline{\operatorname{cs}}\left(\frac{\eta}{\varkappa},\frac{1}{\varkappa}\right)},$$

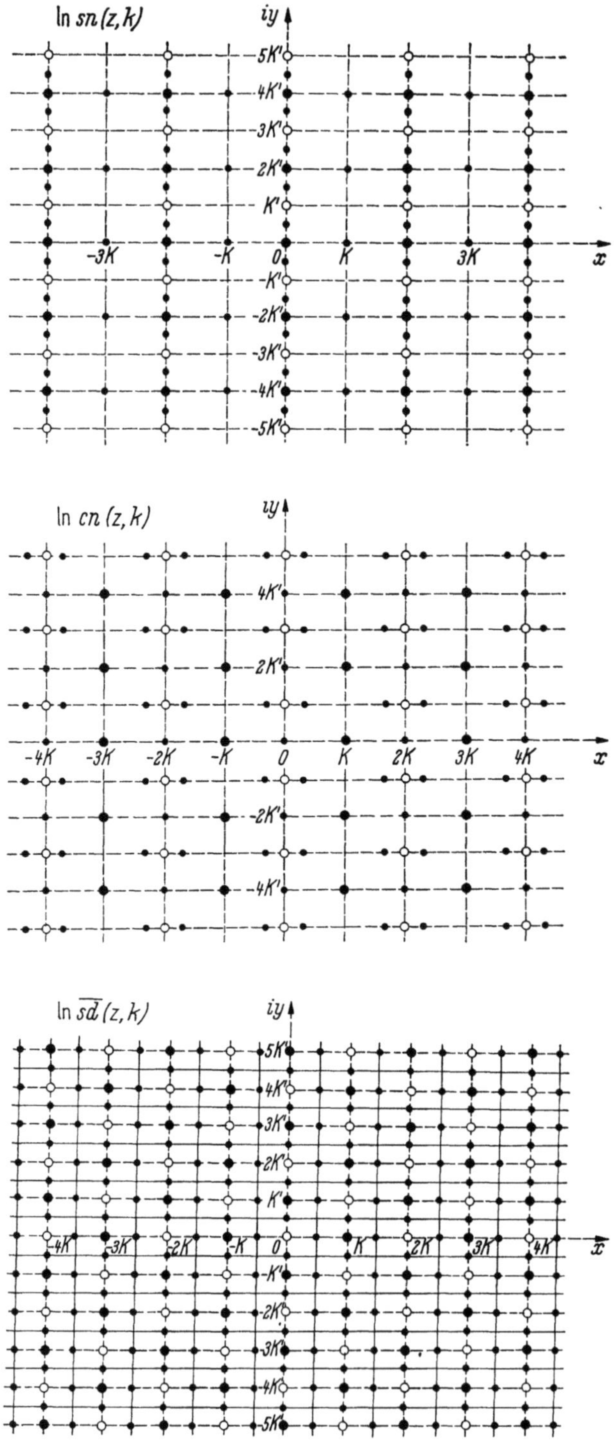

Abb. 262. Nullstellen und Pole der Funktionen $\ln \mathrm{sn}(z, k)$, $\ln \mathrm{cn}(z, k)$ und $\ln \overline{\mathrm{sd}}(z, k)$ für $\varkappa = \frac{K'}{K} = 0{,}6$
(○ positive log. Pole, ● negative log. Pole, · Nullstellen)

$$\left.\begin{aligned}
&\ln \mathrm{cn}(\zeta, \varkappa) = \Phi_2(\xi, \eta, \varkappa) + i\,\Psi_2(\xi, \eta, \varkappa); \quad \Phi_2 = \frac{1}{2}\ln\frac{k'^2 + \mathrm{cn}^2(\xi, \varkappa)\,\mathrm{ds}^2\left(\frac{\eta}{\varkappa}, \frac{1}{\varkappa}\right)}{-k^2\,\mathrm{cn}^2(\xi, \varkappa) + \mathrm{ds}^2\left(\frac{\eta}{\varkappa}, \frac{1}{\varkappa}\right)},\\
&\qquad \Psi_2 = \arctan\frac{\overline{\mathrm{cn}}(\xi, \varkappa)}{\overline{\mathrm{sd}}\left(\frac{\eta}{\varkappa}, \frac{1}{\varkappa}\right)},\\
&\ln \overline{\mathrm{sd}}(\zeta, \varkappa) = \Phi_3(\xi, \eta, \varkappa) + i\,\Psi_3(\xi, \eta, \varkappa); \quad \Phi_3 = \frac{1}{2}\ln\frac{1 + \mathrm{cn}(2\xi, \varkappa)\,\mathrm{cn}\left(\frac{2\eta}{\varkappa}, \frac{1}{\varkappa}\right)}{1 - \mathrm{cn}(2\xi, \varkappa)\,\mathrm{cn}\left(\frac{2\eta}{\varkappa}, \frac{1}{\varkappa}\right)},\\
&\qquad \Psi_3 = -\arctan\frac{\mathrm{sd}\left(\frac{2\eta}{\varkappa}, \frac{1}{\varkappa}\right)}{\mathrm{sd}(2\xi, \varkappa)}.
\end{aligned}\right\}\quad (1227)$$

Die Umschreibung der Gln. (1227) auf das (z, k)-System ergibt mit $z = x + i\,y$ unter Einschluß der Ausartungen für $k = 0$ und $k = 1$

$$\left.\begin{aligned}
&\ln \mathrm{sn}(z, k) = \Phi_1(x, y, k) + i\,\Psi_1(x, y, k); \quad \Phi_1 = \frac{1}{2}\ln\frac{1 + \mathrm{sn}^2(x, k)\,\mathrm{cs}^2(y, k')}{k^2\,\mathrm{sn}^2(x, k) + \mathrm{cs}^2(y, k')}, \quad \Psi_1 = \arctan\frac{\overline{\mathrm{ns}}(x, k)}{\overline{\mathrm{cs}}(y, k')},\\
&\ln \mathrm{sn}(z, 0) = \ln\sin z; \quad \Phi_1 = \tfrac{1}{2}\ln(\sin^2 x + \sinh^2 y), \quad \Psi_1 = \arctan(\cot x\,\tanh y),\\
&\ln \mathrm{sn}(z, 1) = \ln\tanh z; \quad \Phi_1 = -\frac{1}{2}\ln\frac{\cosh 2x + \cos 2y}{\cosh 2x - \cos 2y}, \quad \Psi_1 = \arctan\frac{\sin 2y}{\sinh 2x};\\
&\ln \mathrm{cn}(z, k) = \Phi_2(x, y, k) + i\,\Psi_2(x, y, k); \quad \Phi_2 = \frac{1}{2}\ln\frac{k'^2 + \mathrm{cn}^2(x, k)\,\mathrm{ds}^2(y, k')}{-k^2\,\mathrm{cn}^2(x, k) + \mathrm{ds}^2(y, k')}, \quad \Psi_2 = \arctan\frac{\overline{\mathrm{cn}}(x, k)}{\overline{\mathrm{sd}}(y, k')},\\
&\ln \mathrm{cn}(z, 0) = \ln\cos z; \quad \Phi_2 = \tfrac{1}{2}\ln(\cos^2 x + \sinh^2 y), \quad \Psi_2 = -\arctan(\tan x\,\tanh y),\\
&\ln \mathrm{cn}(z, 1) = -\ln\cosh z; \quad \Phi_2 = -\tfrac{1}{2}\ln(\sinh^2 x + \cos^2 y), \quad \Psi_2 = -\arctan(\tanh x\,\tan y);\\
&\ln \overline{\mathrm{sd}}(z, k) = \Phi_3(x, y, k) + i\,\Psi_3(x, y, k); \quad \Phi_3 = \frac{1}{2}\ln\frac{1 + \mathrm{cn}(2x, k)\,\mathrm{cn}(2y, k')}{1 - \mathrm{cn}(2x, k)\,\mathrm{cn}(2y, k')}, \quad \Psi_3 = -\arctan\frac{\mathrm{sd}(2y, k')}{\mathrm{sd}(2x, k)},\\
&\ln \overline{\mathrm{sd}}(z, 0) = \ln\cot z; \quad \Phi_3 = \frac{1}{2}\ln\frac{\cosh 2y + \cos 2x}{\cosh 2y - \cos 2x}, \quad \Psi_3 = -\arctan\frac{\sinh 2y}{\sin 2x},\\
&\ln \overline{\mathrm{sd}}(z, 1) = \ln\coth z; \quad \Phi_3 = \frac{1}{2}\ln\frac{\cosh 2x + \cos 2y}{\cosh 2x - \cos 2y}, \quad \Psi_3 = -\arctan\frac{\sin 2y}{\sinh 2x}.
\end{aligned}\right\}\quad (1228)$$

Die Gln. (1228) sind bereits so aufgebaut, daß eine Auflösung nach x oder y bzw. nach $\mathrm{sc}(y, k')$ und $\overline{\mathrm{sc}}(y, k')$ im Falle von $\ln \mathrm{sn}(z, k)$ und nach $\mathrm{sd}(y, k')$ und $\overline{\mathrm{sd}}(y, k')$ im Falle von $\ln \mathrm{cn}(z, k)$ möglich ist. Bei der Funktion $\ln \overline{\mathrm{sd}}(z, k)$ lassen sich x und y bzw. $\mathrm{cn}(2x, k)$ und $\mathrm{cn}(2y, k')$ als Funktionen von Φ_3 und Ψ_3 darstellen. Das gleiche gilt für die Ausartungen, bei denen über die Arcus- und Area-Funktionen eine Auflösung in der Form $x = x(u, v)$, $y = y(u, v)$ möglich ist. Das Ergebnis lautet:

$$\left.\begin{aligned}
&\mathrm{sc}(y, k') = \sqrt{\frac{e^{2\Phi_1} - \mathrm{sn}^2(x, k)}{1 - k^2\,e^{2\Phi_1}\,\mathrm{sn}^2(x, k)}}, \quad \overline{\mathrm{sc}}(y, k') = \overline{\mathrm{sn}}(x, k)\cot\Psi_1, \quad \text{für} \quad \ln \mathrm{sn}(z, k),\\
&k = 0; \quad x = \arccos\sqrt{\frac{1 - e^{2\Phi_1}}{2}\left(1 \pm \sqrt{1 + \frac{4e^{2\Phi_1}\sin^2\Psi_1}{(1 - e^{2\Phi_1})^2}}\right)},\\
&\qquad y = \operatorname{ar\,sinh}\sqrt{\frac{e^{2\Phi_1} - 1}{2}\left(1 \pm \sqrt{1 + \frac{4e^{2\Phi_1}\sin^2\Psi_1}{(1 - e^{2\Phi_1})^2}}\right)},\\
&k = 1; \quad x = \frac{1}{2}\operatorname{ar\,sinh}\sqrt{\frac{4e^{2\Phi_1}}{(e^{2\Phi_1} - 1)^2 + (e^{2\Phi_1} + 1)^2\tan^2\Psi_1}},\\
&\qquad y = -\frac{\pi}{2} - \frac{1}{2}\arcsin\sqrt{\frac{4e^{2\Phi_1}\tan^2\Psi_1}{(e^{2\Phi_1} - 1)^2 + (e^{2\Phi_1} + 1)^2\tan^2\Psi_1}}.
\end{aligned}\right\}\quad (1229)$$

$$\left.\begin{aligned}
&\operatorname{sd}(y,k') = \sqrt{\frac{e^{2\Phi_2} - \operatorname{cn}^2(x,k)}{k'^2 + k^2 e^{2\Phi_2}\operatorname{cn}^2(x,k)}}, \quad \overline{\operatorname{sd}}(y,k') = \overline{\operatorname{cn}}\,(x,k)\cot\Psi_2, \quad \text{für} \quad \ln\operatorname{cn}(z,k),\\
&k=0; \quad x = -\operatorname{arc\,sin}\sqrt{\frac{1-e^{2\Phi_2}}{2}\left(1 \pm \sqrt{1 + \frac{4e^{2\Phi_2}\sin^2\Psi_2}{(1-e^{2\Phi_2})^2}}\right)},\\
&\qquad\quad y = \operatorname{ar\,sinh}\sqrt{\frac{e^{2\Phi_2}-1}{2}\left(1 \pm \sqrt{1 + \frac{4e^{2\Phi_2}\sin^2\Psi_2}{(1-e^{2\Phi_2})^2}}\right)},\\
&k=1; \quad x = \operatorname{ar\,sinh}\sqrt{\frac{e^{-2\Phi_2}-1}{2}\left(1 \pm \sqrt{1 + \frac{4e^{-2\Phi_2}\sin^2\Psi_2}{(1-e^{-2\Phi_2})^2}}\right)},\\
&\qquad\quad y = \operatorname{arc\,sin}\sqrt{\frac{1-e^{-2\Phi_2}}{2}\left(1 \pm \sqrt{1 + \frac{4e^{-2\Phi_2}\sin^2\Psi_2}{(1-e^{-2\Phi_2})^2}}\right)}.
\end{aligned}\right\} \quad (1230)$$

$$\left.\begin{aligned}
&\operatorname{cn}(2x,k) = \sqrt{\frac{-e^{2\Phi_3}\cos 2\Psi_3 + \frac{3}{2}e_2(1+e^{4\Phi_3})}{k^2(1+e^{2\Phi_3})^2}\left[1 \pm \sqrt{1 + \frac{k^2k'^2(1-e^{4\Phi_3})^2}{[-e^{2\Phi_3}\cos 2\Psi_3 + \frac{3}{2}e_2(1+e^{4\Phi_3})]^2}}\right]},\\
&\operatorname{cn}(2y,k') = \sqrt{\frac{-e^{2\Phi_3}\cos 2\Psi_3 + \frac{3}{2}e_2(1+e^{4\Phi_3})}{k'^2(1+e^{2\Phi_3})^2}\left[-1 \pm \sqrt{1 + \frac{k^2k'^2(1-e^{4\Phi_3})^2}{[-e^{2\Phi_3}\cos 2\Psi_3 + \frac{3}{2}e_2(1+e^{4\Phi_3})]^2}}\right]},\\
&\hspace{20em} \text{für} \quad \ln\overline{\operatorname{sd}}(z,k),\\
&k=0; \quad x = -\tfrac{1}{2}\operatorname{arc\,sin}\sqrt{\frac{4e^{2\Phi_3}}{(e^{2\Phi_3}+1)^2 + (e^{2\Phi_3}-1)^2\tan^2\Psi_3}},\\
&\qquad\quad y = \tfrac{1}{2}\operatorname{ar\,sinh}\sqrt{\frac{4e^{2\Phi_3}\tan^2\Psi_3}{(e^{2\Phi_3}+1)^2 + (e^{2\Phi_3}-1)^2\tan^2\Psi_3}},\\
&k=1; \quad x = \tfrac{1}{2}\operatorname{ar\,sinh}\sqrt{\frac{4e^{2\Phi_3}}{(e^{2\Phi_3}-1)^2 + (e^{2\Phi_3}+1)^2\tan^2\Psi_3}},\\
&\qquad\quad y = -\tfrac{1}{2}\operatorname{arc\,sin}\sqrt{\frac{4e^{2\Phi_3}\tan^2\Psi_3}{(e^{2\Phi_3}-1)^2 + (e^{2\Phi_3}+1)^2\tan^2\Psi_3}}.
\end{aligned}\right\} \quad (1231)$$

Mit Hilfe der Gln. (1229) bis (1231) können die Funktionen $\ln\operatorname{sn}(z,k)$, $\ln\operatorname{cn}(z,k)$ und $\ln\overline{\operatorname{sd}}(z,k)$ durch orthogonale, quadratmaschige Kurvennetze, die den Linien $\Phi = \text{const}$ und $\Psi = \text{const}$ entsprechen, geometrisch dargestellt werden, wie aus den Abb. 263 bis 277 für die Parameterwerte

$$\varkappa = 0, \quad \varkappa = \tfrac{1}{2}, \quad \varkappa = 1, \quad \varkappa = 2, \quad \varkappa \to \infty$$

ersichtlich ist. Das kennzeichnende Merkmal der in Frage stehenden Funktionen sind die periodischen Ketten logarithmischer Pole. Während diese bei der Funktion $\ln\operatorname{sn}(z,k)$ in der y-Richtung und bei der Funktion $\ln\overline{\operatorname{sd}}(z,k)$ in der x- und y- Richtung alternieren, kommt bei der Funktion $\ln\operatorname{cn}(z,k)$ ein negativer (positiver) Pol immer symmetrisch zwischen vier positive (negative) Pole zu liegen. Bei der Funktion $\ln\overline{\operatorname{sd}}(z,k)$ bilden die zu

$$x = \pm\frac{K}{2}, \pm\frac{3K}{2}, \pm\frac{5K}{2}, \cdots \quad \text{und} \quad y = \pm\frac{K'}{2}, \pm\frac{3K'}{2}, \pm\frac{5K'}{2}, \cdots$$

gehörigen achsenparallelen Maschenlinien ein zu $\Phi_3 = 0$ gehöriges Netz. Bei der Funktion $\ln\operatorname{cn}(z,k)$ ist der Parameterwert $\varkappa = 1$ bzw. Modulwert $k = k' = \sqrt{\frac{1}{2}}$ dadurch ausgezeichnet, daß er ein zu $\Phi_2 = 0$ gehöriges, unter $\pm 45°$ geneigtes geradliniges Maschennetz aufweist (Abb. 270). Setzt man nämlich in der zweiten der Gln. (1228) $y = \pm x$ und $k^2 = k'^2 = \frac{1}{2}$, so folgt, wenn gleichzeitig (770) beachtet wird,

$$\Phi_2(x, \pm x, \sqrt{\tfrac{1}{2}}) = \tfrac{1}{2}\ln\frac{\frac{1}{2} + \operatorname{cn}^2(x,\sqrt{\frac{1}{2}})\operatorname{ds}^2(x,\sqrt{\frac{1}{2}})}{-\frac{1}{2}\operatorname{cn}^2(x,\sqrt{\frac{1}{2}}) + \operatorname{ds}^2(x,\sqrt{\frac{1}{2}})} = \tfrac{1}{2}\ln\frac{1 - \operatorname{sn}^2(x,\sqrt{\frac{1}{2}}) + \frac{1}{2}\operatorname{sn}^4(x,\sqrt{\frac{1}{2}})}{1 - \operatorname{sn}^2(x,\sqrt{\frac{1}{2}}) + \frac{1}{2}\operatorname{sn}^4(x,\sqrt{\frac{1}{2}})} = 0.$$

Deutet man die Abb. 263 bis 277 als Potentialfelder, so werden, je nachdem, ob man die Linien $\Psi = \text{const}$ oder $\Phi = \text{const}$ als Stromlinien betrachtet, durch die Funktionen $\ln\operatorname{sn}(z,k)$, $\ln\operatorname{cn}(z,k)$ und $\ln\overline{\operatorname{sd}}(z,k)$ doppeltperiodische Systeme von Quellen und Senken oder doppeltperiodische Systeme von gleichsinnigen oder gegensinnigen Potentialwirbeln dargestellt.

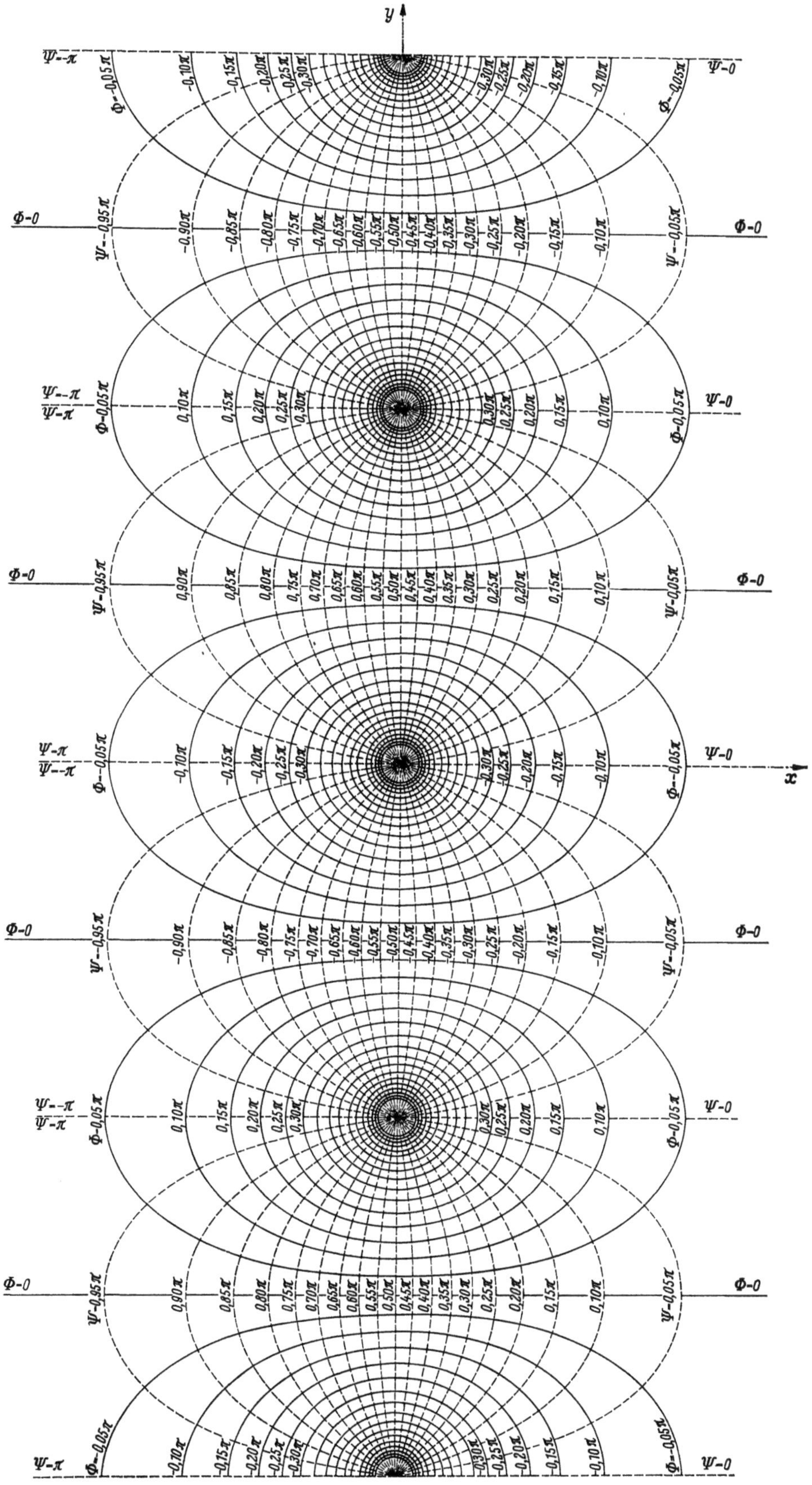

Abb. 263. Darstellung der Funktion $X = \Phi + i\,\Psi = \ln \mathrm{sn}(z, k)$ für $k = 1$ bzw. $\varkappa = 0$ in der z-Ebene

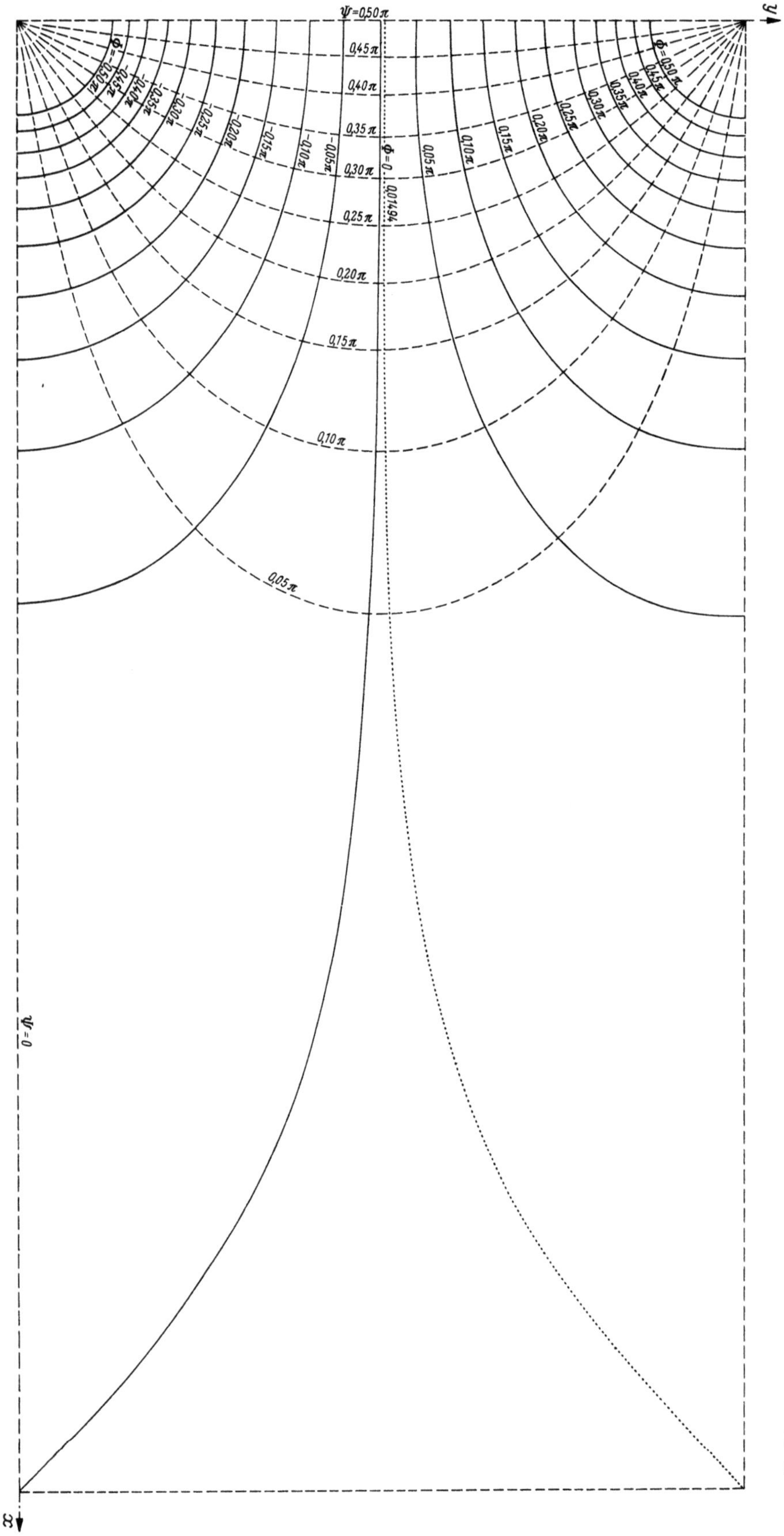

Abb. 264. Darstellung der Funktion $X = \Phi + i\,\Psi = \ln \operatorname{sn}(z, k)$ für $k = 0{,}985$ bzw. $\varkappa = 0{,}5$ in der z-Ebene

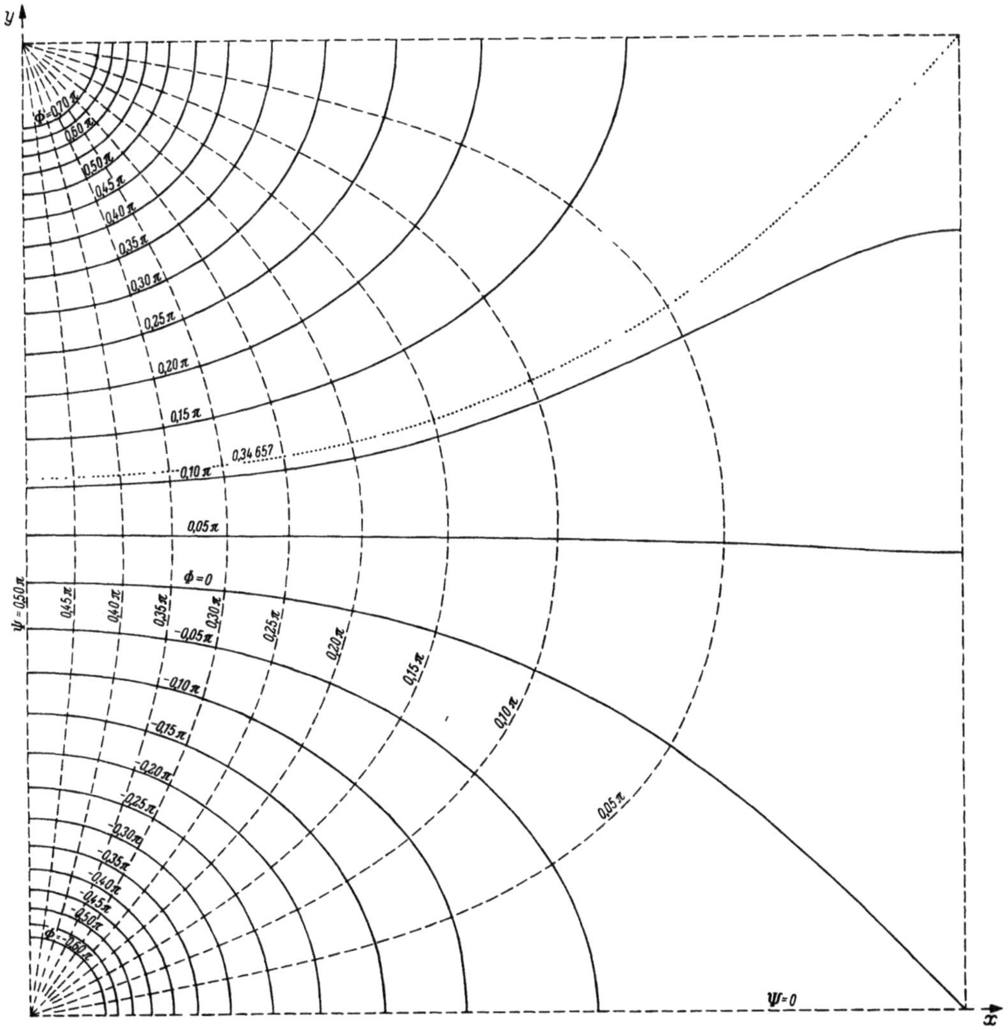

Abb. 265. Darstellung der Funktion $X = \Phi + i\,\Psi = \ln \mathrm{sn}(z, k)$ für $k = 0{,}707$ bzw. $\varkappa = 1{,}0$ in der z-Ebene

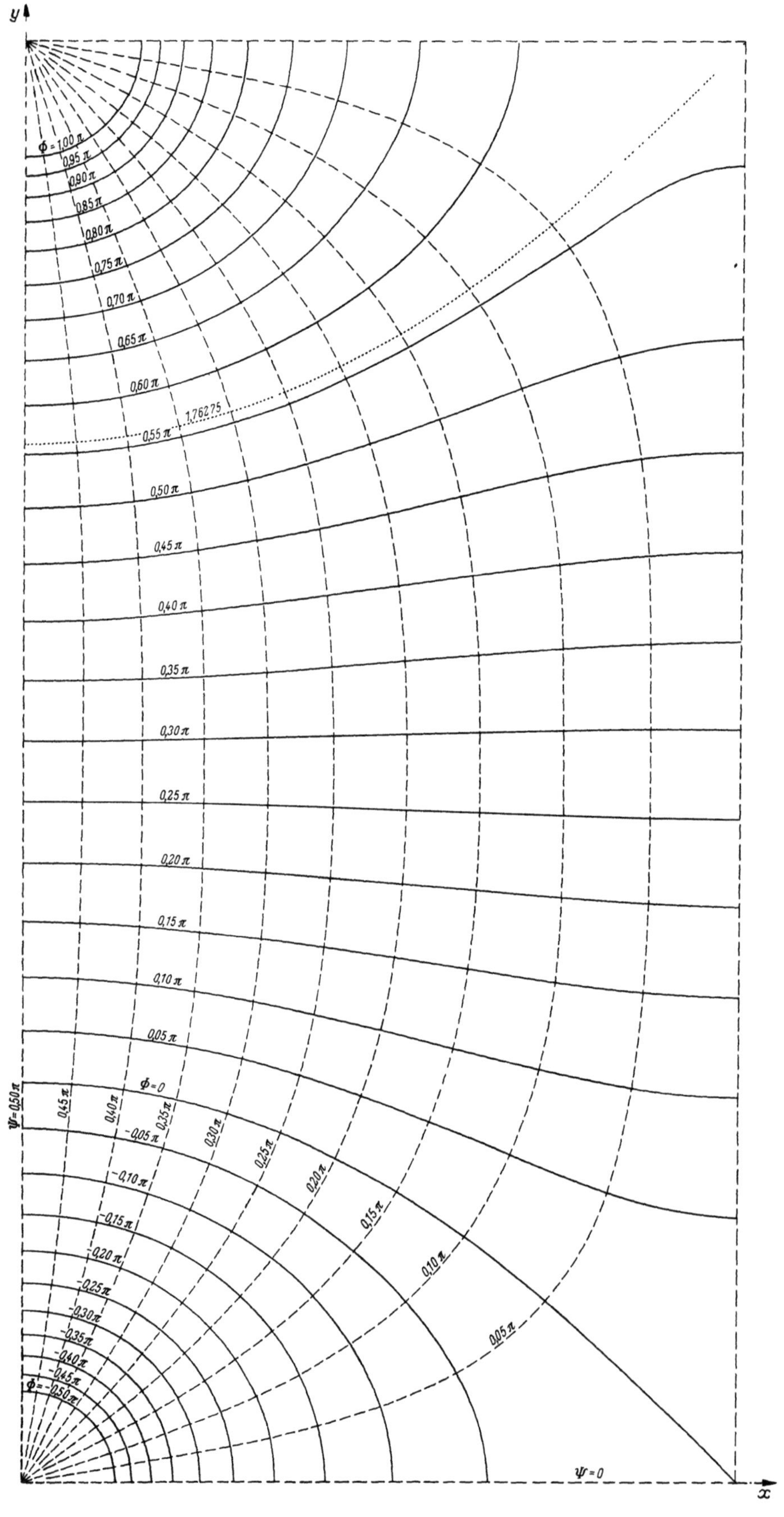

Abb. 266
Darstellung der Funktion $X = \Phi + i\,\Psi = \ln \operatorname{sn}(z, k)$ für $k = 0{,}172$ bzw. $\varkappa = 2{,}0$ in der z-Ebene

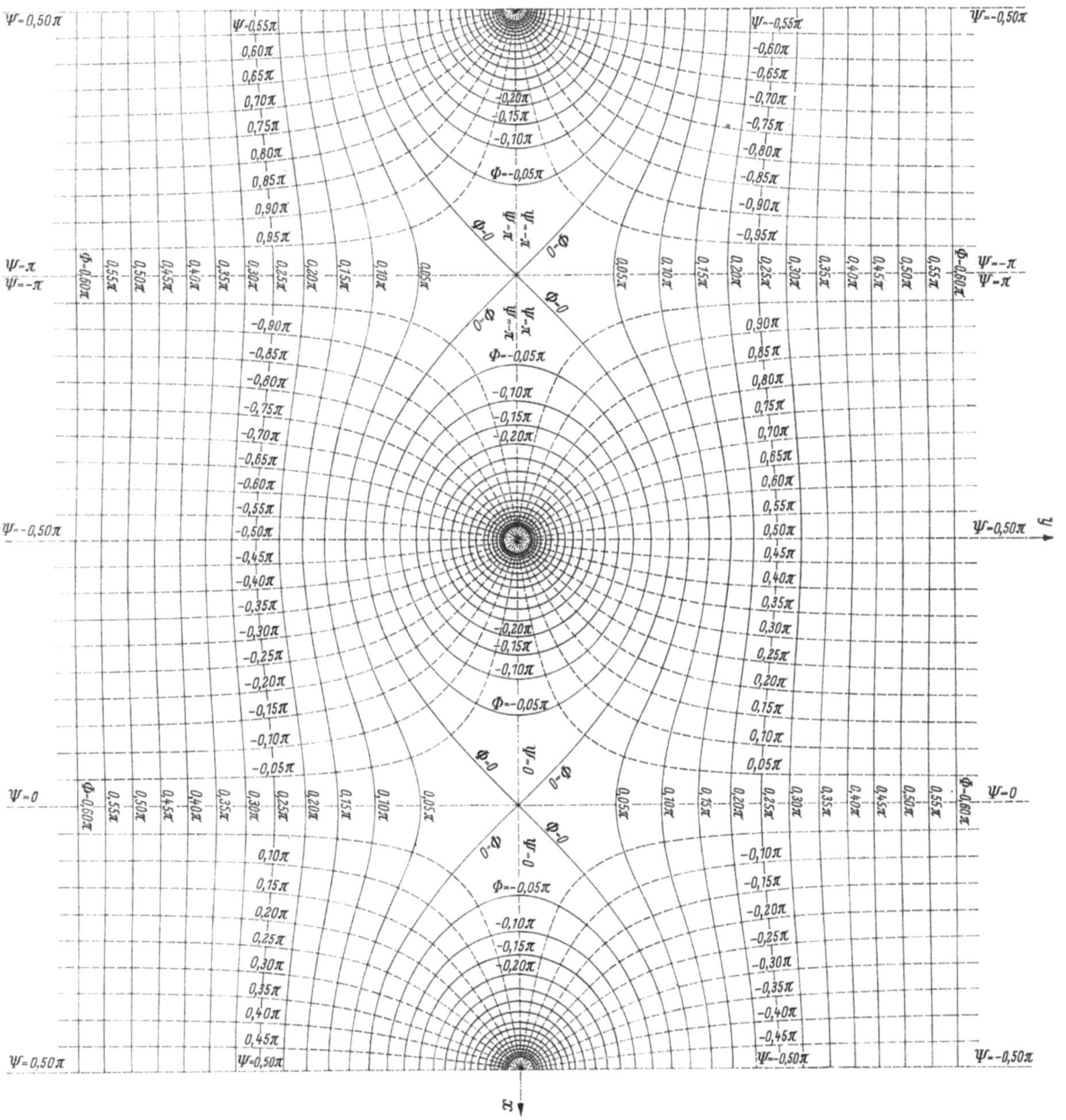

Abb. 267. Darstellung der Funktion $X = \Phi + i\,\Psi = \ln \operatorname{sn}(z, k)$ für $k = 0$ bzw. $\varkappa \to \infty$ in der z-Ebene

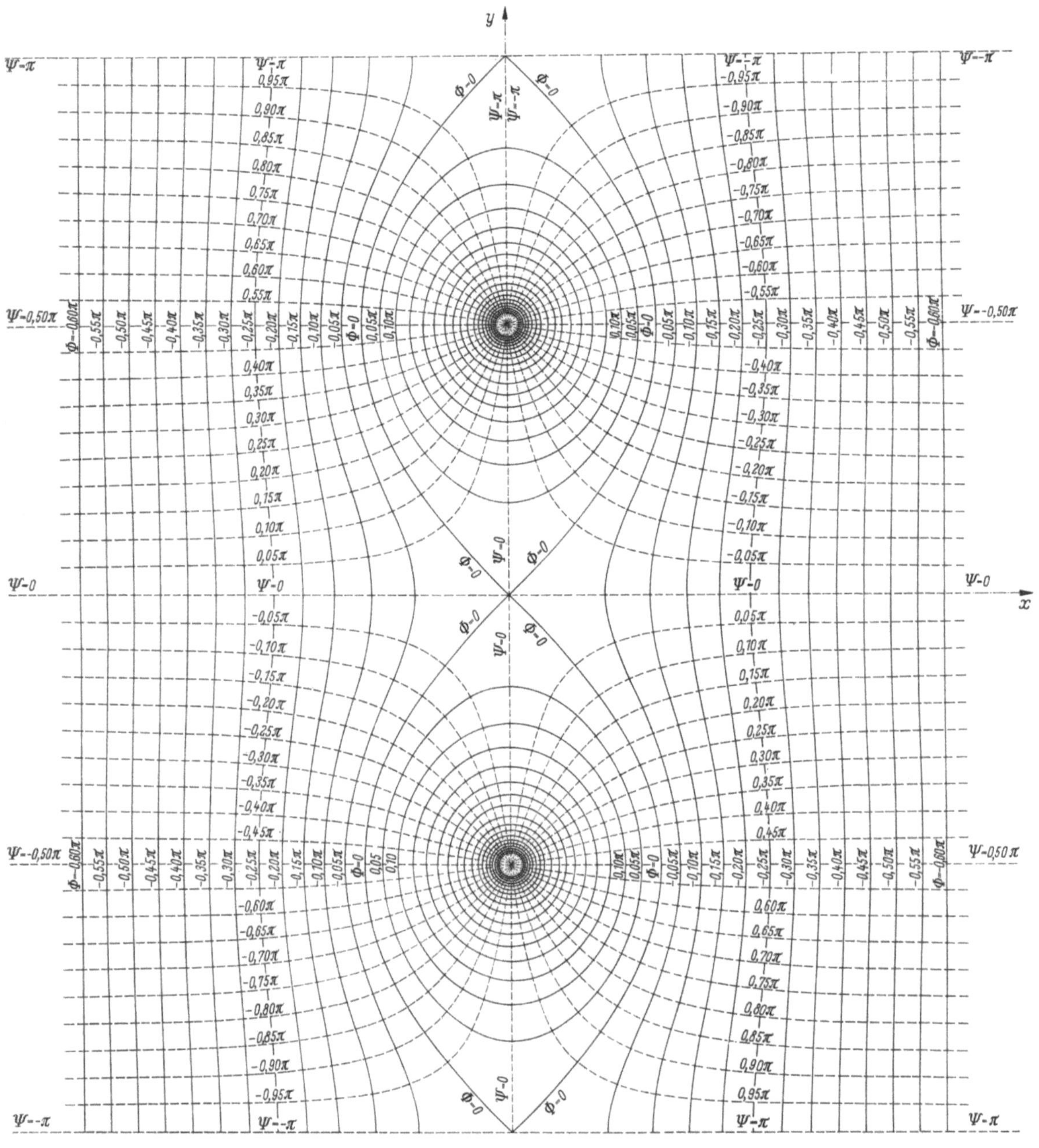

Abb. 268. Darstellung der Funktion $X = \Phi + i\,\Psi = \ln \operatorname{cn}(z, k)$ für $k = 1$ bzw. $\varkappa = 0$ in der z-Ebene

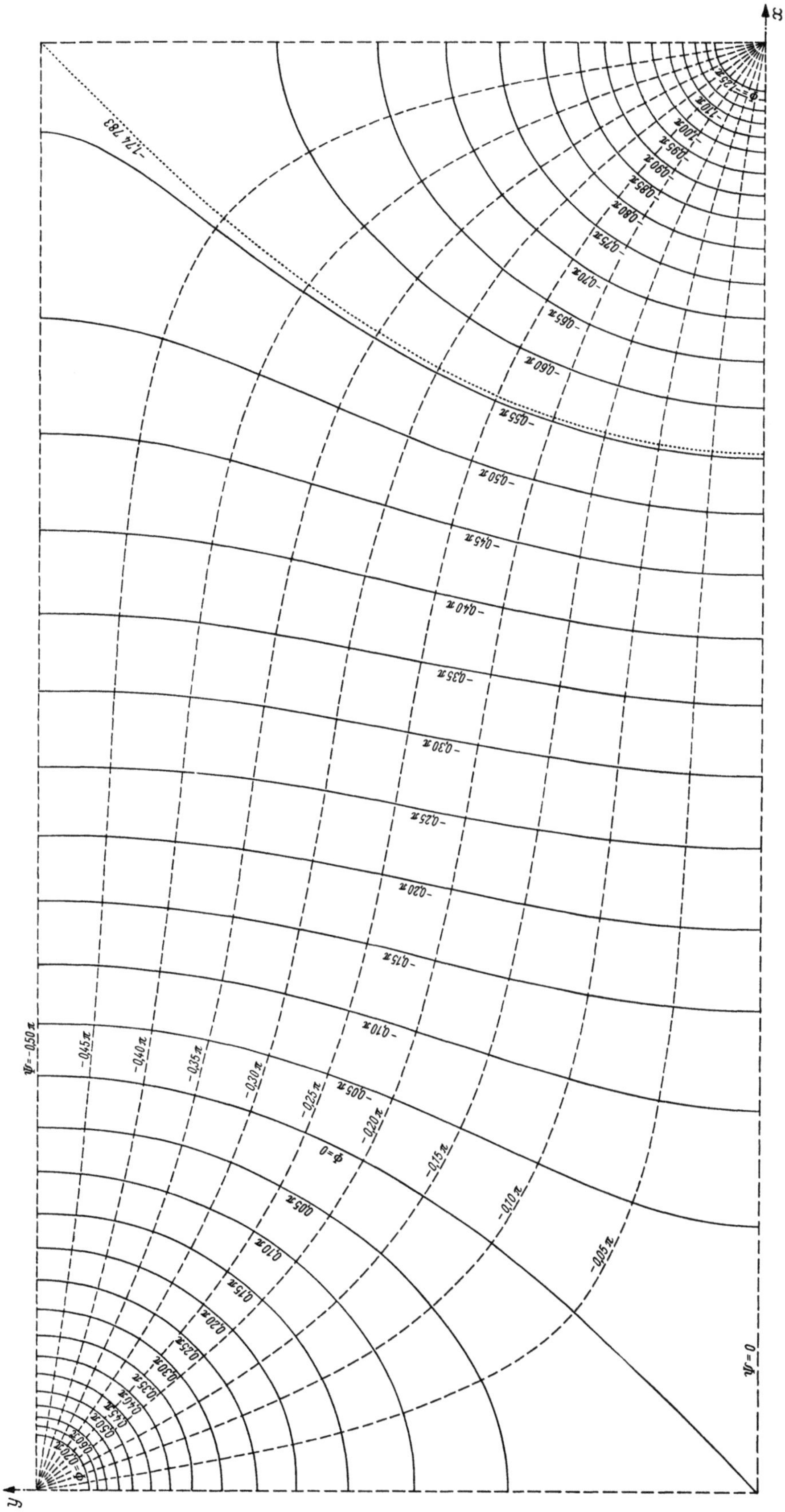

Abb. 269
Darstellung der Funktion $X = \Phi + i\,\Psi = \ln \mathrm{cn}(z, k)$ für $k = 0{,}985$ bzw. $\varkappa = 0{,}5$ in der z-Ebene

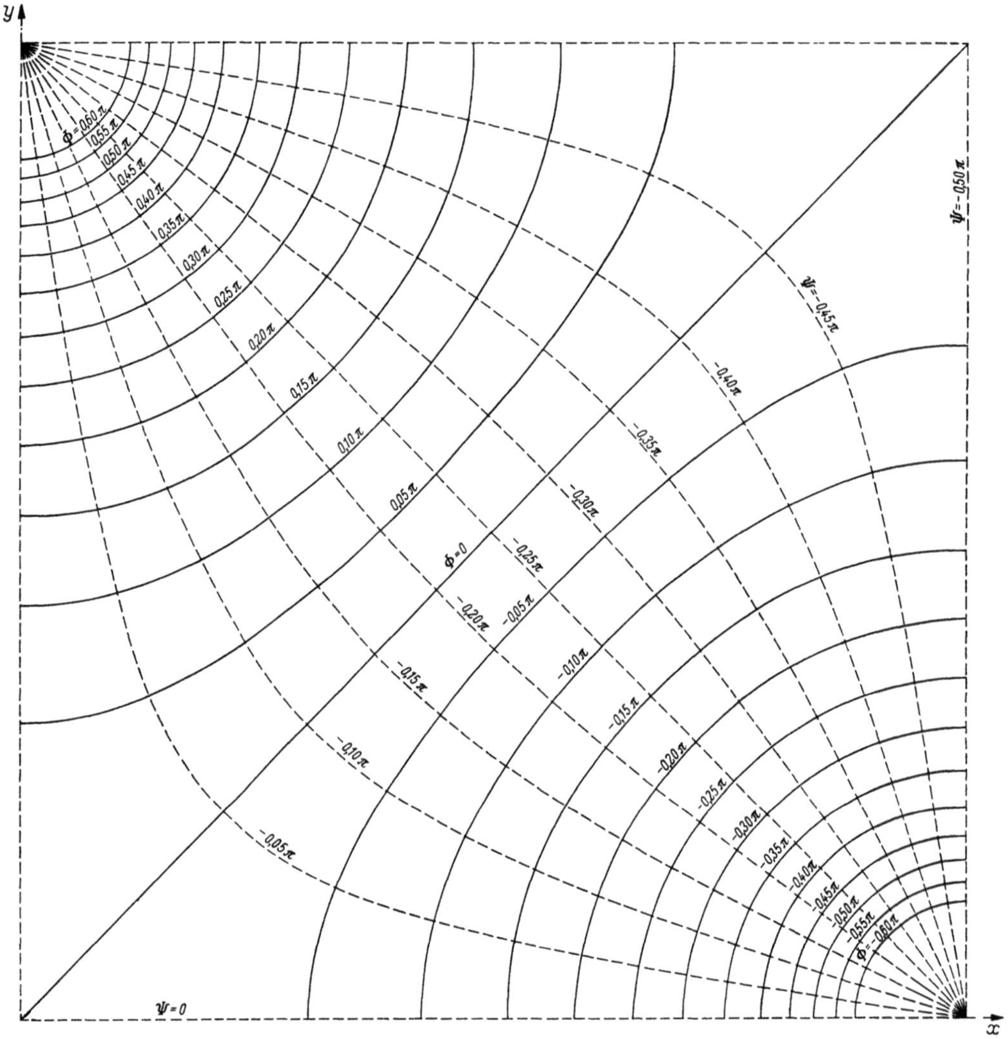

Abb. 270. Darstellung der Funktion $X = \Phi + i\,\Psi = \ln \operatorname{cn}(z, k)$ für $k = 0{,}707$ bzw. $\varkappa = 1{,}0$ in der z-Ebene

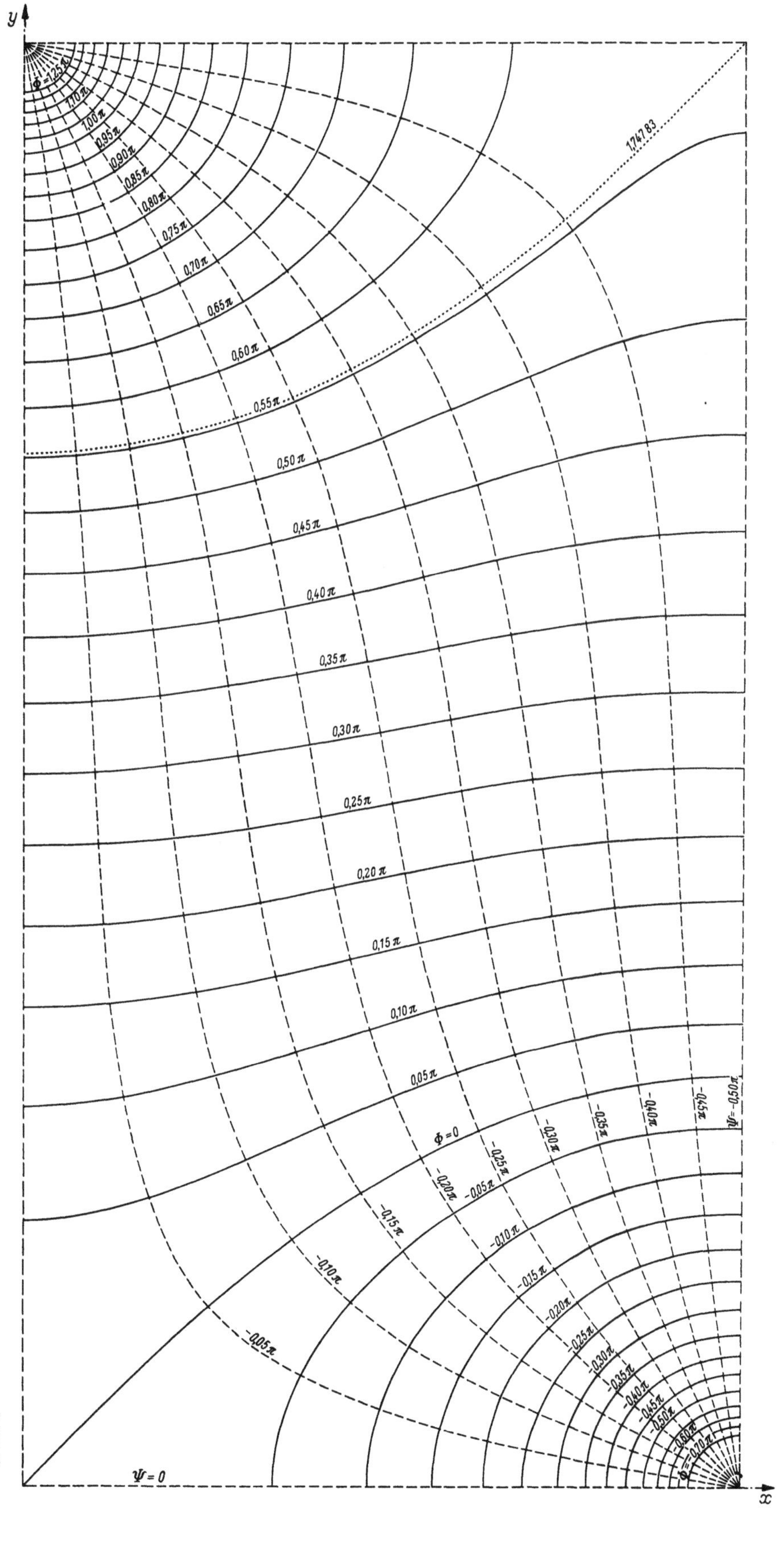

Abb. 271. Darstellung der Funktion $X = \Phi + i\,\Psi = \ln \operatorname{cn}(z, k)$ für $k = 0{,}172$ bzw. $\varkappa = 2{,}0$ in der z-Ebene

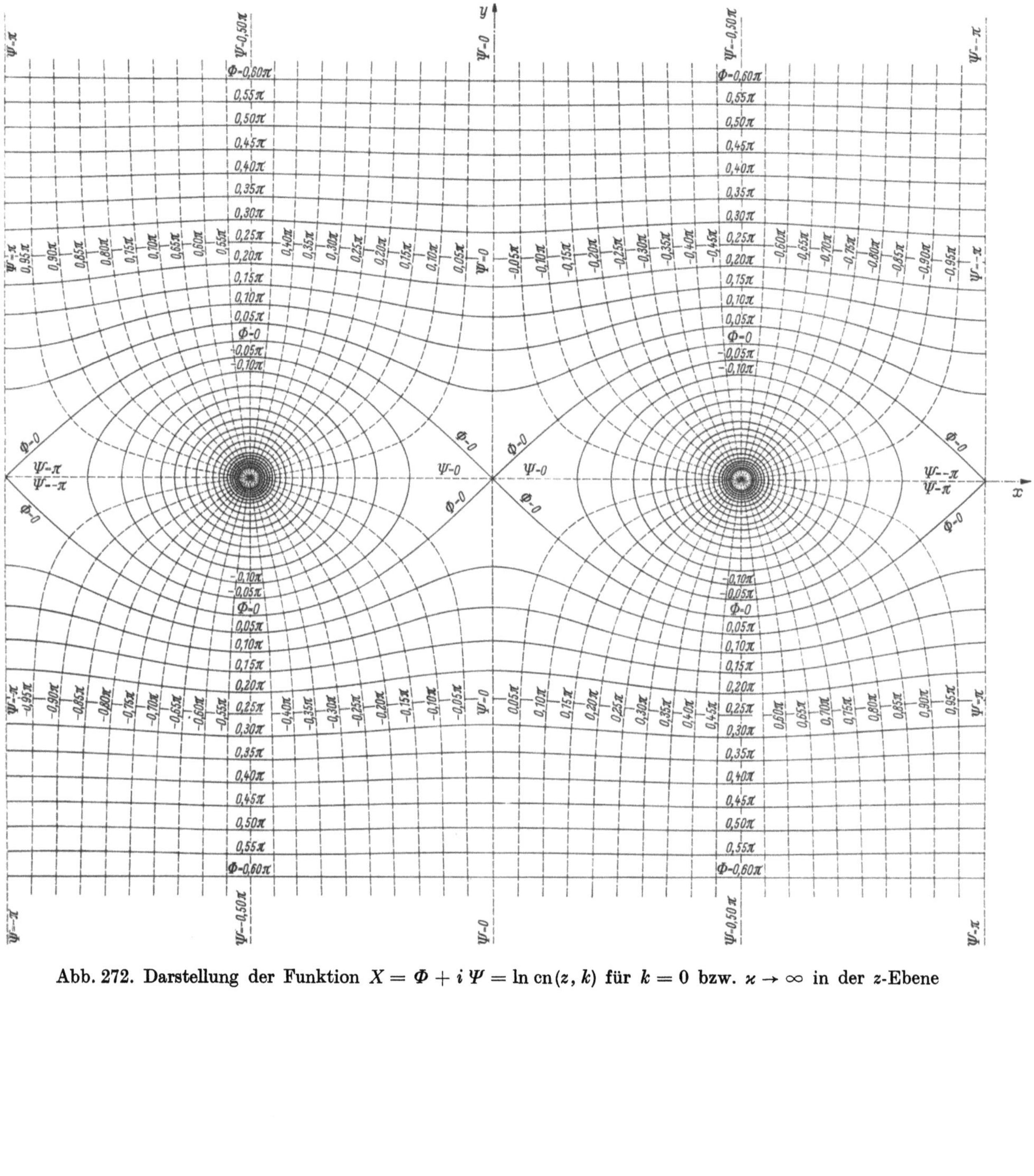

Abb. 272. Darstellung der Funktion $X = \Phi + i\,\Psi = \ln \operatorname{cn}(z, k)$ für $k = 0$ bzw. $\varkappa \to \infty$ in der z-Ebene

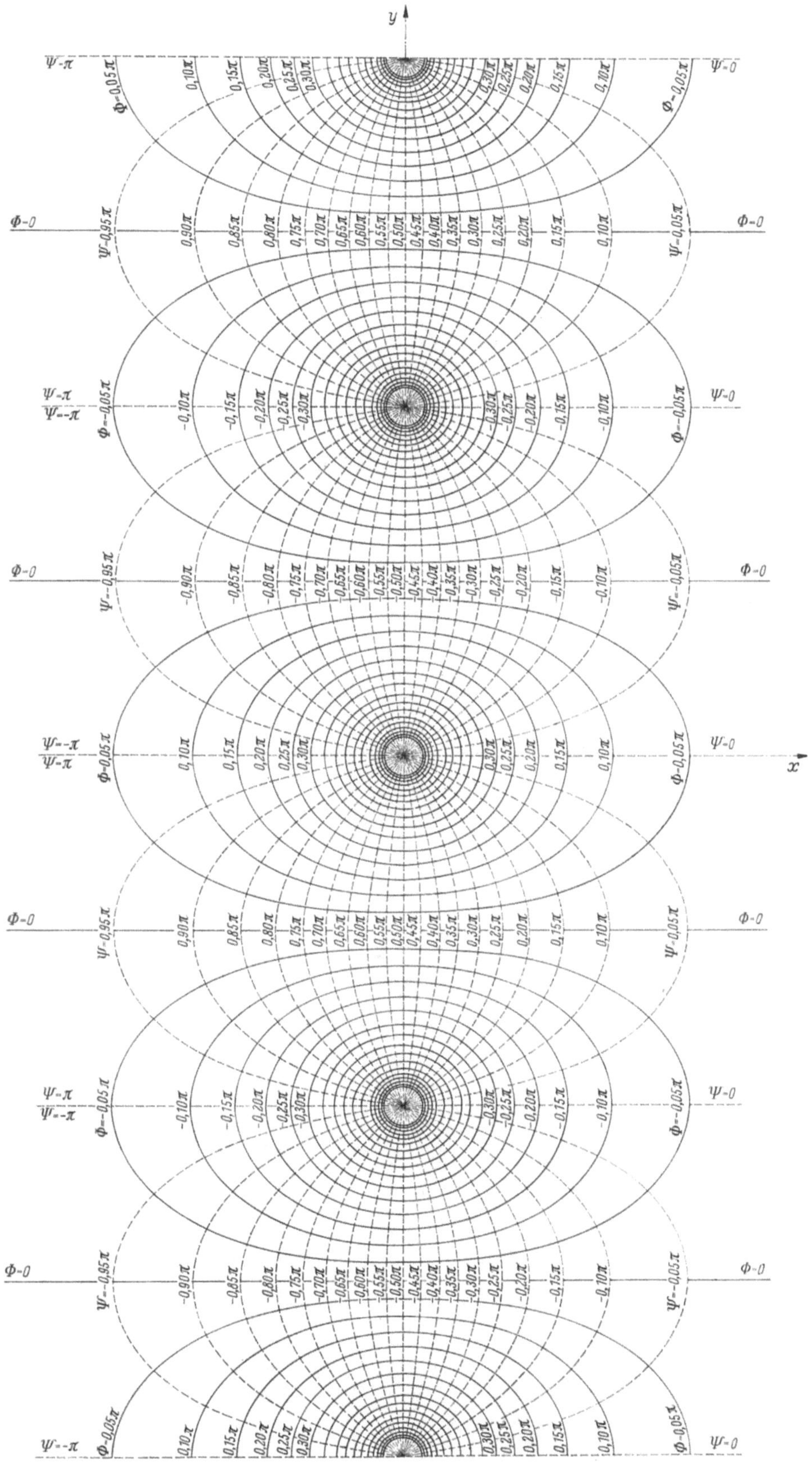

Abb. 273. **Darstellung der Funktion $X = \Phi + i\,\Psi = \ln \overline{\mathrm{sd}}(z,\, k)$ für $k = 1$ bzw. $\varkappa = 0$ in der z-Ebene**

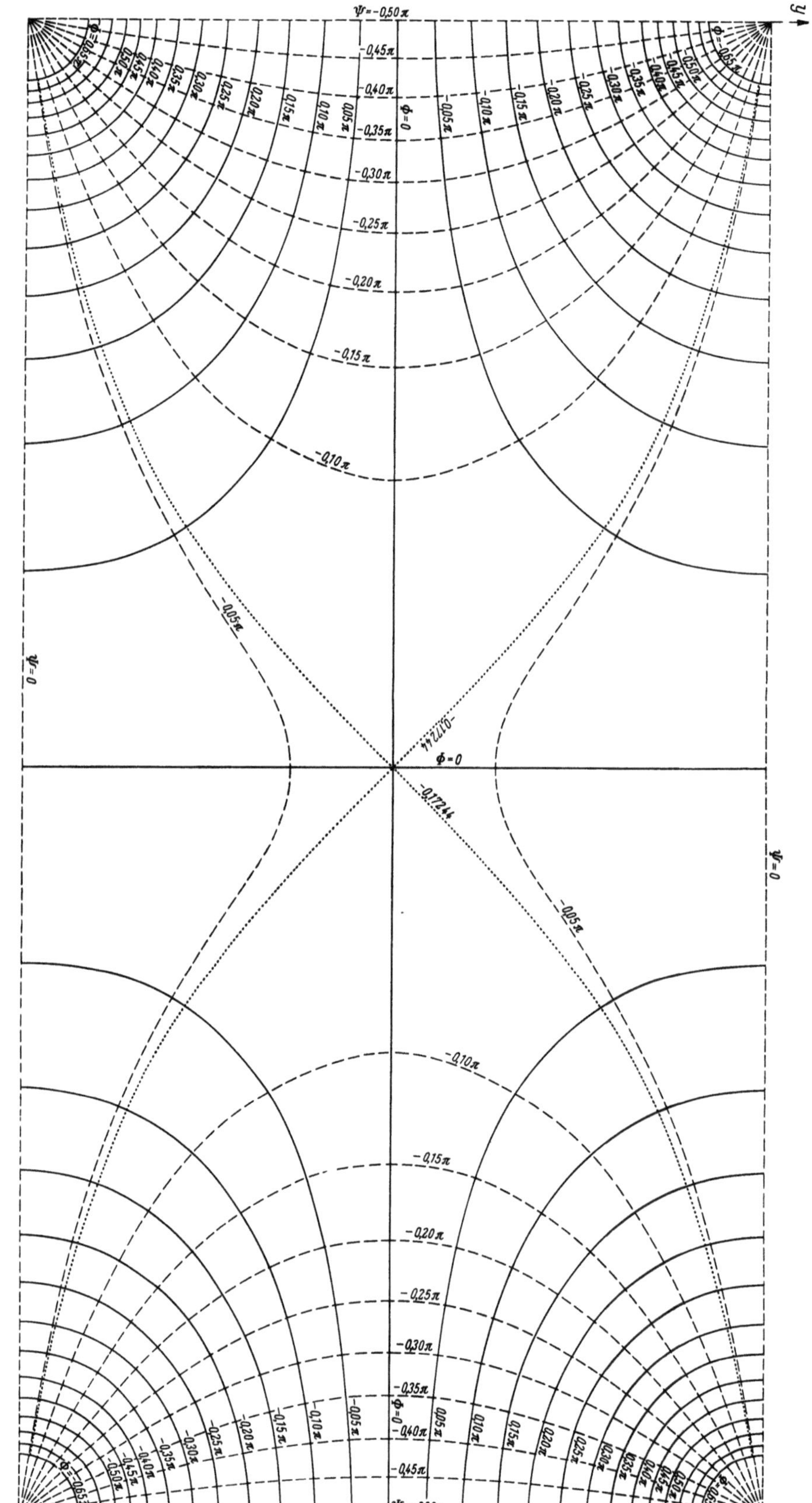

Abb. 274
Darstellung der Funktion $X = \Phi + i\,\Psi = \ln \overline{\mathrm{sd}}(z, k)$ für $k = 0{,}985$ bzw. $\varkappa = 0{,}5$ in der z-Ebene

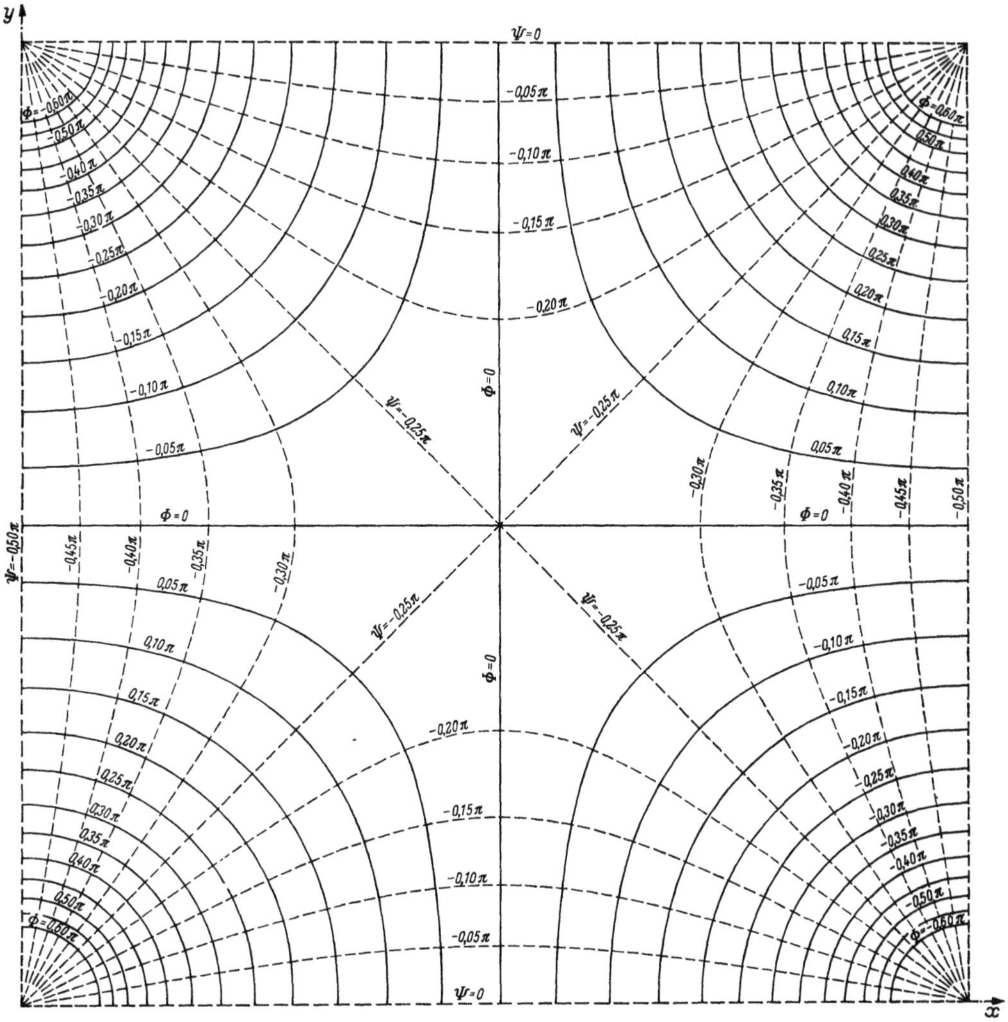

Abb. 275. Darstellung der Funktion $X = \Phi + i\,\Psi = \ln \overline{\mathrm{sd}}(z, k)$ für $k = 0{,}707$ bzw. $\varkappa = 1{,}0$ in der z-Ebene

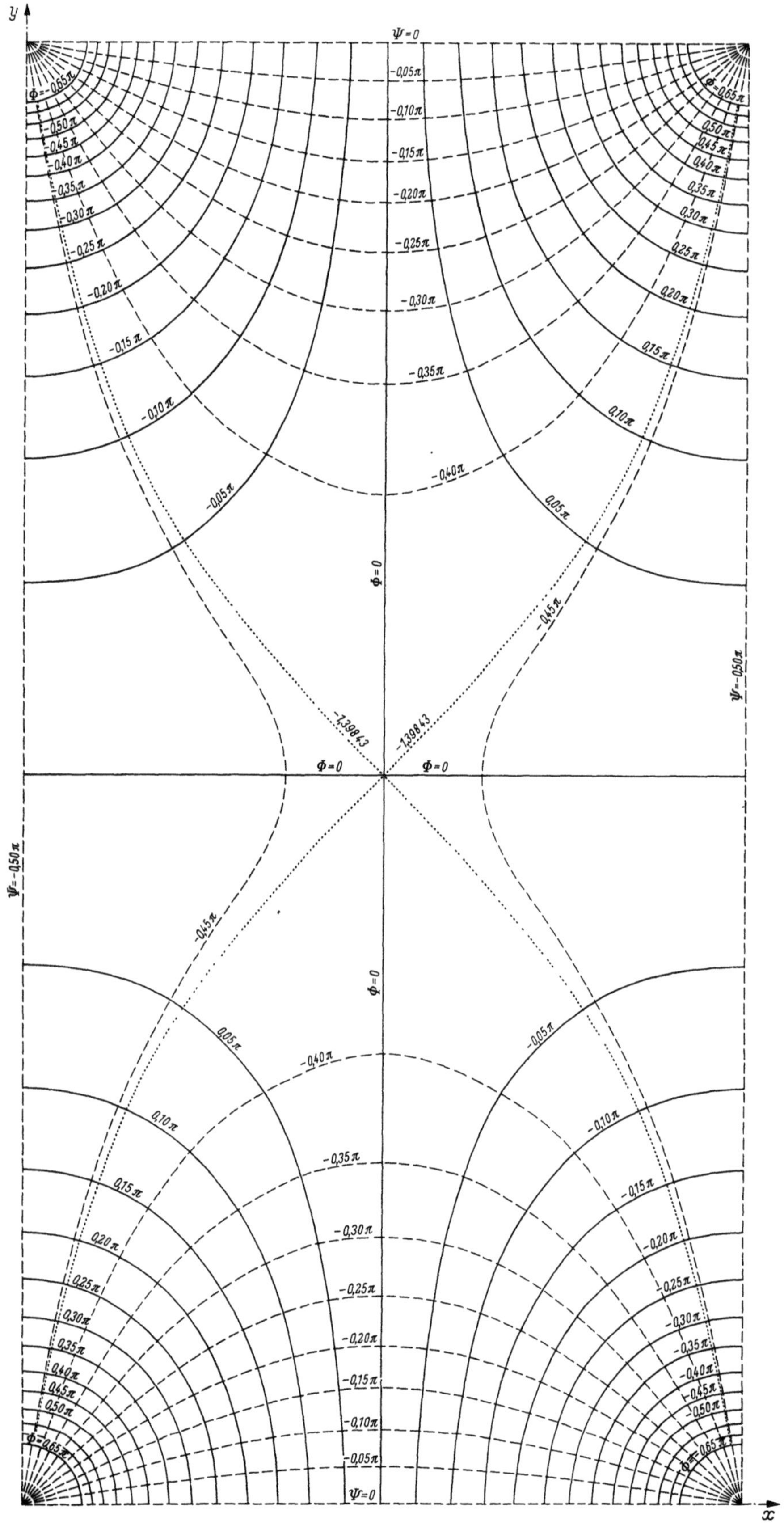

Abb. 276
Darstellung der Funktion $X = \Phi + i\,\Psi = \ln \overline{\mathrm{sd}}\,(z, k)$ für $k = 0{,}172$ bzw. $\varkappa = 2{,}0$ in der z-Ebene

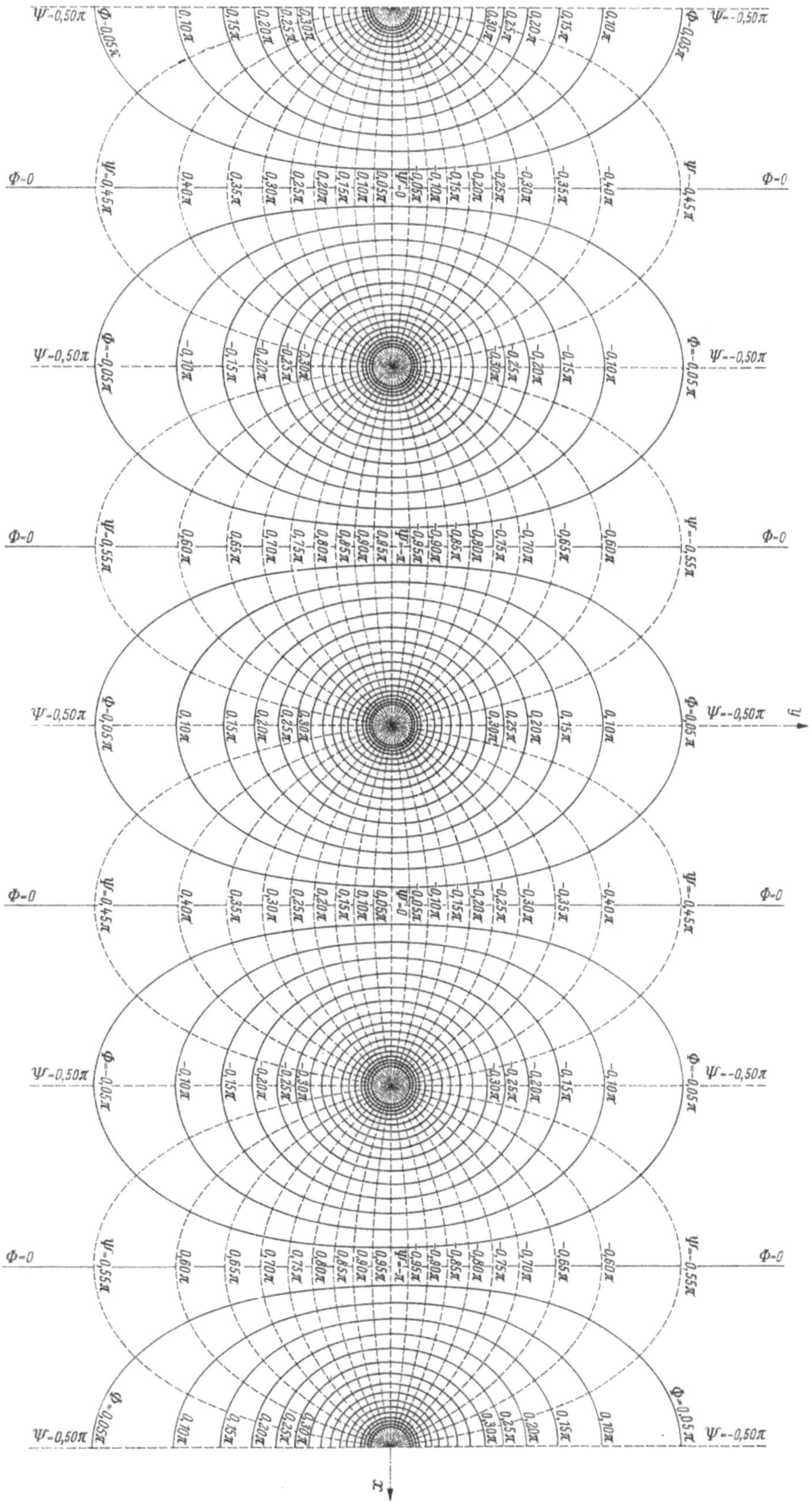

Abb. 277
Darstellung der Funktion $X = \Phi + i\,\Psi = \ln \overline{\mathrm{sd}}(z, k)$ für $k = 0$ bzw. $\varkappa \to \infty$ in der z-Ebene

Ähnlich wie es in Abschnitt 179 für die nicht logarithmierten Funktionen geschehen ist, sollen nun noch die zu (1228) gehörenden partiellen Ableitungen nach Φ und Ψ unter sinngemäßer Bezugnahme auf (1207) für einige ausgezeichnete und für die Anwendung wichtige Werte von x und y nachfolgend zusammengestellt werden.

$$\left.\begin{array}{llll}
x=0, & k=k: & \dfrac{\partial x}{\partial \Phi_1}=\dfrac{\partial y}{\partial \Psi_1}=0, & \dfrac{\partial x}{\partial \Psi_1}=-\dfrac{\partial y}{\partial \Phi_1}=\dfrac{1}{\overline{\mathrm{cs}}(y,k')}, \\
x=0, & k=0: & \dfrac{\partial x}{\partial \Phi_1}=\dfrac{\partial y}{\partial \Psi_1}=0, & \dfrac{\partial x}{\partial \Psi_1}=-\dfrac{\partial y}{\partial \Phi_1}=-\tanh y, \\
x=0, & k=1: & \dfrac{\partial x}{\partial \Phi_1}=\dfrac{\partial y}{\partial \Psi_1}=0, & \dfrac{\partial x}{\partial \Psi_1}=-\dfrac{\partial y}{\partial \Phi_1}=-\sin y \cos y, \\
y=0, & k=k: & \dfrac{\partial x}{\partial \Phi_1}=\dfrac{\partial y}{\partial \Psi_1}=\dfrac{1}{\overline{\mathrm{sn}}(x,k)}, & \dfrac{\partial x}{\partial \Psi_1}=-\dfrac{\partial y}{\partial \Phi_1}=0, \\
y=0, & k=0: & \dfrac{\partial x}{\partial \Phi_1}=\dfrac{\partial y}{\partial \Psi_1}=\tan x, & \dfrac{\partial x}{\partial \Psi_1}=-\dfrac{\partial y}{\partial \Phi_1}=0, \\
y=0, & k=1: & \dfrac{\partial x}{\partial \Phi_1}=\dfrac{\partial y}{\partial \Psi_1}=\sinh x \cosh x, & \dfrac{\partial x}{\partial \Psi_1}=-\dfrac{\partial y}{\partial \Phi_1}=0, \\
x=K, & k=k: & \dfrac{\partial x}{\partial \Phi_1}=\dfrac{\partial y}{\partial \Psi_1}=0, & \dfrac{\partial x}{\partial \Psi_1}=-\dfrac{\partial y}{\partial \Phi_1}=-\dfrac{1}{\overline{\mathrm{nd}}(y,k')}, \\
x=\dfrac{\pi}{2}, & k=0: & \dfrac{\partial x}{\partial \Phi_1}=\dfrac{\partial y}{\partial \Psi_1}=0, & \dfrac{\partial x}{\partial \Psi_1}=-\dfrac{\partial y}{\partial \Phi_1}=-\coth y, \\
y=K', & k=k: & \dfrac{\partial x}{\partial \Phi_1}=\dfrac{\partial y}{\partial \Psi_1}=\dfrac{1}{\overline{\mathrm{ns}}(x,k)}, & \dfrac{\partial x}{\partial \Psi_1}=-\dfrac{\partial y}{\partial \Phi_1}=0, \\
y=\dfrac{\pi}{2}, & k=1: & \dfrac{\partial x}{\partial \Phi_1}=\dfrac{\partial y}{\partial \Psi_1}=-\sinh x \cosh x, & \dfrac{\partial x}{\partial \Psi_1}=-\dfrac{\partial y}{\partial \Phi_1}=0.
\end{array}\right\} \quad (1232)$$

$$\left.\begin{array}{llll}
x=0, & k=k: & \dfrac{\partial x}{\partial \Phi_2}=\dfrac{\partial y}{\partial \Psi_2}=0, & \dfrac{\partial x}{\partial \Psi_2}=-\dfrac{\partial y}{\partial \Phi_2}=\dfrac{1}{\overline{\mathrm{cn}}(y,k')}, \\
x=0, & k=0: & \dfrac{\partial x}{\partial \Phi_2}=\dfrac{\partial y}{\partial \Psi_2}=0, & \dfrac{\partial x}{\partial \Psi_2}=-\dfrac{\partial y}{\partial \Phi_2}=-\coth y, \\
x=0, & k=1: & \dfrac{\partial x}{\partial \Phi_2}=\dfrac{\partial y}{\partial \Psi_2}=0, & \dfrac{\partial x}{\partial \Psi_2}=-\dfrac{\partial y}{\partial \Phi_2}=-\cot y, \\
y=0, & k=k: & \dfrac{\partial x}{\partial \Phi_2}=\dfrac{\partial y}{\partial \Psi_2}=\dfrac{1}{\overline{\mathrm{cn}}(x,k)}, & \dfrac{\partial x}{\partial \Psi_2}=-\dfrac{\partial y}{\partial \Phi_2}=0, \\
y=0, & k=0: & \dfrac{\partial x}{\partial \Phi_2}=\dfrac{\partial y}{\partial \Psi_2}=-\cot x, & \dfrac{\partial x}{\partial \Psi_2}=-\dfrac{\partial y}{\partial \Phi_2}=0, \\
y=0, & k=1: & \dfrac{\partial x}{\partial \Phi_2}=\dfrac{\partial y}{\partial \Psi_2}=-\coth x, & \dfrac{\partial x}{\partial \Psi_2}=-\dfrac{\partial y}{\partial \Phi_2}=0, \\
x=K, & k=k: & \dfrac{\partial x}{\partial \Phi_2}=\dfrac{\partial y}{\partial \Psi_2}=0, & \dfrac{\partial x}{\partial \Psi_2}=-\dfrac{\partial y}{\partial \Phi_2}=\overline{\mathrm{cn}}(y,k'), \\
x=\dfrac{\pi}{2}, & k=0: & \dfrac{\partial x}{\partial \Phi_2}=\dfrac{\partial y}{\partial \Psi_2}=0, & \dfrac{\partial x}{\partial \Psi_2}=-\dfrac{\partial y}{\partial \Phi_2}=-\tanh y, \\
y=K', & k=k: & \dfrac{\partial x}{\partial \Phi_2}=\dfrac{\partial y}{\partial \Psi_2}=\overline{\mathrm{cn}}(x,k), & \dfrac{\partial x}{\partial \Psi_2}=-\dfrac{\partial y}{\partial \Phi_2}=0, \\
y=\dfrac{\pi}{2}, & k=1: & \dfrac{\partial x}{\partial \Phi_2}=\dfrac{\partial y}{\partial \Psi_2}=-\tanh x, & \dfrac{\partial x}{\partial \Psi_2}=-\dfrac{\partial y}{\partial \Phi_2}=0.
\end{array}\right\} \quad (1233)$$

$$\begin{array}{llll}
x=0,\ x=K, & k=k: & \dfrac{\partial x}{\partial \Phi_3}=\dfrac{\partial y}{\partial \Psi_3}=0, & \dfrac{\partial x}{\partial \Psi_3}=-\dfrac{\partial y}{\partial \Phi_3}=\pm\dfrac{1}{2}\,\mathrm{sd}(2y,k'), \\
x=0,\ x=\dfrac{\pi}{2}, & k=0: & \dfrac{\partial x}{\partial \Phi_3}=\dfrac{\partial y}{\partial \Psi_3}=0, & \dfrac{\partial x}{\partial \Psi_3}=-\dfrac{\partial y}{\partial \Phi_3}=\pm\dfrac{1}{2}\sinh 2y, \\
x=0, & k=1: & \dfrac{\partial x}{\partial \Phi_3}=\dfrac{\partial y}{\partial \Psi_3}=0, & \dfrac{\partial x}{\partial \Psi_3}=-\dfrac{\partial y}{\partial \Phi_3}=+\dfrac{1}{2}\sin 2y,
\end{array}$$

$$\left.\begin{array}{llll}
y = 0, & k = k: & \dfrac{\partial x}{\partial \Phi_3} = \dfrac{\partial y}{\partial \Psi_3} = -\dfrac{1}{2}\operatorname{sd}(2x, k), & \dfrac{\partial x}{\partial \Psi_3} = -\dfrac{\partial y}{\partial \Phi_3} = 0, \\
y = 0, & k = 0: & \dfrac{\partial x}{\partial \Phi_3} = \dfrac{\partial y}{\partial \Psi_3} = -\dfrac{1}{2}\sin 2x, & \dfrac{\partial x}{\partial \Psi_3} = -\dfrac{\partial y}{\partial \Phi_3} = 0, \\
y = 0, & k = 1: & \dfrac{\partial x}{\partial \Phi_3} = \dfrac{\partial y}{\partial \Psi_3} = -\dfrac{1}{2}\sinh 2x, & \dfrac{\partial x}{\partial \Psi_3} = -\dfrac{\partial y}{\partial \Phi_3} = 0, \\
x = \dfrac{K}{2}, & k = k: & \dfrac{\partial x}{\partial \Phi_3} = \dfrac{\partial y}{\partial \Psi_3} = -\dfrac{1}{2k'}\dfrac{1}{\operatorname{cn}(2y, k')}, & \dfrac{\partial x}{\partial \Psi_3} = -\dfrac{\partial y}{\partial \Phi_3} = 0, \\
x = \dfrac{\pi}{4}, & k = 0: & \dfrac{\partial x}{\partial \Phi_3} = \dfrac{\partial y}{\partial \Psi_3} = -\dfrac{1}{2}\cosh 2y, & \dfrac{\partial x}{\partial \Psi_3} = -\dfrac{\partial y}{\partial \Phi_3} = 0, \\
y = \dfrac{K'}{2}, & k = k: & \dfrac{\partial x}{\partial \Phi_3} = \dfrac{\partial y}{\partial \Psi_3} = 0, & \dfrac{\partial x}{\partial \Psi_3} = -\dfrac{\partial y}{\partial \Phi_3} = \dfrac{1}{2k}\dfrac{1}{\operatorname{cn}(2x, k)}, \\
y = \dfrac{\pi}{4}, & k = 1: & \dfrac{\partial x}{\partial \Phi_3} = \dfrac{\partial y}{\partial \Psi_3} = 0, & \dfrac{\partial x}{\partial \Psi_3} = -\dfrac{\partial y}{\partial \Phi_3} = \dfrac{1}{2}\cosh 2x.
\end{array}\right\} \quad (1234)$$

183. Umkehrfunktionen der Logarithmen von sn(z, k), cn(z, k) und $\overline{\mathrm{sd}}$(z, k) im Komplexen mit den zugehörigen Ausartungen

Entsprechend den Ergebnissen der vorangegangenen Abschnitte kann die Betrachtung der Umkehrfunktionen der Logarithmen der JACOBIschen elliptischen Funktionen und ihrer logarithmischen Ableitungen auf die Umkehrfunktionen von

$$\begin{aligned}
\ln \operatorname{sn}(z, k) &= X_1(z, k) = \Phi_1(x, y, k) + i\,\Psi_1(x, y, k), \\
\ln \operatorname{cn}(z, k) &= X_2(z, k) = \Phi_2(x, y, k) + i\,\Psi_2(x, y, k), \\
\ln \overline{\operatorname{sd}}(z, k) &= X_3(z, k) = \Phi_3(x, y, k) + i\,\Psi_3(x, y, k)
\end{aligned}$$

beschränkt werden. Substituiert man gemäß

$$\operatorname{sn}(z, k) = e^{X_1(z, k)}, \quad \operatorname{cn}(z, k) = e^{X_2(z, k)}, \quad \overline{\operatorname{sd}}(z, k) = e^{X_3(z, k)}$$

in dem zwölften, elften und vierzehnten der Integrale von (880) neue Integrationsveränderliche, so ergeben sich für die zu betrachtenden Umkehrfunktionen unter Beachtung von (442) die Integraldarstellungen

$$\left.\begin{aligned}
z(\ln \operatorname{sn}, k) &= \int\limits_{-\infty}^{\ln \operatorname{sn}} \frac{e^t\,dt}{\sqrt{(1 - e^{2t})(1 - k^2 e^{2t})}} = \int\limits_{-\infty}^{\ln \operatorname{sn}} \frac{dt}{\sqrt{e^{-2t} + 3e_3 + k^2 e^{2t}}} = \int\limits_{-\infty}^{\ln \operatorname{sn}} \frac{dt}{\sqrt{3e_3 + 2k\cosh(2t + \ln k)}}, \\
z(\ln \operatorname{cn}, k) &= \int\limits_{\ln \operatorname{cn}}^{0} \frac{e^t\,dt}{\sqrt{(1 - e^{2t})(k'^2 + k^2 e^{2t})}} = \int\limits_{\ln \operatorname{cn}}^{0} \frac{dt}{\sqrt{k'^2 e^{-2t} + 3e_2 - k^2 e^{2t}}} = \int\limits_{\ln \operatorname{cn}}^{0} \frac{dt}{\sqrt{3e_2 - 2kk'\sinh\left(2t + \ln\dfrac{k}{k'}\right)}}, \\
z(\ln \overline{\operatorname{sd}}, k) &= \int\limits_{\ln \overline{\operatorname{sd}}}^{\infty} \frac{e^t\,dt}{\sqrt{(e^{2t} - (k + ik')^2)(e^{2t} - (k - ik')^2)}} = \int\limits_{\ln \overline{\operatorname{sd}}}^{\infty} \frac{dt}{\sqrt{e^{-2t} - 6e_3 + e^{2t}}} = \int\limits_{\ln \overline{\operatorname{sd}}}^{\infty} \frac{dt}{\sqrt{-6e_2 + 2\cosh 2t}}.
\end{aligned}\right\} \quad (1235)$$

Die ∞^2 vieldeutigen Umkehrfunktionen weisen auf jedem der ∞^2 RIEMANNschen Blätter entsprechend dem Periodenverhalten der Exponentialfunktion unendlich viele Periodenstreifen von der Breite $2\pi i$ auf. Alle diese Periodenstreifen gehören zu ein- und demselben Fundamentalbereich.

Durch die Gln. (1228) sind die den Linien $x = \text{const}$ und $y = \text{const}$ entsprechenden analytischen Ausdrücke in Parameterform dargestellt, so daß das zugehörige orthogonale quadratmaschige Netz unmittelbar gezeichnet werden kann. Beschränkt man sich auf einen der ∞^1 Periodenstreifen, so entsprechen den aus Abb. 262 ersichtlichen Fundamentalbereichen von

$$\ln \operatorname{sn}(z, k), \quad \ln \operatorname{cn}(z, k) \quad \text{und} \quad \ln \overline{\operatorname{sd}}(z, k)$$

bei Bezugnahme auf $\varkappa = 0$, $\varkappa = \frac{1}{2}$, $\varkappa = 1$, $\varkappa = 2$, $\varkappa \to \infty$ die aus den Abb. 278 bis 292 ersichtlichen geometrischen Darstellungen der Umkehrfunktionen.

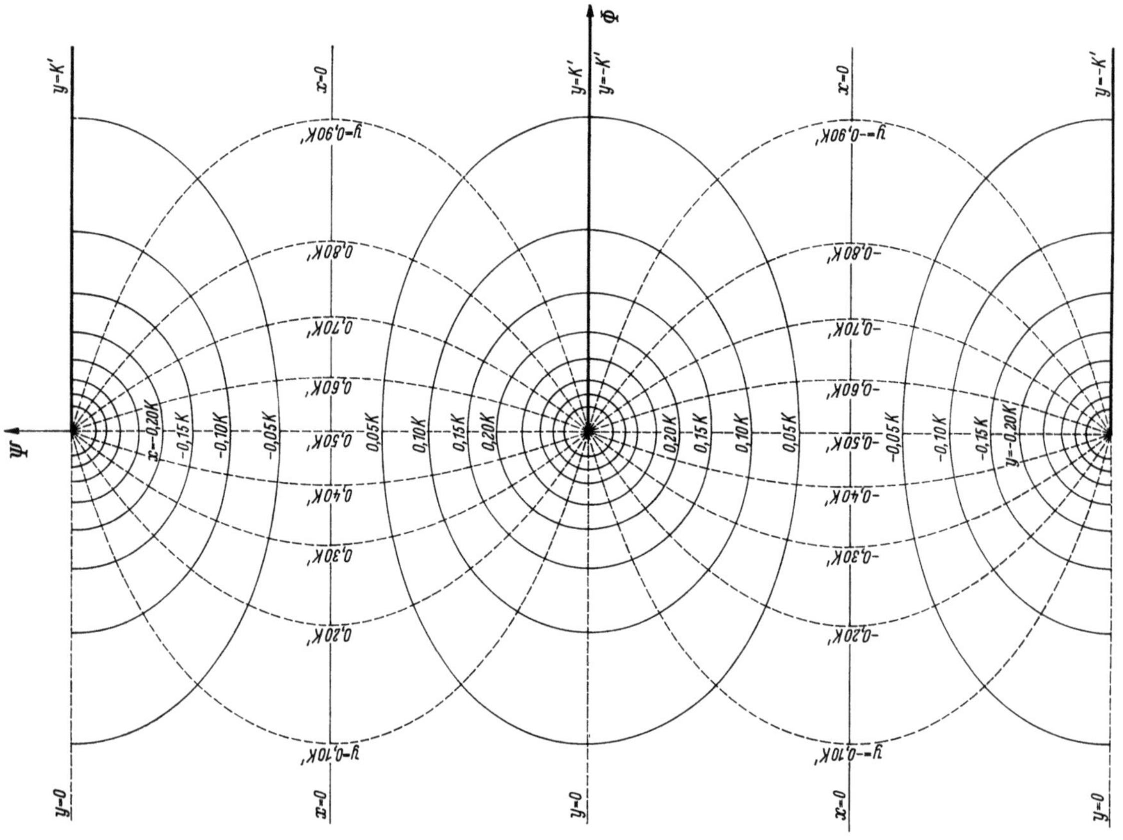

Abb. 279. Darstellung der Funktion $X = \Phi + i\Psi = \ln \operatorname{sn}(z, k)$ für $k = 0{,}985$ bzw. $\varkappa = 0{,}5$ in der X-Ebene

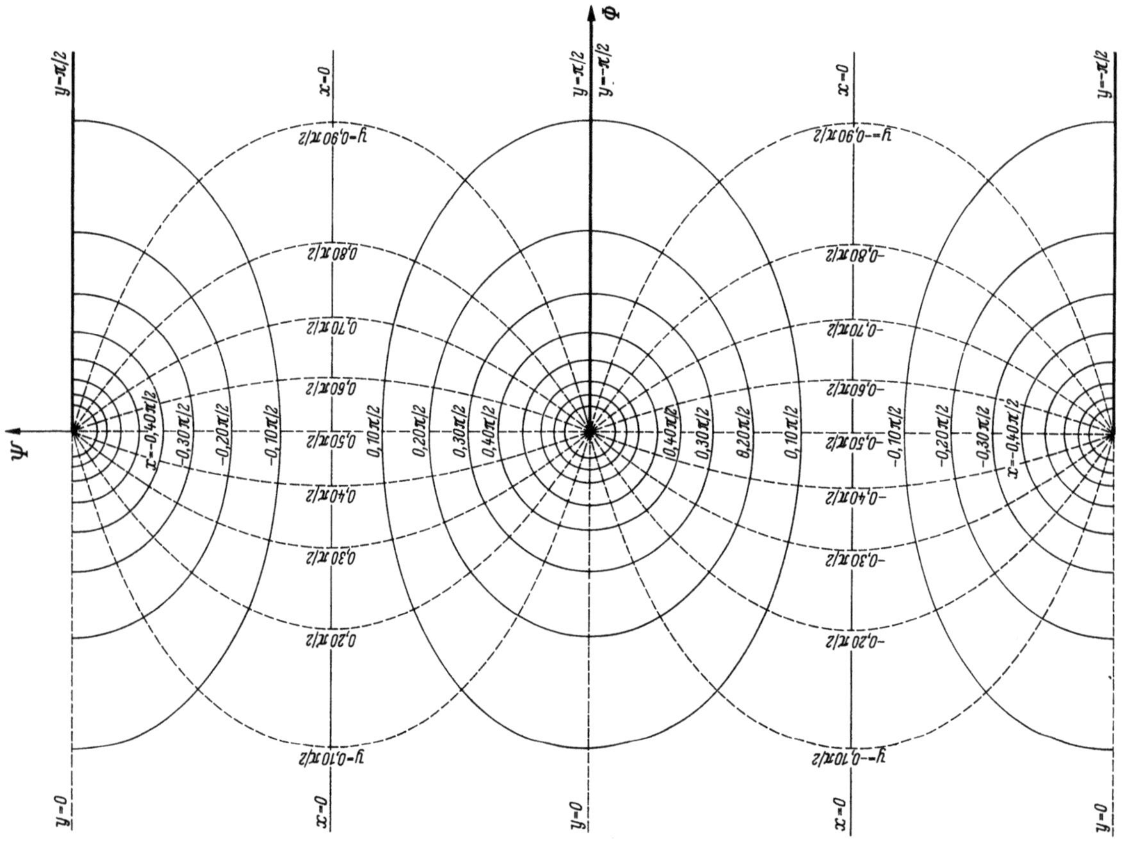

Abb. 278. Darstellung der Funktion $X = \Phi + i\Psi = \ln \operatorname{sn}(z, k)$ für $k = 1$ bzw. $\varkappa = 0$ in der X-Ebene

Bei der Funktion $z(\ln \mathrm{sn}, k)$ bilden sich die vier Randlinien des Fundamentalbereiches auf die Strecke $0 \leqq \Phi_1 < \infty$ der Φ_1-Achse und der zu dieser parallelen Geraden $\Psi_1 = \pi$ ab, während bei der Funktion $z(\ln \mathrm{cn}, k)$ jeder Randlinie eine zur Φ_2-Achse parallele Gerade entspricht. Die zugehörigen Bereichsabgrenzungen sind $-\infty < \Phi_2 \leqq 0$ für $x = \pm K$ und $-\infty < \Phi_2 \leqq \ln \frac{k'}{k}$ für $y = 0$ und $y = 2K'$. Im Gegensatz hierzu entsprechen bei der Funktion $z(\ln \overline{\mathrm{sd}}, k)$ den vier

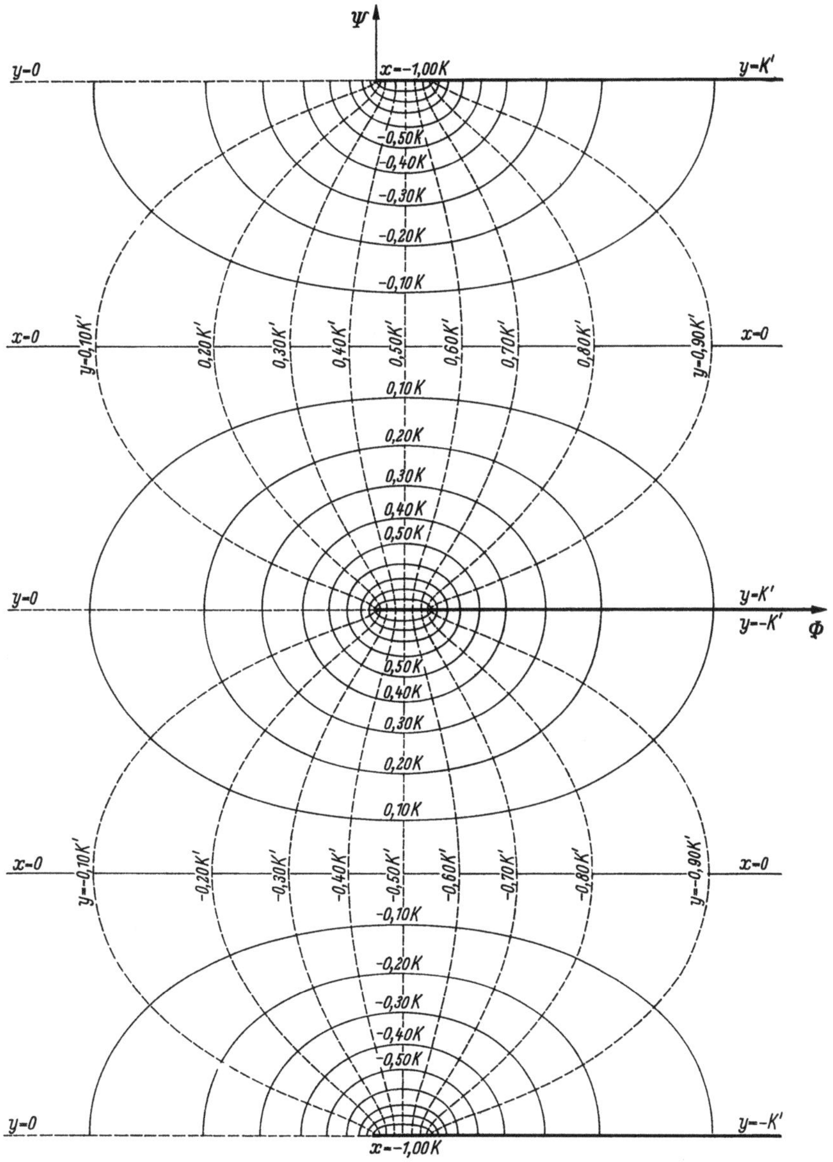

Abb. 280. **Darstellung der Funktion $X = \Phi + i\,\Psi = \ln \mathrm{sn}(z, k)$ für $k = 0{,}707$ bzw. $\varkappa = 1{,}0$ in der X-Ebene**

Randlinien des Fundamentalbereiches zwei hammerartige Linienzüge mit den Stielen auf den Geraden $\Psi_3 = \pi/2$ und $\Psi_3 = 3\pi/2$ zwischen $\Phi_3 = 0$ und $\Phi_3 \to -\infty$ und den Köpfen auf den Strecken

$$\frac{\pi}{2} - \operatorname{arc\,tan} \frac{k'}{k} \leqq \Psi_3 \leqq \frac{\pi}{2} + \operatorname{arc\,tan} \frac{k'}{k} \quad \text{und} \quad \frac{3\pi}{2} - \operatorname{arc\,tan} \frac{k'}{k} \leqq \Psi_3 \leqq \frac{3\pi}{2} + \operatorname{arc\,tan} \frac{k'}{k}$$

der Ψ_3-Achse.

Werden die Abb. 278 bis 292 als Potentialfelder gedeutet, so liegen im Falle von $z(\ln \mathrm{sn}, k)$ nach Abb. 278 bis 282 Schlitzströmungen in einem Streifenraum vor, bei denen das Verhältnis

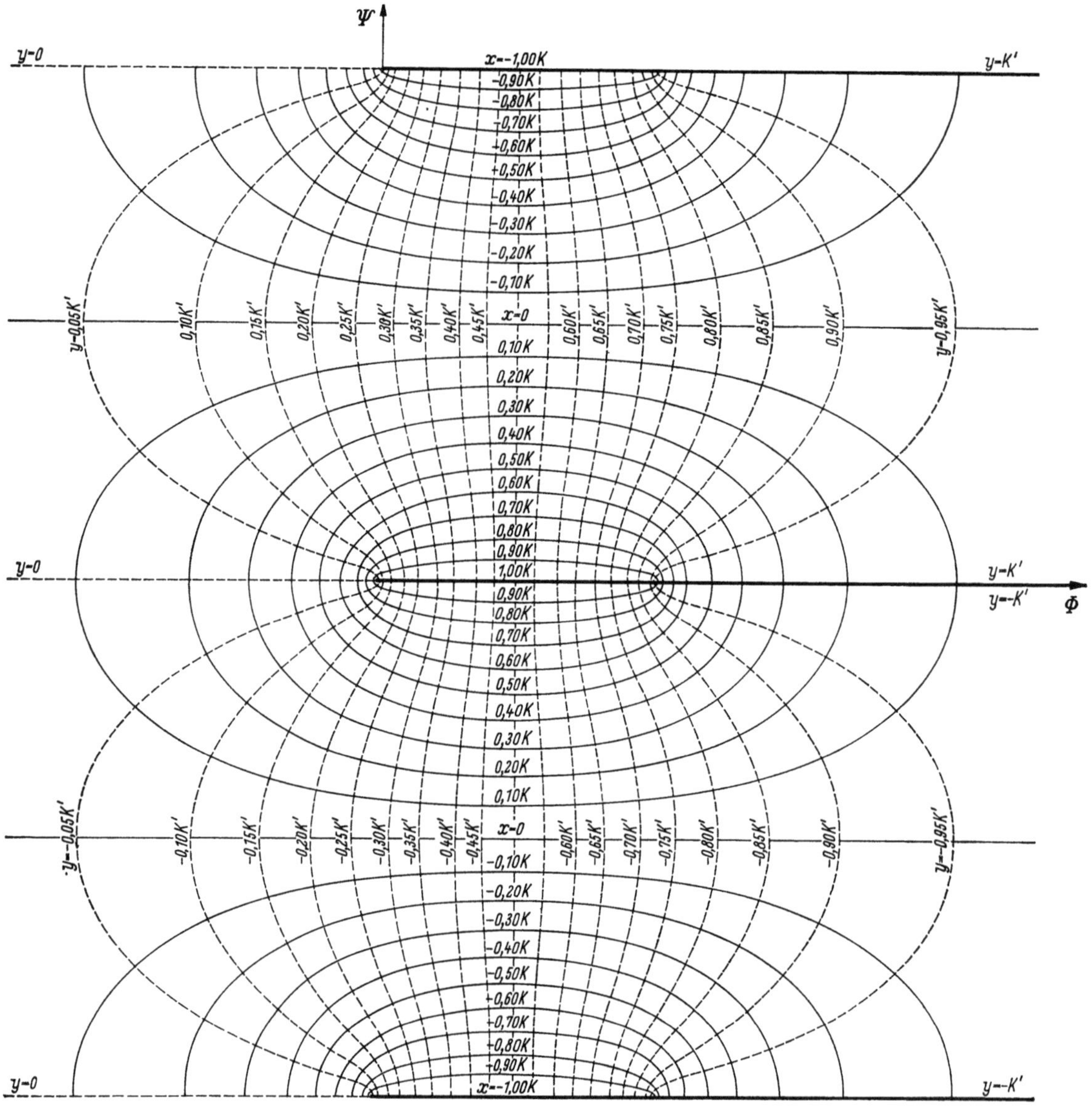

Abb. 281. Darstellung der Funktion $X = \Phi + i\,\Psi = \ln \operatorname{sn}(z, k)$ für $k = 0{,}172$ bzw. $\varkappa = 2{,}0$ in der X-Ebene

von Schlitzbreite S zu Streifendicke H gemäß

$$\frac{S}{H} = \frac{2}{\pi} \ln \frac{1}{k}$$

durch den Parameter $\varkappa$ bestimmt wird. Betrachtet man die Linien $x = \text{const}$ als Stromlinien, so tritt der Strom auf der Strecke $-\infty < \Phi_1 \leqq 0$ ein und auf der Strecke $\ln \frac{1}{k} \leqq \Phi_1 < \infty$ aus. Die abgedeckte Strecke $0 \leqq \Phi_1 \leqq \ln \frac{1}{k}$ wird dabei so umströmt, daß der Strom vollständig im Streifenraum verbleibt.

Werden Abdeckungs- und Schlitzstrecken miteinander vertauscht, so liegt ein Potentialfeld mit den Linien $y = \text{const}$ als Stromlinien vor. In diesem Falle tritt der durch den zentralen Schlitz als Parallelströmung eintretende Strom am Gegenrande als Parallelstrom wieder aus.

Bei der Funktion $z(\ln \operatorname{cn}, k)$ sind mehrere einseitig unendlich ausgedehnte Schlitze im Potentialfeld vorhanden, durch welche Zwängungsströmungen ausgelöst werden (Abb. 283 bis 287). Maßgebend für die Zwängung ist die Größe $\ln \frac{k'}{k}$.

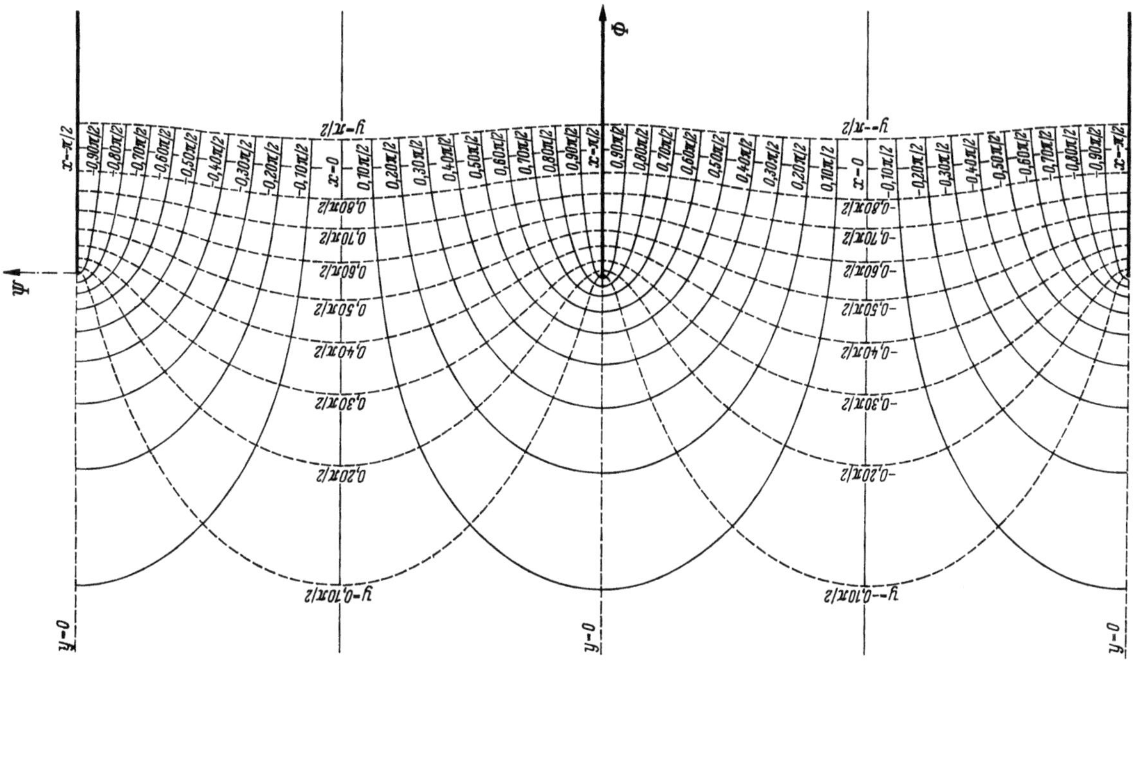

Abb. 282. Darstellung der Funktion $X = \Phi + i\,\Psi = \ln \mathrm{sn}(z, k)$ für $k = 0$ bzw. $\varkappa \to \infty$ in der X-Ebene

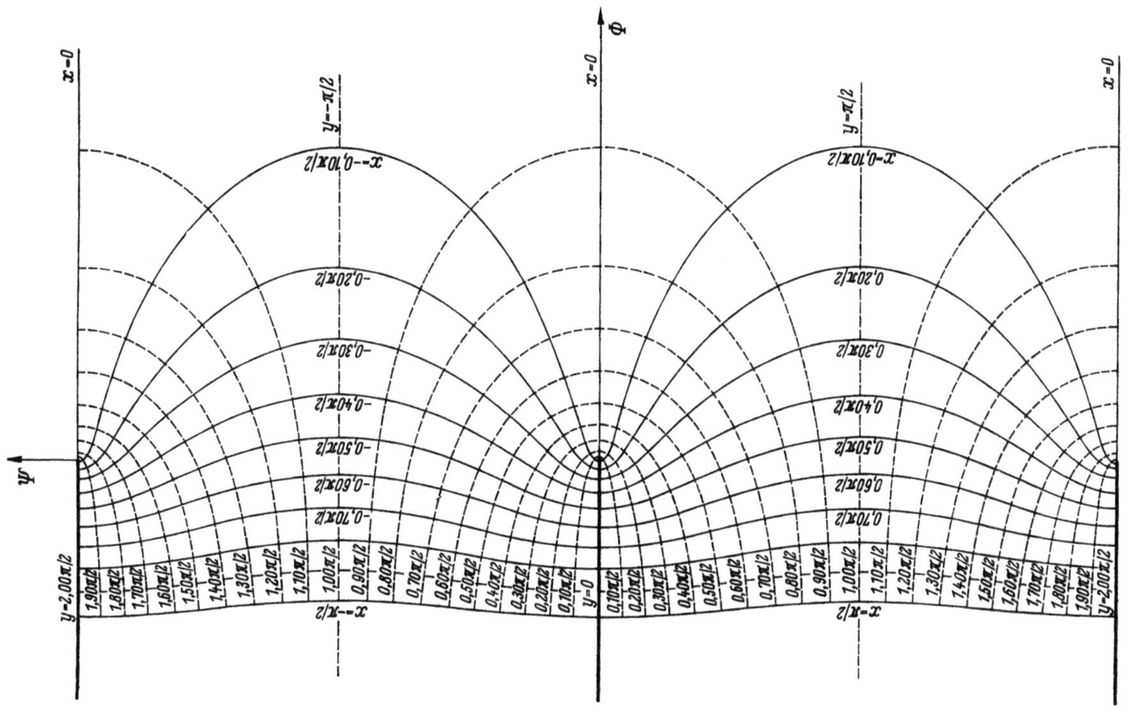

Abb. 283. Darstellung der Funktion $X = \Phi + i\,\Psi = \ln \mathrm{cn}(z, k)$ für $k = 1$ bzw. $\varkappa = 0$ in der X-Ebene

Betrachtet man z. B. die Linien $x = \text{const}$ als Stromlinien, so tritt der Strom durch zwei gleich große und gleich gelegene einseitig unendlich ausgedehnte Schlitze am einen Rande des Streifenraumes von der Dicke π ein und am anderen aus. Die in der Mittelebene des Streifenraumes befindliche, einseitig unendlich ausgedehnte Abdeckung zwingt den Strom zu einem

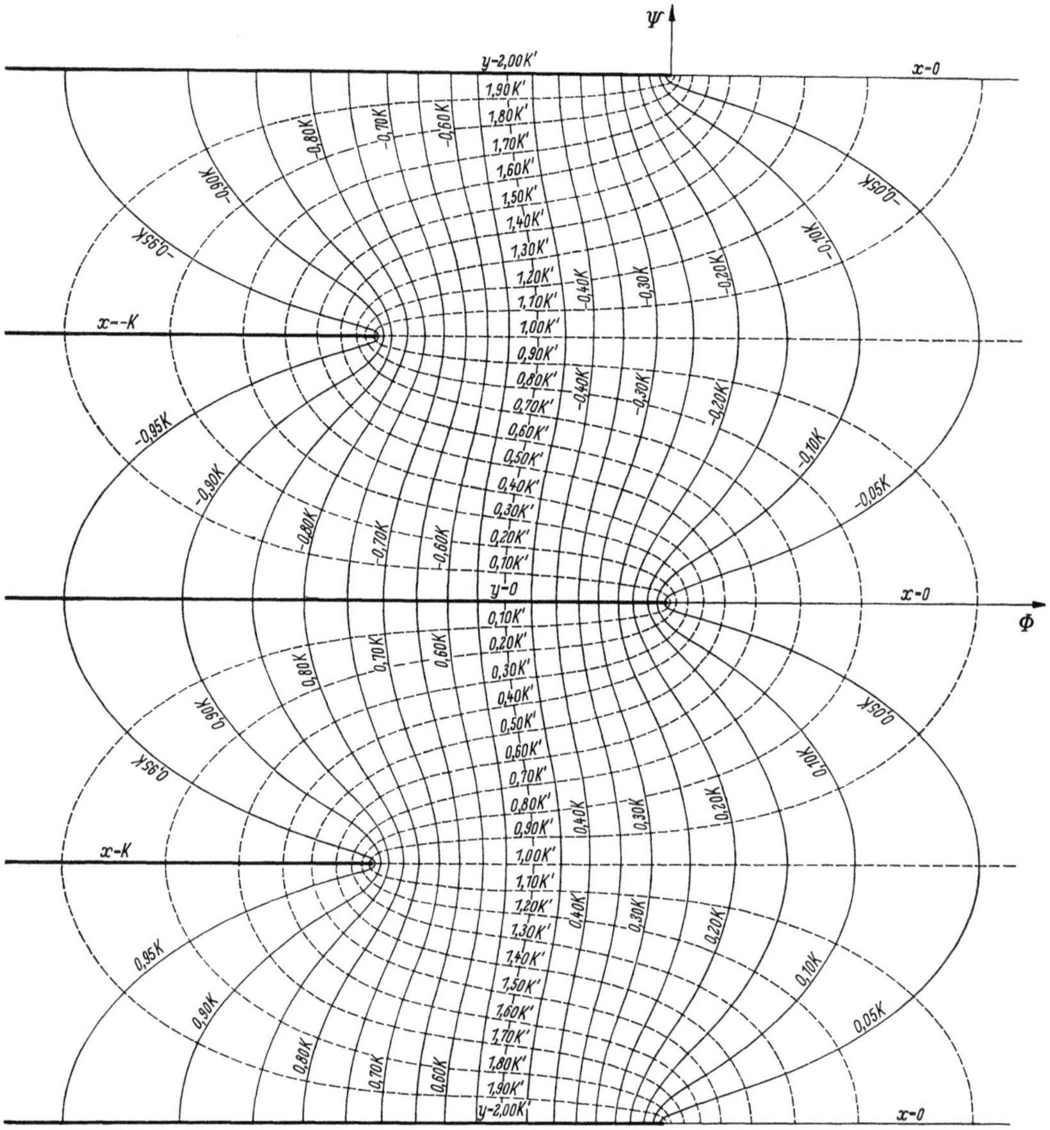

Abb. 284. Darstellung der Funktion $X = \Phi + i\,\Psi = \ln \text{cn}(z, k)$ für $k = 0{,}985$ bzw. $\varkappa = 0{,}5$ in der X-Ebene

seitlichen Ausweichen, und zwar um so mehr, je größer $\ln \frac{k'}{k}$ wird. Bei dem Potentialfeld mit den Stromlinien $y = \text{const}$ ist es gerade umgekehrt. Je größer $\ln \frac{k'}{k}$ wird, um so kleiner ist die Zwängung für den Strom.

Werden die zu $\varkappa$ und $1/\varkappa$, also beispielsweise zu $\varkappa = \frac{1}{2}$ und $\varkappa = 2$ gehörigen Potentialfelder von $z(\ln \text{cn}, k)$ spiegelbildlich aufeinander gelegt, so decken sie sich, wie die Abb. 284 und 286 zeigen. Die Stromlinien des einen Feldes sind die Potentiallinien des anderen und umgekehrt. Hierin ist das besondere Verhalten des zu $\varkappa = 1$ gehörigen Potentialfeldes begründet, in welchem Strom- und Potentiallinien um die Ψ-Achse gespiegelt sind (Abb. 285).

Die zu der Funktion $z(\ln \overline{\text{sd}}, k)$ gehörigen Potentialfelder (Abb. 288 bis 292) stellen Hindernisströmungen in einem Streifenraum dar. Bei dem Potentialfeld mit den Linien $y = \text{const}$ als

Stromlinien befindet sich in der lotrechten Mittelebene des Streifenraumes von der Dicke $\pi/2$ ein in diesen hineinragendes, $\arctan\frac{k'}{k}$ langes Hindernis, zu dessen beiden Seiten der Strom ein- und austritt, wobei der untere Rand des Streifenraumes eine Stromlinie darstellt. Maßgebend für die Hinderniswirkung ist das Verhältnis

$$\frac{S}{H} = \frac{2}{\pi} \arctan\frac{k'}{k}$$

von Hindernislänge S und Streifenraumdicke H.

Sieht man die Linien $x = \text{const}$ als Stromlinien an, werden die Abb. 288 bis 292 zweckmäßig um 90° gedreht, so daß der Streifenraum von der Dicke π lotrecht steht und durch die Ψ_3-Achse

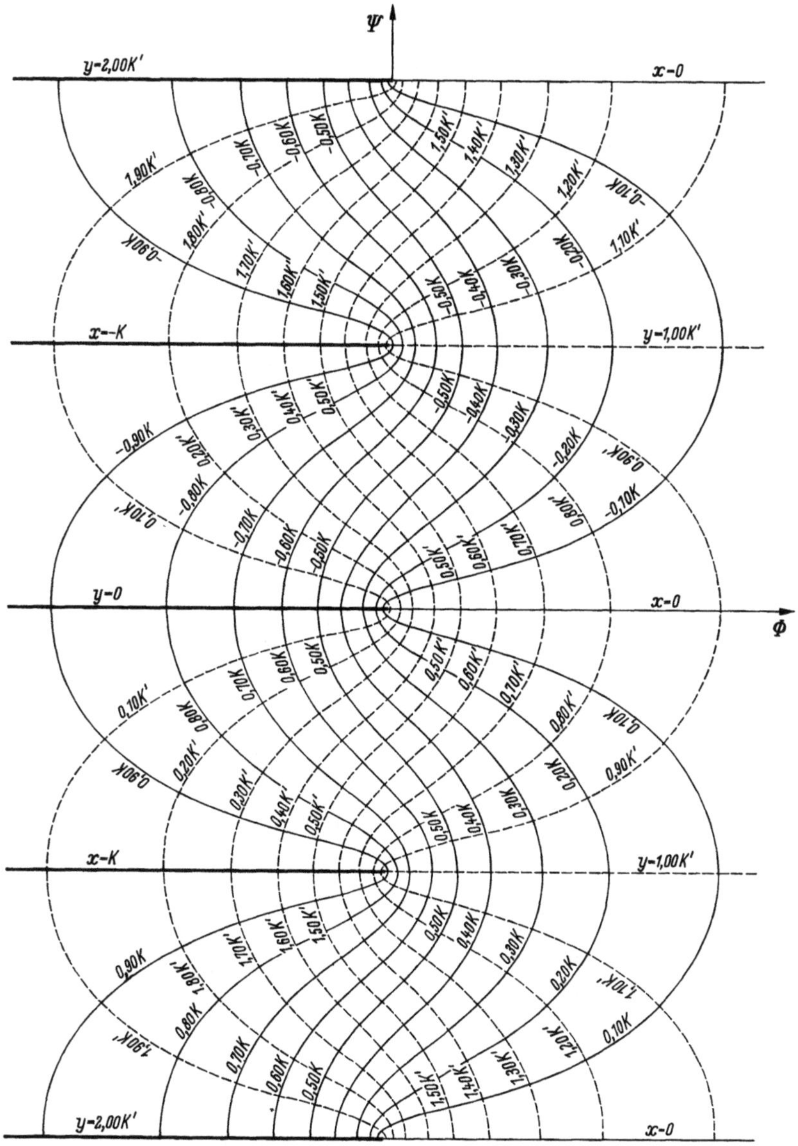

Abb. 285. Darstellung der Funktion $X = \Phi + i\,\Psi = \ln \mathrm{cn}(z, k)$ für $k = 0{,}707$ bzw. $\varkappa = 1{,}0$ in der X-Ebene

nach oben begrenzt ist. Bei dem dann vorliegenden Potentialfeld ist der Streifenraum in der Mitte auf eine Länge von

$$\pi - 2\arctan\frac{k'}{k}$$

abgedeckt. Der Strom tritt in dem links verbleibenden Schlitz ein und rechts von der Abdeckung aus, wobei die lotrechten Begrenzungen des Streifenraumes Stromlinien darstellen.

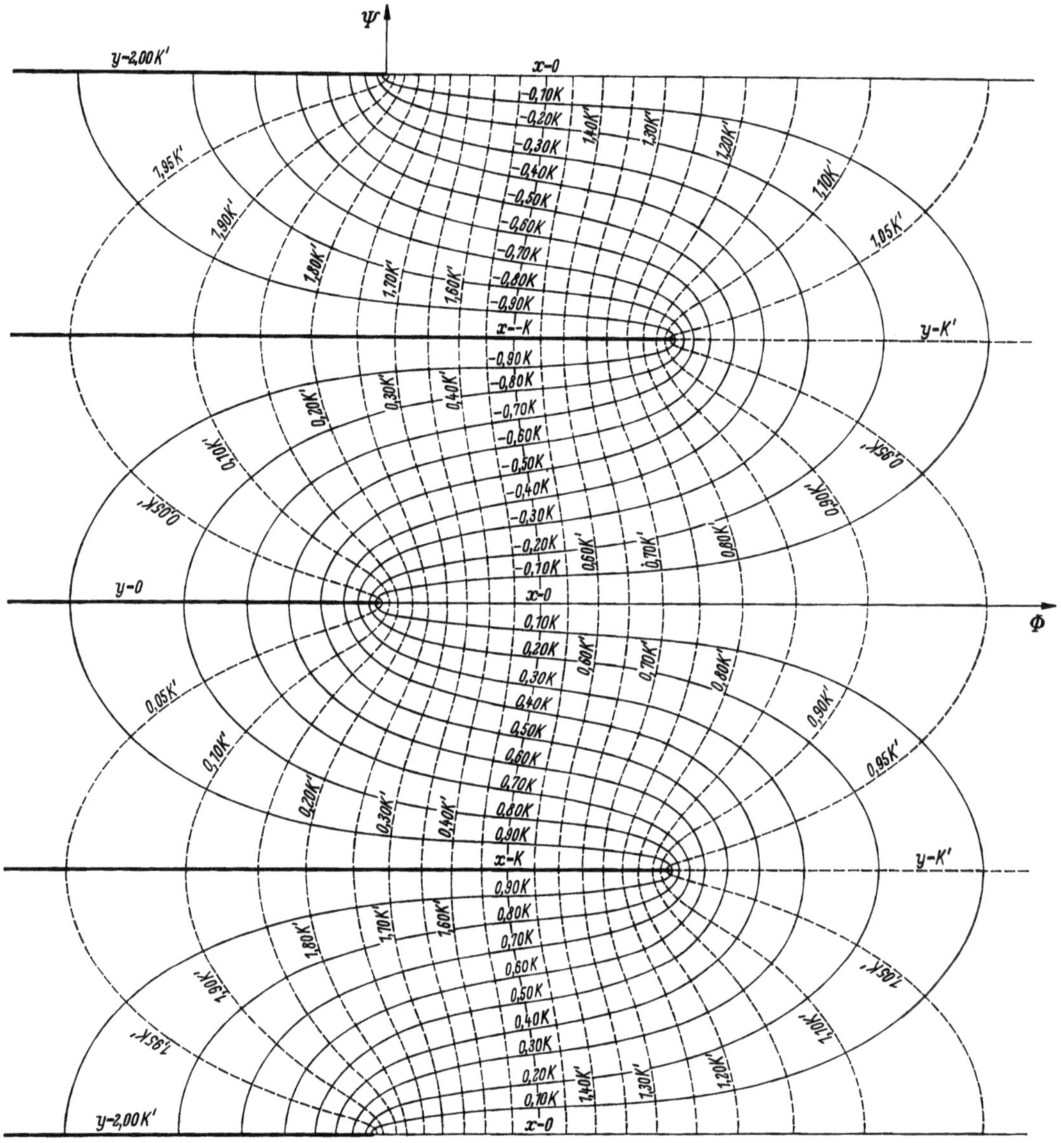

Abb. 286. Darstellung der Funktion $X = \Phi + i\,\Psi = \ln \operatorname{cn}(z, k)$ für $k = 0{,}172$ bzw. $\varkappa = 2{,}0$ in der X-Ebene

Hinsichtlich der Ausartungen lassen bereits die Gln. (1228) erkennen, daß sich unter den sechs Abbildungen nur zwei voneinander unabhängige quadratmaschige Netze befinden können. Zu der einen Gruppe gehören die Funktionen

$$z(\ln \operatorname{sn}, 0), \quad z(\ln \operatorname{cn}, 0), \quad z(\ln \operatorname{cn}, 1),$$

zu der anderen

$$z(\ln \operatorname{sn}, 1), \quad z(\ln \overline{\operatorname{sd}}, 0), \quad z(\ln \overline{\operatorname{sd}}, 1).$$

Die Potentialfeldbetrachtungen für die Ausartungen können daher auf die durch Abb. 278 und 282 dargestellten Funktionen $z(\ln \operatorname{sn}, 1)$ und $z(\ln \operatorname{sn}, 0)$ beschränkt werden.

Die Abb. 278 beschreibt, wenn die Linien $y = \text{const}$ als Stromlinien gedeutet werden, das Potentialfeld einer Punktsenke, die von den beiden Rändern eines Streifenraumes angeströmt wird. In dem Falle der Linien $x = \text{const}$ als Stromlinien wird der eine Rand des Streifenraumes

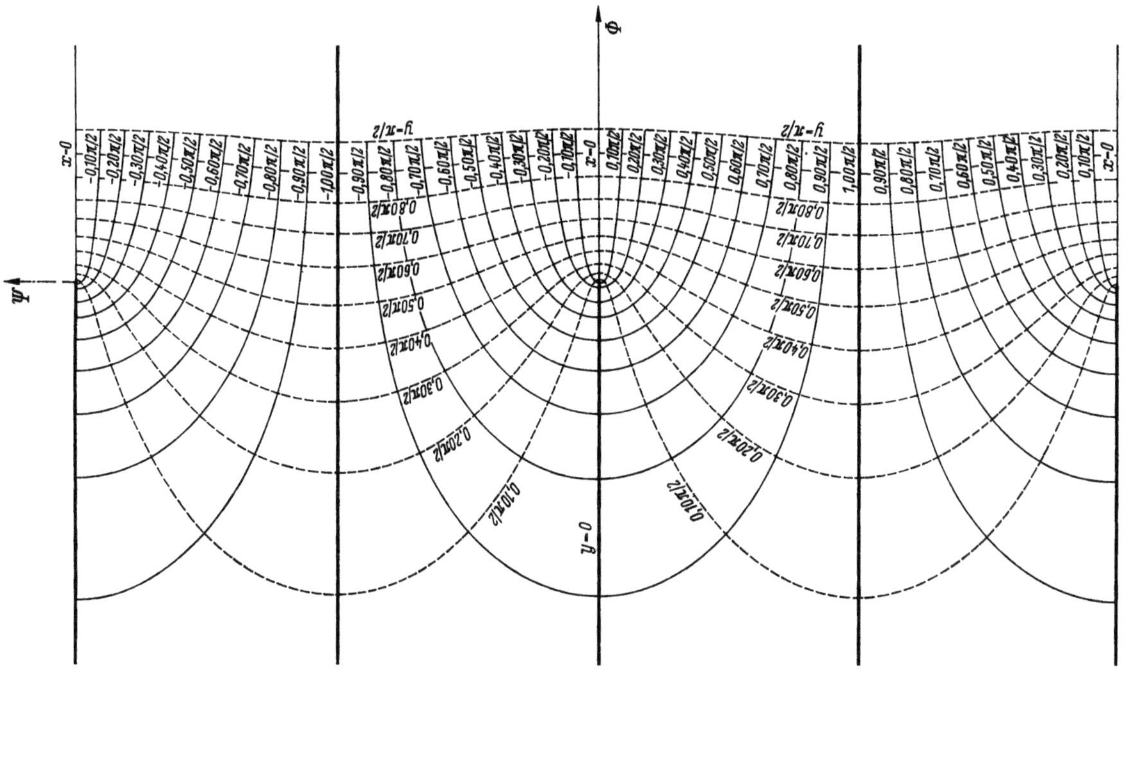

Abb. 287. Darstellung der Funktion $X = \Phi + i\,\Psi = \ln \mathrm{cn}(z, k)$ für $k = 0$ bzw. $\varkappa \to \infty$ in der X-Ebene

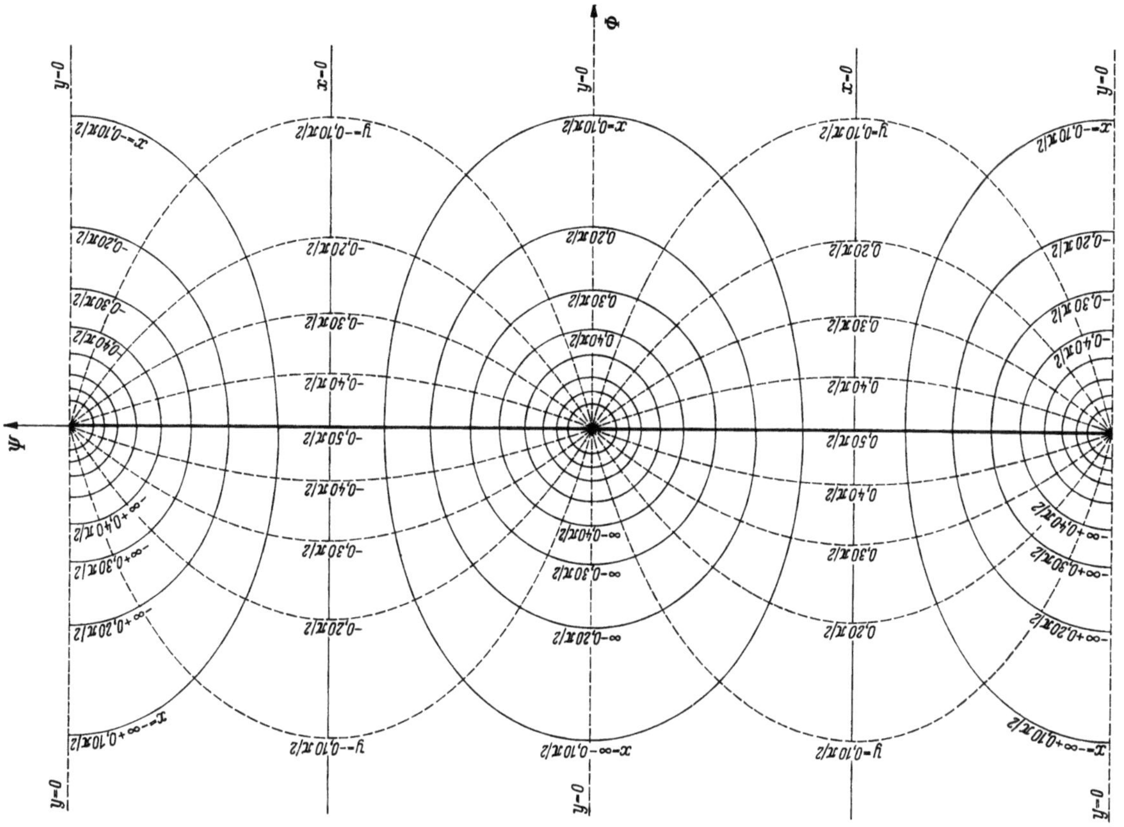

Abb. 288. Darstellung der Funktion $X = \Phi + i\,\Psi = \ln \overline{\mathrm{sd}}(z, k)$ für $k = 1{,}0$ bzw. $\varkappa = 0$ in der X-Ebene

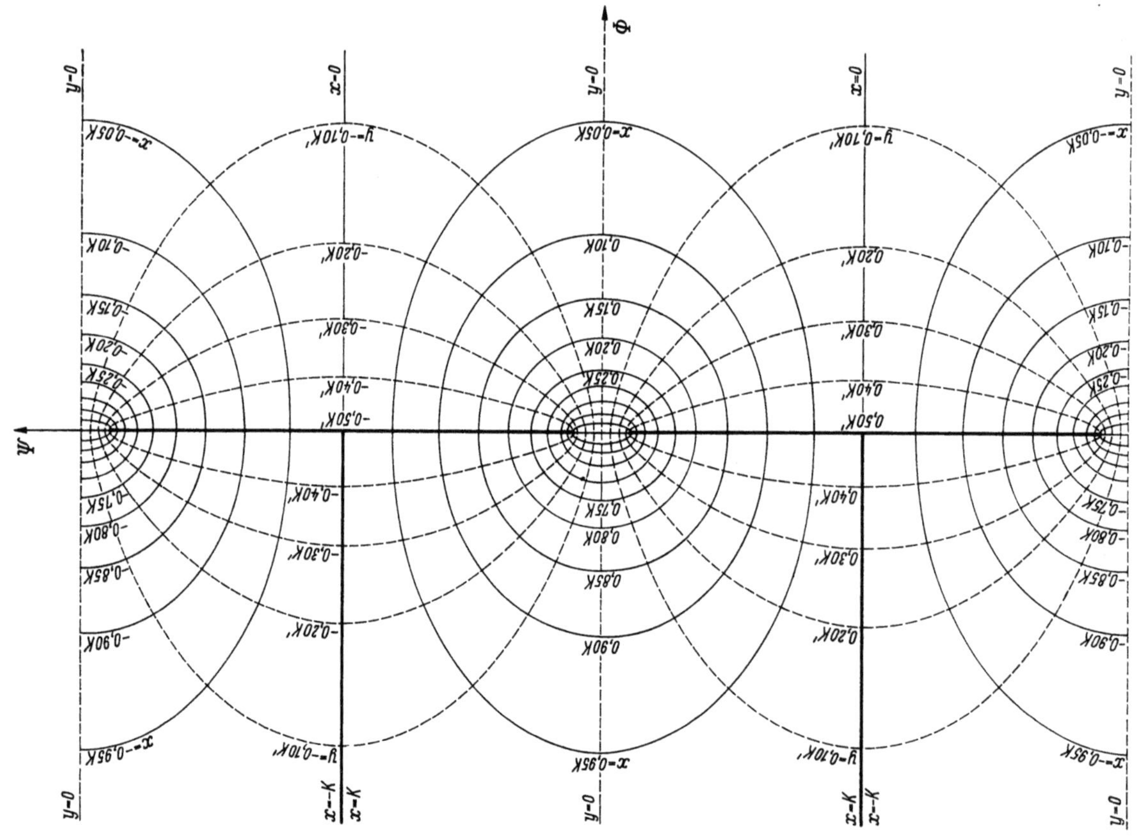

Abb. 289. Darstellung der Funktion $X = \Phi + i\,\Psi = \ln \overline{\mathrm{sd}}(z, k)$ für $k = 0{,}985$ bzw. $\varkappa = 0{,}5$ in der X-Ebene

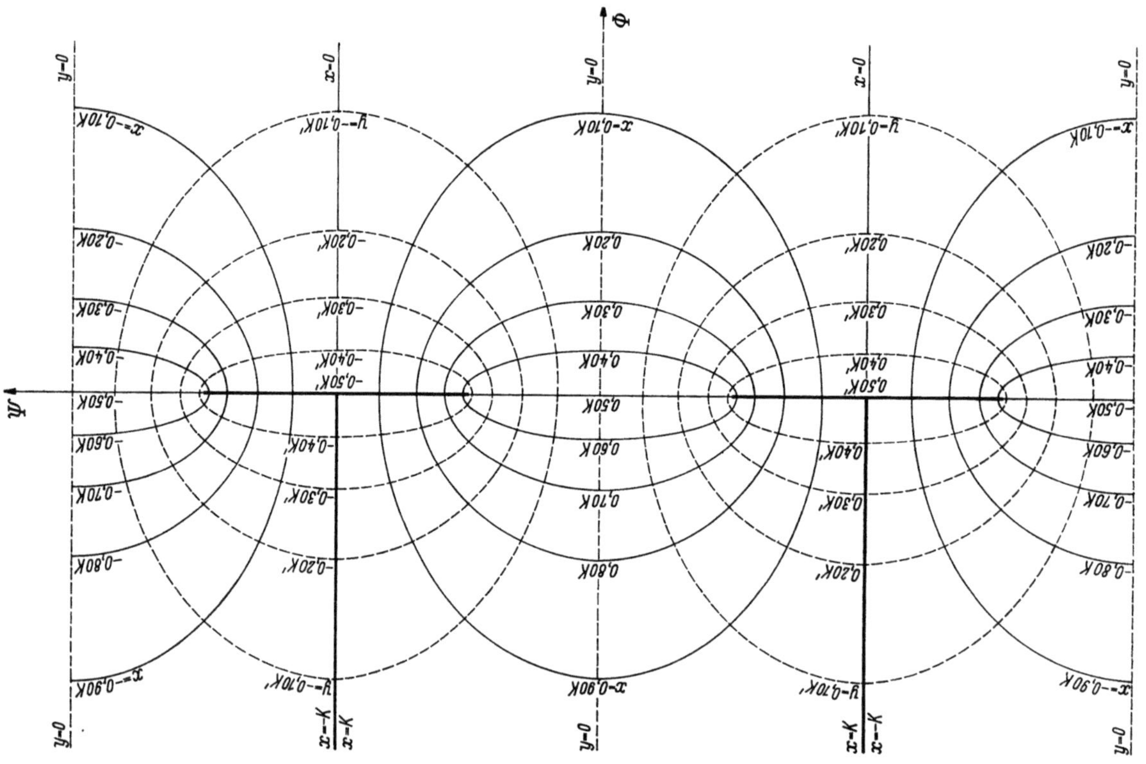

Abb. 290. Darstellung der Funktion $X = \Phi + i\,\Psi = \ln \overline{\mathrm{sd}}(z, k)$ für $k = 0{,}707$ bzw. $\varkappa = 1{,}0$ in der X-Ebene

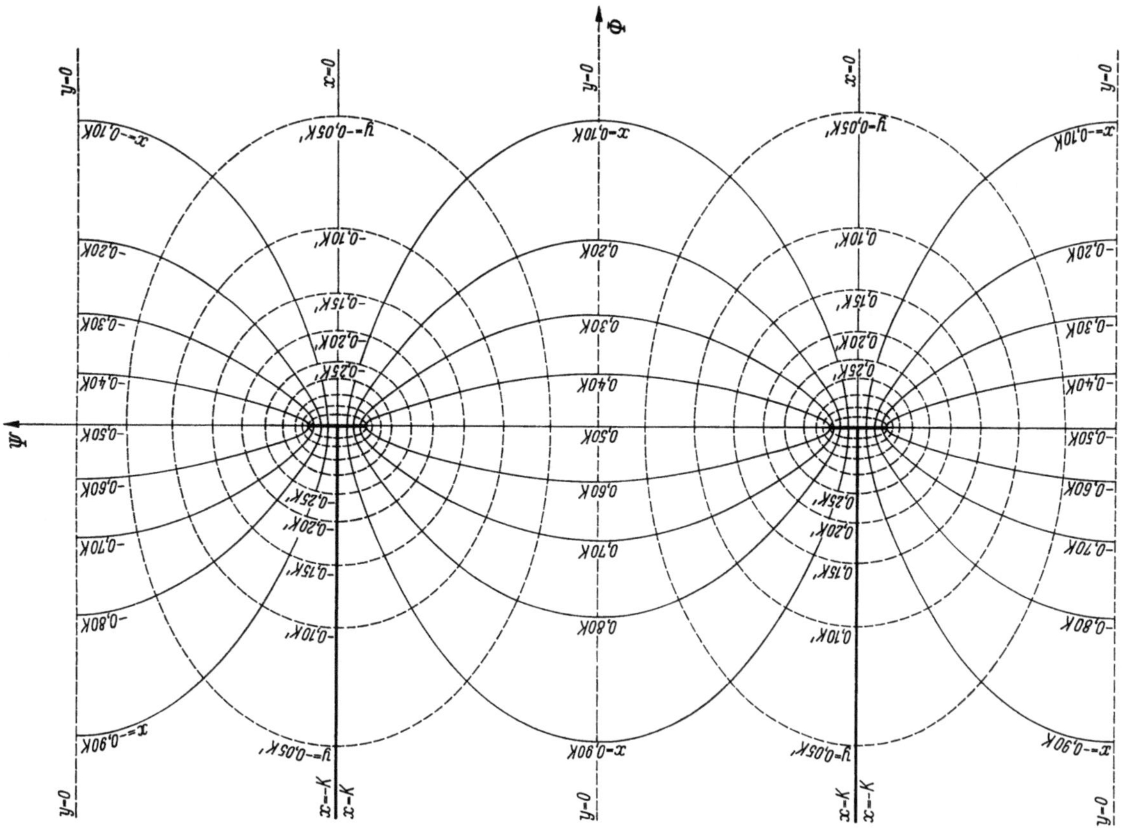

Abb. 291. Darstellung der Funktion $X = \Phi + i\Psi = \ln \overline{\text{sd}}(z, k)$ für $k = 0{,}172$ bzw. $\varkappa = 2{,}0$ in der X-Ebene

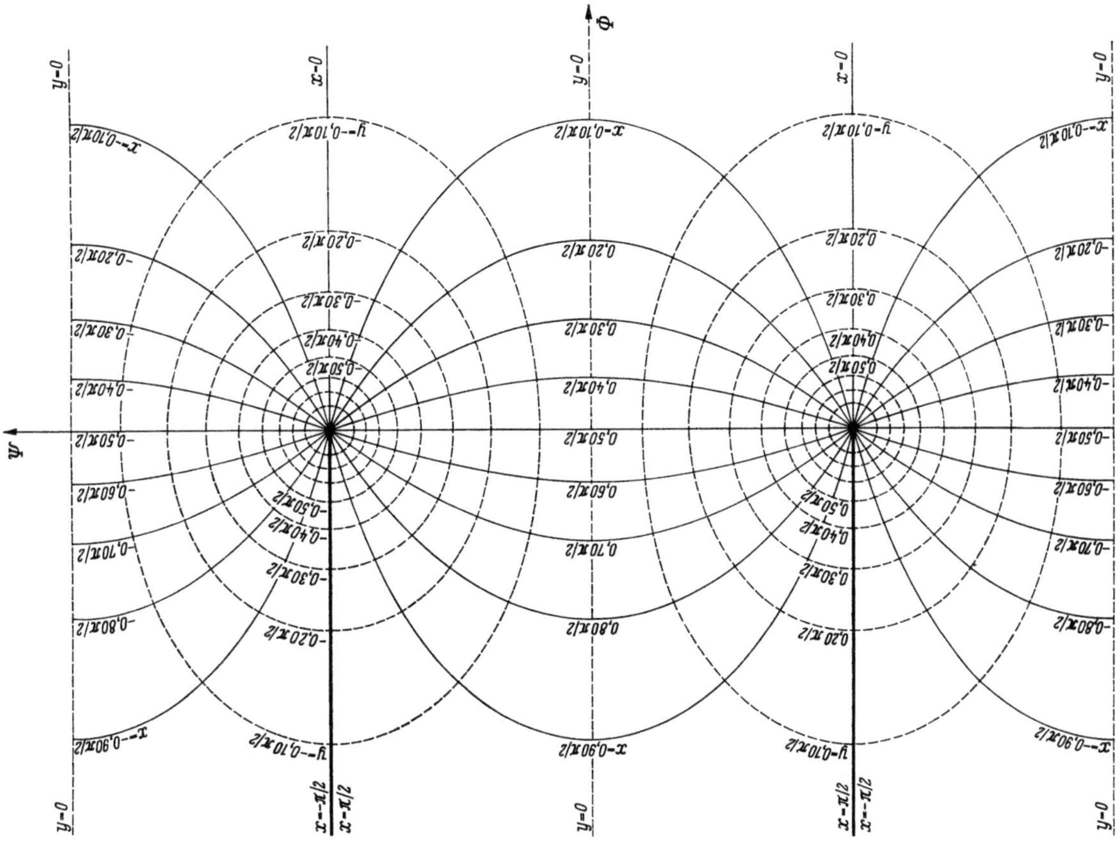

Abb. 292. Darstellung der Funktion $X = \Phi + i\Psi = \ln \overline{\text{sd}}(z, k)$ für $k = 0$ bzw. $\varkappa \to \infty$ in der X-Ebene

zur Stromlinie, während auf dem anderen der Strom unter singulärem Übergang hälftig eintritt und hälftig austritt.

Wenn in Abb. 282 die Linien $x = \mathrm{const}$ als Stromlinien angesehen werden, so unterscheidet sich das zugehörige Potentialfeld von demjenigen der Abb. 278 dadurch, daß der Stromaustritt durch eine Abdeckung der entsprechenden Randhälfte unterbunden ist, während bei der Betrachtung der Linien $y = \mathrm{const}$ als Stromlinien eine Zwängungsströmung vorliegt, bei welcher die Teilabdeckungen der Ränder fehlen und ein in der Mittelebene des Streifenraumes befindliches Hindernis sich über die Hälfte derselben erstreckt.

184. Die Funktionen $\overline{\mathrm{sd}}$ und $\overline{\mathrm{cn}}$ für komplexe und konjugiert komplexe Argumente. Neuformulierung der Additionstheoreme für $\overline{\mathrm{sd}}$ und $\overline{\mathrm{cn}}$

Werden die Gln. (1205) einmal für komplexes und einmal für konjugiert komplexes Argument angesetzt, so ergibt sich

$$\begin{aligned} \overline{\mathrm{sd}}(z, k) &= \overline{\mathrm{sd}}(x + i\,y, k) = + \frac{\mathrm{sn}(2x, k)\,\mathrm{dn}(2y, k') - i\,\mathrm{dn}(2x, k)\,\mathrm{sn}(2y, k')}{1 - \mathrm{cn}(2x, k)\,\mathrm{cn}(2y, k')}, \\ \overline{\mathrm{sd}}(\bar z, k) &= \overline{\mathrm{sd}}(x - i\,y, k) = + \frac{\mathrm{sn}(2x, k)\,\mathrm{dn}(2y, k') + i\,\mathrm{dn}(2x, k)\,\mathrm{sn}(2y, k')}{1 - \mathrm{cn}(2x, k)\,\mathrm{cn}(2y, k')}. \end{aligned} \tag{1236}$$

Die entsprechenden Gleichungen für $\overline{\mathrm{cn}}(z, k)$ folgen nach (785) aus (1236) durch Bildung der negativen Reziprokwerte und lassen sich in der Form

$$\begin{aligned} \overline{\mathrm{cn}}(z, k) &= \overline{\mathrm{cn}}(x + i\,y, k) = - \frac{\mathrm{sn}(2x, k)\,\mathrm{dn}(2y, k') + i\,\mathrm{dn}(2x, k)\,\mathrm{sn}(2y, k')}{1 + \mathrm{cn}(2x, k)\,\mathrm{cn}(2y, k')}, \\ \overline{\mathrm{cn}}(\bar z, k) &= \overline{\mathrm{cn}}(x - i\,y, k) = - \frac{\mathrm{sn}(2x, k)\,\mathrm{dn}(2y, k') - i\,\mathrm{dn}(2x, k)\,\mathrm{sn}(2y, k')}{1 + \mathrm{cn}(2x, k)\,\mathrm{cn}(2y, k')}, \end{aligned} \tag{1237}$$

schreiben. Für die zu (1236) und (1237) gehörenden Produkte erhält man wegen

$$\overline{\mathrm{sd}}(z, k)\,\overline{\mathrm{sd}}(\bar z, k) = (u_3 + i\,v_3)\,(u_3 - i\,v_3) = u_3^2 + v_3^2$$

bei Beachtung von (1206) und (785)

$$\overline{\mathrm{sd}}(z, k)\,\overline{\mathrm{sd}}(\bar z, k) = \frac{1 + \mathrm{cn}(2x, k)\,\mathrm{cn}(2y, k')}{1 - \mathrm{cn}(2x, k)\,\mathrm{cn}(2y, k')}, \quad \overline{\mathrm{cn}}(z, k)\,\overline{\mathrm{cn}}(\bar z, k) = \frac{1 - \mathrm{cn}(2x, k)\,\mathrm{cn}(2y, k')}{1 + \mathrm{cn}(2x, k)\,\mathrm{cn}(2y, k')}. \tag{1238}$$

Für die Quotienten folgt aus (1236) und (1237)

$$\frac{\overline{\mathrm{sd}}(z, k)}{\overline{\mathrm{sd}}(\bar z, k)} = e^{-2\,i \arctan \frac{\mathrm{sd}(2y, k')}{\mathrm{sd}(2x, k)}}, \quad \frac{\overline{\mathrm{cn}}(z, k)}{\overline{\mathrm{cn}}(\bar z, k)} = e^{+2\,i \arctan \frac{\mathrm{sd}(2y, k')}{\mathrm{sd}(2x, k)}}. \tag{1239}$$

Nach (1238) und (1239) ist

$$\overline{\mathrm{sd}}(z, k)\,\overline{\mathrm{sd}}(\bar z, k)\,\overline{\mathrm{cn}}(z, k)\,\overline{\mathrm{cn}}(\bar z, k) = \frac{\overline{\mathrm{sd}}(z, k)\,\overline{\mathrm{cn}}(z, k)}{\overline{\mathrm{sd}}(\bar z, k)\,\overline{\mathrm{cn}}(\bar z, k)} = 1 \tag{1240}$$

und nach (1236) und (1237)

$$\frac{\overline{\mathrm{sd}}(z, k)}{\overline{\mathrm{cn}}(\bar z, k)} = \frac{\overline{\mathrm{sd}}(\bar z, k)}{\overline{\mathrm{cn}}(z, k)} = - \frac{1 + \mathrm{cn}(2x, k)\,\mathrm{cn}(2y, k')}{1 - \mathrm{cn}(2x, k)\,\mathrm{cn}(2y, k')}. \tag{1241}$$

Die Gln. (1236) und (1237) enthalten eine Neuformulierung des Additionstheorems der Funktionen $\overline{\mathrm{sd}}$ und $\overline{\mathrm{cn}}$. Nach (824) ist

$$\mathrm{dn}(2y, k') = \mathrm{dc}(2i\,y, k), \quad i\,\mathrm{sn}(2y, k') = \mathrm{sc}(2i\,y, k), \quad \mathrm{cn}(2y, k') = \mathrm{nc}(2i\,y, k).$$

Werden diese Beziehungen in die oberen der Gln. (1236) und (1237) eingeführt und x mit z und $i\,y$ mit z_0 vertauscht, so folgt

$$\begin{aligned} \overline{\mathrm{sd}}(z + z_0, k) &= + \frac{\mathrm{sn}(2z, k)\,\mathrm{dc}(2z_0, k) - \mathrm{dn}(2z, k)\,\mathrm{sc}(2z_0, k)}{1 - \mathrm{cn}(2z, k)\,\mathrm{nc}(2z_0, k)}, \\ \overline{\mathrm{cn}}(z + z_0, k) &= - \frac{\mathrm{sn}(2z, k)\,\mathrm{dc}(2z_0, k) + \mathrm{dn}(2z, k)\,\mathrm{sc}(2z_0, k)}{1 + \mathrm{cn}(2z, k)\,\mathrm{nc}(2z_0, k)}. \end{aligned} \tag{1242}$$

Die entsprechende Umschreibung der Gln. (1238), (1240) und (1241) ergibt

$$\begin{aligned} \overline{\mathrm{sd}}(z+z_0,k)\,\overline{\mathrm{sd}}(z-z_0,k) &= -\frac{\overline{\mathrm{sd}}(z+z_0,k)}{\overline{\mathrm{cn}}(z-z_0,k)} = -\frac{\overline{\mathrm{sd}}(z-z_0,k)}{\overline{\mathrm{cn}}(z+z_0,k)} = \frac{1+\mathrm{cn}(2z,k)\,\mathrm{nc}(2z_0,k)}{1-\mathrm{cn}(2z,k)\,\mathrm{nc}(2z_0,k)}, \\ \overline{\mathrm{cn}}(z+z_0,k)\,\overline{\mathrm{cn}}(z-z_0,k) &= -\frac{\overline{\mathrm{cn}}(z+z_0,k)}{\overline{\mathrm{sd}}(z-z_0,k)} = -\frac{\overline{\mathrm{cn}}(z-z_0,k)}{\overline{\mathrm{sd}}(z+z_0,k)} = \frac{1-\mathrm{cn}(2z,k)\,\mathrm{nc}(2z_0,k)}{1+\mathrm{cn}(2z,k)\,\mathrm{nc}(2z_0,k)}. \end{aligned} \tag{1243}$$

$$\begin{gathered} \overline{\mathrm{sd}}(z+z_0,k)\,\overline{\mathrm{sd}}(z-z_0,k)\,\overline{\mathrm{cn}}(z+z_0,k)\,\overline{\mathrm{cn}}(z-z_0,k) = 1, \\ \frac{\overline{\mathrm{sd}}(z+z_0,k)\,\overline{\mathrm{cn}}(z+z_0,k)}{\overline{\mathrm{sd}}(z-z_0,k)\,\overline{\mathrm{cn}}(z-z_0,k)} = 1. \end{gathered} \tag{1244}$$

Auf analogem Wege und mit den gleichen Vertauschungen erhält man aus der Division der Gln. (1236)

$$\frac{\overline{\mathrm{sd}}(z+z_0,k)}{\overline{\mathrm{sd}}(z-z_0,k)} = \frac{\mathrm{sd}(2z,k)-\mathrm{sd}(2z_0,k)}{\mathrm{sd}(2z,k)+\mathrm{sd}(2z_0,k)}, \quad \frac{\overline{\mathrm{cn}}(z+z_0,k)}{\overline{\mathrm{cn}}(z-z_0,k)} = \frac{\mathrm{sd}(2z,k)+\mathrm{sd}(2z_0,k)}{\mathrm{sd}(2z,k)-\mathrm{sd}(2z_0,k)}. \tag{1245}$$

185. Nichtanalytische Funktionen mit doppeltperiodischem Realteil

Nach (147) sind die Logarithmen der Theta-Funktionen keine doppeltperiodischen Funktionen mehr. Es lassen sich aber aus ihnen durch Überlagerung mit algebraischen Funktionen nichtanalytische Funktionen mit doppeltperiodischem Realteil bilden. Scheidet man dabei diejenigen Funktionen aus, die sich durch Koordinatentransformation ineinander überführen lassen, so verbleiben die beiden Funktionen

$$\Theta_1(x,y,k) = -\frac{\pi}{KK'}y^2 + \ln\frac{\vartheta_1(2z,k)}{2\vartheta_1'(0,k)}, \quad \Theta_5(x,y,k) = -\frac{2\pi}{KK'}y^2 + \ln\frac{\vartheta_5(2z,k)}{2\vartheta_5'(0,k)}, \tag{1246}$$

die im (z, k)- bzw. $(\zeta, \varkappa)$-System den Differentialgleichungen

$$\begin{gathered} \frac{\partial^2\Theta_1}{\partial x^2} + \frac{\partial^2\Theta_1}{\partial y^2} = -\frac{2\pi}{KK'}, \quad \frac{\partial^2\Theta_5}{\partial x^2} + \frac{\partial^2\Theta_5}{\partial y^2} = -\frac{4\pi}{KK'} \\ \text{bzw.} \\ \frac{\partial^2\Theta_1}{\partial \xi^2} + \frac{\partial^2\Theta_1}{\partial \eta^2} = -\frac{8\pi}{\varkappa}, \quad \frac{\partial^2\Theta_5}{\partial \xi^2} + \frac{\partial^2\Theta_5}{\partial \eta^2} = -\frac{16\pi}{\varkappa} \end{gathered} \tag{1247}$$

genügen. Die den Cauchy-Riemannschen Differentialgleichungen entsprechenden Beziehungen folgen aus den den Real- und Imaginärteilen entsprechenden Differentialgleichungen. Diese lauten nach (1246) und (1247)

$$\begin{gathered} \frac{\partial^2\Re\mathrm{e}\,\Theta_1}{\partial x^2} + \frac{\partial^2\Re\mathrm{e}\,\Theta_1}{\partial y^2} = -\frac{2\pi}{KK'}, \quad \frac{\partial^2\,\mathrm{Im}\,\Theta_1}{\partial x^2} + \frac{\partial^2\,\mathrm{Im}\,\Theta_1}{\partial y^2} = 0, \\ \text{bzw.} \\ \frac{\partial^2\Re\mathrm{e}\,\Theta_1}{\partial \xi^2} + \frac{\partial^2\Re\mathrm{e}\,\Theta_1}{\partial \eta^2} = -\frac{8\pi}{\varkappa}, \quad \frac{\partial^2\,\mathrm{Im}\,\Theta_1}{\partial \xi^2} + \frac{\partial^2\,\mathrm{Im}\,\Theta_1}{\partial \eta^2} = 0, \end{gathered} \tag{1248}$$

$$\begin{gathered} \frac{\partial^2\Re\mathrm{e}\,\Theta_5}{\partial x^2} + \frac{\partial^2\Re\mathrm{e}\,\Theta_5}{\partial y^2} = -\frac{4\pi}{KK'}, \quad \frac{\partial^2\,\mathrm{Im}\,\Theta_5}{\partial x^2} + \frac{\partial^2\,\mathrm{Im}\,\Theta_5}{\partial y^2} = 0, \\ \text{bzw.} \\ \frac{\partial^2\Re\mathrm{e}\,\Theta_5}{\partial \xi^2} + \frac{\partial^2\Re\mathrm{e}\,\Theta_5}{\partial \eta^2} = -\frac{16\pi}{\varkappa}, \quad \frac{\partial^2\,\mathrm{Im}\,\Theta_5}{\partial \xi^2} + \frac{\partial^2\,\mathrm{Im}\,\Theta_5}{\partial \eta^2} = 0. \end{gathered} \tag{1249}$$

Aus (1248) und (1249) folgen die beiden Gruppen simultaner Differentialgleichungen

$$\begin{aligned} \frac{\partial\Re\mathrm{e}\,\Theta_1}{\partial x} &= \frac{\partial\,\mathrm{Im}\,\Theta_1}{\partial y} - \frac{2\pi}{KK'}x, & \qquad \frac{\partial\Re\mathrm{e}\,\Theta_1}{\partial x} &= \frac{\partial\,\mathrm{Im}\,\Theta_1}{\partial y}, \\ & & \text{und} \qquad & \\ \frac{\partial\Re\mathrm{e}\,\Theta_1}{\partial y} &= -\frac{\partial\,\mathrm{Im}\,\Theta_1}{\partial x}, & \qquad \frac{\partial\Re\mathrm{e}\,\Theta_1}{\partial y} &= -\frac{\partial\,\mathrm{Im}\,\Theta_1}{\partial x} - \frac{2\pi}{KK'}y, \end{aligned} \tag{1250}$$

bzw.

$$\frac{\partial\,\Re e\,\Theta_5}{\partial x} = \frac{\partial\,\mathrm{Im}\,\Theta_5}{\partial y} - \frac{4\pi}{K K'} x, \qquad \frac{\partial\,\Re e\,\Theta_5}{\partial x} = \frac{\partial\,\mathrm{Im}\,\Theta_5}{\partial y},$$
$$\frac{\partial\,\Re e\,\Theta_5}{\partial y} = -\frac{\partial\,\mathrm{Im}\,\Theta_5}{\partial x}, \quad \text{und} \quad \frac{\partial\,\Re e\,\Theta_5}{\partial y} = -\frac{\partial\,\mathrm{Im}\,\Theta_5}{\partial x} - \frac{4\pi}{K K'} y. \tag{1251}$$

Wird in den Gln. (1246) x mit $x + K$ vertauscht, so erhält man, wenn die aus (147) sich ergebenden Funktionalgleichungen

$$\ln \vartheta_{\substack{1\\5}}(2\zeta + 1, \varkappa) = \ln \vartheta_{\substack{1\\5}}(2\zeta, \varkappa) \quad \text{bzw.} \quad \ln \vartheta_{\substack{1\\5}}(2z + 2K, k) = \ln \vartheta_{\substack{1\\5}}(2z, k)$$

beachtet werden,

$$\Theta_1(x + K, y, k) = \Theta_1(x, y, k), \qquad \Theta_5(x + K, y, k) = \Theta_5(x, y, k). \tag{1252}$$

Vertauscht man ferner in $\Theta_1(x, y, k)$ y mit $y + K'$ und in $\Theta_5(x, y, k)$ x mit $x + \frac{K}{2}$, y mit $y + \frac{K'}{2}$, so ergibt sich, wenn die aus (147) folgenden Funktionalgleichungen

$$\ln \vartheta_1(2\zeta + i\varkappa, \varkappa) = \pi(\varkappa - 4i\zeta) + \ln \vartheta_1(2\zeta, \varkappa) \quad \text{bzw.} \quad \ln \vartheta_1(2z + 2iK', k) = \frac{\pi}{K}(K' - 2ix + 2y) + \ln \vartheta_1(2z, k),$$
$$\ln \vartheta_5\left(2\zeta + \frac{1}{2} + \frac{i\varkappa}{2}, \varkappa\right) = \pi\left(\frac{\varkappa}{2} - 4i\zeta\right) + \ln \vartheta_5(2\zeta, \varkappa) \quad \text{bzw.}$$
$$\ln \vartheta_5(2z + K + iK', k) = \frac{\pi}{K}\left(\frac{K'}{2} - 2ix + 2y\right) + \ln \vartheta_5(2z, k)$$

berücksichtigt werden,

$$\Theta_1(x, y + K', k) = -\frac{2\pi i}{K} x + \Theta_1(x, y, k), \quad \Theta_5\left(x + \frac{K}{2}, y + \frac{K'}{2}, k\right) = -\frac{2\pi i}{K} x + \Theta_5(x, y, k). \tag{1253}$$

Nach (1252) und (1253) sind die Funktionen Θ_1 und Θ_5 nur noch einfach periodische Funktionen. Für die doppeltperiodischen Realteile gilt dagegen

$$\Re e\,\Theta_1(x + K, y, k) = \Re e\,\Theta_1(x, y, k), \qquad \Re e\,\Theta_5(x + K, y, k) = \Re e\,\Theta_5(x, y, k),$$
$$\Re e\,\Theta_1(x, y + K', k) = \Re e\,\Theta_1(x, y, k), \quad \Re e\,\Theta_5\left(x + \frac{K}{2}, y + \frac{K'}{2}, k\right) = \Re e\,\Theta_5(x, y, k). \tag{1254}$$

Die zu Θ_1 und Θ_5 gehörigen Real- und Imaginärteilfunktionen lassen sich analytisch darstellen. Zunächst erhält man durch Umschreibung von (1246)

$$\Theta_1(x, y, k) = \left[-\frac{\pi}{K K'} y^2 + \frac{1}{2} \ln \frac{\vartheta_1(2z, k)\,\vartheta_1(2\bar{z}, k)}{4\vartheta_1'^2(0, k)}\right] + \frac{1}{2} \ln \frac{\vartheta_1(2z, k)}{\vartheta_1(2\bar{z}, k)},$$
$$\Theta_5(x, y, k) = \left[-\frac{2\pi}{K K'} y^2 + \frac{1}{2} \ln \frac{\vartheta_5(2z, k)\,\vartheta_5(2\bar{z}, k)}{4\vartheta_5'^2(0, k)}\right] + \frac{1}{2} \ln \frac{\vartheta_5(2z, k)}{\vartheta_5(2\bar{z}, k)}. \tag{1255}$$

In (1255) entsprechen den eckigen Klammern die Realteile, den Restgliedern die Imaginärteile. Nach den Gln. (128), (138) und (20) ist

$$\ln \frac{\vartheta_1(2z, k)\,\vartheta_1(2\bar{z}, k)}{4\vartheta_1'^2(0, k)} = \ln \frac{\vartheta_1(2x + 2iy, k)\,\vartheta_1(2x - 2iy, k)}{4\vartheta_1'^2(0, k)}$$
$$= \frac{2\pi}{K K'} y^2 + \ln \frac{\vartheta_1^2(2x, k)\,\vartheta_3^2(2y, k') + \vartheta_3^2(2x, k)\,\vartheta_1^2(2y, k')}{4\varkappa\,\vartheta_1'^2(0, k)\,\vartheta_3^2(0, k)},$$
$$\ln \frac{\vartheta_5(2z, k)\,\vartheta_5(2\bar{z}, k)}{4\vartheta_5'^2(0, k)} = \ln \frac{\vartheta_5(2x + 2iy, k)\,\vartheta_5(2x - 2iy, k)}{4\vartheta_5'^2(0, k)}$$
$$= \frac{4\pi}{K K'} y^2 + \ln \frac{\vartheta_4(4x, k)\,\vartheta_4(4y, k') - \vartheta_2(4x, k)\,\vartheta_2(4y, k')}{2\sqrt{\varkappa}\,\vartheta_5'^2(0, k)},$$

und damit

$$\Re e\,\Theta_1(x, y, k) = \frac{1}{2} \ln \frac{\vartheta_1^2(2x, k)\,\vartheta_3^2(2y, k') + \vartheta_3^2(2x, k)\,\vartheta_1^2(2y, k')}{4\varkappa\,\vartheta_1'^2(0, k)\,\vartheta_3^2(0, k)},$$
$$\Re e\,\Theta_5(x, y, k) = \frac{1}{2} \ln \frac{\vartheta_4(4x, k)\,\vartheta_4(4y, k') - \vartheta_2(4x, k)\,\vartheta_2(4y, k')}{2\sqrt{\varkappa}\,\vartheta_5'^2(0, k)}. \tag{1256}$$

Die Umschreibung auf das (ζ, $\varkappa$)-System liefert in Verbindung mit (525) und (527)

$$\left.\begin{aligned}
\Re\mathrm{e}\,\Theta_1(\xi,\eta,\varkappa) &= \frac{1}{2}\ln\frac{\vartheta_1^2(2\xi,\varkappa)\,\vartheta_3^2\left(\frac{2\eta}{\varkappa},\frac{1}{\varkappa}\right)+\vartheta_3^2(2\xi,\varkappa)\,\vartheta_1^2\left(\frac{2\eta}{\varkappa},\frac{1}{\varkappa}\right)}{4\varkappa\,\vartheta_2^2(0,\varkappa)\,\vartheta_4^2(0,\varkappa)},\\
\Re\mathrm{e}\,\Theta_5(\xi,\eta,\varkappa) &= \frac{1}{2}\ln\frac{\vartheta_4(4\xi,\varkappa)\,\vartheta_4\left(\frac{4\eta}{\varkappa},\frac{1}{\varkappa}\right)-\vartheta_2(4\xi,\varkappa)\,\vartheta_2\left(\frac{4\eta}{\varkappa},\frac{1}{\varkappa}\right)}{8\sqrt{\varkappa}\,\vartheta_2(0,\varkappa)\,\vartheta_4(0,\varkappa)}.
\end{aligned}\right\}\quad(1256)'$$

Für die Imaginärteile folgt in Verbindung mit (177)

$$\left.\begin{aligned}
\operatorname{Im}\Theta_1(x,y,k) &= \frac{1}{2i}\ln\frac{\vartheta_1(2x+2iy,k)}{\vartheta_1(2x-2iy,k)} = 2\arctan\left(\cot\frac{\pi x}{K}\tanh\frac{\pi y}{K}\right)+\\
&\quad + 4\sum_{1}^{\infty}{}_n\frac{1}{n}\,\frac{e^{-2n\pi\varkappa}\sin\frac{2n\pi x}{K}\sinh\frac{2n\pi y}{K}}{1-e^{-2n\pi\varkappa}},\\
\operatorname{Im}\Theta_5(x,y,k) &= \frac{1}{2i}\ln\frac{\vartheta_5(2x+2iy,k)}{\vartheta_5(2x-2iy,k)} = 2\arctan\left(\cot\frac{\pi x}{K}\tanh\frac{\pi y}{K}\right)+\\
&\quad + 4\sum_{1}^{\infty}{}_n\frac{(-1)^n}{n}\,\frac{e^{-n\pi\varkappa}\sin\frac{2n\pi x}{K}\sinh\frac{2n\pi y}{K}}{1-(-1)^n e^{-n\pi\varkappa}},
\end{aligned}\right\}\quad(1257)$$

bzw. bei Bezugnahme auf (178)

$$\left.\begin{aligned}
\operatorname{Im}\Theta_1(x,y,k) &= \frac{1}{2i}\ln\frac{\vartheta_1(2x+2iy,k)}{\vartheta_1(2x-2iy,k)} = -\frac{2\pi}{KK'}xy+2\arctan\left(\coth\frac{\pi x}{K'}\tan\frac{\pi y}{K'}\right)-\\
&\quad -4\sum_{1}^{\infty}{}_n\frac{1}{n}\,\frac{e^{-\frac{2n\pi}{\varkappa}}\sinh\frac{2n\pi x}{K'}\sin\frac{2n\pi y}{K'}}{1-e^{-\frac{2n\pi}{\varkappa}}},\\
\operatorname{Im}\Theta_5(x,y,k) &= \frac{1}{2i}\ln\frac{\vartheta_5(2x+2iy,k)}{\vartheta_5(2x-2iy,k)} = -\frac{4\pi}{KK'}xy+2\arctan\left(\coth\frac{\pi x}{K'}\tan\frac{\pi y}{K'}\right)-\\
&\quad -4\sum_{1}^{\infty}{}_n\frac{(-1)^n}{n}\,\frac{e^{-\frac{n\pi}{\varkappa}}\sinh\frac{2n\pi x}{K'}\sin\frac{2n\pi y}{K'}}{1-(-1)^n e^{-\frac{n\pi}{\varkappa}}}.
\end{aligned}\right\}\quad(1258)$$

Durch die Gln. (1256) bis (1258) wird das oben gefundene Periodenverhalten der Funktionen Θ_1 und Θ_5 bestätigt. Nach (1256) ist $\Re\mathrm{e}\,\Theta_1$ eine doppeltperiodische Funktion mit den Perioden K und $i\,K'$, $\Re\mathrm{e}\,\Theta_5$ eine solche mit den Perioden K und $\frac{K}{2}+i\frac{K'}{2}$ oder auch $i\,K'$ und $\frac{K}{2}+i\frac{K'}{2}$, während die Imaginärteile nur noch in der x-Richtung periodisch sind, und zwar mit der Periode K.

Die Pole der Funktionen Θ_1 und Θ_5 sind nach (1246) die Nullstellen der Funktionen $\vartheta_1(2z,k)$ und $\vartheta_5(2z,k)$. Aus der Abb. 293 ist ihre Verteilung in einem größeren Gebiet der z-Ebene ersichtlich.

Werden die Gln. (1256) nach x und y abgeleitet, so folgt mit (766) und (940)

$$\left.\begin{aligned}
\frac{\partial}{\partial x}\Re\mathrm{e}\,\Theta_1(x,y,k) &= 2\,\frac{\vartheta_1(2x,k)\,\vartheta_1'(2x,k)\,\vartheta_3^2(2y,k')+\vartheta_3(2x,k)\,\vartheta_3'(2x,k)\,\vartheta_1^2(2y,k')}{\vartheta_1^2(2x,k)\,\vartheta_3^2(2y,k')+\vartheta_3^2(2x,k)\,\vartheta_1^2(2y,k')}\\
&= -4\eta_1 x+2\,\frac{\mathfrak{z}_1(2x,k)+\mathfrak{z}_3(2x,k)\,\mathrm{ds}^2(2x,k)\,\mathrm{sd}^2(2y,k')}{1+\mathrm{ds}^2(2x,k)\,\mathrm{sd}^2(2y,k')},\\
\frac{\partial}{\partial y}\Re\mathrm{e}\,\Theta_1(x,y,k) &= 2\,\frac{\vartheta_1^2(2x,k)\,\vartheta_3(2y,k')\,\vartheta_3'(2y,k')+\vartheta_3^2(2x,k)\,\vartheta_1(2y,k')\,\vartheta_1'(2y,k')}{\vartheta_1^2(2x,k)\,\vartheta_3^2(2y,k')+\vartheta_3^2(2x,k)\,\vartheta_1^2(2y,k')}\\
&= -4\eta_1' y+2\,\frac{\mathfrak{z}_1(2y,k')+\mathfrak{z}_3(2y,k')\,\mathrm{sd}^2(2x,k)\,\mathrm{ds}^2(2y,k')}{1+\mathrm{sd}^2(2x,k)\,\mathrm{ds}^2(2y,k')}.
\end{aligned}\right\}\quad(1259)$$

$$\left.\begin{aligned}
\frac{\partial}{\partial x}\,\Re e\,\Theta_5(x,y,k) &= 2\,\frac{\vartheta_4'(4x,k)\,\vartheta_4(4y,k') - \vartheta_2'(4x,k)\,\vartheta_2(4y,k')}{\vartheta_4(4x,k)\,\vartheta_4(4y,k') - \vartheta_2(4x,k)\,\vartheta_2(4y,k')}\\
&= 2\,\eta_1(K-4x) + 2\,\frac{\mathfrak{z}_4(4x,k) - \mathfrak{z}_2(4x,k)\,\mathrm{cn}(4x,k)\,\mathrm{cn}(4y,k')}{1-\mathrm{cn}(4x,k)\,\mathrm{cn}(4y,k')},\\
\frac{\partial}{\partial y}\,\Re e\,\Theta_5(x,y,k) &= 2\,\frac{\vartheta_4(4x,k)\,\vartheta_4'(4y,k') - \vartheta_2(4x,k)\,\vartheta_2'(4y,k')}{\vartheta_4(4x,k)\,\vartheta_4(4y,k') - \vartheta_2(4x,k)\,\vartheta_2(4y,k')}\\
&= 2\eta_1'(K'-4y) + 2\,\frac{\mathfrak{z}_4(4y,k') - \mathfrak{z}_2(4y,k')\,\mathrm{cn}(4x,k)\,\mathrm{cn}(4y,k')}{1-\mathrm{cn}(4x,k)\,\mathrm{cn}(4y,k')}.
\end{aligned}\right\}\quad (1260)$$

Nach (1259) und (1260) verschwinden die Ableitungen der Realteilfunktionen von Θ_1 und Θ_5 längs der in Abb. 293 strichlierten Linien in den zu ihnen senkrechten Richtungen.

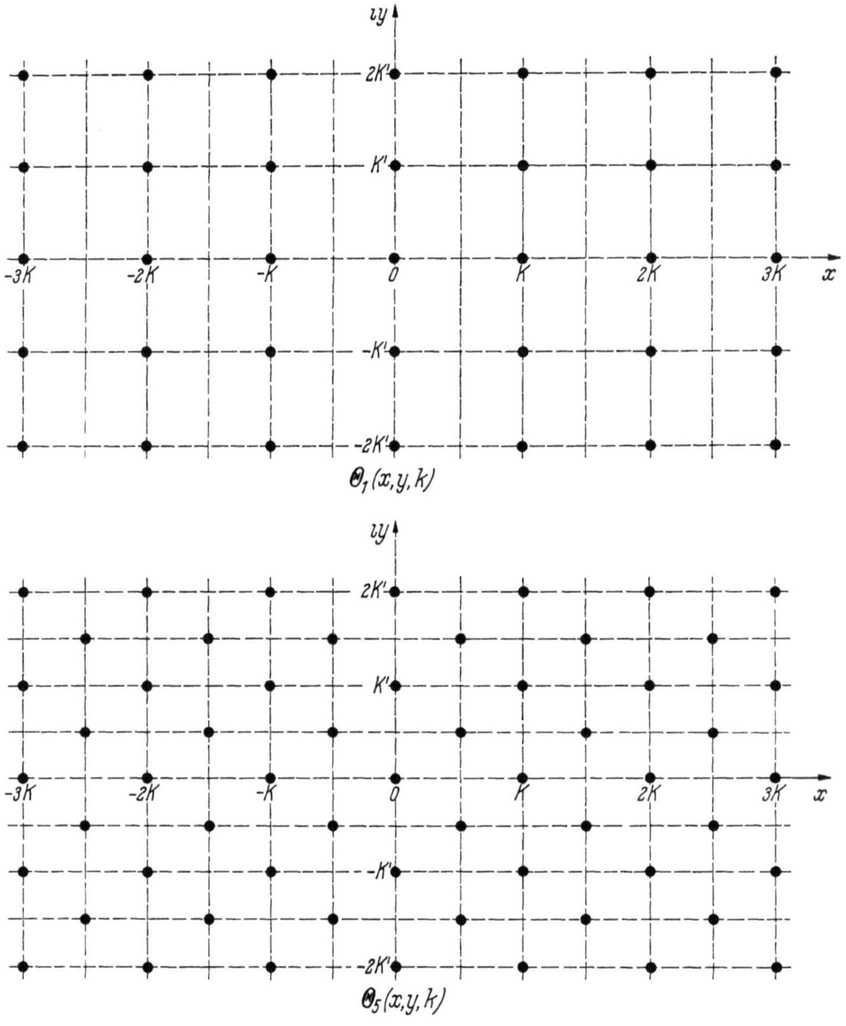

Abb. 293. Negative logarithmische Pole der Funktionen $\Theta_1(x,y,k)$ und $\Theta_5(x,y,k)$ für $\varkappa = \dfrac{K'}{K} = 0{,}75$

186. Auf Rechtecksrändern verschwindende Realteilfunktionen logarithmierter doppeltperiodischer Viererprodukte und die zugehörigen konformen Abbildungen des Rechtecks auf das Äußere und Innere des Einheitskreises

Die in Abschnitt 182 untersuchte Funktion

$$\ln \overline{\mathrm{sd}}(z,k) = -\ln \overline{\mathrm{cn}}(z,k)$$

besaß die bemerkenswerte Eigenschaft, daß ihr Realteil längs der Berandung des zu einem halben Grundperiodenbereich gehörenden Rechtecks verschwand, was nach Abschnitt 181 auch in der

Weise interpretiert werden kann, daß die zugehörigen Umkehrfunktionen

$$z(\overline{\mathrm{sd}}, k) \quad \text{und} \quad z(\overline{\mathrm{cn}}, k)$$

das bezeichnete Rechteck konform auf das Äußere und Innere des Einheitskreises abbilden.

Es lassen sich bei Bezugnahme auf die in Abschnitt 104 des 4. Kapitels betrachteten Viererproduktgruppen von Theta-Funktionen und elliptischen Funktionen der Argumente

$$z - z_0, \quad z + z_0, \quad z + \bar{z}_0, \quad z - \bar{z}_0$$

wesentlich allgemeinere, noch einen willkürlichen Parameter z_0 einschließende doppeltperiodische Funktionen bilden, die ein ähnliches Verhalten wie die Funktion $\ln \overline{\mathrm{sd}}(z, k)$ zeigen und nachfolgend hinsichtlich ihres Polverhaltens und des daraus folgenden Realteilverhaltens zunächst gemeinsam betrachtet werden sollen.

Untersucht man die durch die Theta- und elliptischen Funktionen gegebenen Möglichkeiten zur Bildung doppeltperiodischer Funktionen der bezeichneten Art, so verbleiben nach Ausscheiden aller durch Koordinatentransformation ineinander überführbarer Funktionen die Produktfunktionen

$$\left.\begin{aligned}
f_1(z, z_0, k) &= -\ln \frac{\vartheta_1(z - z_0, k)\, \vartheta_3(z + z_0, k)}{\vartheta_2(z + \bar{z}_0, k)\, \vartheta_4(z - \bar{z}_0, k)}, \\
f_2(z, z_0, k) &= -\ln \frac{\vartheta_5(z - z_0, k)\, \vartheta_5(z + z_0, k)}{\vartheta_6(z + \bar{z}_0, k)\, \vartheta_6(z - \bar{z}_0, k)}, \\
f_3(z, z_0, k) &= -\ln \frac{\mathrm{sn}(z - z_0, k)\, \mathrm{dc}(z + z_0, k)}{\mathrm{cd}(z + \bar{z}_0, k)\, \mathrm{ns}(z - \bar{z}_0, k)}, \\
f_4(z, z_0, k) &= \ln \frac{\mathrm{sd}(z - z_0, k)\, \mathrm{ds}(z + z_0, k)}{\mathrm{cn}(z + \bar{z}_0, k)\, \mathrm{nc}(z - \bar{z}_0, k)}, \\
f_5(z, z_0, k) &= \ln \frac{\overline{\mathrm{sd}}(z - z_0, k)\, \overline{\mathrm{sd}}(z + z_0, k)}{\overline{\mathrm{cn}}(z + \bar{z}_0, k)\, \overline{\mathrm{cn}}(z - \bar{z}_0, k)}.
\end{aligned}\right\} \qquad (1261)$$

Das Polverhalten der durch (1261) dargestellten Funktionen ist aus den Abb. 294 für ein größeres Gebiet der z-Ebene ersichtlich. Positive logarithmische Pole sind durch einen Kreis, negative durch einen angelegten Kreis kenntlich gemacht. Da zufolge der Potenzreihen-Entwicklungen der in (1261) auftretenden Funktionen sämtliche logarithmischen Pole den gleichen Hauptteil besitzen, ergeben sich für die Realteile der fünf Funktionen die in Abb. 294 durch Ausziehen gekennzeichneten Antimetrie-Achsen bzw. strichlierten Symmetrieachsen. Da eine analytische Funktion längs einer Antimetrie-Achse verschwindet, bestätigt Abb. 294 die allen fünf Funktionen von (1261) gemeinsame Eigenschaft, daß ihre Realteile in Analogie zu der Funktion $\ln \overline{\mathrm{sd}}(z, k)$ oder $\ln \overline{\mathrm{cn}}(z, k)$ auf der Berandung des durch Schraffur hervorgehobenen Fundamentalrechtecks mit den Seitenlängen K und K' verschwinden.
Da der Realteil einer logarithmierten komplexen Funktion w sich durch deren Real- und Imaginärteile u und v gemäß

$$\Re\mathrm{e} \ln w = \Re\mathrm{e} \ln(u + i\, v) = \tfrac{1}{2} \ln(u^2 + v^2)$$

darstellt, folgt aus dem Verschwinden von $\Re\mathrm{e} \ln w$, daß

$$u^2 + v^2 = 1$$

sein muß. In Anwendung auf die fünf in (1261) hinter dem ln-Zeichen stehenden Funktionen zeigt die nähere Untersuchung, daß sich die Rechtecksberandungen der in Abb. 294 schraffierten Rechtecke der z-Ebene in der w-Ebene konform auf den Einheitskreis um den Koordinatenursprung abbilden. Hierbei entsprechen die schraffierten Rechtecke den konformen Abbildungen auf das Äußere des Einheitskreises, während sich die links oder rechts davon oder oberhalb und unterhalb gelegenen Rechtecke auf das Innere des Einheitskreises abbilden.

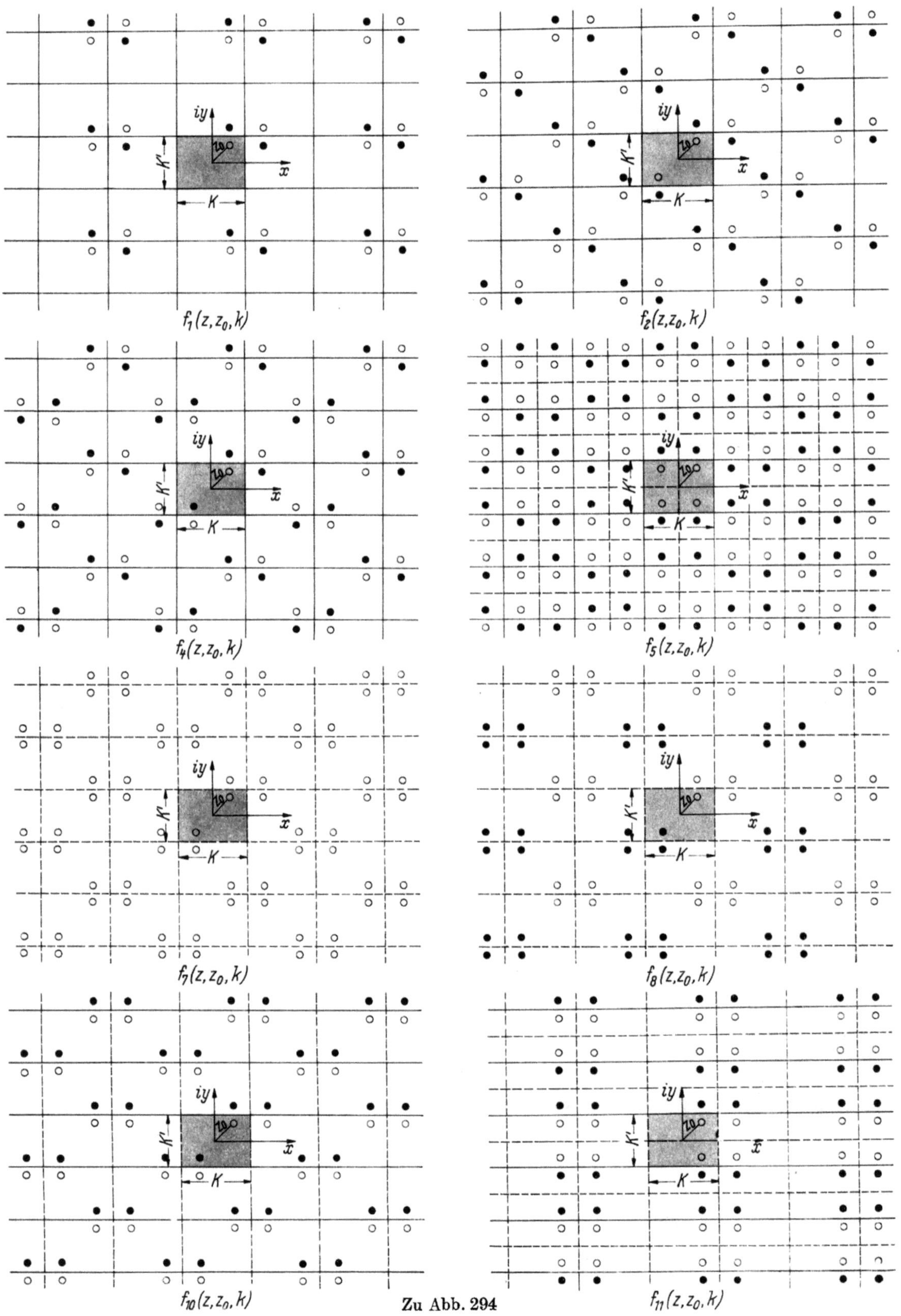
$f_1(z, z_0, k)$
$f_2(z, z_0, k)$
$f_4(z, z_0, k)$
$f_5(z, z_0, k)$
$f_7(z, z_0, k)$
$f_8(z, z_0, k)$
$f_{10}(z, z_0, k)$
$f_{11}(z, z_0, k)$

Zu Abb. 294

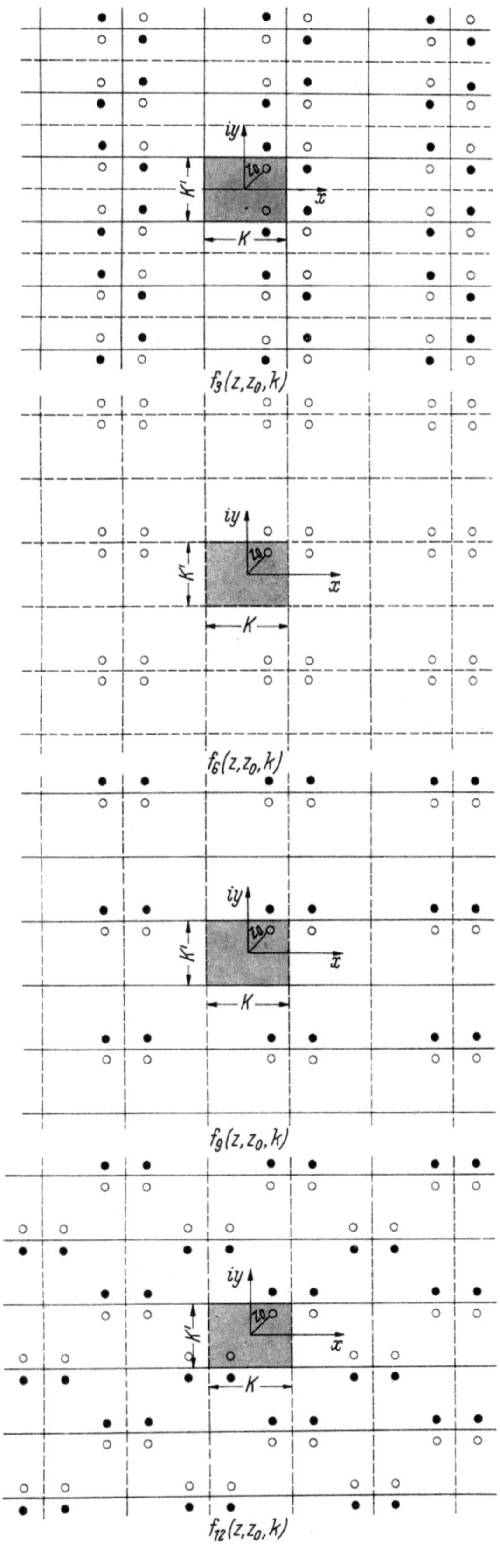

Abb. 294
Polverhalten der Funktionen $f_1(z, z_0, k)$ bis $f_{12}(z, z_0, k)$ für
$$\varkappa = \frac{K'}{K} = 0{,}75$$
(○ positive log. Pole, ● negative log. Pole)

187. Doppeltperiodische Realteilfunktionen logarithmierter Viererprodukte mit auf Rechtecksrändern verschwindenden Ableitungen

Das Gegenstück zu den im vorigen Abschnitt betrachteten logarithmierten Viererprodukten bilden logarithmierte Viererprodukte von Theta-Funktionen und elliptischen Funktionen der Argumente

$$z - z_0, \quad z + z_0, \quad z + \bar{z}_0, \quad z - \bar{z}_0,$$

die, wenn nicht insgesamt, so doch wenigstens in ihren Realteilen noch doppeltperiodisch sind und deren Realteile längs der Berandung des Grundperiodenbereiches normal zur Randlinie verschwindende Ableitungen besitzen. Es handelt sich also um Funktionen, deren Realteilverhalten den in Abschnitt 185 betrachteten Funktionen Θ_1 und Θ_5 entspricht. Nach Ausscheiden aller durch Koordinatentransformation ineinander überführbaren Funktionen verbleiben in dieser Gruppe die drei Produktfunktionen

$$\left.\begin{aligned} f_6(z, z_0, k) &= -\frac{\pi(y^2 + y_0^2)}{K K'} + \ln \frac{\vartheta_1(z - z_0, k)\,\vartheta_3(z + z_0, k)\,\vartheta_2(z + \bar{z}_0, k)\,\vartheta_4(z - \bar{z}_0, k)}{\vartheta_1'(0, k)\,\vartheta_2(0, k)\,\vartheta_3(0, k)\,\vartheta_4(0, k)}, \\ f_7(z, z_0, k) &= -\frac{2\pi(y^2 + y_0^2)}{K K'} + \ln \frac{\vartheta_5(z - z_0, k)\,\vartheta_5(z + z_0, k)\,\vartheta_6(z + \bar{z}_0, k)\,\vartheta_6(z - \bar{z}_0, k)}{\vartheta_5'^2(0, k)\,\vartheta_6^2(0, k)}, \\ f_8(z, z_0, k) &= \ln \operatorname{sd}(z + z_0, k)\operatorname{ds}(z - z_0, k)\operatorname{cn}(z + \bar{z}_0, k)\operatorname{nc}(z - \bar{z}_0, k), \end{aligned}\right\} \tag{1262}$$

die den partiellen Differentialgleichungen

$$\frac{\partial^2 f_6}{\partial x^2} + \frac{\partial^2 f_6}{\partial y^2} = -\frac{2\pi}{K K'}, \quad \frac{\partial^2 f_7}{\partial x^2} + \frac{\partial^2 f_7}{\partial y^2} = -\frac{4\pi}{K K'}, \quad \frac{\partial^2 f_8}{\partial x^2} + \frac{\partial^2 f_8}{\partial y^2} = 0 \tag{1263}$$

genügen. Hiernach entspricht, wie der Vergleich mit (1247) zeigt, f_6 der Funktion Θ_1 und f_7 der Funktion Θ_5, während f_8 eine analytische Funktion darstellt.

Das Polverhalten der Realteile der Funktionen f_6, f_7 und f_8 ist aus Abb. 294 ersichtlich. Hieraus folgen für die Realteilfunktionen die durch Strichlierung gekennzeichneten Symmetrieachsen, die erkennen lassen, daß $\Re f_6$, $\Re f_7$, $\Re f_8$ längs der Berandung der in Abb. 294 durch Schraffur hervorgehobenen Fundamentalrechtecke mit den Seitenlängen K und K' eine normal zur Randlinie verschwindende Ableitung besitzen.

188. Auf Rechtecksrändern teils direkt, teils bezüglich ihrer Ableitungen verschwindende Realteilfunktionen doppeltperiodischer logarithmierter Viererprodukte

Den Gegenstand dieses Abschnittes bilden doppeltperiodische logarithmische Viererprodukte, deren Realteilverhalten teils den Funktionen von Abschnitt 186 und teils denjenigen von Abschnitt 187 entspricht. Es handelt sich um die vier nach Ausscheiden aller durch Koordinatentransformation ineinander überführbarer Funktionen verbleibenden Produktfunktionen

$$\left.\begin{aligned} f_9(z, z_0, k) &= \ln \frac{\vartheta_1(z - z_0, k)\,\vartheta_2(z + \bar{z}_0, k)}{\vartheta_3(z + z_0, k)\,\vartheta_4(z - \bar{z}_0, k)}, \\ f_{10}(z, z_0, k) &= \ln \frac{\vartheta_5(z - z_0, k)\,\vartheta_6(z + \bar{z}_0, k)}{\vartheta_5(z + z_0, k)\,\vartheta_6(z - \bar{z}_0, k)}, \\ f_{11}(z, z_0, k) &= \ln k^2 \frac{\operatorname{sn}(z - z_0, k)\operatorname{cd}(z + \bar{z}_0, k)}{\operatorname{dc}(z + z_0, k)\operatorname{ns}(z - \bar{z}_0, k)}, \\ f_{12}(z, z_0, k) &= \ln k^2 \frac{\operatorname{sd}(z - z_0, k)\operatorname{cn}(z + \bar{z}_0, k)}{\operatorname{ds}(z + z_0, k)\operatorname{nc}(z - \bar{z}_0, k)}, \end{aligned}\right\} \tag{1264}$$

die gleich denen von Abschnitt 186 sämtlich analytische Funktionen darstellen.

Das Polverhalten der vier durch (1264) definierten analytischen Funktionen zeigt Abb. 294. Ihm entsprechen bezüglich der Realteilfunktionen die ausgezogenen Antimetrieachsen und strichlierten Symmetrieachsen. Längs der ersteren verschwinden die Realteile selbst, längs der letzteren die Ableitungen normal zu den Symmetrielinien. Den durch Schraffur hervorgehobenen Fundamentalrechtecken entsprechen wieder die Seitenlängen K und K'.

189. Der quadratische Sonderfall der logarithmierten Viererprodukte

Wird bei den in den Abschnitten 186 und 187 betrachteten Funktionen $\varkappa = 1$ gesetzt und werden gleichzeitig die Polstellen diagonalsymmetrisch bzw. antimetrisch angeordnet, so erhält man

$$\left.\begin{aligned}
f_1\left(z, x_0(1+i), \sqrt{\tfrac{1}{2}}\right) &= -\ln \frac{\vartheta_1\left((x-x_0)+i(y-x_0), \sqrt{\tfrac{1}{2}}\right) \vartheta_3\left((x+x_0)+i(y+x_0), \sqrt{\tfrac{1}{2}}\right)}{\vartheta_2\left((x+x_0)+i(y-x_0), \sqrt{\tfrac{1}{2}}\right) \vartheta_4\left((x-x_0)+i(y+x_0), \sqrt{\tfrac{1}{2}}\right)},\\
f_2\left(z, x_0(1+i), \sqrt{\tfrac{1}{2}}\right) &= -\ln \frac{\vartheta_5\left((x-x_0)+i(y-x_0), \sqrt{\tfrac{1}{2}}\right) \vartheta_5\left((x+x_0)+i(y+x_0), \sqrt{\tfrac{1}{2}}\right)}{\vartheta_6\left((x+x_0)+i(y-x_0), \sqrt{\tfrac{1}{2}}\right) \vartheta_6\left((x-x_0)+i(y+x_0), \sqrt{\tfrac{1}{2}}\right)},\\
f_3\left(z, x_0(1+i), \sqrt{\tfrac{1}{2}}\right) &= -\ln \frac{\operatorname{sn}\left((x-x_0)+i(y-x_0), \sqrt{\tfrac{1}{2}}\right) \operatorname{dc}\left((x+x_0)+i(y+x_0), \sqrt{\tfrac{1}{2}}\right)}{\operatorname{cd}\left((x+x_0)+i(y-x_0), \sqrt{\tfrac{1}{2}}\right) \operatorname{ns}\left((x-x_0)+i(y+x_0), \sqrt{\tfrac{1}{2}}\right)},\\
f_4\left(z, x_0(1+i), \sqrt{\tfrac{1}{2}}\right) &= \ln \frac{\operatorname{sd}\left((x-x_0)+i(y-x_0), \sqrt{\tfrac{1}{2}}\right) \operatorname{ds}\left((x+x_0)+i(y+x_0), \sqrt{\tfrac{1}{2}}\right)}{\operatorname{cn}\left((x+x_0)+i(y-x_0), \sqrt{\tfrac{1}{2}}\right) \operatorname{nc}\left((x-x_0)+i(y+x_0), \sqrt{\tfrac{1}{2}}\right)},\\
f_5\left(z, x_0(1+i), \sqrt{\tfrac{1}{2}}\right) &= \ln \overline{\operatorname{sd}}\left((x-x_0)+i(y-x_0), \sqrt{\tfrac{1}{2}}\right) \overline{\operatorname{sd}}\left((x+x_0)+i(y+x_0), \sqrt{\tfrac{1}{2}}\right) \times\\
&\quad \times \overline{\operatorname{sd}}\left((x+x_0)+i(y-x_0), \sqrt{\tfrac{1}{2}}\right) \overline{\operatorname{sd}}\left((x-x_0)+i(y+x_0), \sqrt{\tfrac{1}{2}}\right),\\
f_6\left(z, x_0(1+i), \sqrt{\tfrac{1}{2}}\right) &= -\frac{\pi(y^2+x_0^2)}{K^2(\frac{1}{2})} +\\
&+ \ln \frac{\vartheta_1\left((x-x_0)+i(y-x_0), \sqrt{\tfrac{1}{2}}\right) \vartheta_3\left((x+x_0)+i(y+x_0), \sqrt{\tfrac{1}{2}}\right) \vartheta_2\left((x+x_0)+i(y-x_0), \sqrt{\tfrac{1}{2}}\right) \vartheta_4\left((x-x_0)+i(y+x_0), \sqrt{\tfrac{1}{2}}\right)}{\vartheta_1'\left(0, \sqrt{\tfrac{1}{2}}\right) \vartheta_2\left(0, \sqrt{\tfrac{1}{2}}\right) \vartheta_3\left(0, \sqrt{\tfrac{1}{2}}\right) \vartheta_4\left(0, \sqrt{\tfrac{1}{2}}\right)},\\
f_7\left(z, x_0(1+i), \sqrt{\tfrac{1}{2}}\right) &= -\frac{2\pi(y^2+x_0^2)}{K^2(\frac{1}{2})} +\\
&+ \ln \frac{\vartheta_5\left((x-x_0)+i(y-x_0), \sqrt{\tfrac{1}{2}}\right) \vartheta_5\left((x+x_0)+i(y+x_0), \sqrt{\tfrac{1}{2}}\right) \vartheta_6\left((x+x_0)+i(y-x_0), \sqrt{\tfrac{1}{2}}\right) \vartheta_6\left((x-x_0)+i(y+x_0), \sqrt{\tfrac{1}{2}}\right)}{\vartheta_5'^2(0, k)\, \vartheta_6^2(0, k)},\\
f_8\left(z, x_0(1+i), \sqrt{\tfrac{1}{2}}\right) &= \ln \frac{\operatorname{sd}\left((x-x_0)+i(y-x_0), \sqrt{\tfrac{1}{2}}\right) \operatorname{ds}\left((x+x_0)+i(y+x_0), \sqrt{\tfrac{1}{2}}\right)}{\operatorname{nc}\left((x+x_0)+i(y-x_0), \sqrt{\tfrac{1}{2}}\right) \operatorname{cn}\left((x-x_0)+i(y+x_0), \sqrt{\tfrac{1}{2}}\right)}.
\end{aligned}\right\} \tag{1265}$$

Das Polverhalten der durch (1265) definierten Funktionen sowie die Antimetrielinien (ausgezogen) und Symmetrielinien (gestrichelt) ihrer Realteile sind aus Abb. 295 ersichtlich.

Nach dem vorliegenden Antimetrie- bzw. Symmetriecharakter genügt — bis auf f_3 — das schraffierte gleichseitig-rechtwinklige Dreieck mit den Kantenlängen $K - K'$, um das Verhalten der Realteilfunktion zu kennzeichnen. Bei $\Re e f_1$ und $\Re e f_2$ verschwindet die Funktion längs beider Katheten, bei $\Re e f_4$ und $\Re e f_5$ längs der gesamten Dreiecksberandung, bei $\Re e f_8$ längs der Hypothenuse, während auf dem restlichen Dreiecksrand die Ableitung normal zur Randlinie Null wird. Bei $\Re e f_6$ und $\Re e f_7$ verschwindet die Ableitung normal zur Randlinie längs der gesamten Dreiecksberandung.

Unter den betrachteten acht quadratischen Fällen nehmen die beiden Funktionen f_4 und f_5 eine Sonderstellung ein, da, nach den am Ende von Abschnitt 186 angestellten generellen Betrachtungen, die unter dem Logarithmuszeichen stehenden Funktionen beziehungsweise

$$e^{f_4\left(z, x_0(1+i), \sqrt{\frac{1}{2}}\right)} \quad \text{und} \quad e^{f_5\left(z, x_0(1+i), \sqrt{\frac{1}{2}}\right)}$$

der konformen Abbildung eines gleichschenklig-rechtwinkligen Dreiecks der z-Ebene auf den Einheitskreis um den Koordinatenursprung der w-Ebene entsprechen. Dabei liefert das schraffierte Dreieck von Abb. 295 die konforme Abbildung auf das Äußere des Einheitskreises, während das an der Diagonale gespiegelte Gegendreieck zu der Abbildung auf das Innere des Einheitskreises führt.

Für den quadratmaschigen Sonderfall lassen sich aus einigen der in den vorangegangenen Abschnitten betrachteten logarithmierten Viererprodukte durch affine Verzerrung oder Drehung des Koordinatensystems um 45° oder beides die vier weiteren doppeltperiodischen oder wenigstens

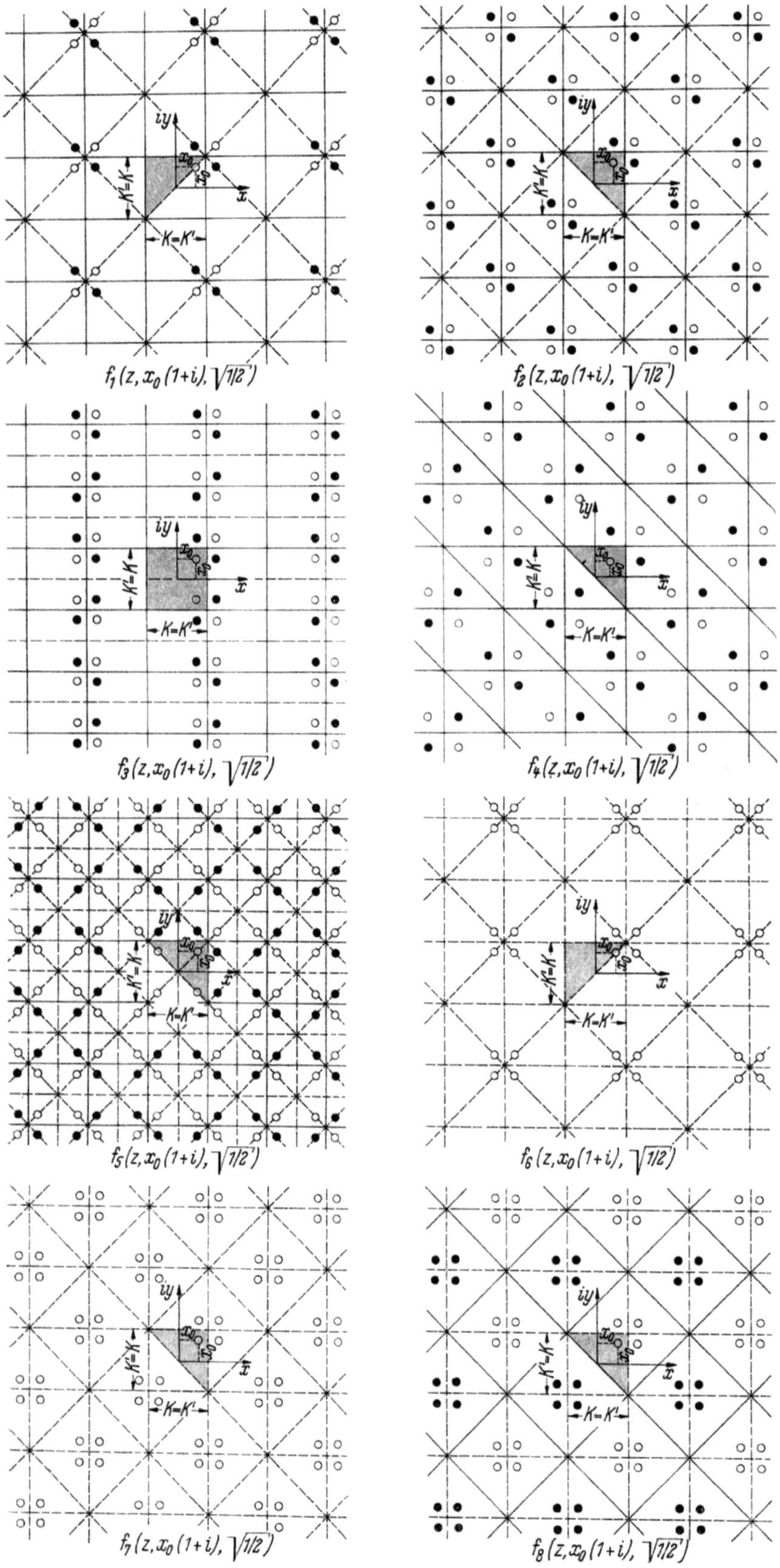

Abb. 295
Polverhalten der Funktionen $f_1(z, x_0(1+i), \sqrt{\tfrac{1}{2}})$ bis $f_8(z, x_0(1+i), \sqrt{\tfrac{1}{2}})$ für $k^2 = k'^2 = \dfrac{1}{2}$ bzw. $\varkappa = \dfrac{K'}{K} = 1$

(○ positive log. Pole,
● negative log. Pole)

im Realteil doppeltperiodischen Funktionen

$$\left.\begin{aligned}
f_{13}(x,y,x_0,\sqrt{\tfrac12}) &= \ln \overline{\mathrm{sd}}((x-x_0-y)+i(x-x_0+y),\sqrt{\tfrac12})\,\overline{\mathrm{sd}}((x+x_0-y)+i(x+x_0+y),\sqrt{\tfrac12})\times\\
&\quad\times \overline{\mathrm{sd}}((x+x_0-y)+i(x-x_0+y),\sqrt{\tfrac12})\,\overline{\mathrm{sd}}((x-x_0-y)+i(x+x_0+y),\sqrt{\tfrac12}),\\
f_{14}(x,y,x_0,\sqrt{\tfrac12}) &= \ln\frac{\vartheta_1(2(x-x_0-y)+2i(x-x_0+y),\sqrt{\tfrac12})\,\vartheta_1(2(x+x_0-y)+2i(x+x_0+y),\sqrt{\tfrac12})}{\vartheta_1(2(x+x_0-y)+2i(x-x_0+y),\sqrt{\tfrac12})\,\vartheta_1(2(x-x_0-y)+2i(x+x_0+y),\sqrt{\tfrac12})},\\
f_{15}(x,y,x_0,\sqrt{\tfrac12}) &= -\frac{4\pi(y^2+x_0^2)}{K^2(\frac12)}+\ln\frac{\vartheta_1(2(x-x_0)+2i(y-x_0),\sqrt{\tfrac12})\,\vartheta_1(2(x+x_0)+2i(y+x_0),\sqrt{\tfrac12})}{\sqrt{\pi}\,\vartheta_1'(0,\sqrt{\tfrac12})}\times\\
&\quad\times\frac{\vartheta_1(2(x+x_0)+2i(y-x_0),\sqrt{\tfrac12})\,\vartheta_1(2(x-x_0)+2i(y+x_0),\sqrt{\tfrac12})}{\sqrt{\pi}\,\vartheta_1'(0,\sqrt{\tfrac12})},\\
f_{16}(x,y,x_0,\sqrt{\tfrac12}) &= -\frac{4\pi((x+y)^2+x_0^2)}{K^2(\frac12)}+\\
&\quad+\ln\frac{\vartheta_1(2(x-x_0-y)+2i(x-x_0+y),\sqrt{\tfrac12})\,\vartheta_1(2(x+x_0-y)+2i(x+x_0+y),\sqrt{\tfrac12})}{\sqrt{\pi}\,\vartheta_1'(0,\sqrt{\tfrac12})}\times\\
&\quad\times\frac{\vartheta_1(2(x+x_0-y)+2i(x-x_0+y),\sqrt{\tfrac12})\,\vartheta_1(2(x-x_0-y)+2i(x+x_0+y),\sqrt{\tfrac12})}{\sqrt{\pi}\,\vartheta_1'(0,\sqrt{\tfrac12})},
\end{aligned}\right\}\quad(1266)$$

bilden, deren Pol- und Realteilverhalten aus Abb. 296, in welcher Antimetrielinien ausgezogen und Symmetrielinien gestrichelt sind, entnommen werden kann.

190. Doppeltperiodische Polringe in quadratischen Fundamentalbereichen

Die Superposition der auf quadratische Fundamentalbereiche bezogenen Funktionen f_5 und f_{13} bzw. f_{15} und f_{16} liefert, wenn bei f_5 und f_{15} x_0 mit $x_0/\sqrt{2}$ vertauscht wird, Funktionen mit doppeltperiodischen Polringen. Diese lauten

$$\begin{aligned}
f_{17}\left(x,y,x_0,\sqrt{\frac12}\right) &= \ln \overline{\mathrm{sd}}\left(\left(x-\frac{x_0}{\sqrt2}\right)+i\left(y-\frac{x_0}{\sqrt2}\right),\sqrt{\frac12}\right)\overline{\mathrm{sd}}\left(\left(x+\frac{x_0}{\sqrt2}\right)+i\left(y+\frac{x_0}{\sqrt2}\right),\sqrt{\frac12}\right)\times\\
&\quad\times\overline{\mathrm{sd}}\left(\left(x+\frac{x_0}{\sqrt2}\right)+i\left(y-\frac{x_0}{\sqrt2}\right),\sqrt{\frac12}\right)\overline{\mathrm{sd}}\left(\left(x-\frac{x_0}{\sqrt2}\right)+i\left(y+\frac{x_0}{\sqrt2}\right),\sqrt{\frac12}\right)\times\\
&\quad\times\overline{\mathrm{sd}}((x-x_0-y)+i(x-x_0+y),\sqrt{\tfrac12})\,\overline{\mathrm{sd}}((x+x_0-y)+i(x+x_0+y),\sqrt{\tfrac12})\times\\
&\quad\times\overline{\mathrm{sd}}((x+x_0-y)+i(x-x_0+y),\sqrt{\tfrac12})\,\overline{\mathrm{sd}}((x-x_0-y)+i(x+x_0+y),\sqrt{\tfrac12})
\end{aligned}\quad(1267)$$

bzw.

$$\begin{aligned}
f_{18}\left(x,y,x_0,\sqrt{\frac12}\right) &= -4\pi\frac{(x+y)^2+y^2+\frac32 x_0^2}{K^2(\frac12)}-\ln\pi^2\vartheta_1'^4\left(0,\sqrt{\frac12}\right)+\\
&\quad+\ln\vartheta_1\left(2\left(x-\frac{x_0}{\sqrt2}\right)+2i\left(y-\frac{x_0}{\sqrt2}\right),\sqrt{\frac12}\right)\vartheta_1\left(2\left(x+\frac{x_0}{\sqrt2}\right)+2i\left(y+\frac{x_0}{\sqrt2}\right),\sqrt{\frac12}\right)+\\
&\quad+\ln\vartheta_1\left(2\left(x+\frac{x_0}{\sqrt2}\right)+2i\left(y-\frac{x_0}{\sqrt2}\right),\sqrt{\frac12}\right)\vartheta_1\left(2\left(x-\frac{x_0}{\sqrt2}\right)+2i\left(y+\frac{x_0}{\sqrt2}\right),\sqrt{\frac12}\right)+\\
&\quad+\ln\vartheta_1(2(x-x_0-y)+2i(x-x_0+y),\sqrt{\tfrac12})\,\vartheta_1(2(x+x_0-y)+2i(x+x_0+y),\sqrt{\tfrac12})+\\
&\quad+\ln\vartheta_1(2(x+x_0-y)+2i(x-x_0+y),\sqrt{\tfrac12})\,\vartheta_1(2(x-x_0-y)+2i(x+x_0+y),\sqrt{\tfrac12})\,.
\end{aligned}\quad(1268)$$

Das Polverhalten der durch (1267) und (1268) definierten Funktionen sowie die Antimetrielinien (ausgezogen) und Symmetrielinien (gestrichelt) ihrer Realteile zeigt Abb. 296.

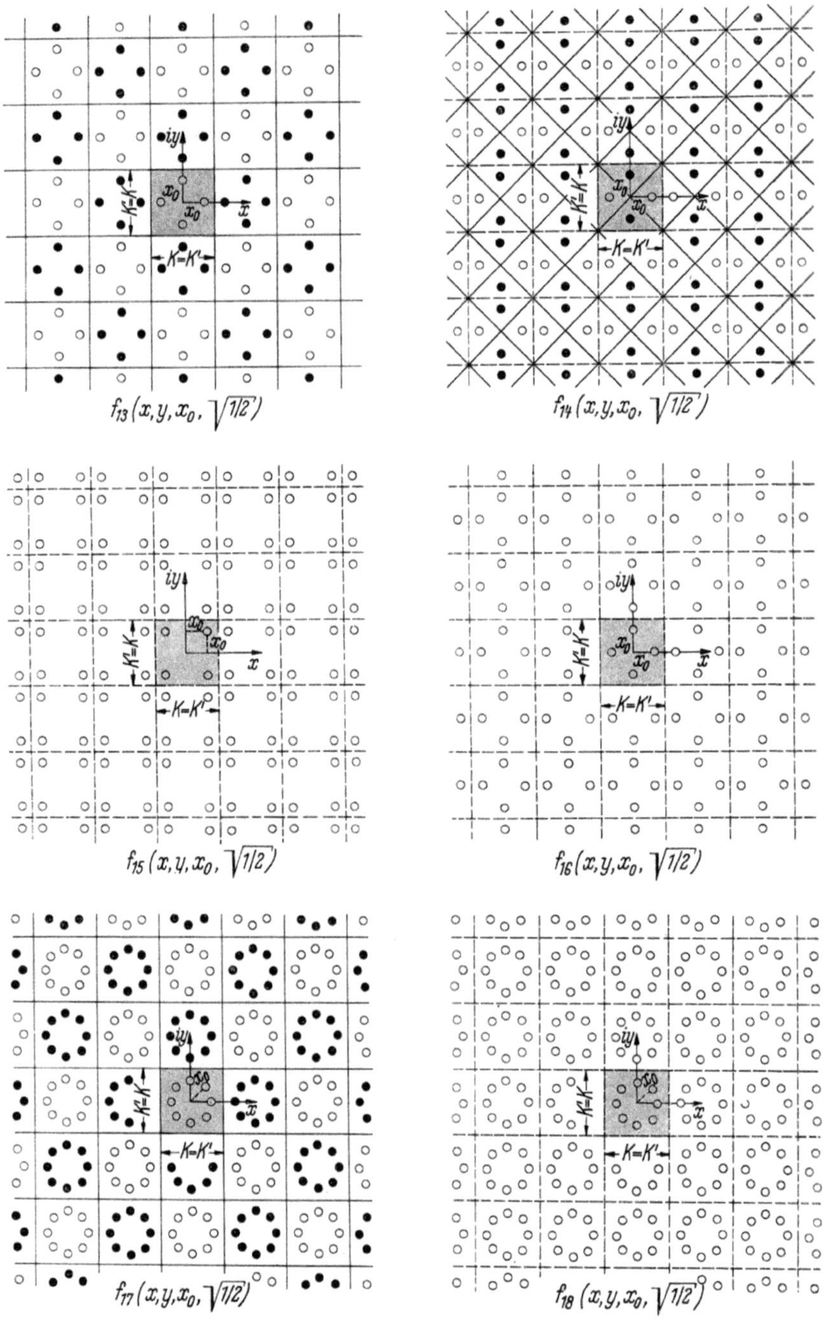

Abb. 296

Polverhalten der Funktionen $f_{13}\left(x, y, x_0, \sqrt{\frac{1}{2}}\right)$ bis $f_{18}\left(x, y, x_0, \sqrt{\frac{1}{2}}\right)$ für $k^2 = k'^2 = \frac{1}{2}$ bzw. $\varkappa = \frac{K'}{K} = 1$

(○ positive log. Pole, ● negative log. Pole)

191. Real- und Imaginärteile der Funktionen $f_1(z, z_0, k)$ und $f_5(z, z_0, k)$ sowie der Funktion $f_{17}(x, y, x_0, \sqrt{\tfrac{1}{2}})$

Es sollen nun noch einige der in den vorigen Abschnitten generell betrachteten Funktionen in Real- und Imaginärteil aufgespalten werden. Für die in Abschnitt 186 untersuchte Funktion

$$f_1(z, z_0, k) = -\ln \frac{\vartheta_1(z - z_0, k)\, \vartheta_3(z + z_0, k)}{\vartheta_2(z + \bar{z}_0, k)\, \vartheta_4(z - \bar{z}_0, k)} = \Re e f_1(x, y, x_0, y_0, k) + i \operatorname{Im} f_1(x, y, x_0, y_0, k) \qquad (1269)$$

folgt in Verbindung mit (124) zunächst

$$f_1(z, z_0, k) = -\ln \frac{\vartheta_1(z, k)\, \vartheta_3(z, k)\, \vartheta_2(z_0, k)\, \vartheta_4(z_0, k) - \vartheta_2(z, k)\, \vartheta_4(z, k)\, \vartheta_1(z_0, k)\, \vartheta_3(z_0, k)}{\vartheta_2(z, k)\, \vartheta_4(z, k)\, \vartheta_2(z_0, k)\, \vartheta_4(z_0, k) - \vartheta_1(z, k)\, \vartheta_3(z, k)\, \vartheta_1(z_0, k)\, \vartheta_3(z_0, k)} \qquad (1270)$$

oder, wenn nach (129) die Funktionen ϑ_5 und ϑ_6 eingeführt und die Gln. (767) beachtet werden,

$$f_1(z, z_0, k) = -\ln \frac{\vartheta_5(z, k)\, \vartheta_6(z_0, k) - \vartheta_6(z, k)\, \vartheta_5(z_0, k)}{\vartheta_6(z, k)\, \vartheta_6(\bar{z}_0, k) - \vartheta_5(z, k)\, \vartheta_5(\bar{z}_0, k)} = -\ln \frac{\vartheta_5(z_0, k)}{\vartheta_5(\bar{z}_0, k)} \frac{\overline{\mathrm{sd}}(z_0, k) - \overline{\mathrm{sd}}(z, k)}{\overline{\mathrm{sd}}(z_0, k)\, \overline{\mathrm{sd}}(z, k) - 1}. \qquad (1271)$$

Da die Funktion $\ln \vartheta_5(z_0, k)/\vartheta_5(\bar{z}_0, k)$ rein imaginär ist, ergibt sich aus (1271) für den Real- und Imaginärteil

$$\Re e f_1 = -\frac{1}{2} \ln \frac{\overline{\mathrm{sd}}(z_0, k) - \overline{\mathrm{sd}}(z, k)}{\overline{\mathrm{sd}}(\bar{z}_0, k)\, \overline{\mathrm{sd}}(z, k) - 1} \; \frac{\overline{\mathrm{sd}}(\bar{z}_0, k) - \overline{\mathrm{sd}}(\bar{z}, k)}{\overline{\mathrm{sd}}(z_0, k)\, \overline{\mathrm{sd}}(\bar{z}, k) - 1},$$

$$\operatorname{Im} f_1 = \frac{-1}{2i} \ln \frac{\vartheta_5^2(z_0, k)}{\vartheta_5^2(\bar{z}_0, k)} \; \frac{\overline{\mathrm{sd}}(z_0, k) - \overline{\mathrm{sd}}(z, k)}{\overline{\mathrm{sd}}(\bar{z}_0, k)\, \overline{\mathrm{sd}}(z, k) - 1} \; \frac{\overline{\mathrm{sd}}(z_0, k)\, \overline{\mathrm{sd}}(\bar{z}, k) - 1}{\overline{\mathrm{sd}}(\bar{z}_0, k) - \overline{\mathrm{sd}}(\bar{z}, k)}.$$

Wird in dem Ausdruck für den Imaginärteil aus den beiden hinteren Brüchen $\overline{\mathrm{sd}}(z_0, k)/\overline{\mathrm{sd}}(\bar{z}_0, k)$ vorgezogen und nach (767) und (140)

$$\vartheta_5^2(z_0, k)\, \overline{\mathrm{sd}}(z_0, k) = \vartheta_5(z_0, k)\, \vartheta_6(z_0, k) = 2\, \vartheta_3(0, k)\, \vartheta_1(2 z_0, k)$$

gesetzt, so lautet dieser bei Beachtung von (785)

$$\operatorname{Im} f_1 = -\frac{1}{2i} \ln \frac{\vartheta_1(2 z_0, k)}{\vartheta_1(2 \bar{z}_0, k)} - \frac{1}{2i} \ln \frac{\overline{\mathrm{sd}}(z_0, k) - \overline{\mathrm{sd}}(z, k)}{\overline{\mathrm{sd}}(z, k) + \overline{\mathrm{cn}}(\bar{z}_0, k)} \; \frac{\overline{\mathrm{sd}}(\bar{z}, k) + \overline{\mathrm{cn}}(z_0, k)}{\overline{\mathrm{sd}}(\bar{z}_0, k) - \overline{\mathrm{sd}}(\bar{z}, k)}.$$

Wird in $\Re e f_1$ und $\operatorname{Im} f_1$ im Zähler und Nenner noch ausmultipliziert und bei den entstehenden Produkten (1236) bis (1238) berücksichtigt, so folgt schließlich — siehe nebenstehende Gln. (1272) —, wobei bezüglich des ersten Gliedes in dem Ausdruck für $\operatorname{Im} f_1$ mit $z_0 = x_0 + i y_0$, $\bar{z}_0 = x_0 - i y_0$ auf die Entwicklungen (117) und (118) verwiesen werden kann.

Die Funktion $f_5(z, z_0, k)$ von (1261) läßt sich, wenn nach der zweiten der Gln. (774) die $\overline{\mathrm{cn}}$-Funktionen im Nenner als Reziprokwerte von $\overline{\mathrm{sd}}$-Funktionen dargestellt werden, mit Hilfe der letzten der Gln. (1227) sofort aufspalten. Man erhält:

$$\Re e f_5 = \frac{1}{2} \ln \frac{1 + \mathrm{cn}(2(x - x_0), k)\, \mathrm{cn}(2(y - y_0), k')}{1 - \mathrm{cn}(2(x - x_0), k)\, \mathrm{cn}(2(y - y_0), k')} + \frac{1}{2} \ln \frac{1 + \mathrm{cn}(2(x + x_0), k)\, \mathrm{cn}(2(y + y_0), k')}{1 - \mathrm{cn}(2(x + x_0), k)\, \mathrm{cn}(2(y + y_0), k')} +$$

$$+ \frac{1}{2} \ln \frac{1 + \mathrm{cn}(2(x + x_0), k)\, \mathrm{cn}(2(y - y_0), k')}{1 - \mathrm{cn}(2(x + x_0), k)\, \mathrm{cn}(2(y - y_0), k')} + \frac{1}{2} \ln \frac{1 + \mathrm{cn}(2(x - x_0), k)\, \mathrm{cn}(2(y + y_0), k')}{1 - \mathrm{cn}(2(x - x_0), k)\, \mathrm{cn}(2(y + y_0), k')},$$

$$\operatorname{Im} f_5 = -\arctan \frac{\mathrm{sd}(2(y - y_0), k')}{\mathrm{sd}(2(x - x_0), k)} - \arctan \frac{\mathrm{sd}(2(y + y_0), k')}{\mathrm{sd}(2(x + x_0), k)} - \arctan \frac{\mathrm{sd}(2(y - y_0), k')}{\mathrm{sd}(2(x + x_0), k)} -$$

$$- \arctan \frac{\mathrm{sd}(2(y + y_0), k')}{\mathrm{sd}(2(x - x_0), k)}. \qquad (1273)$$

$$\Re e f_1 = -\frac{1}{2} \ln \frac{1 - \mathrm{cn}(2x_0, k)\, \mathrm{cn}(2x, k)\, \mathrm{cn}(2y_0, k')\, \mathrm{cn}(2y, k') - \mathrm{sn}(2x_0, k)\, \mathrm{sn}(2x, k)\, \mathrm{dn}(2y_0, k')\, \mathrm{dn}(2y, k') - \mathrm{dn}(2x_0, k)\, \mathrm{dn}(2x, k)\, \mathrm{sn}(2y_0, k')\, \mathrm{sn}(2y, k')}{1 + \mathrm{cn}(2x_0, k)\, \mathrm{cn}(2x, k)\, \mathrm{cn}(2y_0, k')\, \mathrm{cn}(2y, k') - \mathrm{sn}(2x_0, k)\, \mathrm{sn}(2x, k)\, \mathrm{dn}(2y_0, k')\, \mathrm{dn}(2y, k') - \mathrm{dn}(2x_0, k)\, \mathrm{dn}(2x, k)\, \mathrm{sn}(2y_0, k')\, \mathrm{sn}(2y, k')},$$

$$\operatorname{Im} f_1 = -\frac{1}{2i} \ln \frac{\vartheta_1(2 z_0, k)}{\vartheta_1(2 \bar{z}_0, k)} + \arctan \frac{\mathrm{cn}(2x_0, k)\, \mathrm{cn}(2y_0, k')\, [\mathrm{sn}(2x_0, k)\, \mathrm{dn}(2x, k)\, \mathrm{dn}(2y_0, k')\, \mathrm{sn}(2y, k') - \mathrm{dn}(2x_0, k)\, \mathrm{sn}(2x, k)\, \mathrm{sn}(2y_0, k')\, \mathrm{dn}(2y, k')]}{1 - \mathrm{cn}^2(2x_0, k)\, \mathrm{cn}^2(2y_0, k') - \mathrm{sn}(2x_0, k)\, \mathrm{sn}(2x, k)\, \mathrm{dn}(2y_0, k')\, \mathrm{dn}(2y, k') - \mathrm{dn}(2x_0, k)\, \mathrm{dn}(2x, k)\, \mathrm{sn}(2y_0, k')\, \mathrm{sn}(2y, k')}, \qquad (1272)$$

Auf dem gleichen Wege folgt für den Real- und Imaginärteil von $f_{17}(x, y, x_0, \sqrt{\tfrac{1}{2}})$

$$\left.\begin{aligned}
\Re e f_{17} = \frac{1}{2}\ln\frac{1+\mathrm{cn}\left(2\left(x-\frac{x_0}{\sqrt{2}}\right),\sqrt{\frac{1}{2}}\right)\mathrm{cn}\left(2\left(y-\frac{x_0}{\sqrt{2}}\right),\sqrt{\frac{1}{2}}\right)}{1-\mathrm{cn}\left(2\left(x-\frac{x_0}{\sqrt{2}}\right),\sqrt{\frac{1}{2}}\right)\mathrm{cn}\left(2\left(y-\frac{x_0}{\sqrt{2}}\right),\sqrt{\frac{1}{2}}\right)} &+ \\
+\frac{1}{2}\ln\frac{1+\mathrm{cn}\left(2\left(x+\frac{x_0}{\sqrt{2}}\right),\sqrt{\frac{1}{2}}\right)\mathrm{cn}\left(2\left(y+\frac{x_0}{\sqrt{2}}\right),\sqrt{\frac{1}{2}}\right)}{1-\mathrm{cn}\left(2\left(x+\frac{x_0}{\sqrt{2}}\right),\sqrt{\frac{1}{2}}\right)\mathrm{cn}\left(2\left(y+\frac{x_0}{\sqrt{2}}\right),\sqrt{\frac{1}{2}}\right)} &+ \\
+\frac{1}{2}\ln\frac{1+\mathrm{cn}\left(2\left(x+\frac{x_0}{\sqrt{2}}\right),\sqrt{\frac{1}{2}}\right)\mathrm{cn}\left(2\left(y-\frac{x_0}{\sqrt{2}}\right),\sqrt{\frac{1}{2}}\right)}{1-\mathrm{cn}\left(2\left(x+\frac{x_0}{\sqrt{2}}\right),\sqrt{\frac{1}{2}}\right)\mathrm{cn}\left(2\left(y-\frac{x_0}{\sqrt{2}}\right),\sqrt{\frac{1}{2}}\right)} &+ \\
+\frac{1}{2}\ln\frac{1+\mathrm{cn}\left(2\left(x-\frac{x_0}{\sqrt{2}}\right),\sqrt{\frac{1}{2}}\right)\mathrm{cn}\left(2\left(y+\frac{x_0}{\sqrt{2}}\right),\sqrt{\frac{1}{2}}\right)}{1-\mathrm{cn}\left(2\left(x-\frac{x_0}{\sqrt{2}}\right),\sqrt{\frac{1}{2}}\right)\mathrm{cn}\left(2\left(y+\frac{x_0}{\sqrt{2}}\right),\sqrt{\frac{1}{2}}\right)} &+ \\
+\frac{1}{2}\ln\frac{1+\mathrm{cn}(2(x-x_0-y),\sqrt{\frac{1}{2}})\,\mathrm{cn}(2(x-x_0+y),\sqrt{\frac{1}{2}})}{1-\mathrm{cn}(2(x-x_0-y),\sqrt{\frac{1}{2}})\,\mathrm{cn}(2(x-x_0+y),\sqrt{\frac{1}{2}})} &+ \\
+\frac{1}{2}\ln\frac{1+\mathrm{cn}(2(x+x_0-y),\sqrt{\frac{1}{2}})\,\mathrm{cn}(2(x+x_0+y),\sqrt{\frac{1}{2}})}{1-\mathrm{cn}(2(x+x_0-y),\sqrt{\frac{1}{2}})\,\mathrm{cn}(2(x+x_0+y),\sqrt{\frac{1}{2}})} &+ \\
+\frac{1}{2}\ln\frac{1+\mathrm{cn}(2(x+x_0-y),\sqrt{\frac{1}{2}})\,\mathrm{cn}(2(x-x_0+y),\sqrt{\frac{1}{2}})}{1-\mathrm{cn}(2(x+x_0-y),\sqrt{\frac{1}{2}})\,\mathrm{cn}(2(x-x_0+y),\sqrt{\frac{1}{2}})} &+ \\
+\frac{1}{2}\ln\frac{1+\mathrm{cn}(2(x-x_0-y),\sqrt{\frac{1}{2}})\,\mathrm{cn}(2(x+x_0+y),\sqrt{\frac{1}{2}})}{1-\mathrm{cn}(2(x-x_0-y),\sqrt{\frac{1}{2}})\,\mathrm{cn}(2(x+x_0+y),\sqrt{\frac{1}{2}})} &, \\
\mathrm{Im} f_{17} = -\arctan\frac{\mathrm{sd}\left(2\left(y-\frac{x_0}{\sqrt{2}}\right),\sqrt{\frac{1}{2}}\right)}{\mathrm{sd}\left(2\left(x-\frac{x_0}{\sqrt{2}}\right),\sqrt{\frac{1}{2}}\right)} - \arctan\frac{\mathrm{sd}\left(2\left(y+\frac{x_0}{\sqrt{2}}\right),\sqrt{\frac{1}{2}}\right)}{\mathrm{sd}\left(2\left(x+\frac{x_0}{\sqrt{2}}\right),\sqrt{\frac{1}{2}}\right)} &- \\
-\arctan\frac{\mathrm{sd}\left(2\left(y-\frac{x_0}{\sqrt{2}}\right),\sqrt{\frac{1}{2}}\right)}{\mathrm{sd}\left(2\left(x+\frac{x_0}{\sqrt{2}}\right),\sqrt{\frac{1}{2}}\right)} - \arctan\frac{\mathrm{sd}\left(2\left(y+\frac{x_0}{\sqrt{2}}\right),\sqrt{\frac{1}{2}}\right)}{\mathrm{sd}\left(2\left(x-\frac{x_0}{\sqrt{2}}\right),\sqrt{\frac{1}{2}}\right)} &- \\
-\arctan\frac{\mathrm{sd}(2(x-x_0+y),\sqrt{\frac{1}{2}})}{\mathrm{sd}(2(x-x_0-y),\sqrt{\frac{1}{2}})} - \arctan\frac{\mathrm{sd}(2(x+x_0+y),\sqrt{\frac{1}{2}})}{\mathrm{sd}(2(x+x_0-y),\sqrt{\frac{1}{2}})} &- \\
-\arctan\frac{\mathrm{sd}(2(x-x_0+y),\sqrt{\frac{1}{2}})}{\mathrm{sd}(2(x+x_0-y),\sqrt{\frac{1}{2}})} - \arctan\frac{\mathrm{sd}(2(x+x_0+y),\sqrt{\frac{1}{2}})}{\mathrm{sd}(2(x-x_0-y),\sqrt{\frac{1}{2}})} &.
\end{aligned}\right\} \quad (1274)$$

In den auf den Grundperiodenbereich beschränkten Abb. 297 und 298 ist für den Parameterwert

$$\varkappa = \tfrac{1}{2}$$

und die Festwerte

$$\xi_0 = \frac{x_0}{2K} = 0{,}08, \quad \frac{\eta_0}{\varkappa} = \frac{y_0}{2K'} = 0{,}11$$

das den Funktionen

$$\Re e f_1 \text{ und } \mathrm{Im} f_1 \text{ bzw. } \Re e f_5 \text{ und } \mathrm{Im} f_5$$

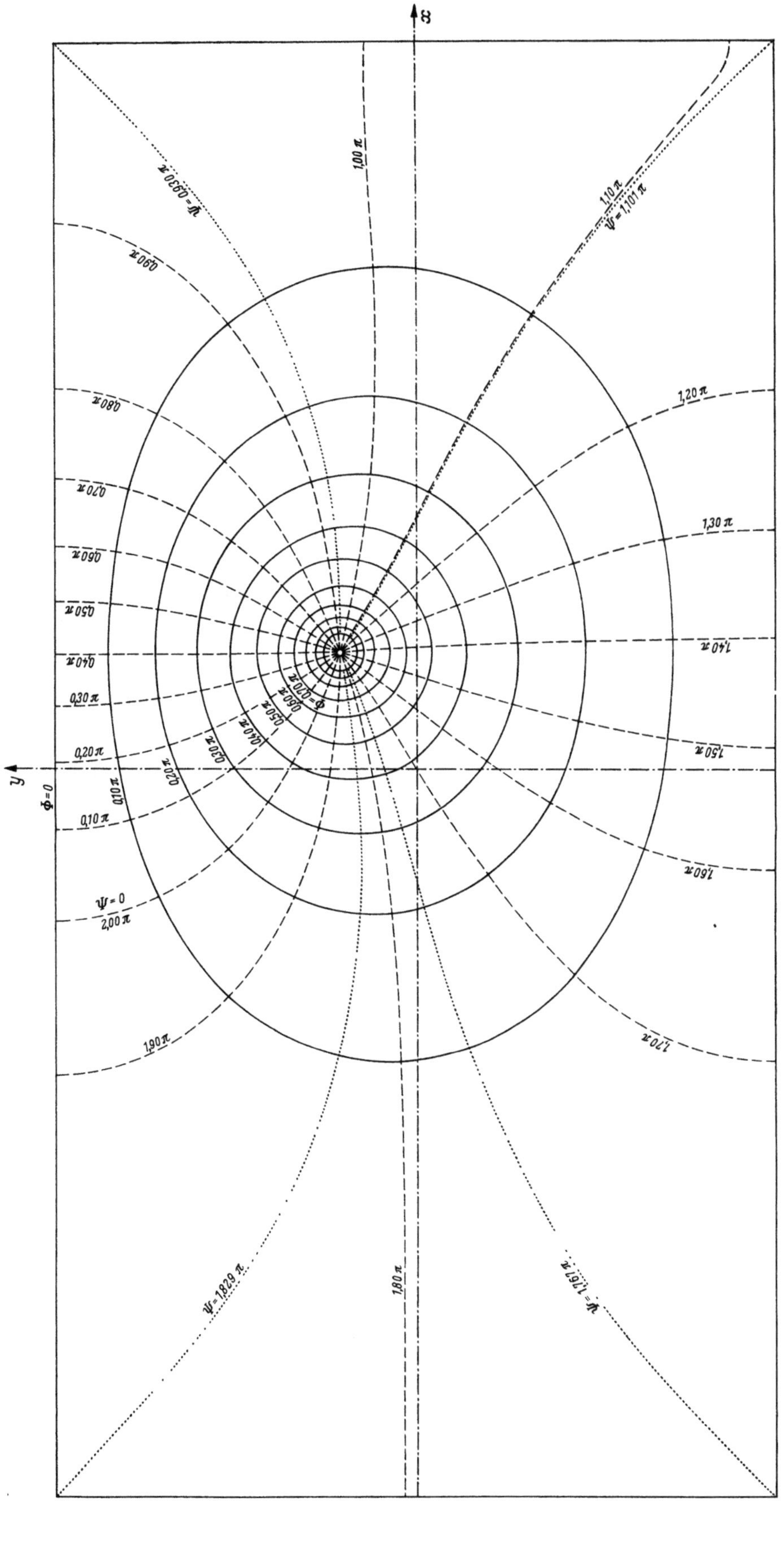

Abb. 297. Grundperiodenbereich der Funktion $\Phi + i\,\Psi = f_1(z, z_0, k)$ für $k = 0{,}985$ bzw. $\varkappa = 0{,}5$; Darstellung in der z-Ebene für $\frac{x_0}{2K} = 0{,}08$ und $\frac{y_0}{2K'} = 0{,}11$

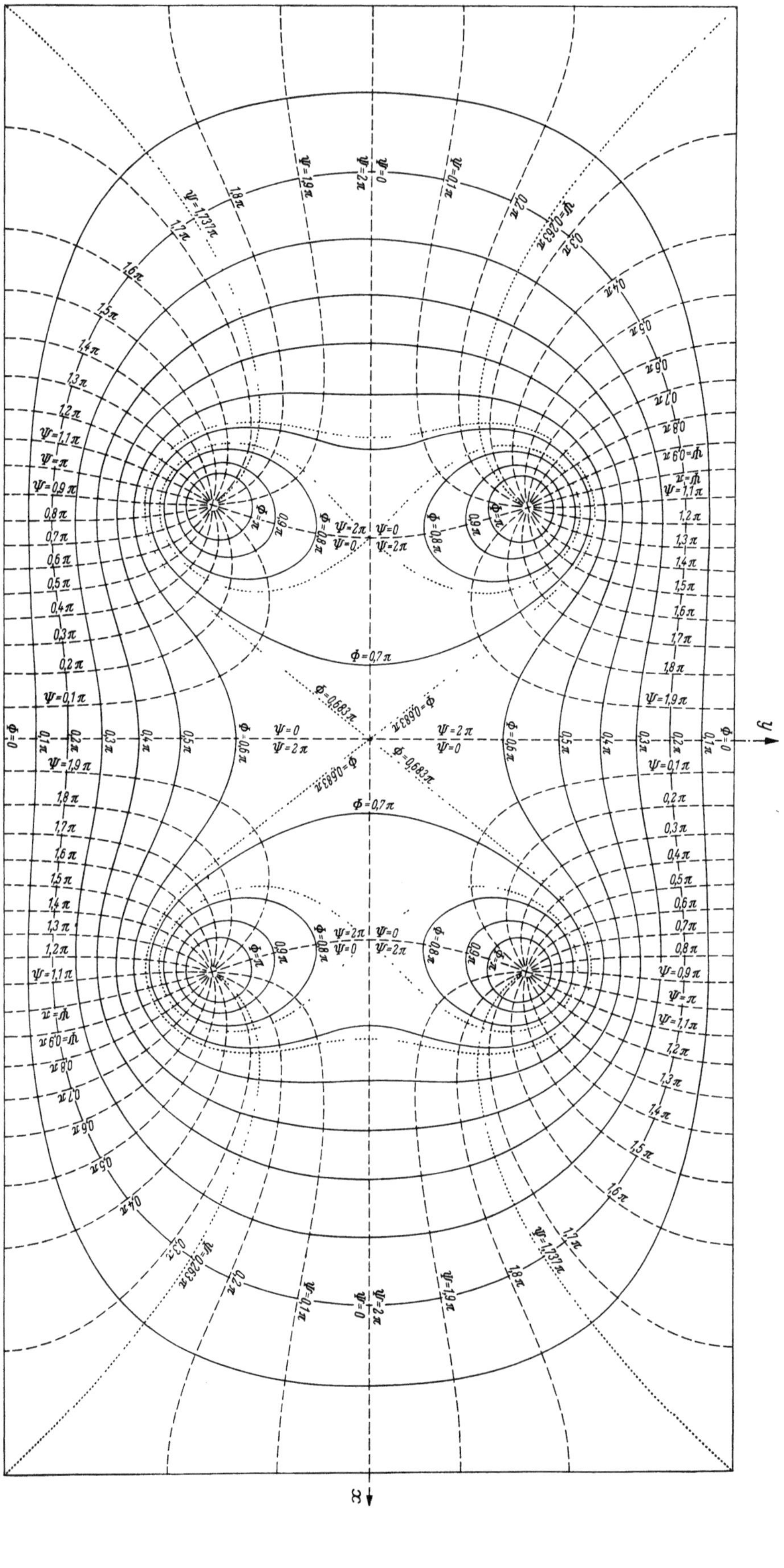

Abb. 298. Grundperiodenbereich der Funktion $\Phi + i\Psi = f_5(z, z_0, k)$ für $k = 0{,}985$ bzw. $\varkappa = 0{,}5$; Darstellung in der z-Ebene für $\frac{x_0}{2K} = 0{,}08$ und $\frac{y_0}{2K'} = 0{,}11$

entsprechende orthogonale, quadratmaschige, krummlinige Netz aufgetragen worden. Werden in den Abb. 297 und 298 die Realteile als Potentiallinien, die Imaginärteile als Stromlinien gedeutet, so stellen die Rechtecksberandungen Potentiallinien dar, d. h., die Ränder werden orthogonal durchströmt. Das Potentiallinienfeld von Abb. 297 weist an der durch die Festwerte gekennzeichneten Stelle eine Senke auf, während dasjenige von Abb. 298 an den durch doppelte Spiegelung der Festwerte sich ergebenden Stellen, d. h. in vier symmetrisch gelegenen Punkten, Senken besitzt.

Literaturverzeichnis

1. Elliptische Integrale und Integraltafeln

[1] Bieri, A.: Geometrische Darstellung der elliptischen Integrale I und II. Diss. Bern. Zürich: Leemann & Co. 1914.
[2] Byerly, W. E.: Elements of the integral calculus. 2nd. Ed. reprinted. New York: Stechert 1941.
[3] Byrd, P., and M. D. Friedman: Handbook of elliptic integrals for engineers and physicists. Berlin/Göttingen/Heidelberg: Springer 1954.
[4] Cambi, E.: Complete elliptic integrals of complex Legendrian modulus. J. Math. Phys. Vol. 26 (1948), pp. 234/45.
[5] Dienger, I.: Differential- und Integralrechnung. Theorie der elliptischen Integrale und Funktionen. Stuttgart 1865.
[6] Dwight, H. B.: Tables of integrals and other mathematical data. New York 1934, pp. 152/57; 208/10.
[7] Edwards, J. W.: The integral calculus. New York 1961.
[8] Emde, F.: Zur Zahlenrechnung bei vollständigen elliptischen Integralen. Arch. Elektrotechnik 30 (1936), S. 243/50.
[9] Fritzsch, K.: Das elliptische Integral dritter Gattung für verschiedene Werte von Argument und Parameter. Leipzig 1892.
[10] Fröberg, C. E.: Complete elliptic integrals (Lund University. Dep. of Numerical Analysis, Table No. 2). CWK. Gleerup 1957.
[11] Gröbner, W., u. H. Hofreiter: Integraltafel. Erster Teil: Unbestimmte Integrale. 3. Aufl. Wien: Springer 1961.
[12] Gröbner, W., u. H. Hofreiter: Integraltafel. Zweiter Teil: Bestimmte Integrale. 3. Aufl. Wien: Springer 1961.
[13] Hamel, G.: Berechnung des vollständigen elliptischen Integrals dritter Gattung für große Werte des Moduls. S.-Ber. Berliner Math. Ges. 31 (1932), S. 17/22.
[14] Hancock, H.: Elliptic integrals. New York: 1917; Neudruck 1958.
[15] Heumann, K.: Zur Theorie der elliptischen Integrale. Göteborg: Stockholm Lindstahl in Komm. 1950.
[16] Hirsch, M.: Integraltafeln oder Sammlung von Integralformeln. Berlin 1810.
[17] Kaplan, E. L.: Multiple elliptic integrals. J. Math. Phys. Vol. 29 (1950), pp. 69/75.
[18] King, L. V.: On the direct numerical calculation of elliptic functions and integrals. Cambridge: University Press 1924.
[19] Klein, F.: Über Riemanns Theorie der algebraischen Funktionen und ihrer Integrale. Leipzig-Berlin: Teubner 1882.
[20] Kolscher, M.: Die Berechnung vollständiger elliptischer Integrale dritter Gattung durch Reihen. Z. angew. Math. Mech. 31 (1951), S. 114/20.
[21] Legendre, A. M.: Traité des fonctions elliptiques et des intégrales eulériennes. Vol. 1, 2, 3. Paris: Huzard-Couvrier 1825—1828.
[22] Lenz, H.: Zurückführung einiger Integrale auf einfachere. Sitz.-Berichte der Bayer. Akademie d. Wissenschaften, Math.-Naturwissenschaftl. Klasse, Nr. 10, 1951, S. 73/80.
[23] Lilienthal, R.: Zur Theorie der Kurven, deren Bogenlänge ein elliptisches Integral 1. Art ist. Berlin 1882.
[24] Meyer zur Capellen, W.: Integraltafeln. Berlin/Göttingen/Heidelberg: Springer 1950, S. 103/34.
[25] Myrberg, P. J.: Über die transzendenten hyperelliptischen Integrale erster Gattung. Helsinki Tiedeakatemia. Leipzig: Harrassowitz in Komm. 1943.
[26] Nimsch, P.: Über die Perioden der elliptischen Integrale 1. und 2. Gattung als Funktionen der rationalen Invarianten. Diss. Leipzig 1886.
[27] Nyström, E. J.: Praktische Auswertung von elliptischen Integralen dritter Gattung. Comment. Phys. Math., Vol. 8, No. 12. Helsingfors: Finska Vetenski-Soc. 1935.
[28] Nyström, E. J.: Praktische Auswertung von elliptischen Integralen III. Gattung. Akad. Buchhandl. Helsingfors. Berlin: Friedländer 1935.
[29] Radon, B.: Sviluppi in serie degli integrali ellittici. Pubblicazioni dell'Istitute per le Applicazioni del Calcolo, C. N. D. R. Rome 1950.
[30] Schacht, I.: Reduzierbarkeit elliptischer und hyperelliptischer Integrale auf Logarithmen nach der Methode von Abel. Posen 1886.
[31] Scheibner, W.: Zur Reduction elliptischer Integrale in reeller Form. Leipzig: Hirzel 1879—1880.
[32] Schellbach, K. H.: Die Lehre von den elliptischen Integralen und den Theta-Functionen. Berlin: Reimer 1864.
[33] Tropfke, I.: Zur Darstellung des elliptischen Integrals 1. Gattung. Diss. Halle 1889.

2. Spezialverzeichnis über Konforme Abbildungen

[1] Betz, A.: Konforme Abbildung. Berlin/Göttingen/Heidelberg: Springer 1948; 2. Aufl. 1964.
[2] Bieberbach, L.: Einführung in die konforme Abbildung. 4. Aufl. Berlin: De Gruyter 1949.
[3] Dudensing, W.: Über einige Probleme der conformen Abbildung. Leipzig 1889.

[4] Gaier, D.: Konstruktive Methoden der konformen Abbildung. Berlin/Göttingen/Heidelberg: Springer 1964.
[5] Huber, G.: Anwendung der konformen Abbildung. Zürich 1883.
[6] v. Koppenfels, W., u. F. Stallmann: Praxis der konformen Abbildung. In: Die Grundlehren der math. Wissenschaften in Einzeldarstellungen mit besonderer Berücksichtigung der Anwendungsgebiete, Bd. 100. Berlin/Göttingen/Heidelberg: Springer 1959.
[7] Lavrentieff, M. A.: Konforme Abbildung mit Anwendungen auf einige Probleme der Mechanik. Moskau und Leningrad: OGIS 1946.
[8] Lewent, L., E. Jahnke u. W. Blaschke: Konforme Abbildung. Leipzig: Teubner 1912.
[9] Lichtenstein, L.: Neuere Entwicklung der Potentialtheorie, Konforme Abbildung. Enzyklopädie der math. Wissenschaften, Bd. 2, Teil 3, 1. Hälfte. Leipzig: Teubner 1919.
[10] Markuschewitsch, A. I.: Komplexe Zahlen und konforme Abbildung. Berlin: VEB, Deutscher Verlag d. Wiss. 1956.
[11] Study, W., u. W. Blaschke: Konforme Abbildung einfach zusammenhängender Bereiche. Leipzig: Teubner 1913.
[12] Wicke, E.: Konforme Abbildungen. Math.-phys. Bibliothek. Leipzig-Berlin 1927.

MIX
Papier aus verantwortungsvollen Quellen
Paper from responsible sources
FSC® C105338

If you have any concerns about our products,
you can contact us on
ProductSafety@springernature.com

In case Publisher is established outside the EU,
the EU authorized representative is:
Springer Nature Customer Service Center GmbH
Europaplatz 3, 69115 Heidelberg, Germany

Printed by Libri Plureos GmbH
in Hamburg, Germany